普通高等教育“十四五”规划教材

饲料配方设计与加工工艺学

常　娟　赵丽红　主编
张丽英　尹清强　主审

中国农业大学出版社
·北京·

内 容 简 介

本教材内容涵盖饲料营养成分及其生物学功能、饲料原料、饲料配方的设计方法、饲料加工与智能控制、配合饲料质量与安全控制和动物饲养标准。

本教材可作为动物科学、畜牧产业工程、动物营养与饲料加工及相关专业本科生的教材，也可作为研究生的参考书，还可作为饲料管理部门管理人员、饲料生产和养殖企业相关技术人员的参考书。

图书在版编目(CIP)数据

饲料配方设计与加工工艺学/常娟，赵丽红主编．--北京：中国农业大学出版社，2022.3

ISBN 978-7-5655-2691-6

Ⅰ.①饲… Ⅱ.①常…②赵… Ⅲ.①饲料－配方－设计－教材 ②饲料加工－工艺学－教材 Ⅳ.①S816.3

中国版本图书馆 CIP 数据核字(2021)第 263370 号

书　　名 饲料配方设计与加工工艺学

Siliao Peifang Sheji yu Jiagong Gongyixue

作　　者 常　娟　赵丽红　主编　　张丽英　尹清强　主审

策划编辑 张　程　　**责任编辑** 张　程

封面设计 郑　川

出版发行 中国农业大学出版社

社　　址 北京市海淀区圆明园西路 2 号　　**邮政编码** 100193

电　　话 发行部 010-62733489，1190　　读者服务部 010-62732336

编辑部 010-62732617，2618　　出　版　部 010-62733440

网　　址 http://www.caupress.cn　　**E-mail** cbsszs @ cau.edu.cn

经　　销 新华书店

印　　刷 北京溢漾印刷有限公司

版　　次 2022 年 3 月第 1 版　　2022 年 3 月第 1 次印刷

规　　格 185 mm×260 mm　　16 开本　　21.25 印张　　530 千字

定　　价 59.00 元

编审人员

主　编　常　娟　河南农业大学

　　　　　赵丽红　中国农业大学

副主编　张　勇　河南工业大学

　　　　　李梦云　河南牧业经济学院

　　　　　王　平　河南农业大学

编　者　（按姓氏笔画排序）

　　　　　王　平　河南农业大学

　　　　　王冯九　郑州拓普饲料营养研究中心

　　　　　车　龙　河南牧业经济学院

　　　　　左瑞雨　河南省畜牧总站

　　　　　史莹华　河南农业大学

　　　　　冯　琳　四川农业大学

　　　　　李梦云　河南牧业经济学院

　　　　　杨　刚　河南工业大学

　　　　　张　勇　河南工业大学

　　　　　赵丽红　中国农业大学

　　　　　贾　如　山西大学

　　　　　高春起　华南农业大学

　　　　　常　娟　河南农业大学

主　审　张丽英　中国农业大学

　　　　　尹清强　河南农业大学

前言

饲料是畜牧业存在和发展的重要物质基础。饲料的质量和安全直接影响着畜牧业的经济效益和可持续发展。我国饲料工业发展迅速已成为农业经济发展的支柱产业之一。目前，畜牧业对配合饲料的需要量越来越大，对配合饲料的质量要求也越来越高，即要求配合饲料多原料、多指标、多配方和低成本。同时，饲料加工工艺已广泛应用了智能控制以及大型成套设备。因此，为适应产业的发展需求，饲料配方设计与加工工艺也需要优化和升级。

本教材在内容设计上遵循科学、系统、实用、创新、形象和生动的原则，参考了国内外最新的教材、文献、标准和研究成果，系统介绍了配合饲料的基础理论知识，并结合实例对饲料的配方设计和加工工艺进行详细说明，部分章节以数字资源方式来展现彩图和视频，加深学生对知识点的理解。本教材将计算机饲粮配制技术和饲料智能加工新技术有机结合，为促进配合饲料的精准、高效和安全生产，节约饲料资源和加强饲料产业智能化发展提供了理论与实践指导。

本教材编写组由河南农业大学、中国农业大学、河南工业大学、河南牧业经济学院、华南农业大学、山西大学、河南省畜牧总站和郑州拓普饲料营养研究中心共 8 所单位的富有教学和生产经验的专家组成。

本教材编写具体分工如下：第 1 章绪论由河南省畜牧总站左瑞雨和华南农业大学高春起编写；第 2 章饲料营养成分及其生物学功能由中国农业大学赵丽红和山西大学贾如编写；第 3 章饲料原料由河南工业大学张勇编写；第 4 章饲料配方的设计方法第 1 节、第 2 节、第 3 节、第 7 节由河南农业大学常娟编写，第 4 节由郑州拓普饲料营养研究中心王冯久编写，第 5 节由河南农业大学史莹华编写，第 6 节由四川农业大学冯琳编写；第 5 章饲料加工与智能控制由河南工业大学杨刚编写；第 6 章配合饲料质量与安全控制由河南农业大学王平编写；第 7 章动物饲养标准由河南牧业经济学院李梦云和车龙编写；附件资料由常娟整理完成。

本教材由中国农业大学张丽英教授，河南农业大学尹清强教授担任主审，河南农业大学王志祥教授、陈文教授也给予了指导和建议，在此谨致谢意！

由于编者水平有限，书中难免有不当之处，恳请读者批评指正。

编 者

2022 年 2 月 1 日

目 录

1 绪　论

1.1 配合饲料及其分类

1.1.1 配合饲料的概念

根据畜禽不同生长阶段、不同生理需求和不同生产用途的营养需要，以及饲料原料的营养价值，按科学配方，将多种单一饲料原料，依据一定比例和特定的工艺流程生产，以满足各种实际需求的混合饲料，称为配合饲料。

配合饲料是根据科学试验并经过实践验证而设计生产的，并集成了动物营养学和饲料学的最新研究成果。配合饲料的配制，首先根据动物的营养需要量确定饲粮中各种饲料原料的百分比构成，其次依据配方将各种饲料原料按比例均匀混合，保证有效成分的稳定一致，有效地提高了饲料的营养价值和饲养效益。配合饲料具有以下 4 方面优点。

(1)配合饲料是根据不同种类畜禽的营养需要和消化生理特点配制而成的，能够满足畜禽的营养需要，可最大限度地发挥畜禽的生产潜力，提高饲料报酬，缩短饲养周期。

(2)合理利用各种饲料原料，利于工厂化生产，合理开发新饲料资源，减少浪费。

(3)配合饲料采用先进的生产工艺加工而成，能够保证饲料产品质量标准化，更加科学、安全、高效，有利于环境保护。

(4)便于机械化生产、用户使用、运输和贮存，可有效提高劳动生产率和经济效益。

1.1.2 配合饲料的分类

在生产中使用的配合饲料种类繁多，可根据营养价值、饲喂对象和饲料形态进行分类，每种配合饲料都有其特殊的要求和用途。

1. 按营养价值分类

配合饲料按营养价值分为全价配合饲料、浓缩饲料、精料补充料和添加剂预混料。

(1)全价配合饲料　指能够满足畜禽所需要的全部营养成分的饲料。由能量饲料、蛋白质饲料、矿物质饲料、维生素、氨基酸及微量元素添加剂等按规定的畜禽饲养标准配合成，是一种质量稳定、营养全面平衡的饲料。这类饲料可以直接用来饲喂畜禽，适用于规模化密闭饲养的猪、鸡、鸭和特种经济动物等。

(2)浓缩饲料　指以蛋白质饲料为主，加上矿物质饲料和添加剂预混料配制而成的混合饲料。用于猪、鸡的浓缩饲料一般含粗蛋白质 25%～40%，矿物质和维生素含量也高于畜禽营养需要的 2 倍以上，因此，这类饲料不能直接饲喂。在使用时，须按要求加入玉米或其他能量饲料后方可饲喂。浓缩饲料可减少能量饲料的往返运输，降低成本，使用方便。

(3)精料补充料　主要由能量饲料、蛋白质饲料和矿物质饲料组成，用于补充反刍或草食家畜饲草中供应不足的营养成分。精料补充料须搭配一定比例的青粗饲料或青贮饲料，方可满足反刍或草食家畜的营养需要。

(4)添加剂预混料　指由一种或多种添加剂原料与载体或稀释剂按一定比例配制的均匀混合物，简称预混料。添加剂预混料的种类较多。为了生产和使用方便，其可分为单项添加剂预混料和复合添加剂预混料。

①单项添加剂预混料。指由单一添加剂原料或同一种类的多种饲料添加剂与载体或稀释剂按一定比例配制的混合物。如维生素A预混料、硒预混料、维生素预混料、微量元素预混料等。

②复合添加剂预混料。指由矿物元素、维生素、氨基酸、防霉剂、酸化剂等任何两类或两类以上的饲料添加剂混合而成的预混料。

经预混合后的微量成分有利于其在大量饲料中均匀混合。添加剂预混料是配合饲料的半成品，既可供配合饲料厂生产全价配合饲料或浓缩饲料，又可单独在市场上出售，但不能直接用来饲喂畜禽。添加剂预混料生产工艺一般比配合饲料生产要求更加精细和严格，因此，产品的配比也更准确，加工工艺更复杂，须由专门的饲料加工企业生产。

2. 配合饲料按饲喂对象分类

按畜禽的种类、生长期、生产水平，将其分成若干个饲料种类。

(1)鸡用配合饲料　肉鸡、蛋鸡和种鸡3种。

①肉鸡料。按照鸡的周龄，白羽肉鸡的饲料一般分为0～3周龄和4周龄到上市2种。黄羽肉鸡的饲料一般分为0～4周龄、5～7周龄和8周龄到上市3种。

②蛋鸡料。按照周龄及产蛋率分为5种，即0～8周龄、9～18周龄、19周龄至开产、开产至产蛋高峰期、产蛋高峰后期等。

③种鸡料。分为0～6周龄、7～18周龄、19周龄至开产、开产至产蛋高峰期和产蛋高峰后期等。

(2)猪用配合饲料　分乳猪料、保育料、生长肥育猪料、母猪料和种公猪料等。乳猪料又称为教槽料，在仔猪出生后一周左右开始饲喂，保育料在仔猪断奶1～2周后开始饲喂。生长肥育猪按体重分为育肥前期料(30～60 kg)和育肥后期料(60 kg至出栏)2种。种猪按生理状况分为妊娠前期母猪料、妊娠后期母猪料、哺乳母猪料、空怀母猪料和种公猪饲料。

(3)牛用配合饲料　一般分为犊牛料、妊娠母牛料、哺乳母牛料和肉牛育肥料等。

(4)羊用配合饲料　一般分为妊娠母羊料、哺乳母羊料、羔羊料、种公羊料和育肥料等。

另外，鱼类一般可分为草鱼、青鱼、鲤鱼、罗非鱼及鲫鱼等不同种类鱼饲料。配合饲料还包括兔、鼠、貂、狐、猞猁、水獭等一些实验动物及经济动物用料。

3. 配合饲料按饲料形态分类

(1)粉状配合饲料　是配合饲料的基础型，由能量饲料(谷物类)、蛋白质饲料(饼粕类、鱼粉、血粉等)、矿物质和维生素饲料以及各种添加剂，经过粉碎、称量、混合均匀加工而成，一般粒度在2.5 mm以下。粉料生产工艺简单，加工耗电少，成本低。

(2)颗粒饲料　将配合好的粉状饲料在颗粒机中加入蒸汽或黏合剂，由高压压制而成的直径为2.5～5.0 mm的颗粒状饲料。

(3)碎粒料　把颗粒料破碎成直径2～4 mm的碎粒料，具有颗粒料的优点，可直接饲喂小鸡、鹌鹑等。生产这类饲料要求工艺复杂，机械设备多，一般小型工厂不宜生产。

(4)微粒子饵料　料径为10～220 μm，每克饲料含有700万～800万个粒子。这是根据鱼虾对各类营养物质的需要量先配成液体状后，经喷雾干燥或冷冻而成的。其具有漂浮性好、适口性好，易于鱼虾吞食的特点。

(5)压扁饲料　将籽实饲料通过蒸汽加热到 120 ℃左右，然后压成片状，冷却后再配合各种添加剂制成的饲料。这种饲料可提高饲料的消化利用率，适口性好，畜禽喜食，易咀嚼，多用于喂牛。

(6)块状饲料　为牛、羊放牧或圈养时补充微量元素及其他矿物质的块状型饲料。常见的有盐砖和营养舔砖。

(7)液体饲料(人工乳)　是为早期断奶的幼畜配制的混合料，由脱脂乳、乳酪、乳清和动物脂肪、碳水化合物、维生素、无机盐和其他幼畜正常发育所必需的成分加工而成。其营养价值与母乳相当。利用人工乳在奶牛业上可降低犊牛培育成本；在养猪业中可以提高母猪的利用效率，母猪可早断奶、多产仔，有利于提高仔猪断奶重和仔猪成活率。

1.2　配合饲料工业发展现状与趋势

1.2.1　配合饲料的发展历史

在长期的畜牧业生产中，人类通过对动物营养和饲料科学的深入研究，对畜禽的营养需要、饲料原料及其营养价值的认识不断深化，使饲料的种类不断增加，新型饲料资源不断产生，饲料的利用方式也由简单加工发展到科学加工的配合饲料。

尽管人类驯化动物已经有几千年的历史，但是伴随商业化配合饲料的生产仅有 130 余年的历史。饲料工业最先开始于对农副产品的处理。世界上第一家饲料厂于 1875 年在美国建立。豆粕作为饲料原料从 1922 年开始应用于饲料工业。随着对配合饲料认知程度的不断提高，人们采用各种技术措施提高饲料的品质，使用配合饲料的目的也由提高畜禽的生产效率向提高畜产品质量和绿色生态的方向发展。

随着饲料工业的发展和饲料消费需求的变化，智能化的饲料加工和配制技术逐渐应用于饲料工业，对饲料原料简单的粉碎和混合已不能适应饲料工业发展的需要。饲料专业化和精细化加工快速发展，对饲料原料进行膨化、膨胀等预处理以及微粉碎、超微粉碎、高效调质、后熟化、液体后喷涂等先进工艺已广泛应用于饲料加工过程。码垛机器人在大中型饲料企业快速推广，原料质量监测、成本控制、加工工艺、计算机控制等先进管理手段得到广泛应用。同时，新型饲料添加剂及新型饲料资源越来越多地得到开发应用。

1.2.2　配合饲料的发展现状

1. 世界配合饲料工业发展现状

随着畜禽养殖规模化和集约化程度的不断提高，饲料工业随之得到全面发展。从世界范围来看，从谷物加工业到逐步形成饲料工业已经有 100 多年的历史。在此期间，动物营养代谢规律的研究取得了令人瞩目的成就，尤其是动物育种技术的进步，促使饲料工业由简单的加工业发展成为门类齐全、拥有先进技术和智能装备的现代化产业。饲料工业的发展极大地带动了原料贸易、畜禽养殖、医药卫生、设备制造、油料加工、肉类加工、乳品加工、谷物及豆类加工等行业的发展。随着动物营养和饲料科学研究的不断深入以及与之相关的医药、生物、机械、原料加工等技术的进步，饲料工业获得了快速发展，也因此带动了畜牧业乃至国民经济和人民生活水平的不断提高。

纵观世界饲料工业的发展历史，饲料工业的发展大致经历了三个阶段。1875 年，美国伊利诺伊州沃基根市布拉奇福德(Blatchfor's)饲料厂的建立，标志着世界饲料工业的开始。从世界上第一家饲料厂建立到 20 世纪初期是饲料工业的起步阶段，这一时期新的饲料加工设备不断涌现，饲料加工能力不断增强，动物营养与饲料科学的研究也取得显著进展。1898 年，Henry 将以总消化能为基础的饲养标准修订为可消化总养分为基础的饲养标准。随后，德国 Kellner 淀粉价、北欧大麦饲料单位、苏联燕麦单位和美国 Aralsby 的净能体系相继出现，微生物、矿物质和微量元素的研究和应用也受到广泛关注。20 世纪 40 年代提出了理想蛋白质的概念并建立了饲料中氨基酸的微生物分析法，50 年代提出了化学分析法，为以后定量评价饲料的蛋白质营养奠定了基础。1944 年，美国国家研究委员会(National Research Council，NRC)发布了一系列畜禽饲养标准，并且每 10 年修订一次，NRC 标准至今被用作制定饲料配方的基础。从 20 世纪 50 年代至 70 年代是饲料工业成长发展阶段，伴随着饲料机械制造业、加工业的不断发展，饲料工业的生产规模逐渐扩大。脂肪作为能量饲料使用，鱼粉和豆粕成为主要蛋白质饲料，饲料营养性添加剂和非营养性添加剂等的研究和应用，显著提高了饲料产品质量和畜禽的生产性能。20 世纪 70 年代随着动物科学和饲料加工技术的进步，电脑配方和自动化管理在饲料工业的应用，以及新型饲料添加剂的研制应用，世界饲料工业进入现代化的稳定发展阶段。这一阶段，评定反刍动物饲料理想蛋白质及蛋白质需要量新体系、采用蛋白质新体系的反刍动物饲料标准在许多国家得到广泛应用，同时，动物营养与饲料科学与生理学、生物化学、遗传学和育种学等学科的相互渗透进一步增强。

二维码1-1
2011—2021年
全球和中国饲料产量

自 2011 年以来，我国饲料行业步入成熟阶段，年复合增长率达 3%。2011 年我国饲料产量已超过美国，成为全球第一大饲料生产国。中国饲料工业总产量连续 10 年居全球首位，约占全球总产量的 1/5，在世界饲料工业中发挥着越来越重要的作用。2021 年全球饲料产量 12.15 亿 t，连续第七年超过 10 亿 t。从不同动物品种饲料产量来看，禽饲料和猪饲料占比较大。肉鸡饲料仍是全球最大的饲料品种，2021 年产量为 3.5 亿 t，占全球饲料总产量的 28.4%；猪饲料产量达 3.1 亿 t，占比 25.1%；蛋鸡料饲料产量为 1.6 亿 t，占比 13.2%。2021 年饲料产量增幅最大的品种为宠物饲料；另外，得益于亚太地区饲料产业从非洲猪瘟中复苏，猪饲料增幅达 6.6%。

二维码1-2
2021年全球不同畜种
饲料产量结构

2. 中国配合饲料工业发展现状

中国饲料工业的发展经历了相当漫长的过程，大致可分为远古、近代和现代三个阶段。据史料记载，公元前 6000 年至公元前 2000 年的新石器时代，随着圈养牲畜的出现，我国开始有了饲料的萌芽。采用将草切碎配合谷物饲喂牲畜，开始注重粗饲料和精饲料的配合使用。在总结饲养经验的基础上，人们逐渐认识到不同饲料原料的适当组合有利于动物的生长。秦汉时期《淮南万毕术》记载了我国历史上第一个饲料配方，虽然科学性不强，但在当时的历史条件下已经非常先进。

长期以来，我国都是以种植业为特征的农业国家，养殖业长期处于副业地位。在一家一户的分散经营模式下，农户饲养畜禽的数量极其有限，以自给自足为主，畜产品的商品率较低。新中国成立后，我国高度重视畜牧业发展，肉、蛋、奶等畜产品的商品化程度逐年增加。

随着养殖规模的不断提高，出现了简单的饲料加工企业。1956 年农业部首次在湖北省召开了农村饲料加工现场会，推广简单的饲料加工技术，同期华北地区第一座饲料加工厂天津市宜兴埠饲料加工厂建成投产，主营饲料、饲草业务的包头饲料公司在包头成立。改革开放之后，我国饲料工业进入了快速发展时期，饲料工业已成为关系到国计民生的重要产业，动物营养与饲料科学也发展成为独立的学科。

动物营养学、生理学、生物化学的发展以及相关技术在饲料研究中的应用，有效促进了我国饲料科学的快速发展。20 世纪 50 年代，我国开始利用苏联的燕麦饲料单位及可消化粗蛋白质的饲料标准体系。与此同时，我国相继开展了饲料资源调研、饲料资源开发和贮存等方面的研究工作。长期以来，畜牧业在中国被当作副业，且长期使用单一饲料饲喂畜禽，导致饲料转化率低下，这是近代中国饲料工业发展缓慢的主要原因。

自改革开放以来，中国饲料工业持续快速发展，基本形成了由饲料原料工业、饲料加工工业、饲料添加剂工业、饲料机械工业以及饲料科研、培训、质量监督与检测等组成的较为完整的饲料工业体系。为充分开发我国的饲料资源，提高饲料利用效率，改进畜禽产品品质，相继开展了畜禽营养代谢规律、分子营养学、微生态学、理想蛋白质模式、反刍动物蛋白质新体系、饲料效价评定、矿物质营养代谢、饲料抗营养因子、益生素和寡糖等营养与非营养添加剂、饲料原料及其检测技术标准化、饲养与环境、饲料与免疫、饼粕和秸秆类利用、近红外快速检测体系建设与应用等方面的研究。动物营养需要和饲料原料营养价值动态预测、饲用酶技术体系创新及重点产品创制、微生态制剂的高密度发酵等技术也得到广泛应用。近年来，通过农业科技创新能力建设规划等项目实施，推动改善饲料科技创新条件，加大对饲料科技创新的支持力度，在完善饲料基础数据、研发新型饲料添加剂、开发利用饲料资源、智能化饲料加工装备等重点领域取得了重大突破，饲料工业是伴随着改革开放而兴起的一个朝阳产业。

二维码1-3
我国饲料工业的崛起

2021 年，随着我国生猪生产加快恢复，水产和反刍动物养殖持续发展，带动饲料工业产量较快增加。2021 年，我国饲料工业总产值 12234.1 亿元，比上年增长 29.3%。饲料总产量为 29344.3 万 t，其中配合饲料总产量为 27017.1 万 t，浓缩饲料为 1551.1 万 t，添加剂预混合饲料为 663.1 万 t。从品种上看，猪饲料产量 13076.5 万 t，肉禽饲料产量 8909.6 万 t，蛋禽饲料产量 3231.4 万 t，反刍动物饲料产量 1480.3 万 t，水产饲料产量 2293.0 万 t；宠物饲料产量 113.0 万 t，其他饲料产量 240.4 万 t。

2021 年全国年产 10 万 t 以上饲料生产厂为 957 家，比 2020 年增加 208 家，合计饲料产量为 17 707.7 万 t，在全国饲料总产量中占比 60.3%，比 2020 年提高了 7.5%；年产百万吨的规模饲料企业集团 39 家，比 2020 年增加 6 家，占全国饲料总产量的 50.5%，其中有 6 家饲料企业集团年产量超过 1 000 万 t。全国工业饲料产量超千万吨省份有 13 个，比 2020 年增加 3 个，配合饲料产量排名超过千万吨的省份分别为：山东、广东、广西、辽宁、江苏、河南、四川、河北、湖北、湖南、安徽、福建和江西。饲料工业的快速发展，尤其是近年来国家一系列促进草牧业发展项目的实施，为促进养殖业发展、优化种植业结构起到了重要作用。

虽然我国饲料工业发展成效显著，但总体仍处于从饲料大国向饲料强国迈进的爬坡过坎期，还存在着一些矛盾和问题，制约着产业转型升级。从生产体系看，与现代化的要求相比，多数饲料生产企业在加工装备、管理体系和技术创新能力等方面还有差距，产品同质化问题突出，具有较强国际影响力的企业和品牌较少。从经营体系看，饲料生产企业与养殖对接不够紧密，产品销售环节多、费用高。从监管体系看，技术支撑机构人才装备建设滞后，基层监督执法体制机制不健全，风险管控和日常监管没有全面落实到位。从政策体系看，饲料工业是微利行业，在应对大宗原料价格波动、采用新技术新装备等方面政策支持力度不够，在建厂用地等方面受到较多的限制，抗风险和持续发展能力不强。

1.2.3 配合饲料的发展趋势

随着畜牧业规模化和标准化程度不断提高，以及人们对提高自身健康和生活质量意愿的不断增强，畜产品乃至饲料本身的质量愈来愈引起人们的重视。未来配合饲料的研究领域将由宏观到微观、由静态到动态方向发展，将更加注重从分子营养学水平研究饲料的营养价值。同时，动物营养和饲料科学与边缘学科的相互渗透会进一步加强，开展营养遗传学的研究，探讨畜禽一些主要生产性状的遗传物质，如基因表达与饲料营养的关系以及如何通过选种提高动物采食量、降低能量和蛋白质维持需要量；饲料营养与免疫的协同作用，营养不良或过剩与疾病的关系；营养与免疫系统细胞分化、细胞代谢产物的关系；应激状态下保持动物最适免疫功能的营养需要量、营养生理的研究等。

1. 饲料配方设计更加精准科学

随着动物营养需要量的研究和预测更加精准，各种动物营养需要、饲养标准陆续问世并持续更新，饲料营养成分和其他营养参数不断得到更新和完善，使得饲料配方设计中所涉及的营养参数更全面、更科学。例如，以主要畜禽品种为对象，开展动物营养需要、饲料原料营养物质消化利用率动态预测模型构建；以近红外光谱等技术为基础，研究饲料原料营养物质快速定量检测方法。同时，充分利用互联网技术，针对饲料企业积累的数据，建立收集、汇总和挖掘机制，也可使饲料配方更加精准科学。

2. 饲料加工工艺更加精细智能

饲料加工工艺学与动物营养学的结合愈加紧密，按细分品种、细分阶段、精细饲养的要求，构建适宜的加工工艺及质量安全指标体系，将进一步推动饲料产品的细分加工。为适应饲料生产节能降耗的需要，改进粉碎、热加工等关键工艺，完善液态饲料、软颗粒、膏状等新形态饲料加工工艺势在必行。针对水分、粉碎粒度、混合均匀度等关键指标，发展饲料加工质量在线监测与控制技术，提升饲料加工装备水平。以专业化、大型化、自动化、智能化、高效低耗、绿色环保、安全卫生为导向，推动饲料加工装备的升级改造。提高原料接收、粉碎、调质、膨化、膨胀、冷却、干燥、筛分、包装、码垛等关键设备的可靠性，使用寿命，智能化和自清洁水平。在饲料企业推广码垛装备等智能机械装备，提高饲料加工装备及其控制系统的通用化、系列化、模块化水平，使饲料加工更加智能化。

3. 饲料原料来源更加丰富多样

随着生物、物理和化学相关技术的应用，饲料原料的来源更加多样化，配合饲料中常规能量饲料（如玉米）和蛋白质饲料（如大豆及其制品）的比重将会不断降低。现代动物营养学和饲料分析检测技术的发展，为了解和测定饲料中各种潜在营养物质和抗营养因子，为更好地开发和利用各种饲料资源提供了可靠技术保障。利用物理、化学和生物技术对饲料原料进行处理，提高其营养价值并降低抗营养因子的含量，对于拓宽饲料资源及降低饲料产品成本具有重大意义。生物技术在饲料工业中将发挥越来越重要的作用，如利用现代遗传、育种技术已培育适合饲料用玉米新品种；利用生物技术开发新型饲料添加剂及发酵饲料。这些技术的应用可有效提高动物对营养物质的利用率。青绿饲料和牧草的应用将进一步加强，蛋白质含量高、品质优良的苜蓿等饲草生产及其草产品的开发将成为下一步发展的重点。

4. 信息技术应用更加广泛

饲料企业在原料采购、生产加工、质量控制、产品销售、客户服务等方面与互联网的融合度进一步增加，挖掘利用物联网、大数据、云计算等技术潜力的力度不断加大。饲料企业参与“互联网＋现代农业”的积极性将进一步提高，可为有效提高生产效率、降低经营成本、整合资源要素、提升服务能力等提供信息保障。信息技术的应用，为饲料企业向饲料原料生产、畜牧和水产养殖、畜禽屠宰、食品加工等领域延伸发展提供了借鉴，为养殖产业链整合、种养加一体化、一二三产业融合发展奠定了基础。

5. 饲料产品更加安全环保

随着人们对环境保护和畜产品质量安全的关注，饲用抗生素禁用已成常态，研发新型饲料添加剂和安全环保饲料产品显得愈加重要。如研发具有抗氧化、抗应激、降解霉菌毒素等特殊功能的新型酶制剂，开发具有耐酸、耐热等不同特点的微生态制剂，集成氨基酸平衡配方、酶制剂、微生态制剂、植物提取物等技术，开发改善动物整体健康水平的新型饲料产品，减少药物饲料添加剂的使用。推广低氮、低磷和低矿物质饲料产品，促进畜禽粪污减量化排放。按照修订后的《饲料卫生标准》(GB 13078—2017)，严格控制饲料中重金属、霉菌毒素、病原微生物等有害物质的含量。按照《饲料添加剂安全使用规范》(农业部公告 2017 年第 2625 号)的要求，严格控制饲料中的铜、锌用量，防止超量添加。微生物发酵技术在饲料产品中的应用将更加普遍。此外，发酵配合饲料产品，与地方特色动物产品、功能性动物产品生产配套的饲料产品的开发，将成为今后研究的热点。

1.3 本课程学习内容

1.3.1 本课程学习内容和任务

本课程在了解国内外饲料行业发展历史和现状的基础上，概括配合饲料的定义、分类及其配制的理论基础，饲料营养成分及其主要生理功能，掌握主要饲料原料的特点，能够进行不同饲料配方的设计，配合饲料因其种类不同，生产过程包括原料的储藏、粉碎、混合和制粒等不同加工环节，每个环节均有其特殊工艺要求，各个环节要相互衔接，才能提高饲料产品的品质。因此，通过饲料配方设计与加工工艺学课程学习，要求掌握配合饲料配方设计及其生产的基本原理，了解影响配合饲料产品品质的技术环节，并能够根据动物生理特点、饲养环境、各种饲料原料和饲料添加剂产品的特性，科学、合理、灵活地设计饲料配方及其加工工艺，生产优质、安全、高效的配合饲料。同时，还需要明确影响配合饲料质量和安全的主要因素，了解主要的饲料质量认证和管理体系。

1.3.2 本课程与相关课程的关系

饲料配方设计与加工工艺学是一门应用性强的专业课程，本课程以动物营养学、饲料学、饲料添加剂学及饲料分析等课程为基础，结合饲料加工工艺学等相关课程理论，旨在培养具备配合饲料配方设计及熟悉加工工艺的专业人才。通过本课程的学习，学生的专业理论知识与实践的联系将会更紧密，为未来发展饲料工业打下坚实基础，为更好地服务我国乡村振兴和生态文明建设贡献力量。

思考题

1. 简述配合饲料的概念和分类。
2. 简述国内外配合饲料工业发展现状与趋势。

2 饲料营养成分及其生物学功能

2.1 碳水化合物及其生物学功能

2.1.1 碳水化合物概述

1. 概念

碳水化合物(carbohydrate)又称糖类(saccharides),是由C、H、O三大元素组成的多羟基的醛、酮及其简单衍生物或能水解产生上述醛或酮的化合物,通式为$(CH_2O)_n$。碳水化合物这类有机物在自然界中分布较广。在植物体内,其含量通常占干物质总重量的一半以上,而动物性饲料原料中碳水化合物含量较少,一般不足1%。

2. 分类

饲料中碳水化合物的种类较多,按照单糖的聚合度可以将碳水化合物分为单糖、低聚糖和多聚糖3类。碳水化合物的分类见表2-1。

2.1.2 单糖和低聚糖

1. 单糖

单糖(monosaccharide)是各种低聚糖与多聚糖的基本组成单位,不能被水解。根据所含的不同化学基团,将单糖分为醛糖(aldose)和酮糖(ketose),其中以五碳糖和六碳糖最为普遍。单糖中的葡萄糖和核糖对动植物较为重要,葡萄糖是动物主要的供能物质,核糖是核酸的组成部分。

2. 低聚糖

低聚糖(oligosaccharide)又称寡糖,是由2～10个糖单位经糖苷键连接组成的聚合糖,具有营养意义的低聚糖是双糖,较为普遍。常见双糖有纤维二糖、蔗糖与麦芽糖。纤维二糖由两分子葡萄糖以β-1,4糖苷键相连而成,因动物体内无相应的水解酶,故纤维二糖无法直接被机体利用。蔗糖由葡萄糖与果糖组成,主要存在于甘蔗与甜菜等根茎类植物中,分布较广。麦芽糖由两分子葡萄糖组成,主要存在于麦芽中,是糖原与淀粉的组成成分。

2.1.3 多聚糖

多聚糖(polysaccharide)由10个以上糖单位脱水缩合而成,由一种或两种以上单糖组成。由于多聚糖种类较多,可以根据不同方法对其进行分类。根据糖单位是否相同,将其分为同质多糖(淀粉、糖原、纤维素等)与杂多糖(半纤维素、阿拉伯树胶和果胶等);根据功能性,将其分为结构性多糖与营养性多糖;根据Van Soest分析方法与多糖在植物细胞中的位置,将其分为结构性碳水化合物与非结构性碳水化合物。

多聚糖在自然界分布广泛，主要分布于微生物与植物体内，少量以糖原形式分布于动物体内。多聚糖作为植物性饲料的主要营养物质，经发酵或水解后被动物体吸收利用。反刍动物和非反刍动物对多聚糖的利用情况不同，非反刍动物以淀粉转化为葡萄糖为主，反刍动物以瘤胃降解纤维素形成挥发性脂肪酸为主。研究发现，由不同来源的碳水化合物组成的饲粮可通过改变猪的血糖与胰岛素应答反应而影响其生长性能。反刍动物粗饲料以结构性碳水化合物为主，精料以营养性碳水化合物为主，不同的精粗比对机体代谢和生产性能影响不同。高精料饲粮可在一定程度上促进瘤胃发酵，提高小母牛平均日增重与饲料效率。代谢组学研究表明，高精料饲粮增强机体抗氧化能力，改变机体碳水化合物与氨基酸的代谢过程。

表 2-1　碳水化合物的分类

碳水化合物的分类	碳水化合物的种类
单糖	丙糖：甘油醛、二羟丙酮 丁糖：苏阿糖、赤藓糖等 戊糖：核糖、核酮糖、木糖、木酮糖、阿拉伯糖等 己糖：葡萄糖、果糖、半乳糖、甘露糖等 庚糖：景天庚酮糖、葡萄庚酮糖、半乳庚酮糖等 衍生糖：脱氧糖，氨基糖、糖精、糖苷等
低聚糖或寡糖 （2～10 个糖单位）	二糖：蔗糖、乳糖、麦芽糖、纤维二糖、龙胆二糖、蜜二糖 三糖：棉籽糖、松三糖、龙胆三糖、洋槐三糖 四糖：水苏糖 五糖：毛蕊草糖 六糖：乳六糖
多聚糖 （10 个糖单位以上）	同质多糖（由同一糖单位组成） 葡聚糖：淀粉、糊精、糖原、纤维素 戊聚糖：阿拉伯聚糖、木聚糖 果聚糖：菊糖、左菊糖 半乳聚糖 甘露聚糖
	杂多糖（由不同糖单位组成） 半纤维素（由葡萄糖、果糖、甘露糖、半乳糖、阿拉伯糖、木糖、鼠李糖、糖醛酸组成） 阿拉伯树胶（由半乳糖、葡萄糖、鼠李糖、阿拉伯糖组成） 菊糖（由葡萄糖、果糖组成） 果胶（半乳糖醛酸的聚合物） 黏多糖（*N*-乙酰氨基糖、糖醛酸为单位的聚合物） 透明质酸（葡萄糖醛酸、*N*-乙酰氨基糖为单位的聚合物）
其他化合物	几丁质（*N*-乙酰氨基糖、$CaCO_3$ 的聚合物） 硫酸软骨素（葡萄糖醛酸、*N*-乙酰氨基半乳糖硫酸酯的聚合物） 木质素（苯丙烷衍生物的聚合物）

1. 结构性多糖

(1)纤维素　纤维素属于同质多糖。在同质多糖中，淀粉、糖原和纤维素均为葡萄糖聚合物，其区别是淀粉和糖原由葡萄糖通过 α-1,4 糖苷键缩合而成；而纤维素由葡萄糖通过 β-

1,4 糖苷键缩合而成且不含支链，并以纤维二糖为基本重复单位。由于动物消化道中分泌的消化酶只能水解 α-1,4 糖苷键或 α-1,6 糖苷键，因此动物本身不能利用纤维素，但非反刍动物的消化道后段以及反刍动物的瘤胃与消化道后段存在的微生物能够降解纤维素。纤维素主要存在于禾本科植物的成熟茎叶中，是植物细胞壁的主要成分。秸秆中纤维素的含量占干物质的 30%以上，明显高于青绿植物中纤维素含量。纤维素不溶于水、稀酸和稀碱，但可以吸水膨胀，在强酸作用下能够被水解为葡萄糖，由于其不溶于稀碱的特性，用碱溶液提取植物细胞壁时不溶部分即为纤维素。

(2)半纤维素　除纤维素外，半纤维素也是植物细胞壁组成成分之一，占细胞壁的 10%～40%，主要存在于植物木质化部分。半纤维素属于杂多糖，主要由聚戊糖和聚己糖等组成，化学结构较复杂，其中聚戊糖主要指阿拉伯聚糖与木聚糖，聚己糖主要指半乳聚糖、半乳糖醛酸聚糖与甘露聚糖。半纤维素是碱溶性多糖，但与木质素结合难溶于水。半纤维素和纤维素间主要存在以下 3 方面的差别：

①构成半纤维素或纤维素的糖单元不同，构成半纤维素的糖单元主要有阿拉伯糖、木糖、半乳糖及其他碳水化合物，构成纤维素的糖单元是葡萄糖。

②半纤维素分子链较短，纤维素分子链较长。

③半纤维素分子包含支链，纤维素分子为直链。

(3)果胶　果胶属于杂多糖，是由半乳糖醛酸形成的聚合物，其中有些羧基被甲酯化，另一些羧基则与钙或镁等矿物质结合。植物细胞壁中果胶的含量低于纤维素与半纤维素，约为细胞壁的 1%～10%，主要存在胞间层和初生细胞壁中。动物消化道中的酶不能水解果胶，微生物则能够使其降解。

(4)木质素　木质素是由对香豆醇、松柏醇和芥子醇三类苯丙烷衍生物组成的聚合物，仅存在于生长成熟后的植物细胞壁中，占细胞壁的 5%～50%，能够提高植物细胞的机械强度，增强植物细胞壁的化学性与生物性抵抗力。木质素的基础结构由碳链和酯键或醚键组成，禾本科青草的木质素中含有酯键，豆科植物的木质素中通常含有醚键。严格意义上说木质素不属于碳水化合物，但它能够与细胞壁中的纤维素和半纤维素等多糖紧密结合，形成难降解复合物，共同支撑植物细胞壁。木质素与其他碳水化合物结合后较稳定，不易被酸碱降解。多汁饲料与幼嫩植物中木质素的含量较少。

(5)其他　其他结构性多糖还包括蜡质、黏多糖、角质与软木脂等。蜡质与角质是一类表皮化合物，存在于植物的气生部分，通常与木质素共同存在。黏多糖在动物结缔组织中分布较广，由 *D*-氨基葡萄糖、*D*-氨基半乳糖和糖醛酸结合形成。软木脂存在于软木中，由软木醇酸和甘油酯化生成。

2. 非结构性多糖

(1)淀粉　淀粉是一种植物性多糖，主要存在于植物的种子、髓、根、叶和茎中，遇碘变蓝或变红。块根类植物如马铃薯、木薯，谷物类饲料，玉米等都是淀粉的主要来源。谷物中淀粉含量最高，可达 70%；其次为植物的块根，淀粉占干物质的 30%；青绿植物部分淀粉含量较少。淀粉分为直链淀粉与支链淀粉，直链淀粉呈弯曲状，由 250～300 个葡萄糖以 α-1,4 糖苷键相连；支链淀粉形状似树枝，每隔 24～30 个葡萄糖就有一个分支，除 α-1,4 糖苷键外，分支点处以 α-1,6 糖苷键相连。直链淀粉分子量在 5 万道尔顿左右，而支链淀粉分子量较大，在 20 万道尔顿以上。支链淀粉含量较多，占 70%～90%，直链淀粉仅占 10%～30%，例如在玉米淀粉中，直链淀粉占总淀粉的 22%～28%。即使是同种谷物，其中的直链淀粉和支链淀粉含量也有差异。淀粉对于反刍动物和非反刍动物意义不同。对于非反刍动物来说，淀粉是重要的能量来源，十二指肠是淀粉消化的主要部位，首先十二指肠中的 α-淀粉酶将淀粉分解为麦芽糖,再被二糖酶进一步分解为葡萄糖,经肠道吸收后参与机体代谢。对于反刍动物来说,瘤胃中的微生物能够分泌淀粉酶来降解饲料中的淀粉,淀粉在瘤胃中的降解过程主要分为两步。第一步是初级发酵,即瘤胃中的反刍兽新月单胞菌和嗜淀粉瘤胃杆菌等淀粉分解菌分泌淀粉酶将饲料中的淀粉降解为麦芽糖,麦芽糖再进一步水解为葡萄糖;第二步是瘤胃微生物摄取葡萄糖,在胞内酶的作用下将其降解为乙酸、丙酸与丁酸等挥发性脂肪酸。未被消化的淀粉进入皱胃与小肠消化,其消化方式与非反刍动物类似。饲料生产中一般通过制粒、破碎以及熟化等方式提高来自木薯、甘薯与谷物籽实中的淀粉在反刍动物瘤胃中的降解率。

(2)糖原　碳水化合物在动物机体中以糖原形式储备,一般存在于动物的肝(40%)、肌肉(45%)与其他组织中,是动物能量的来源,又被称为动物淀粉。其结构与支链淀粉类似,是由10个左右的 *α*-*D*-吡喃葡萄糖基经 *α*-1,4 糖苷键相连而成,其中每 10～12 个葡萄糖会出现一个分支,也有一部分糖原分子中穿插着 *α*-1,6 糖苷键。饲料中糖原含量较低,只有酵母干物质中含有 3%～20%的糖原。糖原对于动物来说具有非常重要的作用,尤其是肝糖原,肝糖原和血糖的水平是反映动物机体糖代谢、内分泌机能以及机体各组织器官中细胞功能状态的重要指标,同时可以反映动物的肝功能是否良好,以及饲料所提供的营养是否恰当。一般情况下,动物进食后血糖含量升高,在肝脏中血糖被转化为肝糖原以维持正常的血糖水平,当动物饥饿时,血糖含量较低,肝糖原又被分解为葡萄糖,经血液运输至动物机体的其他组织器官,随后进入细胞提供能量。肌糖原与采食量无太大关系,它的主要作用是在运动时为机体提供能量,过度运动导致器官衰竭时,肌糖原的含量减少。动物机体中的储能物质除糖原外还有脂肪,二者的区别是:糖原是短期储能物质,而脂肪是长期储能物质。许多动物在妊娠后期能够在机体中积累部分糖原和脂肪以便幼仔出生后供能,因种类不同,储能物质含量差异较大。

3. 复合糖

(1)糖蛋白　糖蛋白为糖链与肽链结合而成的大分子球状聚合物。不同的糖蛋白中糖和蛋白质的比例不同,一般情况下蛋白质比例较高,因此总体性质更接近于蛋白质。构成糖蛋白中糖链的单糖与衍生物包括 *D*-葡萄糖、*D*-半乳糖、*D*-甘露糖、岩藻糖、*N*-乙酰葡萄糖胺与*N*-乙酰半乳糖胺等。

(2)脂多糖　脂多糖为脂质 A 与杂多糖紧密结合而成的,是革兰氏阴性菌细胞壁的特有成分。脂多糖的生物学功能包括产生特异抗体、形成内毒素化合物和决定细菌类型等。

(3)糖脂　糖脂不同于脂多糖,是指单糖残基与脂类通过糖苷键相连而成的化合物。糖脂在生物体中广泛存在,是细胞膜等生物膜的组成成分,生物膜中的糖脂主要是鞘糖脂与甘油糖脂。

2.1.4　碳水化合物的理化性质

1. 溶解性

单糖、糖醇、糖苷、低聚糖等一般都是可以溶于水。但糖醇的不同品种在水中的溶解性有很大的差别(山梨醇＞蔗糖＞甘露醇)。大多数情况下,多糖分子链中单糖单位可以完全被溶剂化,使之具有较强的持水能力和亲水性,易于水化和溶解。

2. 水解反应

糖苷、低聚糖以及多聚糖在酸性条件下易水解,而在碱性环境中比较稳定。其水解速度与它们的结构、pH、时间、温度和酶的活力等因素有关。

3. 氧化反应

还原糖在弱氧化剂存在情况下在碱性溶液中可被氧化成醛糖酸;在强氧化剂存在情况下,醛糖的醛基和伯醇基均被氧化成羧基,形成醛糖二酸。醛糖在酶的作用下也可以发生氧化反应，生成糖醛酸。

4. 还原反应

单糖的羰基在适当的条件下可被还原成对应的糖醇，酮糖还原形成一个新的手性碳原子，可得到两种对应的糖醇。

5. 美拉德反应

美拉德反应又称“非酶棕色化反应”，是指氨基化合物与羰基化合物之间发生的一类化学反应，由法国化学家 L. C. Maillard 在 1912 年提出。当蛋白质加热至 150 ℃以上时，在干燥的条件下，蛋白质肽链上的游离氨基（如赖氨酸 ε-氨基）与还原糖（如葡萄糖或乳糖）中的醛基形成了氨基-糖复合物，不能被动物自身分泌的消化酶降解，称为美拉德反应。该反应会影响氨基酸的吸收利用，降低饲料营养价值。

6. 非淀粉多糖对单胃动物的抗营养作用

谷物籽实中含有大量不同种类和性质的非淀粉多糖，其中大部分是可溶性的，如 β-葡聚糖、阿拉伯木聚糖、甘露聚糖、果胶类等。对于单胃动物而言，由于其自身不能产生相应的消化酶来降解非淀粉多糖，非淀粉多糖不易被消化，经常表现为抗营养作用。水溶性非淀粉多糖的抗营养作用机理主要是其在肠道中产生黏性胶质，这种胶质延迟胃肠排空，降低胃肠蠕动，妨碍消化酶与底物的接触，减慢已消化营养素向肠壁的移动速度，影响营养物质的消化和吸收。例如，小麦和黑麦中的水溶性非淀粉多糖主要是阿拉伯木聚糖；大麦和燕麦中的水溶性非淀粉多糖主要是 β-葡聚糖；豆科植物中主要的非淀粉多糖是纤维素、木聚糖和果胶多糖。

2.1.5 碳水化合物的生物学功能

1. 提供和贮备能量

碳水化合物是动物体能量的重要来源，动物采食饲料中的碳水化合物，在体内主要以分解成葡萄糖的形式为胎儿生长发育、神经系统、脂肪、乳腺以及肌肉组织代谢提供能量。当葡萄糖供给不足时，动物会出现低血糖或一些代谢疾病，如牛的酮病或妊娠母羊的毒血症，严重时导致死亡。除了直接氧化供能外，碳水化合物可以在肝脏和肌肉组织内转化成糖原，作为机体的能量贮备。非反刍动物需要的葡萄糖主要通过消化道吸收获得，反刍动物需要的葡萄糖主要由体内的生糖物质转化获得。在动物机体的器官中，肝是主要的生糖器官，肝脏生糖量占总生糖量的 85%左右，其次是肾，肾的生糖量占总生糖量的 15%左右。动物机体中的生糖物质包括乙酸、丙酸、丁酸等挥发性脂肪酸和其他生糖物质，其中最有效的是生糖氨基酸和丙酸。对于反刍动物来说，机体所需的 90%以上的葡萄糖均来自糖异生，它是碳水化合物非常重要的代谢途径。

2. 作为动物产品合成的原料

单胃动物主要利用葡萄糖合成乳脂。反刍动物利用碳水化合物在瘤胃中发酵产生的乙酸合成乳脂中的脂肪酸，乳脂中的甘油主要由血液中的葡萄糖合成。血液中的葡萄糖是合成乳糖的重要前体物质。因此，血液中可利用的葡萄糖量是反刍动物最大泌乳量的限制因素之一，是控制产奶量的阀门。同时，乳的渗透压主要受乳糖浓度的影响，乳糖浓度在很大程度上决定乳腺上皮细胞分泌或重吸收水分的数量，即决定产奶量。因此，乳腺中的葡萄糖水平是产奶量的决定性因素。

3. 构成动物组织细胞的重要成分

碳水化合物是构成动物组织细胞的重要成分，如核糖和脱氧核糖是遗传物质的重要组成成分；黏多糖大量存在于动物体胶原、结缔组织以及黏液中；糖蛋白主要存在于血液、黏液、胃黏膜以及某些酶、激素中；糖脂主要存在于脑蛋白和脑灰质之中。

4. 为体内合成非必需氨基酸以及其他物质提供原料

葡萄糖代谢的中间产物可以在动物体内合成某些非必需氨基酸，例如：α-酮戊二酸可转变成谷氨酸、草酰乙酸可转变成天冬氨酸、丙酮酸可转变成谷氨酸等。合成的非必需氨基酸又可以参与蛋白质的合成等。

5. 低聚寡糖具有益生作用

根据低聚寡糖生物学功能可将其分为普通寡糖和功能性寡糖。普通寡糖可被肠道消化酶降解，而功能性寡糖具有改善机体肠道内微生态平衡，结合并排出外源性病原菌，调节机体的免疫功能等特殊生理作用，可促进动物生长。

2.2 蛋白质及其生物学功能

2.2.1 蛋白质、肽和氨基酸

1. 蛋白质

(1)蛋白质的组成　蛋白质主要由碳、氢、氧、氮 4 种元素组成，同时还有少量的硫、磷、铁等元素。这些元素在蛋白质中的组成(%)约为：碳 51.0～55.0，氧 21.5～23.5，氮 15.5～18.0，氢 6.5～7.3，硫 0.5～2.0，磷 0～1.5，其他微量。蛋白质的平均含氮量约为 16%。由于饲料中的真蛋白质含量很难测定，通常以粗蛋白质含量来表示，即先求出含氮量，按蛋白质的平均含氮量 16%计，经过换算得到粗蛋白质含量，饲料粗蛋白质含量＝6.25×饲料含氮量。

(2)蛋白质的结构　蛋白质共有 4 级结构。一级结构指多肽链上氨基酸残基的种类、数量与排列顺序，是蛋白质最基本的化学结构。二级结构指蛋白质中多肽链自身的折叠方式，包括 α-螺旋和 β-折叠等。三级结构指在二级结构基础上，多肽链进一步盘曲、折叠从而形成更复杂的球状结构。四级结构指由两条以上具有三级结构的多肽链相互作用形成的聚集体。

(3)蛋白质的性质

①两性特征。由于蛋白质多肽链上同时存在游离氨基与羧基，所以在一定的 pH 条件下蛋白质可发生解离，具有两性特征。

②胶体性质。由于蛋白质的直径符合胶体微粒的大小，因此具有胶体性质。

③水解反应。蛋白质可以在酸、碱与酶的作用下被水解为氨基酸。

④变性。在加热、酸、碱或重金属盐的作用下，天然蛋白质的独特结构发生改变导致其物理、化学与生物学性质发生变化。

⑤气味反应。灼烧蛋白质会产生烧焦羽毛味，常通过这一性质来鉴别蛋白质。

⑥颜色反应。蛋白质可以与一些试剂发生反应使其颜色发生改变，如蛋白质与双缩脲试剂发生反应变为紫色，与浓硝酸反应变为黄色。

⑦盐析。将浓的无机盐溶液加入蛋白质水溶液中，能够降低蛋白质的溶解度，蛋白质从溶液中析出。

2. 肽

肽是饲料中的蛋白质在动物消化道内经酶的作用降解而成的化合物，通常将由 10 个及以下氨基酸残基组成的肽称为寡肽，寡肽中由 2 个或 3 个氨基酸残基组成的二肽或三肽称为小肽；由 10 个以上 50 个以下氨基酸残基组成的肽则被称为多肽。

在单胃动物体内，大分子肽在肠腔表面被氨基肽酶降解成小肽和氨基酸被小肠黏膜细胞吸收，小肽进一步被氨基肽酶降解为氨基酸。而在反刍动物体内，瘤胃微生物能以氨作为主要氮源并利用游离氨基酸与部分肽类合成微生物蛋白。小肽对于动物的生命活动具有重要作用。小肽可直接被动物肠道吸收,也可以通过提高肠道中酶的活性进而促进机体对氨基酸的吸收。小肽被吸收后在血液循环中能够直接参与蛋白质合成,提高动物对饲料蛋白的利用率。一些小肽可以与矿物元素结合形成络合物,进而促进矿物质的消化吸收。研究发现,饲料中添加一些抗氧化肽、阿片活性肽和免疫调节肽等生物活性肽能够提高动物的免疫力与生产性能。

3. 氨基酸

(1)氨基酸种类　氨基酸是蛋白质的基本组成单位。自然界常见的氨基酸有 20 种。根据侧链 R 基团的特性可将氨基酸分为非极性氨基酸、极性不带电荷氨基酸、极性带正电荷氨基酸和极性带负电荷氨基酸 4 类。天然氨基酸同时含有氨基和羧基,且氨基存在于 α-碳原子上,因此亦被称为 α-氨基酸。几种蛋白质饲料原料中的氨基酸组成和含量见表 2-2。

表 2-2　几种蛋白质饲料原料中的氨基酸组成和含量　　%

氨基酸	酪蛋白	卵蛋白	牛肉	鳕鱼粉	大豆蛋白	蚕豆蛋白	小麦蛋白
丙氨酸(Ala)	3.0	6.7	5.0	7.5			
精氨酸(Arg)	1.1	5.7	7.2	6.7	6.5	6.0	5.0
天冬氨酸(Asp)	7.1	9.3	6.1	8.6			
半胱氨酸(Cysteine)	0.3	1.3	1.1				
胱氨酸(Cys)		0.5		1.0			
谷氨酸(Glu)	22.4	16.5	15.6	13.4			
甘氨酸(Gly)	2.7	3.0	5.1	12.5			
组氨酸(His)	3.1	2.4	2.9	1.8	2.3	2.9	1.9
异亮氨酸(Ile)	6.1	7.0	6.3	4.1	12.4	13.5	9.5
亮氨酸(Leu)	9.2	9.2	7.7	6.7			
赖氨酸(Lys)	8.2	6.3	8.2	6.9	6.3	6.0	2.1
蛋氨酸(Met)	2.8	5.2	2.2	2.8	1.5	0.8	1.3
苯丙氨酸(Phe)	5.0	7.7	5.0	3.4	9.4 *	7.0 *	7.5 *
脯氨酸(Pro)	11.3	3.6	6.0	6.8			
丝氨酸(Ser)	6.3	8.1	5.5	5.6	4.2	2.6	2.9
苏氨酸(Thr)	4.9	4.0	5.0	4.2	1.3	0.9	1.2
色氨酸(Trp)	1.2	1.2	1.1	1.0			
酪氨酸(Tyr)	6.3	3.7	4.4	2.8			
缬氨酸(Val)	7.2	7.0	5.0	4.8	4.7	5.1	4.0

注:* 加上酪氨酸。

(2)氨基酸的理化性质　不同的氨基酸的水溶性不同,如精氨酸与赖氨酸易溶于水,而胱氨酸、天冬氨酸与酪氨酸等氨基酸则难溶于水。由于氨基酸分子中同时存在氨基与羧基,所以它是一种两性化合物。氨基酸在水中以偶极离子形式存在,大多数氨基酸在强酸性溶液中以阳离子的形式存在,而在强碱性溶液中以阴离子的形式存在。不同氨基酸的等电点不同。氨基酸的等电点是指当氨基酸所带静电荷等于零时其所处溶液的 pH。天然氨基酸具有旋光性,包括 *L*-型与 *D*-型两种构型,而采用有机合成技术人工合成的氨基酸一般均无旋光性。

色氨酸、酪氨酸与苯丙氨酸这 3 种氨基酸对紫外光有较强的吸收能力,利用这一性质能够测定化学反应中这几种氨基酸的含量。氨基酸可以在特定条件下发生以下化学反应:

①赖氨酰丙氨酸生成反应。碱性环境中多肽链上赖氨酸的 ε-NH_2 可以与丙氨酸反应，生成不能被动物机体吸收利用的赖氨酰丙氨酸。

②美拉德反应。多肽链上赖氨酸的 ε-NH_2 在过热条件下和还原糖中的醛基发生反应，形成氨基-糖复合物，不能被消化酶降解。

③氧化脱氨基反应。氨基酸被氧化脱氨基而生成氨与 α-酮酸。

④还原脱氨基反应。氨基酸与氢反应脱去氨基生成氨与有机酸。

⑤脱羧基反应。氨基酸氧化脱羧基生成胺，如色氨酸、组氨酸和酪氨酸可以反应生成色胺、组胺和酪胺。

⑥其他反应。氨基酸在一定条件下可以与某些二价及以上金属离子反应生成螯合物，进而被动物吸收利用。

(3)必需氨基酸和非必需氨基酸　根据饲料中氨基酸的含量和动物对氨基酸的需要量，通常将氨基酸分为必需氨基酸、非必需氨基酸、半必需氨基酸与条件性必需氨基酸。必需氨基酸指动物体自身不能合成或合成量不能满足动物的需要，必须从饲粮中补充的氨基酸，一般包括赖氨酸、色氨酸、苯丙氨酸、亮氨酸、异亮氨酸、苏氨酸、缬氨酸与蛋氨酸 8 种。非必需氨基酸指可以由动物体自身合成，不需直接从饲料中补充，包括精氨酸、天冬氨酸、半胱氨酸、甘氨酸、组氨酸、丝氨酸、谷氨酸与丙氨酸等。半必需氨基酸是指机体内以必需氨基酸作为前体合成的氨基酸，反应是不可逆的，包括丝氨酸、胱氨酸与酪氨酸等。条件性必需氨基酸是指动物在某一生长阶段或生理状态下，内源合成量不能满足需要，必须由饲粮提供的氨基酸，例如精氨酸、谷氨酰胺、脯氨酸等。

(4)限制性氨基酸　限制性氨基酸指饲料中所含必需氨基酸的量与动物需要量相比，差距较大的氨基酸。比值越小，差距越大。比值最小的为第一限制性氨基酸，之后依次为第二、第三、第四……限制性氨基酸。植物性饲料中的色氨酸、赖氨酸与蛋氨酸的含量一般不能满足动物需要，当这几种氨基酸中的任一种不足或者缺乏时，会影响其余氨基酸的利用。不同饲料所含氨基酸的种类和数量不同，不同种类或生理状态的动物对氨基酸的需要量也不同。限制性氨基酸的顺序与种类因饲料来源与配比以及饲喂对象的不同而发生变化。在玉米-豆粕型饲粮中，猪的第一限制性氨基酸为赖氨酸，禽类的第一限制性氨基酸为蛋氨酸。在其他营养物质满足供应的情况下，动物的生产性能主要取决于第一限制性氨基酸。通过原料相互搭配和合成氨基酸添加，可以解除限制性氨基酸的限制，改善动物生产性能。关于肉鸡的研究表明，降低饲料蛋白质比例，并且提高蛋氨酸比例，适当调整蛋氨酸/蛋白质比值，能够有效增加鸡胸脯肉产量并减少腹部脂肪含量。

4. 非蛋白质含氮化合物

非蛋白质含氮化合物主要包括尿素和某些铵盐。因为反刍动物的瘤胃可以将非蛋白氮降解为氨，再利用氨合成微生物蛋白，所以非蛋白质含氮化合物对于反刍动物有较高的营养价值。尿素作为一种简单的酰胺，是反刍动物上应用最为广泛的一种非蛋白质含氮化合物。尿素是反刍动物氮素循环的重要中间物，饲粮蛋白质在瘤胃中降解生成氨，一部分参与微生物蛋白的合成，另一部分则经瘤胃壁吸收汇入血液再进入肝脏转化为尿素，一些尿素会重新随血液进入瘤胃被微生物利用分解为氨，形成氮素循环。尿素中包含 42%～46%的氮，作为反刍动物一种非常重要的非蛋白氮饲料，能被瘤胃用于合成微生物蛋白供机体利用，节约饲料成本。在饲养中需要控制尿素添加量，一旦瘤胃中氨的水平超出肝脏转化氨的极限，就可能导致氨中毒，因此奶牛饲粮中的尿素添加量一般低于干物质的 1%。非蛋白氮对于单胃动物意义不大。

5. 理想蛋白质

理想蛋白质指的是饲料蛋白质中的氨基酸组成与比例与动物所需氨基酸的组成与比例完全一致，这种一致性包括不同的必需氨基酸间及必需氨基酸与非必需氨基酸间的组成与比例，即组成理想蛋白质的氨基酸处于最佳平衡状态，动物对其利用率为100%。理想蛋白模式的本质是氨基酸间的最佳平衡模式，以这种模式组成的饲粮蛋白质最符合动物的需要，因而能够最大限度地被利用。

理想蛋白质中最重要的是必需氨基酸之间的比例，为了便于推广应用，通常把赖氨酸作为基准氨基酸，其相对需要量定为100，其他必需氨基酸需要量表示为赖氨酸需要量的百分比，称为必需氨基酸模式或理想蛋白模式。在理想蛋白模式体系中所有氨基酸都被看作是必需和同等重要的，它们都可能成为第一限制性氨基酸，增加或减少任何一种氨基酸都会破坏这种最佳平衡状态，降低氨基酸的利用效率。理想蛋白模式存在理论假设：对一定条件下的畜禽来说，不同氨基酸需要量间的比例相对恒定，即体蛋白质沉积对氨基酸构成的要求相对恒定。

2.2.2 蛋白质的生物学功能

1. 构成机体和畜产品的主要原料

蛋白质是构成动物体组织、器官的重要组成成分，动物的毛发、皮肤、肌肉、骨骼、内脏、大脑、血液、神经等都是由蛋白质组成。在动物的细胞中，除了水分之外，蛋白质约占细胞内物质的80%。蛋白质也是动物产品乳、蛋、毛的主要组成成分。

2. 机体内功能物质的主要成分

在动物的生命代谢活动中起催化作用的酶、某些起调节作用的激素、具有免疫和防御机能的抗体以及维持机体新陈代谢并输送各类营养物质的载体等都是以蛋白质为主要成分，蛋白质对于动物体内渗透压和水分的正常分布也起着重要作用，因此，蛋白质对于维持动物机体的生命活动至关重要。

3. 机体组织更新、修补的主要原料

在动物的新陈代谢过程中，蛋白质在组织和器官的更新、损伤组织的修补过程中起着重要的作用。动物体内各种组织细胞的蛋白质始终在不断地更新，因此动物每日必须摄入足够质和量的蛋白质，才能满足动物组织细胞的需求。

4. 供能和转化为糖和脂肪

当机体能量供应不足时，蛋白质可以分解供能，用来维持机体的代谢活动。当机体摄入的蛋白质过多时，多余的部分可以转化成糖和脂肪。在动物体中糖和脂肪主要用于机体能量的供应，当能量不足时蛋白质也参与氧化供能。

2.2.3 蛋白质的缺乏和过量

1. 蛋白质缺乏

由于蛋白质是酶、激素、抗体和载体等物质的主要成分，因此动物缺乏蛋白质会影响正常的代谢过程，导致食欲不振、采食下降和厌食，进而导致机体能量和营养供应不足，降低动物生产性能。对于反刍动物来说，蛋白质缺乏会导致机体氮沉积下降，降低奶牛泌乳性能。对于家禽来说，蛋白质缺乏导致产蛋率下降和羽毛生长不良。随着生产性能的提高，动物对蛋白质的需求量有增加趋势。

2. 蛋白质过量

蛋白质过量会导致中毒，但一般不易发生。蛋白质过量时，机体必须将过多的氨基酸进行脱氨分解，增加肝脏的代谢负担，产生的大量氮素需由尿液排出体外，该过程需要大量水分，加重了肾脏负担。若摄入过多动物蛋白，机体内的含硫氨基酸增加，可能加速动物骨骼中钙的流失，导致骨质疏松。

2.3 脂类及其生物学功能

脂类又称脂质，是脂肪和类脂的总称，它和蛋白质以及碳水化合物是动物机体重要的三大营养素，是细胞的重要成分，同时为机体提供能量和必需脂肪酸。脂类是合成动物体内贮备物质和生理活性物质的重要原料，其本身也具有多种生理功能。脂类和酯类不同，脂类是一类不溶于水而易溶于脂肪族溶剂（醇、醚、氯仿、苯等）的生物有机分子，而酯类指的是酸与醇反应生成的有机化合物，前者范围更大。

2.3.1 脂类概述

1. 脂类的分类

根据脂质是否与碱发生皂化反应，脂类可分为可皂化脂类和非皂化脂类。可皂化脂类包括简单脂类和复合脂类；非皂化脂类包括固醇类、萜烯类和脂溶性维生素。脂类的分类、组成和来源见表 2-3。

表 2-3 脂类的分类、组成和来源

分类			名称	组成	来源
可皂化脂类	简单脂类		甘油酯	甘油＋3 脂肪酸	动植物体特别是脂肪组织
			蜡质	长链醇＋脂肪酸	动植物
	复合脂类	磷脂类	磷脂酰胆碱	甘油＋2 脂肪酸＋磷酸＋胆碱	动植物
			磷脂酰乙醇胺	甘油＋2 脂肪酸＋磷酸＋乙醇胺	动植物
			磷脂酰丝氨酸	甘油＋2 脂肪酸＋丝氨酸＋磷酸	动植物
		鞘脂类	神经鞘磷脂	鞘氨醇＋脂肪酸＋磷酸＋胆碱	动物
			脑苷脂	鞘氨醇＋脂肪酸＋糖	动物
		糖脂类	半乳糖甘油酯	甘油＋2 脂肪酸＋半乳糖	植物
		脂蛋白质	乳糜微粒等	蛋白质＋甘油三酯＋胆固醇＋磷脂＋糖	动物血浆
非皂化脂类		固醇类	胆固醇	环戊烷多氢菲衍生物	动物
			麦角固醇	环戊烷多氢菲衍生物	高等植物、细菌、藻类
		萜烯类	类胡萝卜素、β-胡萝卜素等		植物
		脂溶性维生素	维生素 A、维生素 D、维生素 E、维生素 K		动植物

2. 脂类的组成

脂质种类繁多，化学组成各异，但均以长链或稠环脂肪烃分子为母体。简单脂为脂肪酸和甘油或醇脱水缩合而成的化合物，复合脂为简单脂和磷脂复合而成的衍生物。脂质包括脂肪和类脂，脂肪是由甘油和脂肪酸组成的三酰甘油，亦称甘油三酯或中性脂肪，中性脂肪分子仅含碳、氢、氧三种元素。类脂是除中性脂肪外的所有脂类的总称，包括游离脂肪酸、磷脂、糖脂、脂蛋白、固醇类、类胡萝卜素和脂溶性维生素等。

3. 脂类的基本特性

(1)脂类的水解　脂类可以在稀酸、强碱作用下发生水解。酸水解可逆，水解产物为脂肪的基本结构单位——甘油和脂肪酸。碱水解又称皂化反应，水解产物为甘油和高级脂肪酸盐(肥皂)，不可逆。脂肪水解产生的非酯化游离脂肪酸不仅是脂质和生物膜合成的必需前体物，而且还是细胞信号过程的介导因子和线粒体的能量底物。水解过程对于脂类的营养价值并无影响，水解产生的游离脂肪酸也多为无臭无味的长链脂肪酸，但水解产生的少量短链脂肪酸特别是含4～6个碳原子的脂肪酸，却有强烈的异味，影响适口性，从而影响脂类的利用。脂肪水解异常可致脂质和能量代谢紊乱。

(2)氧化与酸败　脂类的氧化分为自动氧化和微生物氧化两种类型。其中，自动氧化反应最为普遍，油脂变质绝大部分是由自动氧化造成的。自动氧化是一种由自由基激发的氧化，是指在室温下脂质与空气中的氧发生反应先形成脂过氧化物，然后脂过氧化物再与脂肪分子反应形成氢过氧化物，最后当氢过氧化物达到一定浓度时分解为短链的醛和醇的过程。微生物氧化是一个由酶催化的氧化，催化的反应与自动氧化相似，但在相同温、湿度条件下反应形成的过氧化物比自动氧化多。酸败是指脂肪长时间暴露在空气中会产生难闻气味的现象。酸败是脂肪，特别是其中的不饱和脂肪酸发生氧化的结果，产生醛和醇，出现酸败味。氧化油脂降低了饲料的适口性，酸败产物与其他物质结合妨碍蛋白质的消化、刺激肠黏膜，影响养分的吸收，引起动物生产性能下降。

(3)脂肪酸氢化　不饱和脂肪酸的双键在催化剂或酶的作用下可以得到氢离子而变成饱和脂肪酸，此反应称为脂肪酸的氢化反应。发生氢化反应使脂肪硬度增加，不易氧化酸败，有利于贮存，但却损失了必需脂肪酸。反刍动物由于瘤胃微生物的氢化作用，导致其脂肪酸饱和程度和异构程度高于单胃动物，从而使其肌内脂肪以及脂肪酸组成与单胃动物不同，导致肉品质以及风味也不同。

2.3.2 脂肪、类脂和必需脂肪酸

1. 脂肪

脂肪又称甘油三酯，是由3分子长链脂肪酸和1分子甘油构成的有机化合物，由相同的脂肪酸残基组成的甘油三酯叫作简单甘油三酯；由两种以上的脂肪酸残基组成的甘油三酯叫混合甘油三酯。不同种类的脂肪，其熔点、硬度和皂化价等性质均不同，通常将常温下呈固态者称为脂，而呈液态者则被称为油。脂肪的熔点与脂肪酸的饱和度及碳链长短有关。当油脂中饱和脂肪酸含量较多时，熔点较高，脂肪一般呈固态，随着脂肪中脂肪酸的不饱和度增加，熔点随之降低，当不饱和脂肪酸含量较多时脂肪为液态。例如牛油中饱和脂肪酸含量较多，所以呈固态，而玉米油中含90%以上的不饱和脂肪酸，常温下为液态，奶油与猪油、羊油或牛油相比含有较多低级挥发酸，因此熔点较低。

脂肪分布较广。动物或植物性饲料中均含有脂肪，尤其是动物的皮下组织和油料作物

的种子中含量较为丰富。脂肪在动物体内储存于脂肪组织中，最重要的作用是为动物机体贮存并提供能量，机体需要时则动员脂肪组织细胞中的脂肪分解供能。

2. 类脂

类脂一般是指除了由脂肪酸和甘油构成的单纯脂外的所有脂类，包括复合脂和衍生脂。除含脂肪酸和甘油外，复合脂分子还含有其他化学基团，如糖脂、磷脂、鞘脂与脂蛋白等。磷脂指含有磷酸的脂，主要包括甘油磷脂（含甘油）与鞘磷脂（含鞘氨醇），主要存在于动物的卵和脑以及大豆种子中。衍生脂是由单纯脂和复合脂衍生而来的具有脂质性质的物质，包括萜类、固醇、取代烃等。萜类是烯烃类化合物，是树脂和松节油的主要成分，广泛存在于植物和海洋生物体内，一些萜类具有非常重要的生理活性。固醇在自然界分布较广，比较重要的包括高等动物细胞中的胆固醇与植物细胞膜中的豆固醇和谷固醇等。胆固醇是机体中类固醇激素、维生素 D_3 和脂肪酸盐等物质的合成原料，同时参与钙与磷的吸收以及维生素 A、维生素 D、维生素 E、维生素 K 等脂溶性维生素的转运与吸收，因此对于脂类物质的吸收具有重要的调控作用。

3. 必需脂肪酸

必需脂肪酸（essential fatty acid，EFA）通常指亚油酸、亚麻酸与花生四烯酸，其中亚油酸与亚麻酸不能在动物体内合成，需要通过饲料补充，花生四烯酸可由特定前体亚油酸合成，但在其合成过程中存在限速反应（Δ-6 去饱和步骤），因此花生四烯酸在体内合成的量较少，在饲料中补充对动物有一定益处。必需脂肪酸对动物具有重要的生物学功能如下：

（1）维持皮肤、胃肠道屏障和血脑屏障对水的不通透性。

（2）对正常细胞膜的功能发挥有重要作用，必需脂肪酸的组成影响膜蛋白的构象和膜的流动性及厚度，是细胞膜、线粒体膜和质膜等生物膜脂质的主要成分，参与磷脂的合成。

（3）降低血液胆固醇水平。亚油酸具有降低胆固醇浓度的作用，能加速胆固醇向胆汁酸转化的速度，促进胆汁酸的肝肠循环，加速胆固醇排泄。

（4）参与合成类二十烷。类二十烷包括前列腺素、凝血恶烷、环前列腺素和白三烯等。前列腺素在局部调控细胞代谢中具有重要作用，如促进血管收缩、调节血压、调节血液凝集、促进排卵和分娩、促进一些激素的合成与分泌、保护胃肠道细胞和抑制体液与细胞免疫等。

在以上三种必需脂肪酸中，亚油酸与花生四烯酸属于 ω-6 系列，亚麻酸属于 ω-3 系列，此前认为 ω-3 系列脂肪酸性能较差，与其相比 ω-6 系列对于哺乳动物与家禽更重要，畜禽营养中仅需考虑 ω-6 系列亚油酸的需要。近些年研究发现两种新的 ω-3 系列必需氨基酸，即二十碳五烯酸（eicosapentaenoic acid，EPA）和二十二碳六烯酸（docosahexaenoic acid，DHA）。在反刍动物上的研究结果表明，奶牛饲粮补充 ω-3 多不饱和脂肪酸可以改善繁殖性能与生长性能，同时增加乳中 ω-3 系列不饱和脂肪酸的浓度，进而提高乳品品质。对于冷水鱼来说，ω-3 多不饱和脂肪酸也较 ω-6 系列脂肪酸发挥更重要的作用。因此，ω-3 系列脂肪酸在动物营养中的应用也不容忽视。

2.3.3 脂类的生物学功能

1. 供能

脂类是动物体重要的能源物质，是含能最高的营养素。每克脂肪在体内分解成二氧化碳和水可产生 38 kJ 能量，是蛋白质和碳水化合物产能的 2.25 倍。脂肪酸、甘油酯是动物维持和生产的重要能量来源，脂肪不仅具有含能高的特点，而且适口性好、热增耗低。饲粮添加一定水平的油脂替代等能值的糖类和蛋白质，能提高饲粮的代谢能，使消化过程中热增耗降低，净能增加，这种效应称为脂肪的额外能量效应或脂肪的增效作用，当植物油脂和动物脂肪同时添加时效果更明显。因此，夏季可在饲粮中添加脂肪以减少蛋白质作为能量消耗，降低热增耗，缓解动物的热应激。糖类合成体脂肪时消耗能量，脂肪沉积体内时不耗能。不同来源的脂肪有效能值不同，这主要与它们的消化率不同有关。肉鸡对植物油的消化率高于动物脂肪，原因在于植物油中含有较多的不饱和脂肪酸，在消化道中容易乳化，动物脂肪饱和脂肪酸较多，不易乳化。动物脂肪与植物油混合使用，可以提高动物脂肪的有效能值，并且以植物油与动物脂肪的比例为 1∶1 效果较好。

2. 贮能

脂肪不仅是动物体最丰富的能量来源，同时也是动物体内能量的贮备库。当动物摄入的能量超过需要量时，多余的能量则主要以脂肪的形式贮存。当饲粮中的能量不能满足动物的需要时，则动物体内贮存的脂肪可提供能量。幼龄动物调节体温能力差，在寒冷环境中，利用体内特殊的褐色脂肪组织，非颤抖产热维持体温。脂肪组织中脂肪含量最高可达97%。糖原的含水量很高，相同质量的脂肪贮存能量的能力是糖原的 6 倍。糖原在动物体内的含量仅为 1%左右，因此脂肪是动物的主要贮能形式。

3. 构成机体组织和生理活性物质

磷脂和蛋白质结合形成脂蛋白，是细胞膜的重要组成成分；糖脂在细胞膜传递信息的活动中起着载体和受体的作用；胆固醇是所有细胞的构成成分，大量存在于神经组织中，是激素和生理活性物质的前体物，是动物体不可缺少的营养物质。在奶牛饲粮中补充棕榈脂肪粉，能够提高泌乳早期生产性能。

4. 促进脂溶性维生素的吸收

脂肪作为溶剂可协助脂溶性维生素（维生素 A、维生素 D、维生素 E、维生素 K）以及其他脂溶性物质的消化吸收。研究发现，鸡饲粮含 0.07%的脂类时，胡萝卜素吸收率为 20%；当饲粮中脂类增加到 4%时，胡萝卜素吸收率提高到 60%。

5. 维持体温、保护器官及提供代谢水

脂肪具有良好的绝热作用，可以阻止体表散热，有助于御寒。幼龄动物、寒带动物和冬眠动物体内有特殊的褐色脂肪组织，其氧化所产生的能量都以热量形式释放，可帮助动物维持体温。脂肪还可以缓冲机械冲击、固定和保护器官。脂肪还是代谢水的重要来源，每克脂肪氧化可产生 1 g 的代谢水，而每克蛋白质产生 0.42 g 的代谢水，每克碳水化合物产生 0.6 g 代谢水。

6. 提供多不饱和脂肪酸

不饱和脂肪酸（UFA）是指脂肪酸碳氢链骨架中含有碳碳双键。通常将分子中只含有单个双键的脂肪酸称为单不饱和脂肪酸（MUFA），将含有 2 个或 2 个以上双键的脂肪酸称为高度不饱和脂肪酸或多不饱和脂肪酸（PUFA）。多不饱和脂肪酸具有重要的生物学功能，包括细胞膜组成成分、调节免疫、影响机体脂肪代谢、改变生殖能力和生育能力等。多不饱和脂肪酸中包含必需脂肪酸亚油酸、亚麻油酸和花生四烯酸，其中花生四烯酸可由亚油酸转变。动物对脂肪的需要并不是必需的，脂肪提供的一些脂肪酸是动物必需的。有研究证明，适当提高饲粮中的不饱和脂肪酸与饱和脂肪酸的比例，有助于优化组织中脂肪酸的组成。

7. 调节脂肪组织的内分泌

功能脂肪组织不仅是能量贮存器官，也是重要的内分泌组织。其分泌的一些激素或细胞因子（如瘦素、脂联素等）可通过自分泌、旁分泌途径甚至通过血液循环影响脑、肝脏和肌肉等器官的功能。如瘦素是一种作用广泛的细胞因子，具有调节机体的能量代谢及平衡、脂肪的积累以及免疫等功能。

2.4 维生素及其生物学功能

2.4.1 维生素概述

1. 维生素的概念

维生素（vitamin）是一类维持动物正常生理机能和生命活动必不可少的低分子有机化合物，既不是形成机体各种组织器官的原料，也不是能源物质。动物对其需求量很小，但不可或缺。当动物饲料中缺乏所需的维生素时，就会出现缺乏症，严重时还会导致动物死亡。

2. 维生素的分类

常见的维生素有 14 种。根据溶解性的不同可将维生素分为脂溶性维生素和水溶性维生素两大类。脂溶性维生素不溶于水，溶于脂肪及脂溶剂。脂溶性维生素包括维生素 A、维生素 D、维生素 E、维生素 K；水溶性维生素是可溶于水而不溶于非极性有机溶剂的一类维生素，包括 B 族维生素和维生素 C。B 族维生素主要包括硫胺素、核黄素、烟酸、胆碱、泛酸、维生素 B_6、生物素、叶酸、钴胺素。水溶性维生素大部分通过扩散方式吸收，除维生素 B_{12} 外，其他水溶性维生素一般不在体内贮存，主要通过尿液排出。所有水溶性维生素都是维持动物生理活动所必需的营养物质。由于其无法在体内贮存并且机体自身无法合成，因此需要通过饲粮补充。

2.4.2 脂溶性维生素

1. 维生素 A

维生素 A（vitamin A）又称视黄醇或抗干眼醇，化学式为 $C_{20}H_{30}O$，呈黄色片状晶体或结晶性粉末，对热、酸和碱不稳定，易被氧化，紫外线可促进其氧化破坏。维生素 A 主要贮存于肝脏且机体自身无法合成。植物中含有维生素 A 的前体主要包括 β-胡萝卜素、α-胡萝卜素和 β-隐黄质。

饲粮中脂肪的酸败、日光以及强的光线都会将维生素 A 破坏。但维生素 C、维生素 E 和常用的抗氧化剂有助于保持其稳定。维生素 A 的商品性状为稳定性干燥粉剂。其饲料添加剂的活性成分含量，常见的为 50 万 IU/g，多由维生素 A 醋酸脂原料制成。

维生素 A 的生物学功能主要表现为维持正常视力，防治夜盲症；维持呼吸道、消化道、泌尿道以及性腺上皮细胞的健康；促进机体代谢，维持黏膜的完整性，增强机体非特异性免疫反应；增强 T 细胞的抗原特异性反应，参与细胞免疫；刺激抗体的产生，参与体液免疫，从而阻止机体感染，促进生长发育。

维生素 A 缺乏症主要表现为视觉上产生夜盲症；上皮细胞发生鳞状角质化，引起腹泻、结石、炎症、眼干燥症；对动物骨骼造成影响，例如，引起骨畸形、运动失调、痉挛等症状；雏鸡缺乏维生素 A 发病后有较高的死亡率，发育迟缓；引起生殖障碍，例如，受胎率降低、难产、流产、睾丸退化等；影响体内造血功能，妨碍铁离子的运输和储存，降低肠道铁的吸收，造成贫血。

2. 维生素 D

维生素 D(vitamin D)是维生素的一个大类，其中维生素 D_2 和维生素 D_3 最为常见。维生素 D_2 别名麦角钙化醇，其化学式为 $C_{28}H_{44}O$；维生素 D_3 别名胆钙化醇，其化学式为 $C_{27}H_{44}O$。维生素 D_2 是由酵母菌或麦角中的麦角固醇经日光或紫外光照射后的产物，能被动物机体吸收。维生素 D_3 是由储存于皮下的胆固醇衍生物(7-脱氢胆固醇)，在紫外光照射下转变而成的，因此晒太阳也可以补充维生素 D。维生素 D 是无色晶体，溶于脂肪、脂溶剂及有机溶剂中，化学性质稳定。商品性状为稳定性干燥粉剂。一般来说，维生素 D_3 的活性更高，主要用于预混料中。

维生素 D 的生物学功能主要表现为：提高钙、磷的吸收，维生素 D 增加血钙血磷水平，使血浆钙磷水平达到饱和水平。钙、磷以骨盐的形式沉积在骨组织上有利于促进骨组织钙化，促进肠黏膜细胞分化以及肠道绒毛的发育。维生素 D_3 可调节白血病细胞、肿瘤细胞和皮肤细胞的生长和分化，还可通过抑制启动子细胞的增殖促进单核细胞向吞噬巨噬细胞的转化，间接刺激单核细胞的增殖，从而起到调节机体免疫功能的作用。

维生素 D 缺乏症主要表现为机体对钙和磷的吸收减少，幼龄动物容易导致佝偻病，成年动物易得软骨病，母鸡产出软壳蛋，种蛋孵化率下降等。

3. 维生素 E

维生素 E(vitamin E)早在 20 世纪 20 年代就被人们发现。由于其具有抗不育的能力，故又名生育酚，其化学式为 $C_{29}H_{50}O_2$。维生素 E 溶于脂肪和乙醇等有机溶剂中，不溶于水，对热、酸稳定，对碱不稳定，对氧敏感，酯化可提高维生素 E 的稳定性。维生素 E 的商品形式为含有 50%的 *DL*-α-生育酚乙酸酯。预混料和饲粮中需要充分添加维生素 E，因为维生素 E 和其他养分之间有着相互作用。

维生素 E 的生物学功能主要表现为抗氧化作用，与硒协同，保护细胞膜的完整性，免受过氧化物的损害；促进生物活性物质的合成，例如前列腺素、维生素 C、泛酸等；刺激合成辅酶 Q，促进免疫蛋白的生成，提高抗病力；通过影响网状内皮系统吞噬细胞的增殖，影响 B 细胞和 T 细胞的免疫反应；具有解毒作用，可以降低镉、汞等重金属的毒性；促进性激素分泌，使雄性动物精子活力和数量增加；提高雌性动物的生育能力，预防流产。

家畜在幼龄时更容易缺乏维生素 E，具体表现为：家畜发育受阻或肌营养不良(白肌病)。当严重缺乏维生素 E 时，会导致肝细胞坏死，引起家畜骤然死亡。维生素 E 主要影响动物的繁殖功能，雄性动物会造成精子难以形成，睾丸退化；雌性动物会产死胎或者流产。

4. 维生素 K

维生素 K(vitamin K)为萘醌衍生物，含有维生素 K_1、维生素 K_2、维生素 K_3、维生素 K_4。维生素 K_1 别名叶绿醌；维生素 K_3 别名亚硫酸氢钠甲萘醌，其化学式为 $C_{11}H_8O_2 \cdot NaHSO_3 \cdot 3H_2O$。维生素 K 进入机体后须溶于脂肪，再通过肠壁吸收。维生素 K_3 是一种亮黄色结晶性粉末，具有一种特征性的微弱气味，也是应用最广的商业合成制品，供饲料生产之用。

维生素 K 的生物学功能主要表现为促进血液的凝固。维生素 K 是肝内四种凝血蛋白(凝血酶原、转化加速因子、抗血友病因子和原位因子)合成的必需物质，缺乏维生素 K 时，肝脏合成的是异常的凝血蛋白，会使凝血能力大大降低；与钙结合蛋白的形成有关，从而影响骨骼的发育；维生素K参与维生素K依赖性蛋白质的合成，而维生素K依赖性蛋白质可调节骨内磷酸钙的合成。

维生素K缺乏症主要表现为：血液凝血酶原含量下降，导致血凝时间延长和大出血，严重时导致动物死亡。禽类更容易缺乏维生素K，造成凝血系统的紊乱，出现皮下组织出血、羽毛蓬乱、渗血等症状。

2.4.3 水溶性维生素

1. 硫胺素（维生素 B_1）

硫胺素又称维生素 B_1（vitamin B_1），是第一个被发现的水溶性维生素，其化学式为 $C_{12}H_{17}ClN_4OS \cdot HCl$。其商品制剂为白色结晶性粉末，具有特殊气味。自然界中以酵母中维生素 B_1 含量最多。可由2-甲基呋喃和乙烯腈等合成或由β-乙氧基丙酸乙酯和甲酸乙酯等合成。

维生素 B_1 生物学功能主要表现为对脑组织的氧化供能、戊糖和还原型烟酰胺腺嘌呤二核苷酸磷酸（NADPH）的合成有重要作用；参与乙酰胆碱（神经介质）的合成，与细胞膜对 Na^+ 的通透性有关；维生素 B_1 参与神经组织中脂肪酸和胆固醇的合成。

维生素 B_1 缺乏症主要表现为：猪厌食，生长受阻，体弱，体温下降等非特异性症状；禽类缺乏维生素 B_1 可导致神经系统病变，如多发性神经炎，运动失调、麻痹、抽搐等症状；可导致腹泻和胃肠壁出血；导致生殖器官发育受阻，例如仔猪早产、死亡率增加等症状。

2. 核黄素（维生素 B_2）

核黄素又称维生素 B_2（vitamin B_2），其化学式为 $C_{17}H_{20}N_4O_6$，微溶于水，在中性或酸性溶液中加热时稳定。

维生素 B_2 生物学功能主要表现为与酶蛋白一起形成黄素蛋白（即多种氧化酶和脱氢酶），参与氧化还原反应；参与脂肪代谢，黄素酶是脂肪酸氧化和不饱和脂肪酸代谢所必需的营养物质；与生物膜的抗氧化作用有关；参与维生素 B_6、维生素C和铁的代谢。

维生素 B_2 缺乏症主要表现为：禽类典型症状为足爪向内弯曲，腿麻痹，种蛋孵化率低、腹泻、羽毛发育受损；猪主要症状表现为繁殖障碍、生长缓慢、白内障、足弯曲、步态僵硬、呕吐、脱毛等。

3. 烟酸（维生素 B_3）

烟酸或尼克酸又称维生素 B_3（vitamin B_3），化学式为 $C_6H_5NO_2$，热稳定性好，可以抗癞皮病的发生，又名抗癞皮病因子，是大多数动物中必需的一种水溶性维生素。维生素 B_3 广泛存在于自然界，以酵母、花生、谷类、豆类、肉类和动物肝脏中含量丰富。

维生素 B_3 生物学功能表现为在体内可转变为尼克酰胺，是辅酶Ⅰ（烟酰胺腺嘌呤二核苷酸，NAD^+）和辅酶Ⅱ（烟酰胺腺嘌呤二核苷酸磷酸，$NADP^+$）的组成成分。它们参与碳水化合物、脂肪和蛋白质等能量供应代谢反应中氢和电子的转移。

猪缺乏维生素 B_3 表现为生长不良、腹泻、呕吐、皮炎、贫血、糙皮症等；禽类缺乏维生素 B_3 表现为消化道炎症、食欲不振、生长缓慢、羽毛不满、呈鳞状脱皮、腿部皮炎和骨短粗病等。

4. 胆碱（维生素 B_4）

胆碱又称维生素 B_4，化学名称是β-羟乙基-三甲胺羟化物，分子式为 $C_5H_{15}NO_2$，在体内既是结构物质也是调节物质，是磷脂、乙酰胆碱等物质的组成成分。外观为无色味苦的粉末，在空气中极易潮解；易溶于水、甲醇、乙醇，难溶于丙酮、三氯甲烷，不溶于石油醚和苯，具强碱性。饲料中的添加形式常为氯化胆碱或二氢柠檬酸胆碱。

胆碱的生物学功能主要表现在,胆碱作为卵磷脂的成分在脂肪代谢过程中可促进脂肪酸以卵磷脂的形式被运输,促进小肠乳糜微粒的形成,提高肝脏利用脂肪酸的能力,防止脂肪在肝中过多积累;胆碱是构成乙酰胆碱的主要成分,对神经冲动的传递起着重要作用;胆碱是甲基的供体,3 个不稳定的甲基可与其他物质生成化合物,如与同型半胱氨酸生成蛋氨酸,与胍基乙酸结合生成肌酸等。

胆碱缺乏可引起脂肪代谢障碍,使脂肪在细胞内沉积,从而导致脂肪肝综合症,生长迟缓,骨和关节畸变,生产性能下降,死亡率增高。猪和鸡对胆碱中毒剂量是需要量的 2～4 倍,中毒症状为颤抖、痉挛、发绀、呼吸麻痹等。

5. 泛酸(维生素 B_5)

泛酸又称维生素 B_5(vitamin B_5),化学式为 $C_9H_{17}NO_5$,由泛解酸和 β-丙氨酸组成,淡黄色,易溶于水和乙醇,不溶于苯和氯仿,在酸、碱、光及热等条件下都不稳定。在动物体内主要以辅酶(coenzyme A,CoA)形式参与糖、脂、蛋白质代谢。维生素 B_5 在食物中几乎无所不在,它以游离或结合形式存在于所有动物和植物细胞中。

泛酸具有抗脂质过氧化作用,它以 CoA 的形式清除自由基,保护细胞质膜不受损害,还可通过促进磷脂合成帮助细胞修复。在所有畜禽中,猪、鸡、犬最容易缺乏泛酸。猪缺乏的主要症状为皮屑增多、毛细、眼周围有棕色分泌物、胃肠道疾病、生长缓慢等;鸡缺乏表现为生长受阻、羽毛生长不良、皮炎、脂肪肝、口角结痂、胫骨粗短,严重缺乏时可引起死亡;幼龄反刍动物也极易缺乏,主要表现为食欲降低、生长缓慢、皮毛粗糙、皮炎、腹泻等。

6. 维生素 B_6(吡哆醇)

($C_8H_{11}N_2O_2$)维生素 B_6(vitamin B_6)是吡哆醇(pyridoxine),化学式为 $C_8H_{10}NO_3$,吡哆醛($C_8H_8NO_3$)及吡哆胺($C_8H_{11}N_2O_2$)的总称。遇光或碱易破坏,不耐高温。该品为白色或类白色的结晶或结晶性粉末,无臭,味酸苦,遇光渐变质。

维生素 B_6 生物学功能主要表现为参与氨基酸和碳水化合物的代谢,尤其与甲硫氨酸、胱氨酸、半胱氨酸等关系密切;影响维生素代谢,如泛酸、维生素 C、维生素 B_{12} 等;吡哆醇不仅是含胺化合物合成的辅酶,同时亦是散播脑细胞抑制物质 GABA(gama-amino butyric acid)所需的辅酶;参与免疫功能。

猪与禽类的维生素 B_6 缺乏症不同,具体表现为猪缺乏维生素 B_6 食欲差、贫血、抽搐、共济失调、神经功能下降等;禽类表现为异常兴奋、癫狂、无目的运动、痉挛等。

7. 生物素(维生素 B_7)

生物素又称维生素 B_7(vitamin B_7),化学式为 $C_{10}H_{16}N_2O_3S$。维生素 B_7 为无色长针状结晶,极微溶于水(22 mg/100 mL 水,25 ℃)和乙醇(80 mg/100 mL,25 ℃),较易溶于热水和稀碱液,不溶于其他常见的有机溶剂。遇强碱或氧化剂则分解。

生物素的主要功能是在羧化反应、脱氨反应、嘌呤和脂肪酸合成中起辅酶作用;促进蛋白质、脂肪和碳水化合物等在动物体内的合成与代谢;促进汗腺、皮肤、皮毛的生长发育,可有效预防皮炎的发生。

禽类最容易缺乏维生素 B_7,具体表现为脚、喙及眼周皮炎,胫骨粗短,羽毛脱落等症状。反刍动物不容易缺乏,因为瘤胃微生物可以合成生物素,能满足其需要。

8. 叶酸(维生素 B_{11})

叶酸又称维生素 B_{11}(vitamin B_{11}),化学名蝶酰谷氨酸,由蝶啶、对氨基苯甲酸与谷氨酸结合而成，化学式为 $C_{19}H_{19}N_{7}O_{6}$。叶酸本身不具生物活性，需要在体内进行与氢还原反应后生成 5,6,7,8-四氢叶酸才具有生理活性。四氢叶酸是传递一碳基团（如甲基、亚甲基、甲酰基和羟甲基等）的辅酶。

维生素 B_{11} 生物学功能：维生素 B_{11} 以辅酶形式作为各种一碳基团的载体，参与遗传物质和蛋白质的代谢，影响生殖功能，促进动物机体的生长，增强其免疫力，保护肝脏并具有解毒的功效。

叶酸缺乏会造成动物巨幼红细胞性贫血、食欲下降、消化不良、腹泻、生长缓慢、皮肤粗糙等。

9. 钴胺素（维生素 B_{12}）

钴胺素又称维生素 B_{12}（vitamin B_{12}），是目前发现唯一含金属元素钴的维生素，其化学式为 $C_{63}H_{88}CoN_{14}O_{14}P$。维生素 B_{12} 为红色结晶粉末，无嗅无味，微溶于水和乙醇，在弱酸条件下最稳定。

维生素 B_{12} 生物学功能：以辅酶形式在体内参与多种代谢过程，代谢脂肪酸，促进甲基转移，其中最重要的是参与核酸和蛋白质的生物合成，促进红细胞的发育与成熟，控制恶性贫血；具有活化氨基酸的作用和促进核酸的生物合成，可促进蛋白质的合成；参与神经组织中脂蛋白的形成，对维护神经起重要作用；对反刍动物丙酸的利用十分重要。

动物缺乏症主要发生于严重缺乏钴的地区。吸收能力弱的猪极易缺乏钴胺素，具体表现为食欲丧失，对应激敏感，运动失调，后肢软弱，皮肤粗糙，出现典型的小细胞性贫血，体蛋白沉积减慢，生长率和饲料摄入量降低等；鸡钴胺素缺乏症主要表现为生长停滞，产蛋率下降，孵化率下降，胚胎死亡等。

10. 维生素 C（抗坏血酸）

维生素 C（vitamin C）具有酸的性质，又称抗坏血酸，其化学式为 $C_{6}H_{8}O_{6}$。维生素 C 为白色结晶或结晶性粉末，无臭，味酸，在水中易溶。具有旋光性、水解性以及还原性。它有 *L* 型和 *D* 型两种异构体，但只有 *L* 型对动物具有生物学功效。

维生素 C 具有可逆的氧化还原特性，因此参与许多生化反应，其生物学功能主要表现为参与骨胶原蛋白质的合成，促进伤口和溃疡愈合，降低毛细血管通透性和脆性，具有电子传递作用和抗氧化功能，是致癌物质亚硝酸盐的天然抑制剂。

动物一般不会缺乏维生素 C，畜禽可以通过葡萄糖自身合成维生素 C 进行补充。如果维生素 C 缺乏，会导致细胞连接障碍，体内微血管容易破裂，血液流向邻近组织，皮肤表面会产生充血和紫色，也会引起疼痛和关节疼痛。

2.4.4 维生素的应用

1. 维生素饲料添加剂的特点

植物和微生物可以自身合成维生素，人类和大部分其他动物自身无法合成维生素，需要通过额外添加补充获取。

维生素添加剂具有以下特点：含量低，但是维持动物健康、生长、繁育和生产所必需的；在通常情况下，动物自身不能合成或合成量不能满足正常生长需要，必须通过日粮获得；迄今尚未发现维生素替代品。

2. 维生素的贮存与制备

大多数维生素需要避光避湿保存，对温度也有要求。《饲料质量安全管理规范》规定维生素饲料添加剂应在 25 ℃下热敏库存放。

维生素产品可用下列方法制备：合成稳定的衍生物；加稳定剂(抗氧化剂)；用适当的填充剂使其标准化；应用适宜载体的包膜技术等。

3. 维生素饲料添加剂商品形式和规格

农业部发布的《饲料添加剂安全使用规范》(农业部公告第 2625 号)规定了 33 种维生素饲料添加剂的通用名称、英文名称、化学式或描述、来源、含量规格、适用动物、推荐添加量和最高限量。常见维生素饲料添加剂的来源及含量规格见表 2-4。

表 2-4 常见维生素饲料添加剂的来源及含量规格

通用名称	来源	含量规格		适用动物	在配合饲料或全混合日粮中的推荐添加量(以维生素计)
		以化合物计	以维生素计		
维生素 A	化学制备	—	粉剂 ≥5.0×10^3/(IU/g) 油剂 ≥2.5×10^6/(IU/g)	养殖动物	猪 1 300～4 000/(IU/g) 肉鸡 2 700～8 000/(IU/g) 蛋鸡 1 500～4 000/(IU/g) 牛 2 000～4 000/(IU/g) 羊 1 500～2 400/(IU/g)
β-胡萝卜素	提取、发酵生产或化学制备	≥96.0%	—	养殖动物	奶牛 5～30/(mg/kg) (以β-胡萝卜素计)
维生素 D	化学制备	≥97.0%	4.0×10^3/(IU/g)	养殖动物	猪 150～500 mg/kg 牛 275～400 mg/kg 羊 150～500 mg/kg
维生素 E	化学制备	油剂≥92.0% 粉剂≥50.0%	油剂 920/(IU/g) 粉剂 500/(IU/g)	养殖动物	猪 10～100 IU/g 鸡 10～30 IU/g 鸭 20～50 IU/g 牛 15～60 IU/g 羊 10～40 IU/g
维生素 B_1	化学制备	98.5%～101.0% (以干基计)	87.8%～90.0% (以干基计)	养殖动物	猪 1～5 mg/kg 家禽 1～5 mg/kg
维生素 B_2	化学制备或发酵生产	—	98.0%～102.0% 96.0%～102.0% ≥80.0% (以干基计)	养殖动物	猪 2～8 mg/kg 家禽 2～8 mg/kg
维生素 B_6	化学制备	98.0%～101.0% (以干基计)	80.7%～83.1% (以干基计)	养殖动物	猪 1～3 mg/kg 家禽 3～5 mg/kg
维生素 C	化学制备或发酵生产	—	99.0%～101.0%	养殖动物	猪 150～300 mg/kg 家禽 50～200 mg/kg 犊牛 125～500 mg/kg

2.5 矿物质及其生物学功能

2.5.1 矿物质概述

1. 矿物质的概念

矿物质是地壳自然存在的化合物或天然元素，是动物体内所需的一类无机养分。动物体无法自身产生和合成矿物质，主要通过饲粮获取，一旦缺乏或过量会导致动物的生产性能下降，影响健康甚至造成死亡。

2. 矿物质的分类

根据矿物质元素在体内的含量不同，可以将其分为常量矿物质元素和微量矿物质元素两大类。动物体内含量在0.01%以上的矿物质元素被称为常量矿物质元素，主要有钙、磷、镁、钾、钠、氯、硫等。动物体内含量在0.01%以下的矿物质元素被称为微量矿物质元素，主要有铁、铜、锌、锰、碘、硒、钴、钼、氟、铬、锡、钒、硅、镍等。

2.5.2 常量矿物质元素

1. 钙和磷

钙的生物学功能主要有：钙和磷是牙齿和骨骼的重要构成元素，起到支撑保护动物体的作用；骨骼中含有水、有机质（骨胶）和无机盐等成分，其中无机盐以钙和磷为主；钙离子可以抑制钠离子内流，使肌肉保持正常的兴奋性，还是肌肉收缩的调控因子，钙离子与肌钙蛋白的结合或分离是该过程触发或终止的关键；钙离子作为一种凝血因子，可以激活其他因子，通过级联反应最终激活凝血酶，参与凝血过程；钙离子参与神经递质的合成与释放、激素的合成与分泌，例如，钙离子内流诱发囊泡中的乙酰胆碱以胞吐的方式转运到膜间隙，促进胰岛素、儿茶酚胺、肾上腺皮质固醇等的分泌；此外，钙离子还可以维持细胞膜的完整性，参与细胞信号转导，并与细胞凋亡相关。

磷的生物学功能主要有：磷是贮能化合物三磷酸腺苷（ATP）和磷酸肌酸（CP）的主要成分，保持ATP的代谢平衡，参与能量代谢；磷是动物体内许多有机物的组分，参与有机物的代谢，例如，磷是组成核糖核酸（RNA）和脱氧核糖核酸（DNA）的基本成分之一，在遗传信息的传递和调控细胞代谢方面起着重要作用；磷在蛋白质的合成、底物磷酸化、体内酸碱平衡以及脂类代谢等方面也起着重要作用；磷是血液中的缓冲物质，并与维生素关系密切，NaH_2PO_4-Na_2HPO_4 是血液中的磷酸盐缓冲体系；磷还可促进烟酸的吸收，维生素D和钙能维持磷的正常机能；此外，磷脂是构成膜结构的重要组分，与维持细胞膜的完整性相关。

2. 钾、钠和氯

钾、钠和氯的生物学功能相似，主要包括维持组织渗透压和酸碱平衡。90%以上的细胞外液渗透压来源于Na^+和Cl^-，细胞内的渗透压主要与K^+有关，机体内的酸碱平衡可以通过缓冲体系以及细胞内外的离子交换作用来维持。调节神经-肌肉兴奋性。心肌、神经和肌肉都需要相对恒定的离子浓度来维持正常的应激性。Na^+和K^+的跨膜运输与兴奋传导相关。当血清钾过高时，对心肌有抑制作用，可使心跳在舒张期停止，血清钾过低能使心肌兴奋，可使心跳在收缩期停止。氯参与胃酸的形成具有杀菌的作用，参与血液中二氧化碳的运输，还可以激活胃蛋白酶、唾液淀粉酶，促进食物消化并刺激肝脏功能，促使肝中代谢废物排出。钠与胃中胃酸的缓冲作用相关，与ATP的产生和利用、肌肉运动、心血管功能、能量代谢都有关系，糖代谢、氧的利用也需钠的参与，钾离子在细胞分裂中具有特殊作用。

3. 硫

硫的生物学功能主要有：参与蛋白质代谢；合成含硫氨基酸（蛋氨酸、胱氨酸、半胱氨酸），这些氨基酸影响毛发的质量；参与碳水化合物的代谢，在葡萄糖的有氧分解过程中，硫辛酸在丙酮酸转化为乙酰辅酶A中起重要作用，将乙酰基转移到硫辛酸的硫原子上形成乙酰硫辛酸。此外，反刍动物和非反刍动物都可以利用无机硫合成黏多糖。硫还是部分维生素的组成成分，硫胺素、泛酸和生物素中含有硫，在动物体内的基本代谢中起着重要作用。

4. 镁

镁的生物学功能主要有：镁参与牙齿和骨骼的组成，具有保护和支撑机体的作用，也是蛋壳的主要成分。镁还是许多酶的必须辅助因子，起着活化酶的作用，焦磷酸酶、磷酸转移酶、胆碱酯酶、ATP酶、肽酶等发挥催化作用都离不开镁离子，镁离子在糖代谢、蛋白质代谢、能量代谢等方面发挥作用。镁离子可以抑制神经肌肉的兴奋性，防止异常兴奋，还可以抑制运动神经末梢对乙酰胆碱的释放，阻断神经肌肉的传导使骨骼肌松弛并使血管内皮合成的前列环素增多，血管扩张解除痉挛，降低中枢神经细胞的兴奋性，抑制抽搐，在神经、肌肉兴奋性中发挥作用。镁离子参与遗传物质DNA、RNA和蛋白质的合成，例如，DNA聚合酶和RNA聚合酶需要在镁离子的激活下发挥作用。镁还是核糖体的结构成分，它能稳定核糖体亚单位构型。镁缺乏时，核糖体亚单位趋于分解，蛋白质合成被抑制。

2.5.3 微量矿物质元素

1. 铁

铁是含量最丰富的微量元素，参与氧的运输和储存。血红蛋白的基本组成单位是血红素，血红素是一类以铁-卟啉为辅基的结合蛋白质。血红蛋白可以运输氧和二氧化碳。肌红蛋白可以在缺氧条件下为肌肉供氧。铁元素与ATP的合成、呼吸链上电子传递及生物催化等方面有关。Fe^{2+}和Fe^{3+}是激活碳水化合物代谢酶不可缺少的活化因子。铁直接参与细胞色素氧化酶、过氧化物酶、过氧化氢酶、黄嘌呤氧化酶等的组成，催化各种生化反应。铁也是体内很多重要氧化还原反应过程中的电子传递体。乳汁或白细胞中的乳铁蛋白可以与铁离子结合，抑制大肠杆菌，同时有利于乳酸杆菌的生长，在预防幼龄动物腹泻方面起作用。缺铁会引起血红蛋白合成受阻，造成缺铁性贫血。

2. 铜

铜参与骨细胞、胶原蛋白和弹性蛋白的形成，与骨骼形成有关，起到支撑和保护动物躯体的作用。铜离子是许多金属酶的重要组分，例如：铜蓝蛋白、赖氨酸氧化酶、酪氨酸氧化酶、二胺氧化酶、细胞色素氧化酶、尿酸氧化酶、氨基酸氧化酶、过氧化物歧化酶和苄胺氧化酶等，催化相关的有机物代谢，维持畜禽正常的生理功能，参与动物体内的新陈代谢。铜还可以维持铁的正常代谢，并与造血功能相关。铜可促进铁的吸收、运输及利用，促进红细胞的成熟，因此贫血也与缺铜有关。

3. 锌

锌参与构成味觉素，影响味觉与食欲，断奶仔猪采食含锌饲料后进食量增加，平均日增重显著提高。锌促进性器官发育，维持性功能正常。锌是淋巴细胞发挥免疫功能的基础，缺锌时淋巴细胞萎缩，T细胞杀伤活力降低。锌还与维生素代谢有关，锌对维持血浆中维生素

A的水平甚为重要，补锌可减少维生素C的排泄量。锌参与金属酶的组成，与催化分解、合成有机物，稳定酶蛋白四级结构，调节酶活性等多种生化作用有关。锌在激素的形成、贮存、分泌方面发挥作用。例如，锌促进胰岛素或胰岛素原形成可溶性聚合物，保护和促进胰岛素发挥作用。锌影响前列腺素的合成从而影响黄体的功能。此外，锌维持生物膜的正常结构和功能。锌可保护生物膜上的受体，防止生物膜遭受氧化和畸形。锌还与动物的生长性能有关，研究表明，蛋鸡饲粮中锌含量为40～80 mg/kg时，可以提高蛋鸡的生产性能，蛋壳厚度和强度显著增加。

4. 其他微量矿物质元素

锰元素参与硫酸软骨素的合成，保证骨骼发育，维持动物繁殖机能，维持大脑正常功能。此外，锰作为酶的活化因子或组成成分参与有机物的代谢。硒具有抗氧化作用，促进脂类、蛋白质等的消化吸收，维持细胞膜的正常结构和功能。碘参与甲状腺素的组成，调节动物体内的新陈代谢，维持体内热平衡，参与胡萝卜素转化为维生素A，调控动物的生长发育和繁殖等。铬调节糖类、脂类、蛋白质等的代谢活动，具有类似胰岛素的生物活性。钼作为体内一些氧化酶的组成成分，参与体内的氧化还原反应。氟主要存在于骨骼和牙齿中，起到保护牙齿健康、增强牙齿硬度的作用，还能预防骨质疏松。

在饲料中添加适量的矿物质元素对畜禽的健康至关重要。给妊娠晚期的肉牛喂食含铜、锰、钴和锌的有机复合饲料对其自身和后代的生长发育和健康有益。因而在实际生产中需要注重动物对矿物质元素的需求并及时补充相应的矿物质元素添加剂。

2.5.4 矿物质元素含量异常对动物的影响

1. 常量元素

饲料中钙、磷元素供应不足或钙、磷比例失调引发畜禽佝偻病和骨质软化症等症状。猪钙、磷含量不足或比例不适，易患佝偻病并出现咬尾、咬耳朵和互相舔食被毛的现象，还会引起产后瘫痪，生产性能下降。钙元素含量过高时，会导致其他元素的含量降低，影响正常的生理活动。钾、钠、氯缺乏，动物时常表现出食欲和消化机能减退，生产性能下降，钠、氯元素缺乏时还出现掘土毁圈、喝尿、舔食脏物等异食癖。当钾元素缺乏时，畜禽肌肉无力、疲劳。钠和氯过量时动物会出现腹泻、口渴并产生类似脑膜炎的神经症状。钾过量时会引起钠和镁缺乏，出现抽筋等钠镁缺乏症。反刍动物缺乏镁元素会出现牧草痉挛，还会引起厌食，过度兴奋并出现低血压、肾钙沉积等现象，过量时会出现腹泻、厌食，产蛋率低、壳薄，严重时会引发畜禽死亡。硫元素缺乏会引起动物饲料利用率下降、厌食，皮毛生长缓慢、质量差。正常采食很少出现硫过量，过量时畜禽会出现厌食、腹泻、抑郁等现象。

2. 微量元素

当畜禽缺乏铁时，畜禽会出现低色素贫血症、食欲减退、被毛粗乱和轻度腹泻，部分畜禽可能出现异食癖。大部分动物对铁耐受性较强，铁过量无明显异常。缺乏锌的主要表现是不完全角化症，还会出现生产性能下降、厌食、生殖受损和骨骼发育异常等现象，过量无明显不适。妊娠期缺锌，胎儿生长发育缓慢甚至出现畸形。缺乏铜影响铁代谢，动物会出现贫血，骨骼发育不良，腹泻和繁殖机能受损，严重时可造成血管破裂使动物死亡。铜过量会引起溶血，生长受阻等。滑腱症是鸡等禽类锰缺乏的典型症状，缺锰还会抑制骨骼发育并影响骨强度。厌食、生长缓慢也是锰缺乏的表现。锰过量会引发贫血、消化不良，有时也会抑制生长发育。此外，硒缺乏会使动物出现营养性肝坏死、渗出性素质病、白肌病和胰腺纤维素变性等，过量会出现减重、贫血、皮毛脱落甚至死亡。缺碘造成动物甲状腺肿大、代谢缓慢，过量影响畜禽的生产性能，产奶、产蛋量下降。

2.5.5 矿物质元素的应用

1. *矿物质饲料添加剂*

矿物质饲料添加剂是以天然矿石为主体，佐以兽用级化学药品组成的，最大特点是，原料成本低廉，添加量大(为全价配合饲料的 3%～15%)，效果显著，经济效益好。矿物质饲料添加剂有以下 3 方面优点。

(1)矿物质饲料添加剂含有丰富的钙、磷、钾、钠、氯、镁等常量元素和铁、锰、锌、铜、钴、碘、氟、铬、钼、硒等微量元素以及一定量的可以满足畜禽生长发育过程中不可缺少的营养成分，加速畜禽发育和生长，提高生产性能。

(2)矿物质饲料添加剂有助于改善饲料消耗，提高饲料转化率和利用率，节约饲料，降低成本。

(3)矿物质饲料添加剂可调节动物体内蛋白质的代谢，促进畜禽机体的新陈代谢，改善肠胃功能，预防各种消化道疾病，增强体质，提高成活率。

2. *矿物质饲料添加剂商品形式*

矿物质饲料添加剂商品形式主要有无机盐类(包括硫酸盐类、碳酸盐类、氧化物、氯化物等)、有机酸盐类(如柠檬酸铁)和微量元素-氨基酸螯合物(如苏氨酸铁)。不同形式的矿物质饲料添加剂各有优劣，如无机盐类易吸潮结块，影响其在饲料中的混合，同时对维生素有一定破坏作用；有机酸盐类和微量元素-氨基酸螯合物可以提高微量元素吸收率，弥补无机盐类的不足，但成本较高，因此需要视情况选择合适形式的饲料添加剂。

含钙矿物质饲料主要有石粉、贝壳粉、蛋壳粉、硫酸钙以及饲料级轻质碳酸钙。常见的含磷矿物质饲料主要是磷酸氢钠和磷酸氢二钠。含钙、磷矿物质饲料在生产中使用较为广泛，通常与含钙的饲料共同配合使用，以保证饲粮的正常钙磷比例。这类矿物质饲料有骨粉、磷酸钙、磷酸氢钙、过磷酸钙和脱氟磷酸钙等。钠、氯矿物质饲料常选用食盐、小苏打和硫酸钠。对幼畜以氯化亚铁、硫酸亚铁、葡萄糖酸铁及酒石酸铁等利用率高的铁制剂进行补铁。动物一般不易缺铜，对缺铜地区可直接给动物补饲硫酸铜。缺钴地区可给动物饲粮中补充硫酸钴、碳酸钴和氯化钴。硫酸锌、碳酸锌、氧化锌是主要的含锌饲料添加剂。一般情况下植物性饲料含锌较少，动物性饲料锌含量较高。植物性饲料均含锰，通常在动物性饲料中添加硫酸锰和氧化锰来做外源补充。

2.6 水分营养及其生物学功能

2.6.1 水分营养概述

1. *在体内的分布与含量*

水是动物体的第一营养成分，对维持动物的健康意义重大。动物体内水的分布不均匀但含量稳定，占体重的 60%～70%。水分主要分布于细胞内液和细胞外液，以脂肪组织含水量最少，为 25%～30%，肌肉为 76%，故肌肉发达者更能耐受失水性疾病。不同生物、相同生物不同性别和生长发育时期以及同一生物不同组织器官之间的含水量不同，其中幼龄较成年动物多，瘦肉型动物较肥胖动物多，雌性动物较雄性动物多。

2. 水的理化性质

水（H_2O）是由氢、氧两种元素组成的无机物，在常温常压下为无色无味的透明液体。水分子是极性的，即水分子的正负电荷中心不重合，为一种很好的溶剂。水比热容大、热导性强、蒸发潜热大，能很好地起到调节温度的作用。此外，水的表面张力大，与蛋白质结合可增强蛋白质的稳定性。

3. 水在体内的存在形式

动物体内没有纯水，水在动物体内的存在形式有 2 种：①自由水，又称体相水、滞留水。细胞内绝大部分水以游离的形态存在，可自由流动，是体内良好的溶剂，这部分水被称为自由水。②结合水，又称束缚水、固定水。细胞内一部分水与其他物质结合，是细胞结构的重要组成成分，这部分水被称为结合水。

自由水与结合水在特殊情况下可以互相转化。当代谢减慢时，自由水转化为结合水；当代谢旺盛时，结合水转化为自由水。自由水占总水量的比例越大，原生质的黏度越小，新陈代谢越旺盛。

2.6.2 水分的生物学功能

水对维持正常生命活动有着至关重要的作用，是维持动物正常生理活动的重要物质。动物体内营养物质的消化、吸收和排泄以及新陈代谢等多种生化反应都必须有水的参与。水的生物学功能与其存在形式和理化性质相关。

1. 自由水的生物学功能

自由水是一种良好的溶剂。许多化合物可以溶解在水中，这是机体进行代谢和排泄等正常生理活动的前提条件，水也是动物体内各种生化反应的介质。此外，水能够稀释细胞内外的物质，是良好的分散剂。自由水因其黏度小、流动性好，可协助机体内各种物质的运输，如养分的输送、乳汁分泌等。体内的代谢废物可以通过排汗和排尿的方式排出体外，例如，蛋白质代谢产生的尿素和其他营养物质代谢产生的无机盐可以通过汗液和尿液排出。自由水参与细胞内的多种生物化学反应，包括体内的水合、水解、氧化还原、有机物的合成和分解以及呼吸作用等。自由水还为细胞提供生存所需的液体环境，维持细胞的正常形态。细胞必须浸润在以水为基础的液体环境中才能进行正常的生理活动并与细胞外液进行物质交换。水是细胞内液的主要组成成分，维系细胞形态充盈，当细胞失水时皱缩。水的比热容大，导热性强，能起到体温调节、维持体温恒定的作用。此外，血液循环可以将代谢产生的热量传递到机体的各个部位，当体温升高时，还可以通过排汗和排尿来降低体温。水可以作为润滑液的主要成分存在于组织液等细胞外液中，减少骨关节和内脏组织器官间的摩擦力，降低磨损，参与动物体内的润滑作用。例如，唾液、消化液、眼泪等。

2. 结合水的生理学功能

结合水，又称束缚水，一般存在于溶质或其他非水物质附近，通过化学键与其他溶质分子相结合的一部分水，具有低流动性，可以在 -40 ℃下不结冰。虽然动物体内的结合水含量较少，但是对维持机体的正常生命活动具有重要作用。

结合水在生物体内可以和蛋白质、多糖等物质结合，让其失去流动性并维持生物大分子的空间构象。脱氧核糖核酸的双股螺旋、胶原蛋白的三股螺旋、胰岛素和红素氧还蛋白等蛋白质晶体结构的形成、蛋白质分子的空间结构由 α 螺旋向 β 折叠的转化、类脂双分子膜的稳定等都与结合水有关。结合水能与蛋白质结合形成胶体，使组织器官呈现一定的形态、硬度和弹性，起到维持组织器官形态的作用。结合水是细胞结构的重要组成成分，细胞内一部分水主要以氢键的形式与蛋白质、多糖、磷脂等物质结合并参与细胞骨架的构成，这部分水失去了流动性和溶解性，是生物体的构成物之一。结合水所形成的有序水网络与能量转换以及钠离子和钾离子的主动运输有关。在动物体中，质子的传递对能量的转换具有至关重要的作用，而结合水的网络为这种质子传递提供了必要的结构基础。钠离子和钾离子的主动运输是重要的生命现象，而这一现象的发生除了与膜泵理论有关之外，还与细胞内有序结构水对离子的排斥作用有关。结合水在肌肉收缩中起作用，收缩蛋白、肌球蛋白周围水结构的形成与破坏就是肌肉收缩的过程。在肌肉收缩过程中，水的状态发生改变。此外，水合程度与动物体内的代谢活性相关。在温度极低的环境下，细胞内结合水状态的改变影响生物活性的恢复。衰老过程中组织可塑性的降低可能与蛋白质结合水的能力相关。

3. 水缺乏对动物的不良影响

对动物自身而言，不同物种、同一物种不同生理状态和年龄以及不同性别，对水的需求量不同。就外界环境而言，气候条件也会影响动物的需水量，在高温干燥的环境下，动物体内需要更多的水分来维持正常生命活动。就饮食情况而言，当饲粮中的含水量低，矿物质、蛋白质、纤维素等含量高时动物需水量高。此外，饮用水的水质和水温也会影响动物的需水量。因此，在饲养动物的过程中，要根据实际情况合理安排动物的摄水量，防止动物体内缺水，危害动物健康。

大量研究表明，动物体内的水分不足以维持其正常生理活动时，会引起动物出现不良反应。动物缺水会降低其采食量、免疫力和生产性能，例如育肥猪体重下降、蛋鸡产蛋率降低且品质下降、奶牛乳汁分泌减少。当外界气温较高时，鸡、鸭等缺乏汗腺的动物饮水不足容易出现缺水引起的热应激，呼吸频率增加，血液、胞外液、胞内液和体液流失，并伴随呕吐、肌肉运动困难以及情绪不稳定等，持续失水会导致死亡。另外，禽类在蛋白质代谢中产生的尿酸不能经鸟氨酸循环生成尿素。当缺水时，血液中的尿酸和尿酸盐不能排出体外，可引起不可治愈的器官病变或因急性肾功能衰竭而死亡。如果仔猪饮水不足，就会引发缺水应激，诱发急性副猪嗜血杆菌病，出现抑郁、呼吸急促、厌食，还会出现倒地、抽搐等神经症状，严重时会引起死亡。解剖发现，病猪的心、肺、肝和脾等出现不同程度的结构病变并产生积液。此外，缺水会使一些动物记忆受损。轻度缺水胁迫对记忆力影响不大，中度和重度缺水胁迫会使记忆力下降。马和驴等缺水初期会使其食欲降低、精神不济、随墙而站、胃肠道蠕动不良、排便和排尿异常；后期会出现体温上升、脉搏无力、血管不充盈且血液呈黑红色黏稠状、寝食难安、失眠乃至死亡。

2.6.3 畜禽对水的需要与补充

水是生命的源泉，是动物赖以生存和生长不可缺少的重要物质资源。动物体内的水分含量需要保持在一定的范围内，才能更好地发挥水分的生物学功能。然而动物体内的水分会通过排汗、排尿等方式流失，需要及时补充水分。一旦水分补充不及时，会影响动物正常的生长发育，严重时会导致动物死亡。动物体内的水来源于饮水、饲料水及代谢水。

水在自然界分布广泛，可分为地表水、地下水和降水三大类。地表水来源广、水量足，具有自净能力，是畜禽养殖场的主要水源。地下水经过地层的渗滤作用，水中的悬浮物和细菌大部分被滤除，但在流经地层和渗透过程中，可溶解土壤中各种矿物盐类而使水质硬度增加,还有可能含有矿物性毒物,如氟化物、砷化物等,因此使用之前需要检测水质。降水由于储存困难、水量无保障,通常不用作畜禽养殖场的水源。动物饮用水的质量是畜禽健康的影响因素之一,因此必须对动物摄入的水进行质量检测,包括感官性状、一般化学指标、细菌学指标、毒理学指标。其中水质重要的检测指标是盐离子的含量,比如,碳酸根、硫酸根、盐酸根、镁离子、钙离子和钠离子等。养殖场供水系统管道内壁和蓄水池容易被细菌污染,从而污染水质,导致畜禽患病,进食和进水量下降,生长缓慢,饲料转化率降低,影响出栏率、出栏体重和产蛋率等经济收益。因而需要向饮用水中添加消毒剂,应具有以下特点:无毒、无刺激性;能迅速溶解于水并能快速释放出杀菌有效成分;对天然水中各种类型的致病微生物都有强烈的杀灭作用;不与水中的无机物和有机物起反应或产生有毒的化合物。

饮水是动物获取水分的主要方式,此外动物也通过饲料水和代谢水维持体内的水分平衡。不同原料的饲料含水量不同,鲜酒糟含水量为64%~76%、青绿多汁饲料含水量为75%~85%、青贮饲料含水量为80%、籽实饲料含水量为12%~15%、配合饲料含水量为10%~15%、干粗饲料含水量为5%~12%。代谢水是指营养物质在体内代谢产生的水分,对于冬眠动物来说,这部分水是维持水平衡的主要方式。一般情况下,每10 g糖类、蛋白质和脂肪在体内代谢分别产生6 g、4 g和10 g代谢水。

思考题

1. 阐述碳水化合物、蛋白质和脂类的生物学功能。

2. 动物饲料中为什么需要补充维生素和微量元素?其生物学意义是什么?

3. 简述水分在体内的存在形式及其生物学功能;从多个角度阐述为何在饲养动物时需要时常关注动物的饮水情况。

3 饲料原料

3.1 饲料的分类

3.1.1 饲料的概念

通常所说的饲料是指自然界天然存在的、含有能够满足动物所需的营养成分的可食成分。中华人民共和国国家标准《饲料工业通用术语》对饲料的定义为：能提供饲养动物所需养分、保证健康、促进生长和生产且在合理使用下不发生有害作用的可食物质。

3.1.2 饲料的分类

美国学者 L. E. Harris(1956)的饲料分类原则和编码体系为迄今为止被多数学者认同的国际饲料分类法。20 世纪 80 年代由张子仪研究员提出，依据国际饲料分类原则与我国的饲料分类法及编码系统相结合，形成我国的饲料分类法和编码系统。

1. 国际饲料分类法

依据饲料的营养特性，L. E. Harris 将饲料分为 8 大类，每类冠以 6 位数的国际饲料编码(international feeds number，IFN)，首位数代表饲料归属的类别，后 5 位数则按饲料的重要属性予以编码。编码分 3 节，表示成 Δ-ΔΔ-ΔΔΔ(表 3-1)。

(1)粗饲料　粗饲料是指饲料干物质中粗纤维含量≥18%，以风干物为饲喂形式的饲料，包括干草类、农作物秸秆等。IFN 表示为 1-00-000。

(2)青绿饲料　青绿饲料是指天然水分含量在 45%以上的一类饲料，包括青绿牧草、树叶类、饲用作物及非淀粉质的根茎、瓜果类。IFN 表示为 2-00-000。

(3)青贮饲料　青贮饲料是指以天然新鲜青绿植物性饲料为原料，经以乳酸菌为主的厌氧发酵制成的饲料，具有青绿多汁的特点，如青贮玉米。IFN 表示为 3-00-000。

(4)能量饲料　能量饲料是指饲料干物质中粗纤维含量<18%、粗蛋白质含量<20%的一类饲料，包括谷实类、麸皮、淀粉质的根茎、瓜果类等。IFN 表示为 4-00-000。

(5)蛋白质补充料　蛋白质补充料是指补充料干物质中粗纤维含量<18%、粗蛋白质含量≥20%的一类饲料，包括鱼粉、豆饼(粕)等。INF 表示为 5-00-000。

(6)矿物质饲料　矿物质饲料是指可供饲用的天然矿物质、化工合成的无机盐类及有机配位体与金属离子的螯合物。IFN 表示为 6-00-000。

(7)维生素饲料　维生素饲料是指由工业合成或提取的单一或复合维生素，但不包括富含维生素的天然青绿饲料。IFN 表示为 7-00-000。

(8)饲料添加剂　饲料添加剂是指为了利于营养物质的消化吸收，改善饲料品质，促进动物生长和繁殖，保障动物健康而加入饲料中的少量或微量非营养性原料或制剂，因此，不包括矿物质元素、维生素、氨基酸等营养性物质。IFN 表示为 8-00-000。

表 3-1　国际饲料分类依据原则

饲料类别	饲料编码	划分饲料类别依据　　%		
		水分（自然含水）	粗纤维（干物质）	粗蛋白质（干物质）
粗饲料	1-00-000	<45	≥18	
青绿饲料	2-00-000	≥45	—	
青贮饲料	3-00-000	≥45	—	
能量饲料	4-00-000	<45	<18	<20
蛋白质补充料	5-00-000	<45	<18	≥20
矿物质饲料	6-00-000	—	—	
维生素饲料	7-00-000	—	—	
饲料添加剂	8-00-000	—	—	

2. 中国饲料分类法

首先按照国际饲料分类法将饲料分成 8 大类，然后结合我国传统饲料分类习惯再分为 17 亚类，形成相应的中国饲料编码（chinese feeds number，CFN），共 7 位数，首位数为 IFN，第 2 位、第 3 位数为 CFN 亚类编号，第 4～7 位数为饲料顺序号。编码分 3 节，表示成 Δ-ΔΔ-ΔΔΔ（表 3-2）。

（1）青绿多汁类饲料　指天然水分含量≥45%的一类饲料，包括草地牧草、栽培牧草、野菜、鲜嫩的藤蔓和部分未完全成熟的谷物植株等。CFN 表示为 2-01-0000。

（2）树叶类饲料　树叶类有 2 种类型：第一种属于青绿饲料，是将采摘的树叶鲜喂，饲用时天然水分含量在 45%以上，CFN 表示为 2-02-0000；第二种属于粗饲料，是将采摘的树叶风干后饲喂，干物质中粗纤维含量≥18%，如槐叶、松针叶等，CFN 表示为 1-02-0000。

（3）青贮饲料　青贮饲料有 3 种类型：①常规青贮饲料，由新鲜的植物性饲料直接调制而成，一般含水量在 65%～75%；②低水分青贮饲料，也称半干青贮饲料，用天然水分含量为 45%～55%的半干青绿植物调制而成，第一、二种 CNF 形式均为 3-03-0000；③湿贮饲料，将新鲜玉米、麦类籽实等原料，不经干燥直接青贮，其水分含量在 28%～35%。此种饲料从调制方法分析属青贮饲料，但根据营养成分含量又被划分为能量饲料，CFN 表示为 4-03-0000。

（4）块根、块茎、瓜果类饲料　有 2 种类型：①鲜喂，天然水分含量≥45%，如胡萝卜、芜菁、饲用甜菜等，CFN 表示为 2-04-0000；②干喂，脱水后的干物质中粗纤维和粗蛋白质含量都较低，干燥后属能量饲料，如甘薯干、木薯干等，CFN 表示为 4-04-0000。

（5）干草类饲料　干草类包括栽培牧草或野生牧草的脱水或风干物，含水量在 15%以下。水分含量在 15%～25%的干草压块亦属此类。有 3 种类型：①干物质中粗纤维含量≥18%，属粗饲料，CFN 表示为 1-05-0000；②干物质中粗纤维含量<18%，粗蛋白质含量<20%，如优质草粉，属能量饲料，CFN 表示为 4-05-0000；③干物质中粗蛋白质含量≥20%，粗纤维含量<18%，如苜蓿干草粉，属蛋白质饲料，CFN 表示为 5-05-0000。

（6）农副产品类饲料　农副产品类有 3 种类型，①干物质中粗纤维含量≥8%，如秸、荚、壳等,属粗饲料,CFN 表示为 1-06-0000;②干物质中粗纤维含量<18%,粗蛋白质含量<20%,属能量饲料,CFN 表示为 4-06-0000(罕见);③干物质中粗纤维含量<18%,粗蛋白质含量≥20%,属蛋白质饲料,CFN 表示为 5-06-0000(罕见)。

(7)谷实类饲料　谷实类饲料的干物质中,一般粗纤维含量<18%,同时粗蛋白质含量<20%,如玉米、稻谷等,属能量饲料,CFN 表示为 4-07-0000。

(8)糠麸类饲料　糠麸类饲料有 2 种类型:①是干物质中粗纤维含量<18%,粗蛋白质含量<20%的粮食的副产品,如小麦麸、米糠等,属能量饲料,CFN 表示为 4-08-0000;②是干物质中粗纤维含量>18%的粮食加工后的低档副产品,如统糠等,属粗饲料,CFN 表示为 1-08-0000。

(9)豆类饲料　豆类饲料有 2 种类型:①干物质中粗蛋白质含量≥20%,粗纤维含量<18%,属蛋白质饲料,如大豆等,CFN 表示为 5-09-0000;②个别豆类籽实的干物质中粗蛋白质含量<20%,如江苏的爬豆,属能量饲料,CFN 表示为 4-09-0000。

(10)饼粕类饲料　饼粕类有 3 种类型:①干物质中粗蛋白质≥20%,粗纤维含量<18%,属蛋白质饲料,大部分饼粕属于此类,CFN 表示为 5-10-0000;②虽然干物质中粗蛋白质含量≥20%,但粗纤维含量≥18%,仍属粗饲料类,如有些多壳的葵花籽饼及棉籽饼,CFN 表示为 1-10-0000;③干物质中粗蛋白质含量<20%,粗纤维含量<18%,如米糠饼、玉米胚芽饼等,属能量饲料,CFN 表示为 4-08-0000。

(11)糟渣类饲料　糟渣类饲料有 3 种类型:①干物质中粗纤维含量≥18%,属粗饲料,CFN 表示为 1-11-0000;②干物质中粗蛋白质含量<20%,且粗纤维含量<18%,属能量饲料,如醋糟,CFN 表示为 4-11-0000;③干物质中粗蛋白质含量≥20%,而粗纤维含量<18%,属蛋白质饲料,如啤酒糟、豆腐渣等,CFN 表示为 5-11-0000。

(12)草籽、树实类饲料　草籽、树实类饲料有 3 种类型:①干物质中粗纤维含量≥18%,属粗饲料,如灰菜籽等,CFN 表示为 1-12-0000;②干物质中粗纤维含量<18%,同时粗蛋白质含量<20%,属能量饲料,如干沙枣等,CFN 表示为 4-12-0000;③干物质中粗纤维含量<18%,而粗蛋白质含量≥20%,属蛋白质饲料(罕见),CFN 表示为5-12-0000。

(13)动物性饲料　动物性饲料有 3 种类型:①干物质中粗蛋白质含量≥20%,属蛋白质饲料,如鱼粉、蚕蛹等,CFN 表示为 5-13-0000;②干物质中粗蛋白质含量<20%,粗灰分含量也较低的动物油脂,属能量饲料,如猪油等,CFN 表示为 4-13-0000;③干物质中粗蛋白质含量<20%,粗脂肪含量也较低,以补充钙磷为目的,属矿物质饲料,如骨粉、贝壳粉等,CFN 表示为 6-13-0000。

(14)矿物质饲料　矿物质饲料是指可供饲用的天然矿物质(如石灰石粉等)、化工合成的无机盐类(如硫酸铜等)及有机配位体与金属离子的螯合物(如蛋氨酸锌等),CFN 表示为 6-14-0000。

(15)维生素饲料　维生素饲料是指由工业合成或提取的单一或复合维生素制剂,如硫胺素、核黄素、维生素 A、维生素 D 等,但不包括富含维生素的天然青绿多汁饲料,CFN 表示为 7-15-0000。

(16)饲料添加剂　掺入饲料中的少量或微量营养性及非营养性物质,有 2 种类型:①非营养性物质,如饲料防腐剂、饲料黏合剂、驱虫保健剂等,CFN 表示为 8-16-0000;②营养性物质,如工业合成的赖氨酸、蛋氨酸等,CFN 表示为 5-16-0000。

(17)油脂类饲料及其他　主要以补充能量为目的,属能量饲料,CFN 表示为 4-17-0000。

随着饲料科学研究水平的不断提高及饲料新产品的涌现，还会不断增加新的 CFN 形式。

表 3-2 中国现行饲料分类依据原则

饲料类别	饲料编码（1、2、3 位编码）	水分（自然含水）/%	粗纤维（干物质）/%	粗蛋白质（干物质）/%
一、青绿多汁类饲料	2-01-0000	>45	—	—
二、树叶类饲料				
1. 鲜树叶	2-02-0000	>45	—	—
2. 风干树叶	1-02-0000	—	≥18	—
三、青贮饲料				
1. 常规青贮饲料	3-03-0000	65～75	—	—
2. 半干青贮饲料	3-03-0000	45～55	—	—
3. 谷实青贮饲料	4-03-0000	28～35	<18	<20
四、块根、块茎、瓜果类饲料				
1. 含天然水分的块根、块茎、瓜果	2-04-0000	≥45	—	—
2. 脱水块根、块茎、瓜果	4-04-0000	—	<18	<20
五、干草类饲料				
1. 第一类干草	1-05-0000	<15	≥18	—
2. 第二类干草	4-05-0000	<15	<18	<20
3. 第三类干草	5-05-0000	<15	<18	≥20
六、农副产品类饲料				
1. 第一类农副产品	1-06-0000	—	≥18	—
2. 第二类农副产品	4-06-0000	—	<18	<20
3. 第三类农副产品	5-06-0000	—	<18	≥20
七、谷实类饲料	4-07-0000	—	<18	<20
八、糠麸类饲料				
1. 第一类糠麸	4-08-0000	—	<18	<20
2. 第二类糠麸	1-08-0000	—	≥18	—
九、豆类饲料				
1. 第一类豆类	5-09-0000	—	<18	≥20
2. 第二类豆类	4-09-0000	—	<18	<20
十、饼粕类饲料				
1. 第一类饼粕	5-10-0000	—	<18	≥20
2. 第二类饼粕	1-10-0000	—	≥18	≥20
3. 第三类饼粕	4-10-0000	—	<18	<20
十一、糟渣类饲料				
1. 第一类糟渣	1-11-0000	—	≥18	—

续表 3-2

饲料类别	饲料编码 (1、2、3 位编码)	水分 (自然含水)/%	粗纤维 (干物质)/%	粗蛋白质 (干物质)/%
2. 第二类糟渣	4-11-0000	—	<18	<20
3. 第三类糟渣	5-11-0000	—	<18	>20
十二、草籽、树实类饲料				
1. 第一类草籽、树实	1-12-0000	—	≥18	—
2. 第二类草籽、树实	4-12-0000	—	<18	<20
3. 第三类草籽、树实	5-12-0000	—	<18	≥20
十三、动物性饲料				
1. 第一类动物性饲料	5-13-0000	—	—	≥20
2. 第二类动物性饲料	4-13-0000	—	—	<20
3. 第三类动物性饲料	6-13-0000	—	—	<20
十四、矿物质饲料	6-14-0000	—	—	—
十五、维生素饲料	7-15-0000	—	—	—
十六、饲料添加剂	8-16-0000	—	—	—
十七、油脂类饲料及其他	4-17-0000	—	—	—

3.2 能量饲料

干物质中粗纤维含量低于18%，粗蛋白质含量低于20%的饲料属于能量饲料。这类饲料能量含量高，主要包括谷实类、糠麸类、块根块茎瓜果类及其加工副产品、动植物油脂以及乳清粉等。能量饲料在动物饲粮中所占比例最大，一般为50%～70%，是动物主要的能量来源。

3.2.1 谷实类饲料

谷实类饲料是指禾本科作物的籽实，主要包括玉米、小麦、大麦、稻谷、高粱等。谷实的适口性好、消化率高，因而有效能值高，在全价配合饲料中占有重要的地位。

1. 谷实类饲料的结构特点

各种谷实类籽实除形态大小不一外，其结构基本相似，都是由种皮、糊粉层、胚乳及胚芽4个部分组成。

(1)种皮　种皮为谷粒的外壳，又称颖壳。种皮是一层木质化程度很高的硬壳，粗纤维和木质素含量高。

(2)糊粉层　糊粉层介于种皮与胚乳之间，蛋白质含量丰富，如小麦糊粉层蛋白质含量约占全部蛋白质的20%，B族维生素含量也丰富。在碾磨加工时，易与种皮同时脱落，而混入糠麸中。

(3)胚乳　胚乳是谷类的主要部分，含大量淀粉，蛋白质主要分布在胚乳周围，越向胚乳中心，含量越低。

(4)胚芽　胚芽是谷类种子最重要的部分，占籽实的3%～5%，富含蛋白质、脂肪、矿物质，维生素尤其维生素E含量高。

2. 谷实类饲料的营养特点

(1)无氮浸出物含量高　谷实类无氮浸出物含量高，占干物质的63%～80%，主要为淀粉。粗纤维含量较低，一般不超过5%，因而谷实类的干物质消化率很高，有效能值高。

(2)蛋白质含量低　谷实类饲料蛋白质含量在7.0%～13.9%，主要为谷蛋白和醇溶蛋白，占蛋白质组成的80%以上，而球蛋白和清蛋白含量低。氨基酸平衡性差，缺乏蛋氨酸、赖氨酸，玉米中色氨酸和麦类中苏氨酸含量低是突出的特点。因此谷实类蛋白质品质差，生物学效价较低为50%～70%。

(3)粗脂肪含量较高　谷实类的脂肪含量为1.6%～5.2%，平均含量为3.5%。脂肪中的脂肪酸主要是不饱和脂肪酸，其中亚油酸和亚麻酸含量较高，如玉米脂肪中约含45%的亚油酸，可满足畜禽对亚油酸的需要。

(4)矿物质含量低且不平衡　钙少磷多，比例不平衡，磷多以植酸磷形式存在，约占总磷的60%，单胃动物利用率低。

(5)维生素含量低　在B族维生素中，除维生素B_1含量较高以外，其他含量则很少，维生素E较为丰富，几乎不含维生素D和维生素K。

3. 常见谷实类饲料

(1)玉米　玉米适口性好，能值高，是猪禽饲料中主要的能量饲料原料，最大用量可达70%。被称为“饲料之王”。

①玉米的营养特点。玉米中的碳水化合物含量在70%以上，主要是淀粉，粗纤维含量少(1.2%～2.6%)，因此，有效能值高，消化能(猪)14.27MJ/kg，代谢能(鸡)13.56MJ/kg，是谷实类中有效能值最高的。粗脂肪含量较高(3.1%～5.3%)，玉米脂肪多为不饱和脂肪，必需脂肪酸含量高达2%，系谷类籽实中含量最高者。玉米含有较多的玉米黄素、叶黄素和胡萝卜素，有助于鸡皮肤、脚胫及蛋黄的着色。玉米的粗蛋白质含量低，平均为8.6%，缺乏赖氨酸、蛋氨酸和色氨酸。

二维码3-1
玉米

②饲料用玉米的质量标准。《饲料用玉米》GB/T 17890—2008规定各项指标见表3-3，以86%干物质为基础计算。

表3-3　饲料用玉米的质量标准

项目	一级	二级	三级
容重/(g/L)	≥710	≥685	≥660
不完善粒总量/%	≤5.0	≤6.5	≤8.0

(2)小麦　小麦是全世界主要粮食作物之一，小麦很少用作饲料，用作饲料的主要是小麦加工副产品。北欧国家的能量饲料主要为麦类，我国小麦产量居世界第二位，有些地区也用小麦替代玉米作为能量饲料。

①小麦的营养特点。能值含量较高，仅次于玉米。蛋白质含量较高，为13.9%，是玉米的1.5倍，在谷类籽实饲料中蛋白质含量最高。脂肪含量低，粗脂肪含量1.7%，必需脂肪酸的含量也较低，亚油酸含量仅0.8%。小麦含有较高的可溶性非淀粉多糖，主要包括阿拉伯木聚糖(1.8%)和β-葡聚糖(0.4%)，两种结构性多糖溶于水产生较高的黏性，限制了营养物质的消化吸

二维码3-2
小麦

收，是限制小麦饲用价值的主要抗营养因子。

②饲料用小麦的质量标准。《饲料原料小麦》NY/T 117—2021 规定各项指标见表 3-4，以 87%干物质为基础计算。

表 3-4 饲料用小麦的质量标准 %

成分	一级	二级	三级
粗蛋白质	≥14.0	≥12.0	≥10.0
粗纤维	<2.0	<3.0	<3.5
粗灰分	<2.0	<2.0	<3.0

(3)稻谷、糙米 稻谷是世界上主要的粮食作物之一，是我国第一大粮食作物，产量占全世界总产量的 1/3。稻谷外壳约占 25%，稻谷脱壳后仍残留有大部分种皮，脱壳的稻谷为糙米，糙米再经精加工即为精米供人类食用。

二维码3-3
稻谷

①稻谷的营养特点。稻谷因未脱壳，粗纤维高达 8%以上，且半数以上为木质素，有效能值低于玉米和小麦，稻谷脱壳后的糙米粗纤维可降到 2%，有效能比稻谷有所提高，与玉米相当。粗蛋白质含量较低，稻谷中粗蛋白质含量为 7%～8%，糙米蛋白质含量 8%～9%，其氨基酸组成与玉米相似。糙米粗脂肪含量 2%，其中不饱和脂肪酸比例较高，脂肪酸以油酸及亚油酸为主，两者分别占 45%和 33%，因此米糠油易酸败变质。

②饲料用稻谷的质量标准。《饲料用稻谷》NY/T 116—1989 规定各项指标见表 3-5，以 86%干物质为基础计算。

表 3-5 饲料用稻谷的质量标准 %

成分	一级	二级	三级
粗蛋白质	≥8.0	≥6.0	≥5.0
粗纤维	<9.0	<10.0	<12.0
粗灰分	<5.0	<6.0	<8.0

(4)大麦 大麦是世界上重要的谷物之一，大麦的种植面积位居全世界谷物作物种植面积的第六位，欧洲用大麦作为饲料原料的数量较多，我国大麦 50%～60%用作饲料。大麦按品种可分为皮大麦和裸大麦，其中裸大麦是我国藏族人民的主要粮食，也是酿造青稞酒、啤酒的重要原料。

二维码3-4
大麦

①大麦的营养特点。无氮浸出物含量低于玉米，为 67%～68%，有效能值也低于玉米。粗蛋白质含量为 11.0%～13.0%，赖氨酸含量为 0.43%，高出玉米近 1 倍，其他氨基酸组成也略优于玉米。非淀粉多糖(NSP)含量较高，主要由 β-葡聚糖和阿拉伯木聚糖组成，单胃动物不分泌消化非淀粉多糖的酶，因此使用大麦时需添加外源 β-葡聚糖酶等酶制剂消除其抗营养作用。

②饲料用裸大麦的质量标准。《饲料用裸大麦》NY/T 210—1992 规定各项指标见表 3-6，以 87%干物质为基础计算。

(5)高粱 高粱是世界四大粮食作物之一，我国高粱总产量约占世界总产量的 1/10。高粱按用途可分为食用高粱、饲用高粱、香味高粱、酒用高粱等。

表 3-6　饲料用裸大麦的质量标准　%

成分	裸大麦		
	一级	二级	三级
粗蛋白质	≥13.0	≥11.0	≥9.0
粗纤维	<2.0	<2.5	<3.0
粗灰分	<2.0	<2.5	<3.5

二维码3-5
高粱

①高粱的营养特点。高粱籽实无氮浸出物含量约 70%，有效能值略低于玉米。蛋白质含量为 8.0%～9.0%，缺乏蛋氨酸、赖氨酸，蛋白质品质较差。粗脂肪含量 3.4%，饱和脂肪酸的比例高于玉米。单宁含量高。单宁又称单宁酸或鞣酸，是水溶性的多酚化合物，是高粱主要的抗营养因子。单宁抗营养作用表现为：单宁味苦涩，影响适口性；单宁分子中羟基与蛋白质结合，形成不被消化的单宁-蛋白复合物，降低蛋白质的利用率；单宁抑制胰蛋白酶、α-淀粉酶、脂肪酶活性，影响营养物质的消化利用；单宁具有收敛性，可与胃肠道黏膜的蛋白质结合，在肠黏膜表面形成不溶性的鞣酸蛋白膜，使胃肠运动机能减弱。

②饲料用高粱的质量标准。《饲料用高粱》NY/T 115—1989 规定各项指标见表 3-7，以 86%干物质为基础计算。

表 3-7　饲料用高粱的质量标准　%

成分	一级	二级	三级
粗蛋白质	≥9.0	≥7.0	≥6.0
粗纤维	<2.0	<2.0	<3.0
粗灰分	<2.0	<2.0	<3.0

二维码3-6
燕麦

(6)燕麦　燕麦是重要的谷物之一，也是一种很有价值的饲料作物。燕麦的颖壳占谷粒的 20%～35%，粗纤维含量高，约为 12%。无氮浸出物在谷实类籽实中最低，因此能值低。粗蛋白质含量 11%左右。粗脂肪含量 4.5%以上，不饱和脂肪酸比例高，故燕麦不易贮藏。

二维码3-7
荞麦

(7)荞麦　荞麦是蓼科一年生草本植物，与其他谷物类不同科。荞麦的外壳约占籽实重量的 30%，粗纤维含量高达 12%。粗蛋白质 9.9%，脱壳后粗蛋白质含量可达 14%，赖氨酸含量是玉米的 2～3 倍。荞麦籽实中含有光敏物质-感光卟啉，当动物采食以后白色皮肤部分受到日光照射即发生过敏，皮肤出现瘙痒、斑疹等症状。

3.2.2　谷物加工副产物类饲料

谷类籽实加工后剩余的种皮、糊粉层、胚及颖壳中的纤维残渣等构成了谷类籽实加工后的副产品，即糠麸类饲料，通常制米的副产物为糠，制粉的副产物为麸。

1. 小麦麸

小麦麸又称麸皮，主要由种皮、糊粉层和少量胚及胚乳组成。胚及胚芽的比例越高，小麦麸的品质越好。

(1)小麦麸的营养特点

①能量低于谷物籽实。粗纤维含量高(约 8.9%),无氮浸出物含量低(约 60%),因此小麦麸有效能较低。

②粗蛋白质含量高,蛋白质品质优于小麦。

③小麦麸容重低。容重为 225 g/L,具有轻泻性。但小麦麸吸水性强,干饲大量小麦麸会引起便秘。

二维码3-8
小麦麸

(2)饲料用小麦麸的质量标准 《饲料原料小麦麸》NY/T 119—2021 规定各项指标见表 3-8,以 88%干物质为基础计算。

表 3-8 饲料用小麦麸的质量标准 %

成分	一级	二级	三级
粗蛋白质	≥17.0	≥15.0	≥11.0
粗纤维	≤12.0	<12.0	<11.0
粗灰分	≤6.0	≤6.0	<6.0

2. 次粉

次粉也是小麦加工副产品,是介于面粉与小麦麸之间的产品,主要由糊粉层、胚乳和少量细麸组成。小麦生产普粉可获得 15%左右的小麦麸,精制可得到 25%左右的小麦麸,3%~5%的次粉。

二维码3-9
次粉

(1)次粉的营养特点 次粉的营养成分与小麦麸相近:①粗纤维含量低于小麦麸;②次粉含有较高的糊粉层,无氮浸出物含量高,因此能值高于小麦麸;③普通次粉粗蛋白质含量略低于小麦麸,为 13.6%~15.4%。高筋次粉粗蛋白质含量较高,主要由醇溶蛋白及筋蛋白等组成,吸水膨胀后形成面筋。

(2)饲料用次粉的质量标准 《饲料用次粉》NY/T 211—1992 规定各项指标见表 3-9,以 87%干物质为基础计算。

表 3-9 饲料用次粉的质量标准 %

成分	一级	二级	三级
粗蛋白质	≥14.0	≥12.0	≥10.0
粗纤维	<3.5	<5.5	<7.5
粗灰分	<2.0	<3.0	<4.0

3. 稻糠

稻谷加工大米过程中的副产品,称为稻糠,包括砻糠、米糠和统糠。脱落的稻壳粉碎后是砻糠。米糠是脱壳稻(糙米)精制过程中脱除的果皮、种皮、胚乳和糊粉层等混合物,米糠占糙米质量的 8%~11%。统糠是砻糠和米糠的混合物。通常 100 kg 稻谷可得到砻糠 20~25 kg,糙米 75~80 kg,精加工则可得到精米 65~70 kg,统糠 30~35 kg。

二维码3-10
稻糠

(1)米糠 米糠又称细米糠、全脂米糠,其品质因糙米精制程度而不同,精制程度越高,米糠营养价值越大。

①米糠的营养特点。米糠脂肪含量高,为 15%~17%,最高可达 22.4%,约为小麦麸的

3倍，能值位于糠麸类饲料之首，与玉米相当。脂肪酸组成多为不饱和脂肪酸，油酸及亚油酸占79.2%。除此之外，米糠还含有脂肪酶，所以米糠易发生氧化酸败和水解酸败。粗蛋白质含量约为13%，赖氨酸0.74%，蛋白质品质优于玉米。粗纤维含量高，无氮浸出物含量低，低于50%。米糠中含有多种抗营养因子，如胰蛋白酶抑制因子、植酸(9.5%～14.5%)及非淀粉多糖。

②饲料用米糠的质量标准。《饲料用米糠》NY/T 122—1989规定各项指标见表3-10，以87%干物质为基础计算。

表3-10　饲料用米糠的质量标准　　%

成分	一级	二级	三级
粗蛋白质	≥13.0	≥12.0	≥11.0
粗纤维	<6.0	<7.0	<8.0
粗灰分	<8.0	<9.0	<10.0

二维码3-11
米糠粕

(2)米糠饼、米糠粕　米糠经脱脂后称脱脂米糠，压榨法脱脂得到的是米糠饼，浸提法脱脂得到的是米糠粕。

①米糠饼、米糠粕的营养特点。米糠饼、米糠粕经脱脂后质量较稳定，更易储藏。米糠饼和米糠粕脂肪含量分别为9.0%和2.0%，除脂肪和脂溶性物质外，其他营养成分与全脂米糠相似。

②饲料用米糠饼、米糠粕的质量标准。《饲料原料　米糠饼》NY/T 123—2019和《饲料原料　米糠粕》NY/T 124—2019规定各项指标见表3-11，以88%干物质为基础计算。

表3-11　饲料用米糠饼、米糠粕的质量标准　　%

成分	米糠饼			米糠粕		
	一级	二级	三级	一级	二级	三级
粗蛋白质	≥14.0	≥13.0	≥12.0	≥16.0	≥15.0	≥13.0
粗纤维	≤8.0	≤10.0	≤12.0	≤8.0	≤10.0	≤11.0
粗灰分	≤9.0	≤10.0	≤12.0	≤9.0	≤10.0	≤11.5

(3)砻糠、统糠　砻糠是稻谷的外壳粉，是所有谷物颖壳中营养价值最低的产品，一般不直接用于生产饲料，可以当填充物、抗结块剂使用。砻糠中粗纤维约39.3%，粗蛋白质3.0%，粗脂肪0.74%，粗灰分22.7%，无氮浸出物34%。统糠是砻糠与米糠的混合物，因此，可以根据这两者的比例计算出各种统糠的营养成分。

4. 其他谷物籽实加工副产品

应用较多的有大麦麸、玉米皮、高粱糠、小米糠，因种类不同其营养价值差异较大。大麦麸能量、蛋白质和粗纤维含量均高于小麦麸。玉米皮粗纤维含量较高，为9.1%，其营养价值与小麦麸相当。高粱糠能值高于小麦麸，但因其单宁含量较多，适口性差，单胃动物应限量使用。小米糠粗纤维含量较高，达23.7%，影响其他营养物质的消化率，预处理可提高其应用效果。

3.2.3 块根、块茎及瓜果类饲料

块根、块茎及瓜果类饲料主要包括甘薯、马铃薯、木薯、甜菜、胡萝卜和南瓜等。这类饲料干物质中粗纤维不超过10%，粗蛋白质5%～10%，无氮浸出物含量约76%，能值与谷类籽实相当，按分类系统属能量饲料。

1. 甘薯

甘薯又称番薯、红薯、红苕、地瓜等。甘薯是我国主要的薯类作物之一，产量仅次于水稻、小麦和玉米。甘薯的干物质含量高，为25%～30%，干物质主要成分是淀粉，能值高于其他薯类。

(1)甘薯的营养特点　①鲜甘薯水分70%～75%，味甜，适口性好。②甘薯干物质中无氮浸出物含量在75%以上，能值与玉米相当。③粗蛋白质含量低，约4%，其中有相当一部分为非蛋白氮，必需氨基酸含量低，蛋白质品质差。

(2)饲料用甘薯干的质量标准　《饲料用甘薯干》NY/T 121—1989 规定各项指标见表3-12，以87%干物质为基础计算。

表 3-12　饲料用甘薯干的质量标准　%

成分	含量
粗纤维	<4.0
粗灰分	<5.0

2. 马铃薯

马铃薯又称土豆、洋芋、地蛋等，主要用于人类食物和加工淀粉，也可用作动物饲料。马铃薯耐贮藏，贮藏温度较高时会发芽产生有毒的龙葵素，大量采食可导致消化道炎症，严重时可中毒，甚至死亡。马铃薯干物质约占25%，主要成分是淀粉，占干物质的80%以上，能值含量高。粗蛋白质含量8.6%，高于甘薯和木薯，蛋白质主要是球蛋白，部分为非蛋白氮，生物学价值高。

3. 木薯

木薯又称树薯、树番薯，为多年生热带灌木，其茎秆的基部形成块茎。木薯抗逆性强，可在贫瘠的土地上种植，因而被称为“非竞争性饲料”。木薯可分为苦木薯和甜木薯，两类木薯氢氰酸的含量不同，苦木薯含氢氰酸250 mg/kg以上，甜木薯含氢氰酸50 mg/kg以下，少量可不需脱毒直接饲喂。

(1)木薯干的营养特点　①木薯干粗纤维含量低、无氮浸出物含量高，约为80%，能值高于甘薯。②粗蛋白质含量低，约为2.5%，必需氨基酸含量低，蛋白质品质差。③粗脂肪含量低，约为0.7%。

(2)饲料用木薯干的质量标准　《饲料用木薯干》NY/T 120—2014 规定各项指标见表3-13，以87%干物质为基础计算。

表 3-13　饲料用木薯干的质量标准　%

成分	含量
粗纤维	<4.0
粗灰分	<5.0

4. 南瓜

南瓜又称倭瓜、番瓜，瓜果类饲料中最常用。南瓜干物质中无氮浸出物的含量较高，在60%以上，糖类含量较多，适口性好。富含维生素A、维生素C、胡萝卜素。

5. 胡萝卜

胡萝卜又称红萝卜、黄萝卜和丁香萝卜等，干物质中无氮浸出物含量高，属于能量饲料。鲜胡萝卜甜味、适口性好，是一种品质优良的多汁饲料。胡萝卜富含维生素，胡萝卜素尤为丰富，含量为50～100 mg/kg。

6. 甜菜

甜菜除作为制糖原料外，还是一种优良的多汁饲料。甜菜干物质含量低，为8%～11%。富含叶酸、泛酸、饲用甜菜碱等。甜菜中含有游离酸，大量饲喂易引起动物腹泻，应控制饲喂量。

3.2.4 其他能量饲料

油脂(动物脂肪和植物油)、糖蜜及乳清粉等也属于能量饲料。

1. 油脂

油脂作为饲料原料提供的能量高于其他任何饲料，其能量含量是淀粉的2.25倍，是谷物的3倍，为配制高能饲料不可缺少的原料。油脂是必需脂肪酸的重要来源，能促进色素和脂溶性维生素的吸收，降低畜禽的热增耗，减轻热应激。油脂还可以改善饲料适口性，减少机械磨损，降低饲料粉尘，提高颗粒饲料的生产效率。常见的油脂有动物脂肪(牛脂、猪油、鱼油等)、植物油(大豆油、玉米油、菜籽油、棉籽油、椰子油等)和工业生产的粉末油脂。

(1)动物脂肪　将卫生检疫合格的动物胴体、内脏和皮脂等进行高温处理可得到动物脂肪，是一种高能量饲料原料。常温动物脂肪凝固，加热融化为液态，但鱼油在常温呈液态。动物脂肪含代谢能35.0 MJ/kg，约为玉米的2.5倍。

(2)植物油　植物油常温下呈液态，与动物脂肪相比，植物油含有较多的不饱和脂肪酸(占油脂的30%～70%)，必需脂肪酸亚油酸的含量较高。植物油能值高于动物脂肪，代谢能可达37.0 MJ/kg。

(3)工业生产的粉末油脂　粉末油脂又称固体脂肪，是将油脂与水、乳化剂一起搅拌，再加入酪蛋白、乳糖和淀粉等赋形剂搅拌均匀，喷雾干燥而成的小颗粒状油脂。粉末油脂脂肪含量在90%以上，具有不易被氧化、耐贮藏、使用方便等特点。

2. 糖蜜

糖蜜是制糖的副产品，制糖原料不同得到不同的糖蜜，除常见的甘蔗糖蜜、甜菜糖蜜外，还有玉米葡萄糖蜜、柑橘糖蜜、高粱糖蜜等。糖蜜呈黄色或褐色，味甜，但柑橘糖蜜略有苦味。原料不同，糖蜜的成分差异较大。糖蜜主要成分是糖类，含水量为20%～30%，其中蔗糖、葡萄糖和果糖含量约为50%。糖蜜粗蛋白质含量低。甘蔗糖蜜粗蛋白质含量为4%～5%，甜菜糖蜜粗蛋白质含量在10%左右。粗蛋白质中非蛋白氮比例较大，如氨、酰胺等。糖蜜具有轻泻作用，长期使用可引起腹泻。糖蜜黏稠，流动性差，饲料加工过程中易造成提升机、料斗、传动装置的阻塞，生产中通常与油脂混合使用。有时把糖蜜加热喷入饲料中使用，由于糖蜜容易使饲料堆放后变硬，因此要注意饲料中糖蜜的添加量。

3. 乳清粉

乳品加工厂生产酪蛋白和酸凝乳干酪的液体副产物为乳清，乳清经喷雾干燥便成乳清粉。乳清粉主要成分是乳糖，含量在65%以上。粗蛋白质含量高，约为12%，蛋白质品质好，主要是β-乳球蛋白，是幼龄哺乳动物高档饲料及代乳饲料必不可少的原料。乳清粉食盐含量高，钠含量为2.5%。

3.3 蛋白质饲料

蛋白质饲料是指干物质中粗纤维含量小于18%，粗蛋白质含量大于或等于20%的一类饲料原料。蛋白质饲料分为植物性蛋白质饲料、动物性蛋白质饲料、微生物蛋白饲料和非蛋白氮饲料。

3.3.1 植物性蛋白质饲料

植物性蛋白质饲料包括豆类籽实、饼粕类和其他植物性蛋白质饲料。该类蛋白质饲料具有以下几方面的特性：①粗蛋白质含量高，为20%～50%，主要由球蛋白和清蛋白组成，蛋白质品质高于谷物类饲料，粗蛋白质消化率为80%左右。②粗脂肪含量变化大，油料籽实粗脂肪含量为15%～30%，非油料籽实粗脂肪含量仅1%左右，饼粕类的脂肪含量受加工工艺的影响较大，在1%～10%之间。③粗纤维含量不高，饼粕类粗纤维含量高于籽实类。④所含的矿物质中钙少磷多，磷主要是植酸磷。⑤B族维生素含量丰富，缺乏维生素A、维生素D。⑥大多数植物性蛋白质饲料含有抗营养因子，营养价值受到一定影响。

1. 豆类籽实

(1)大豆　大豆是世界上主要的油料作物之一，主要供人食用和制油，很少直接用作饲料。按大豆种皮的颜色分为黄大豆、黑大豆、青大豆、混合大豆、其他大豆，其中黄大豆种植量最大。

二维码3-12
大豆

①大豆的营养特点。大豆干物质含量87%，干物质中无氮浸出物含量不高，为25.7%，粗纤维含量4.3%。粗蛋白质含量高，为35.5%，赖氨酸含量高达2.0%，但含硫氨基酸相对不足。脂肪含量高达17.0%以上，不饱和脂肪酸亚油酸和亚麻酸占脂肪总量的55.0%，磷脂含量1.8%～3.2%。大豆含有多种抗营养因子，如胰蛋白酶抑制因子、脲酶、大豆凝集素、大豆抗原蛋白等，限制动物对其消化利用，因此生大豆不能直接饲喂动物。

②饲料用大豆的质量标准。《饲料用大豆》GB/T 20411—2006规定以不完善粒、粗蛋白质为定等级指标，各项指标见表3-14，以87%干物质为基础计算。

表3-14　饲料用大豆的质量标准　　%

项目	一级		二级		三级	
	合计	热损伤率	合计	热损伤率	合计	热损伤率
不完善粒	≤5.0	≤0.5	≤15.0	≤1.0	≤30.0	≤3.0
粗蛋白质	≥36.0		≥35.0		≥34.0	
粗纤维	<5.0		<5.5		<6.5	
粗灰分	<5.0		<5.0		<5.0	

(2)豌豆　豌豆又称小寒豆、紫花豌豆等，按颜色可分为茶褐色豌豆和青豌豆。豌豆以食用为主，次级品用作饲料。

二维码3-13
豌豆

①豌豆的营养特点。豌豆干物质中无氮浸出物含量62.7%，粗脂肪含量1.1%，能值较高，代谢能含量13.44 MJ/kg。粗蛋白质含量约24.0%，是蛋白质含量较低的蛋白质饲料原料。豌豆含有胰蛋白酶抑制因子、植物凝集素、胃肠胀气因子等抗营养因子，不宜生喂。豌豆的适口性好，常用作仔猪的诱食料。

②饲料用豌豆的质量标准。《饲料用豌豆》NY/T 136—1989规定各项指标见表3-15，以86.5%干物质为基础计算。

表3-15　饲料用豌豆质量标准　%

成分	一级	二级	三级
粗蛋白质	≥24.0	≥22.0	≥20.0
粗纤维	<7.0	<7.5	<8.5
粗灰分	<3.5	<3.5	<4.0

二维码3-14
蚕豆

(3)蚕豆　蚕豆又称胡豆、罗汉豆，以人食用为主，近年来在我国南方是仅次于饼粕类的植物性蛋白质饲料。

①蚕豆的营养特点。蚕豆粗脂肪含量1.5%，无氮浸出物含量49.5%，能值低于大豆和豌豆。粗蛋白质含量为25.6%，赖氨酸和精氨酸含量较高，缺乏含硫氨基酸。蚕豆含有胰蛋白酶抑制因子、单宁等，适口性差，容易导致动物消化不良。

②饲料用蚕豆的质量标准。《饲料用蚕豆》NY/T 138—1989规定各项指标见表3-16，以86.5%干物质为基础计算。

表3-16　饲料用蚕豆质量标准　%

成分	一级	二级	三级
粗蛋白质	≥25.0	≥23.0	≥21.0
粗纤维	<9.0	<10.0	<11.0
粗灰分	<3.5	<3.5	<4.5

2. 饼粕类

饼粕类是豆科植物籽实或其他植物籽实制油后的副产品，是配合饲料的主要蛋白质原料。通常压榨法得到的副产品为饼类，浸提法得到的副产品为粕类。常见的饼粕类饲料有大豆饼(粕)、菜籽饼(粕)、棉籽饼(粕)、花生饼(粕)、芝麻饼(粕)、葵花饼(粕)、亚麻仁饼等。

二维码3-15
豆粕

(1)大豆饼粕　大豆饼粕是大豆提取油脂后的副产品，是用量最多、范围最广的植物性蛋白质饲料。因为浸提法出油率比压榨法高4%～5%，所以。大豆粕中残留油脂少更易贮存。

①大豆饼粕的营养特点。粗蛋白质含量比大豆高，一般在40%～50%，必需氨基酸含量高，氨基酸组成合理。其中赖氨酸含量2.4%～2.8%，异亮氨酸含量1.8%，是饼粕类原料中最高者。蛋氨酸含量不足，在玉米-大豆饼粕为主的饲料中，需额外添加蛋氨酸。大豆饼粗脂肪含量5.8%，大豆粕粗脂肪含量1.0%～1.9%，大豆饼的能值高于大豆粕。大豆中含有胰蛋白酶抑制因子、大豆凝集素、大豆抗原蛋白等抗

营养因子，因此，在大豆饼粕的生产过程中加热不足会降低蛋白质的生物学价值，加热过度会发生美拉德反应同样也会降低蛋白质的生物学效价。

②饲料用大豆饼和大豆粕的质量标准。《饲料用大豆饼》NY/T 130—1989 规定各项指标见表 3-17，以 86.5％干物质为基础计算。

表 3-17 饲料用大豆饼质量标准 ％

成分	一级	二级	三级
粗蛋白质	≥41.0	≥39.0	≥37.0
粗脂肪	＜8.0	＜8.0	＜8.0
粗纤维	＜5.0	＜6.0	＜7.0
粗灰分	＜6.0	＜7.0	＜8.0

《饲料原料豆粕》GB/T 19541—2017 规定各项指标见表 3-18，以 87.5％干物质为基础计算。

表 3-18 饲料原料豆粕质量标准 ％

成分	特级	一级	二级	三级
粗蛋白质	≥48.0	≥46.0	≥43.0	≥41.0
粗纤维	≤5.0	≤7.0	≤7.0	≤7.0
粗灰分	≤7.0	≤7.0	≤7.0	≤7.0

（2）菜籽饼粕　油菜是我国主要的油料作物之一，菜籽饼粕是油菜籽制油后的副产品。菜籽饼粕是一种很重要的植物性蛋白质饲料，因含有噁唑烷硫酮、芥子碱等有毒物质使其应用受到很大限制。

二维码3-16
菜籽粕

①菜籽饼粕的营养特点。菜籽饼粕蛋白质含量为 34％～38％，氨基酸含量丰富且组成相对平衡，赖氨酸含量较高，蛋氨酸含量在饼粕类饲料中仅次于芝麻饼粕。粗纤维含量较高，为 12％～13％。菜籽饼粕含有硫葡萄糖苷、芥子碱和单宁等抗营养因子，影响适口性。其中硫葡萄糖苷水解生成噁唑烷硫酮、硫氰酸盐等有毒物质，可致甲状腺肿大，影响动物生产性能。

②饲料用菜籽饼粕的质量标准。《饲料用菜籽饼》NY/T 125—2019、《饲料用菜籽粕》NY/T 126—2005 规定各项指标见表 3-19，以 88％干物质为基础计算。

表 3-19 饲料用菜籽饼和菜籽粕的质量标准 ％

成分	菜籽饼			菜籽粕		
	一级	二级	三级	一级	二级	三级
粗蛋白质	≥37.0	≥34.0	≥30.0	≥40.0	≥37.0	≥33.0
粗脂肪	＜10.0	＜10.0	＜10.0	—	—	—
粗纤维	＜14.0	＜14.0	＜14.0	＜14.0	＜14.0	＜14.0
粗灰分	＜12.0	＜12.0	＜12.0	＜8.0	＜8.0	＜8.0

（3）棉籽饼　棉籽饼粕是棉籽经压榨或浸提去油后的副产品，完全去壳的称为棉仁饼

粕。按品种可分为普通棉籽饼粕和无腺体棉籽饼粕，无腺体棉籽饼粕不含棉酚。

二维码3-17
棉籽粕

①棉籽饼粕的营养特点。棉籽饼粕粗蛋白质含量达34%以上，赖氨酸含量较低，精氨酸含量高，赖氨酸和精氨酸比例不恰当。粗纤维含量受棉籽脱壳程度的影响，脱壳较完全的棉仁饼粕粗纤维含量约12%，其代谢能为10.0 MJ/kg，不脱壳的棉籽饼粕粗纤维含量可达18%，代谢能仅为6.0 MJ/kg，肉鸡饲料尽量避免使用。棉籽饼粕中含有棉酚、环丙烯脂肪酸等有毒有害物质，其中游离棉酚具有很强的毒性，它和粗纤维含量是衡量棉籽饼粕质量的重要因素。棉酚可以导致动物生长受阻，与体内蛋白质、铁等结合，引起缺铁性贫血，呼吸困难，繁殖性能下降等，严重时可致死亡，棉酚还可与蛋黄中 Fe^{2+} 结合形成复合物，蛋黄出现黄绿色、红褐色斑点。棉籽饼粕中含有两种环丙烯脂肪酸，能使家禽形成“桃红蛋”“海绵蛋”，影响鸡蛋品质。除此之外，棉籽饼粕还含有单宁和植酸等抗营养因子。

②棉籽饼粕的质量标准。《饲料用棉籽饼》NY/T 129—1989 规定各项指标见表3-20，以88%干物质为基础计算。

表3-20　饲料用棉籽饼质量标准　%

成分	一级	二级	三级
粗蛋白质	≥40.0	≥36.0	≥32.0
粗纤维	<10.0	<12.0	<14.0
粗灰分	<6.0	<7.0	<8.0

《饲料用棉籽粕》GB/T 21264—2007 规定各项指标见表3-21，以88%干物质为基础计算。

表3-21　饲料用棉籽粕的质量标准　%

成分	一级	二级	三级	四级	五级
粗蛋白质	≥50.0	≥47.0	≥44.0	≥41.0	≥38.0
粗纤维	≤9.0	≤12.0	≤14.0	≤14.0	≤16.0
粗灰分	≤8.0	≤8.0	≤9.0	≤9.0	≤9.0

二维码3-18
花生仁粕

(4)花生仁饼粕　花生仁饼粕是花生脱壳后，经压榨或浸提制油后的副产品，国内一般都对花生除壳后制油，因此副产品通常是花生仁饼粕。

①花生仁饼粕的营养特点。粗蛋白质含量高，为44.7%～47.8%，氨基酸组成不平衡，赖氨酸、蛋氨酸含量较低，精氨酸含量高，约4.88%，是所有植物性饲料中含量最高者。脂肪酸以油酸为主，不饱和脂肪酸约占53%～78%。花生仁饼粕的代谢能高，可达12.26 MJ/kg，是饼粕类饲料中可利用能量水平最高者。花生仁饼粕易被黄曲霉毒素污染，引起畜禽中毒。我国饲料卫生标准(GB 13078—2017)规定，花生饼粕黄曲霉毒素 B_1 含量不得大于50 μg/kg。

②饲料用花生饼粕的质量标准。《饲料用花生饼、农业行业标准》NY/T 132—1989 和《饲料用花生粕》NY/T 133—1989 规定各项指标见表3-22，以88%干物质为基础计算。

表 3-22 饲料用花生饼和花生粕的质量标准 %

成分	花生饼			花生粕		
	一级	二级	三级	一级	二级	三级
粗蛋白质	≥48.0	≥40.0	≥36.0	≥51.0	≥42.0	≥37.0
粗纤维	≤7.0	≤9.0	≤11.0	＜7.0	＜9.0	＜11.0
粗灰分	≤6.0	≤7.0	≤8.0	＜6.0	＜7.0	＜8.0

(5)芝麻饼粕　芝麻饼粕是芝麻籽实榨油后的副产品，我国是世界上芝麻第一大生产国，芝麻饼粕来源广，芝麻饼粕是一种有价值的植物性蛋白质饲料。芝麻饼粕粗蛋白质含量较高，可达 40.0%，蛋氨酸含量位于饼粕类饲料之首，含量大于 0.8%，赖氨酸与精氨酸之比为 100∶420，比例失衡。矿物质中钙、磷较多，钙为 2.24%，远高于其他饼粕类饲料。芝麻饼粕的抗营养因子主要为植酸和草酸，影响营养物质尤其是矿物质的消化和吸收。

二维码3-19
芝麻粕

(6)向日葵仁饼粕　向日葵仁饼粕又称葵花饼粕，是向日葵籽榨油后的副产品。

①向日葵仁饼粕的营养特点。向日葵仁饼粕粗蛋白质含量较低，分别为 29%(饼)和 33.6%～36.5%(粕)，氨基酸组成不佳，赖氨酸含量不足，蛋氨酸含量较高。粗纤维的含量高达 20.4%，能值较低。B 族维生素含量较高，尤其是硫胺素和烟酸含量分别达 86.0 mg/kg 和 18.0 mg/kg，均是饼粕类含量较高者。向日葵外壳中的木质素在高温加工条件下形成难消化的糖类影响向日葵仁饼粕的利用，此外，还含有少量绿原酸等酚类化合物，氧化后变黑，是向日葵仁饼粕色泽变暗的主要原因。

②向日葵仁饼粕的质量标准。《饲料用向日葵仁饼》NY/T 128—1989 和《饲料用向日葵仁粕》NY/T 127—1989 规定各项指标见表 3-23，以 88%干物质为基础计算。

表 3-23 饲料用向日葵仁饼和向日葵仁粕的质量标准 %

成分	向日葵仁饼			向日葵仁粕		
	一级	二级	三级	一级	二级	三级
粗蛋白质	≥36.0	≥30.0	≥23.0	≥38.0	≥32.0	≥24.0
粗纤维	＜15.0	＜21.0	＜27.0	＜16.0	＜22.0	＜28.0
粗灰分	＜9.0	＜9.0	＜9.0	＜10.0	＜10.0	＜10.0

(7)亚麻仁饼粕　亚麻又称胡麻，是世界十大油料作物之一，居世界油料总产量的第 7 位。亚麻仁饼粕是亚麻籽经制油后的副产品，是亚麻产地的一种主要的蛋白质饲料。

①亚麻仁饼粕的营养特点。亚麻仁饼粕粗蛋白质含量 32.0%～36.0%，氨基酸组成不平衡。粗纤维含量高 8.9%～9.2%，能值低，代谢能为 9.0 MJ/kg。脂肪中亚麻酸含量高达 30.0%～58.0%。亚麻仁饼粕中含有许多抗营养因子，如亚麻籽胶、植酸、生氰糖苷、抗维生素 B_6 因子等。亚麻仁饼粕中生氰糖苷在自身所含亚麻酶的作用下生成有毒的氢氰酸。亚麻籽胶含量为 3%～10%，主要成分是乙醛糖酸，是一种可溶性糖，完全不能被单胃动物消化利用，极大限制亚麻仁饼粕的使用量。

②亚麻仁饼粕的质量标准。《饲料用亚麻仁饼》NY/T 216—1992 和《饲料用亚麻仁粕》NY/T 217—1992 规定各项指标见表 3-24，以 88%干物质为基础计算。

表 3-24　饲料用亚麻仁饼和亚麻仁粕的质量标准　%

成分	亚麻仁饼			亚麻仁粕		
	一级	二级	三级	一级	二级	三级
粗蛋白质	≥32.0	≥30.0	≥28.0	≥35.0	≥32.0	≥29.0
粗纤维	<8.0	<9.0	<10.0	<9.0	<10.0	<11.0
粗灰分	<6.0	<7.0	<8.0	<8.0	<8.0	<8.0

(8)椰子粕　椰子粕是椰子脱壳后制得的椰子干经提油后的副产品，为淡褐色，有清淡的椰香味和较好的适口性。椰子粕粗蛋白质含量低，约 20.0%，缺乏赖氨酸、蛋氨酸及组氨酸，但精氨酸含量高。粗纤维含量高、有效能值低。所含脂肪属饱和脂肪酸。β-甘露聚糖是椰子粕最主要的多糖，占多糖的 61%，同时也是椰子粕最主要的抗营养因子。另外，椰子粕易滋生霉菌而产生霉菌毒素。

3. 其他植物性蛋白质饲料

一些谷实的加工副产品、糟渣类，如玉米蛋白粉、酒糟及各种渣类，干物质中粗蛋白质含量在 22%～50%之间，也被列入蛋白质饲料范畴。

二维码3-20
玉米蛋白粉

(1)玉米蛋白粉　玉米蛋白粉又称玉米朊、玉米面筋粉和玉米麸质粉，是由玉米籽粒经湿磨法工艺制得的粗淀粉乳，再经淀粉分离机分出蛋白质水(即麸质水)，然后用浓缩离心机或沉淀池浓缩，经脱水、干燥制得。因离心方法和程度不同，可获得 40%、50%、60% 3 种蛋白含量的玉米蛋白粉。粗蛋白质含量高，玉米蛋白中 68%以上为醇溶蛋白，22%为谷蛋白，另有少量的球蛋白和白蛋白，但氨基酸组成不佳，含硫氨基酸和亮氨酸含量高，赖氨酸与色氨酸严重不足。粗纤维含量低，易消化，无氮浸出物是玉米的 1/2，粗脂肪含量为玉米的 2 倍左右，代谢能与玉米相近。叶黄素和玉米黄质等色素含量高，叶黄素含量 150～350 mg/kg，为玉米的 15～20 倍，是较好的着色剂。《饲料用玉米蛋白粉》NY/T 685—2003 规定各项指标见表 3-25，以 88%干物质为基础计算。

表 3-25　玉米蛋白粉的质量标准　%

成分	一级	二级	三级
水分	≤12.0	≤12.0	≤12.0
粗蛋白质	≥60.0	≥55.0	≥50.0
粗脂肪	≤5.0	≤8.0	≤10.0
粗纤维	<3.0	<4.0	<5.0
粗灰分	≤2.0	≤3.0	≤4.0

(2)酒糟　酒糟是谷实类和薯类酿酒后副产品，酿酒后可溶性糖分被提取，其他养分如粗蛋白质、粗脂肪、粗纤维等含量相应提高。根据原料的不同，有玉米酒糟、高粱酒糟、裸麦酒糟等。目前使用较多的是玉米 DDGS，玉米 DDGS 是以玉米为主要原料，用发酵法生产酒精后所得的含有可溶物的酒糟。玉米 DDGS 的粗蛋白质为 26.7%～32.9%，粗脂肪含量高，为 8.8%～12.4%。玉米 DDGS 霉菌毒素含量易超标，应控制其使用量。

二维码3-21
啤酒糟

(3)啤酒糟　啤酒糟是以大麦或混合其他谷物酿造啤酒后的残渣。啤酒糟中粗蛋白质含量约 24.3%，氨基酸组成与大麦相似。啤酒槽中粗纤维含量较高,约 13.4%,粗脂肪为 5.3%。其所含的矿物质中锌的含量较高,可达 104.0 mg/kg。

(4)啤酒酵母　啤酒酵母也是啤酒酿造的副产品之一,是生产啤酒过程中将滤出的麦汁加入酒花煮沸、过滤,再以酵母发酵滤液,发酵结束后产生的沉淀物。啤酒酵母粗蛋白质含量高,约 52.4%,氨基酸组成较合理,B 族维生素含量丰富。

(5)豆腐渣　豆腐渣是以大豆为原料,加工豆腐、豆奶的副产品。鲜豆腐渣含水分 70%～90%,干燥成本较高,所以宜鲜喂,因具有豆腥味,在注意新鲜度的同时还应控制饲喂量。干物质中粗蛋白质含量约为 28.3%,氨基酸组成与大豆相似。粗纤维含量高达 12%,是畜禽很好的粗纤维来源。与大豆一样含有胰蛋白酶抑制因子。

二维码3-22
豆腐渣

3.3.2　动物性蛋白质饲料

动物性蛋白质饲料主要指水产动物、畜禽及乳产品的加工副产品,包括鱼粉、肉粉、血粉、脱脂奶粉等。由于原料不同,各种动物性蛋白质饲料的营养价值差异很大。该类饲料具有以下营养特点:①粗蛋白质含量高,多数在 50%以上,氨基酸组成较平衡;②碳水化合物含量少,不含粗纤维;③粗脂肪含量高,易氧化酸败;④矿物质含量丰富,钙、磷含量高,比例适宜;⑤维生素含量丰富,尤其是维生素 B_2 和维生素 B_{12} 含量高;⑥含有动物性蛋白因子,有利于动物生长。

1. 水产加工副产物类

(1)鱼粉　鱼粉是用全鱼或鱼下脚料为原料经蒸煮、压榨、干燥、粉碎后的副产品。以全鱼或鱼下脚料为原料加工而成的为普通鱼粉,将加工鱼粉时产生的煮汁浓缩加工,做成鱼汁,添加到普通鱼粉中,制成的鱼粉为全鱼粉,以鱼加工下脚料为原料制得的鱼粉为粗鱼粉。按照鱼肉的颜色可分为红鱼粉和白鱼粉。按是否脱脂可分为脱脂鱼粉和全脂鱼粉。

二维码3-23
鱼粉

①鱼粉的营养特点。鱼粉的粗蛋白质含量高,为 53.5%～64.5%,必需氨基酸含量高,比例平衡,尤其是赖氨酸含量高达 5.0%以上,但精氨酸含量相对较低。粗脂肪含量高,海水鱼粉的脂肪中不饱和脂肪酸的比例高,鱼粉的能值受脂肪含量的影响。粗灰分含量为 11.4%～20.8%,鱼骨越多,粗灰分越高。钙、磷含量丰富且比例适宜,铁、锌的含量也较高。另外,鱼粉贮存过程中可产生组胺、维生素 B_1 分解酶。鱼粉中食盐含量高,使用时应防止食盐中毒。

②饲料用鱼粉的质量标准。《鱼粉》GB/T 19164—2021 规定各项指标见表 3-26,以 90%干物质为基础计算。

表 3-26　饲料用鱼粉质量标准　%

成分	特级	一级	二级	三级
粗蛋白质	≥87.0(红鱼粉)	≥87.0(红鱼粉)	≥85.0(红鱼粉)	≥83.0(红鱼粉)
		≥90.0(白鱼粉)	≥90.0(白鱼粉)	
水分	≤10.0	≤10.0	≤10.0	≤10.0
粗灰分	≤18.0(红鱼粉)	≤20.0(红鱼粉)	≤24.0(红鱼粉)	≤30.0(红鱼粉)
		≤22.0(红鱼粉)	≤28.0(白鱼粉)	
盐分	≤5.0(红鱼粉)	≤5.0(红鱼粉)	≤5.0(红鱼粉)	≤5.0(红鱼粉)
		≤2.5(白鱼粉)	≤2.5(白鱼粉)	

(2)虾粉、虾壳粉、蟹粉、蟹壳粉　虾粉、虾壳粉是利用小虾或去除可食部分剩下的虾壳、

虾杂，经干燥、粉碎而成。蟹粉是用蟹壳、蟹内脏及蟹肉，经干燥、粉碎而成，蟹壳粉是蟹壳干燥粉碎后的产品，这类饲料共同的特点是含有几丁质，很难被动物消化。虾粉、蟹粉粗蛋白质含量约 40%，虾壳粉、蟹壳粉粗蛋白质约 30%，但部分氮来源于几丁质，利用率差。粗灰分 30%左右，矿物质中钙含量很高，磷相对较少。不饱和脂肪酸含量高。

二维码3-24
肉粉

2. 畜禽副产物类

(1)肉骨粉和肉粉　肉骨粉是以动物屠宰后不宜食用的下脚料以及肉类罐头厂、肉品加工厂等的残余碎肉、内脏、杂骨等为原料，经高温消毒、干燥粉碎制成的粉状饲料，一般含骨量大于 10%。肉粉是以纯肉屑或碎肉为原料，经高温脱脂干燥粉碎而成的产品。

①肉骨粉和肉粉的营养特点。原料肉、骨的比例不同，肉骨粉的品质差异很大。肉骨粉粗蛋白质 20%～50%，粗脂肪为 8%～18%，钙 7%～10%、磷 3.8%～5.0%，是良好的钙、磷供源。维生素 B_{12}、烟酸、胆碱含量丰富，缺乏维生素 A、维生素 D。肉粉粗蛋白质为 35%～70%，由于经高温处理，部分蛋白质变性，消化率降低。粗脂肪差异大，为 3%～10%。矿物质钙磷丰富，比例合适。B 族维生素丰富，维生素 A、维生素 D 缺乏。

肉骨粉和肉粉的原料易感染沙门菌，使用时注意。由于疯牛病的原因，许多国家已禁止用反刍动物副产物制成的肉粉饲喂反刍动物。

②肉骨粉、肉粉的质量标准。《饲料用骨粉及肉骨粉》GB/T 8936—2006 规定各项指标见表 3-27。

表 3-27　肉骨粉质量标准

项目	等级		
	一级	二级	三级
粗蛋白质/%	≥50.0	≥45.0	≥40.0
赖氨酸/%	≥2.4	≥2.0	≥1.6
胃蛋白酶消化率/%	≥88.0	≥86.0	≥84.0
酸价(KOH)/(mg/g)	≤5.0	≤7.0	≤9.0
挥发性盐基氮/(mg/100 g)	≤130.0	≤150.0	≤170.0
粗灰分/%	≤33.0	≤38.0	≤43.0

DB43/T 635—2011 饲料用肉粉规定的各项指标见 3-28。

表 3-28　饲料用肉粉质量标准

项目	等级		
	一级	二级	三级
粗蛋白质/%	≥75.0	≥70.0	≥65.0
粗脂肪/%	≤12.0	≤15.0	≤15.0
水分/%	≤8.0	≤10.0	≤10.0
粗灰分/%	≤8.0	≤10.0	≤10.0
胃蛋白酶消化率/%	≥90.0	≥90.0	≥85.0
酸价(KOH)/(mg/kg)	≤7.0	≤7.0	≤7.0
挥发性盐基氮/(mg/kg)	≤130.0	≤130.0	≤130.0
赖氨酸/%	≥3.4	≥3.0	≥2.8
蛋氨酸/%	≥1.0	≥0.9	≥0.8

(2)血粉　血粉是以畜、禽清洁、新鲜血液为原料，经脱水、干燥等工序加工而成的蛋白质饲料。血粉溶水性很差，吸湿性和黏性强，用量过高会造成饲料加工过程产生堵塞或黏附现象。

二维码3-25
血粉

①血粉的营养特点。血粉粗蛋白质含量高达80%以上，但不易被消化，氨基酸组成极不平衡，赖氨酸含量高，为6%～9%，居天然饲料之首。含铁量是所有饲料中最丰富的，可达2 100 mg/kg。喷雾干燥血粉含有生物活性成分，对仔猪有特殊作用。

②饲料用血粉的质量标准。《饲料用血粉》LS/T 3407—1994规定各项指标见表3-29，以90%干物质为基础计算。

表3-29　饲料用血粉质量标准　　%

成分	等级	
	一级	二级
水分	≤10.0	≤10.0
粗蛋白质	≥80.0	≥70.0
粗纤维	<1.0	<1.0
灰分	≤4.0	≤6.0

(3)水解羽毛粉　水解羽毛粉是指将家禽屠体脱毛处理所得的羽毛，经清洗、高温高压水解处理、干燥和粉碎制成的粉粒状物质。羽毛粉的加工工艺有高压水解法、酶解法、膨化法等。

①水解羽毛粉的营养特点。羽毛粉中含粗蛋白质80%～85%，含硫氨基酸含量高，其中胱氨酸含量为2.93%，是所有饲料中最高者。此外，水解羽毛粉的过瘤胃蛋白含量约为70%，是反刍动物良好的“过瘤胃”蛋白源，营养价值与棉籽饼相当。含硫量可达1.5%，在所有饲料中最高。含锌和硒较高，分别约为53.8 mg/kg和0.8 mg/kg，硒含量仅次于鱼粉和菜籽饼粕。

二维码3-26
水解羽毛粉

②饲料用水解羽毛粉的质量标准。《饲料原料水解羽毛粉》NY/T 915—2017规定各项指标见表3-30，以90%干物质为基础计算。

表3-30　饲料原料水解羽毛粉的质量标准　　%

项目	等级	
	一级	二级
水分	≤10.0	≤10.0
粗蛋白质	≥78.0	≥78.0
粗脂肪	≤5.0	≤5.0
胱氨酸	≥3.0	≥3.0
粗纤维	<1.0	<1.0
粗灰分	≤2.0	≤5.0
赖氨酸	≥1.5	≥1.2
胃蛋白酶消化率	≥80.0	≥75.0

二维码3-27
蚕蛹

3. 蚕蛹

①蚕蛹的营养特点。蚕蛹是蚕茧制丝后的残留物，分为桑蚕蛹和柞蚕蛹。由于鲜蚕蛹含脂高、不宜保存，通常是将蚕蛹脱脂、干燥、粉碎制成蚕蛹粉或蚕蛹粕。蚕蛹的粗蛋白质达 60%以上，其中几丁质态大约为 4%，必需氨基酸组成好。蚕蛹粉和蚕蛹粕蛋氨酸含量很高，分别为 2.2%和 2.9%，是所有饲料中最高者。赖氨酸含量也很高，与进口鱼粉大体相同，色氨酸含量 1.25%～1.5%，高于进口鱼粉。未脱脂蚕蛹粗脂肪含量高，可达 22%以上，蚕蛹粕的脂肪含量为 10%，能值很高，有效能值与鱼粉近似。其中不饱和脂肪酸含量较高，富含亚油酸和亚麻酸，不宜贮存。B 族维生素含量丰富，尤其核黄素含量较高，是牛肝的 5 倍、卵黄的 20 倍。

②饲料用桑蚕蛹和柞蚕蛹粉的质量标准。《饲料用桑蚕蛹》NY/T 218—1992 和《饲料用柞蚕蛹粉》NY/T 137—1989 规定各项指标见表 3-31，以 90%干物质为基础计算。

表 3-31　饲料用桑蚕蛹和柞蚕蛹粉质量标准　　%

成分	桑蚕蛹			柞蚕蛹粉		
	一级	二级	三级	一级	二级	三级
粗蛋白质	≥50.0	≥45.0	≥40.0	≥55.0	≥50.0	≥45.0
粗纤维	<4.0	<5.0	<6.0	<6.0	<6.0	<6.0
粗灰分	<4.0	<5.0	<6.0	<4.0	<5.0	<5.0

4. 乳产品加工副产物类

(1)脱脂奶粉　脱脂奶粉是先将牛乳中的脂肪经高速离心脱去，再经浓缩、喷雾干燥而制成。脱脂奶粉蛋白质不低于非脂乳固体的 34%，脂肪不低于 2.0%，无氮浸出物约 50%，主要成分是乳糖，维生素和矿物质含量丰富，是乳猪饲料的全价营养源。

(2)酪蛋白　酪蛋白又称干酪素、酪朊、乳酪素，是哺乳动物包括母牛，羊和人奶中的主要蛋白质，将脱脂乳经酸化或凝乳酶处理后得到酪蛋白。α-酪蛋白是哺乳动物乳的主要蛋白，人乳中没有 α-酪蛋白，以 β-酪蛋白为主要酪蛋白形式。酪蛋白是一种大型、坚硬、致密、难消化分解的凝乳，在养殖生产中酪蛋白广泛用于水产饲料。

(3)乳清蛋白　乳清蛋白是指原料乳中除去酪蛋白之后，溶解分散在乳清中的蛋白，约占乳蛋白质的 18%～20%，可分为热稳定和热不稳定乳清蛋白两部分。乳清蛋白纯度高、吸收率高、氨基酸组成最合理。

二维码3-28
乳清蛋白粉

3.3.3　单细胞蛋白质饲料

单细胞蛋白质(single-cell protein，SCP)又称为微生物蛋白质，是单细胞或具有简单构造的多细胞生物的菌体蛋白的统称。SCP 具有适宜工业化生产、生产周期短、效率高等特点。目前可供作饲料用的 SCP 微生物主要有酵母、真菌、藻类及非病原性细菌四大类。

生产单细胞蛋白质的原料主要有 3 类：①农业废物、废水，如秸秆、蔗渣、甜菜渣、木屑等含纤维素的废料及农林产品的加工废水；②工业废物、废水，如酒精废液、淀粉废液、造纸废液和制糖废液及白酒糟、醋糟、豆渣、药渣等；③化工产品类，如原油、柴油、甲烷、乙醇等。

1. 酵母类

饲料酵母在单细胞蛋白质饲料利用最多。饲料酵母按培养基不同常分为石油酵母、工业废液(渣)酵母(包括酒精废液酵母、啤酒酵母、纸浆废液酵母、味精废液酵母等)。

(1)石油酵母　石油酵母是以石油为碳原,用酵母菌发酵生产的菌体蛋白产品。生产石油酵母的原料一般分两种,一种是以重质油为原料,另一种是以石油蜡烃为原料。石油酵母的粗蛋白质含量高,为60%～63%,赖氨酸为4.3%、苏氨酸为2.9%、亮氨酸为4.4%,含硫氨基酸和色氨酸含量低。粗脂肪8%～10%,多以结合型存在细胞质中,不易氧化,利用率较高。石油酵母中含有重金属及致癌物质3,4-苯并芘,使用时要慎重。

(2)工业废液　酵母工业废液是指以发酵、造纸、食品等工业废液(如酒精废液、啤酒、纸浆废液和糖蜜等)为碳源和一定比例的氮(硫酸铵、尿素)作营养源,加入酵母菌,经发酵、离心、干燥、粉碎而得到的一种菌体蛋白质饲料。因原料及生产工艺不同,工业废液酵母营养组成有很大的差异。一般干物质中粗蛋白质为45%～60%,如酒精废液酵母45%,啤酒酵母52%,味精废液酵母62%,纸浆废液酵母46%。赖氨酸为5%～7%,含硫氨基酸为2%～3%,蛋白质生物学效价与优质豆饼相当。

2. 单细胞藻类

单细胞藻类是以天然无机物作为培养基,以阳光、二氧化碳、氨等为营养来源进行繁殖的一类单细胞或多细胞植物。单细胞藻类生长迅速、产量高、且能净化环境,是一种很有前途和广泛用途的蛋白质饲料资源。可作为饲料的藻类主要是蓝藻、绿藻。

(1)蓝藻　蓝藻因呈相连螺旋状又称螺旋藻,长300～500 μm,易培养捕捞。蓝藻的粗蛋白质含量为65%～70%。粗脂肪3%左右,脂肪酸以软脂酸、亚油酸、亚麻油酸居多。蓝藻是水产动物的优质诱食料,尤其对虹鳟、鲤鱼等淡水鱼,可改善生长,促进性成熟,提高繁殖率。

(2)绿藻　绿藻呈单细胞球状,直径5～10 μm,小球藻是用作饲料的常见绿藻。绿藻呈深绿色,略带苦味。绿藻的粗蛋白质含量为60%,粗脂肪15%。绿藻含有动物未知生长因子和丰富的类胡萝卜素,但因其细胞壁厚,叶绿体不易消化,所以畜禽和水产动物对其消化率低,用量受到限制。

3. 其他单细胞蛋白质

其他单细胞蛋白质主要指非病原性细菌类和真菌类。非病原性细菌类常见的有芽孢杆菌属、假单胞菌属及放线菌属中的分枝杆菌、诺卡氏菌等。真菌类常见的有曲霉属、地霉属、木霉属、根霉属和镰孢菌属等。目前非病原性细菌类和真菌类单细胞蛋白质饲料尚未实用化,但潜力很大。

3.3.4 非蛋白氮饲料

凡含氮的非蛋白可饲物质均可称为非蛋白氮饲料。非蛋白氮是指不具有氨基酸肽键结构的其他含氮化合物的总称,主要包括尿素、氨、铵盐及其他合成的简单含氮化合物。这类化合物对于动物并无能量的营养效应,其作用只是供给瘤胃微生物合成蛋白质所需的氮源,广泛用作反刍动物的蛋白质补充料。

1. 尿素

尿素为白色、无臭、结晶状物质,味微咸苦,易溶于水,吸湿性强。主要使用在反刍动物饲料中,瘤胃微生物能产生活性很强的脲酶,当尿素进入瘤胃后,很快被脲酶水解为氨和二氧化碳,尿素水解后的氨可用于合成微生物菌体蛋白。尿素在反刍动物瘤胃中短时间内就能全部降解,产生大量极易扩散的氨,而瘤胃微生物对氨不能迅速利用,使大量的氨通过瘤胃壁进入血液,当瘤胃吸收的数量超过肝脏降解氨的量,就会造成氨中毒。因此,尿素在使用过程中要注意以下几方面。

(1)尿素在饲粮中代替粗蛋白质的量一般不得超过饲粮总氮量的30%,或不得超过饲粮干物质的1%；

(2)6月龄以下犊牛，因瘤胃微生物区系发育尚未完全，不能使用尿素；

(3)产奶量高于25 kg/d的奶牛，不宜饲喂尿素；

(4)尿素不能单独饲喂，应与其他精饲料合理搭配；

(5)尿素不能溶于水中作为饮水使用，也不能饲喂完尿素后立即饮水；

(6)生大豆、生豆饼粕、南瓜等饲料含有大量脲酶，不可与尿素一起饲喂，以免引起中毒；

(7)可以利用乙酰氧肟酸等脲酶抑制剂抑制脲酶活性，降低尿素在瘤胃中水解的速度。

2. 液氨和氨水

液氨又称无水氨，一般由气态氨液化而成，含氮82%。氨水是氨的水溶液，含氮15%～17%，具刺鼻气味，可以用来处理秸秆、青贮饲料及糖渣等饲料。

3. 磷酸脲

磷酸脲又称尿素磷酸盐，是由磷酸和尿素在一定条件下制成的一种氨基结构的配合物或复盐，含氮17.72%，含磷19.59%，是一种含磷非蛋白氮饲料添加物。由于磷酸的存在，饲喂磷酸脲后，血液和瘤胃中多余的氨能被磷酸中和，从而避免反刍动物氨中毒。

4. 铵盐

允许使用的非蛋白氮铵盐包括碳酸氢铵、硫酸铵、磷酸二氢铵、磷酸氢二铵、氯化铵等。

3.4 粗饲料

粗饲料是指干物质中粗纤维含量在18%以上的一类饲料，包括干草、秸秆、秕壳、树叶等。粗饲料具有粗纤维含量高、体积大、不易消化的营养特点，因其来源广、种类多、价格低，是草食动物的主要饲料原料。

3.4.1 干草

1. 干草的定义

青草或其他青绿饲料作物在未结籽实之前刈割、干燥而成的饲料即为干草饲料。制作良好的干草，仍保留一定青绿植物的青绿色，所以又称为青干草。干制青饲料的目的主要是为了保持青草的营养成分，以便非产草季节或不适于放牧的情形供动物饲用。

2. 调制干草的方法

(1)地面晒干法　把青草平铺到地面上，使其自然干燥。此方法青草的干燥过程较慢，并且要翻动使其通风，干燥过程植物分解与破坏持续过久，因而营养损失多。

(2)草架干燥法　雨天不宜采用地面干燥，并且为避免地面干燥引起的营养损失过多，可将青草放在草架上晒制，由于通风面增加，青草的干燥过程缩短，减少营养损失。

(3)人工干燥法

①常温通风干燥法。将刈割后在地面预干到水分低于50%的半干牧草聚拢成堆或打捆，利用电风扇、吹风机、送风器等通风设备进行不加温干燥。

②高温干燥法。将收割后的新鲜饲草切短，置于牧草烘干机中，使牧草的含水量迅速降至15%以下。为减少营养物质的损失，烘干机出口温度不宜超过65 ℃。

3. 影响干草营养价值的因素

干草的营养价值除决定于其本身青草的营养价值外，主要受收割阶段、调制方法、贮存条件等的影响。

(1)植物自身的因素　干草品质因牧草品种不同而存在差异。优质干草营养价值接近小麦麸,而劣质干草,甚至不如秸秆,如秋后收割的枯黄草,加上晒制方法不当,营养物质损失高达50%以上,特别是胡萝卜素,几乎完全损失。

(2)机械损失　青草的干制过程中,尤其是自然干燥法的干草,为使干燥快速、均匀,需要机械不断地翻草、搂草,以及干制后的搬运与堆垛等,这些过程都不可避免地造成细枝及嫩叶的脱落。通常干制后,牧草叶片损失率为20%~30%,嫩枝损失率为6%~10%。

(3)阳光照射引起的损失　阳光照射可造成营养物质,特别是维生素类营养的损失,如胡萝卜素、叶绿素、维生素C因光而被破坏。

(4)雨水引起的损失　如果在干制过程中淋雨,会增加可溶性营养物质损失风险。如果遇到阴雨连绵的天气,还可以使青草产生霉烂,降低品质。

3.4.2　藁秕饲料

藁秕饲料是农作物收获以后的茎秆枯叶、颖壳与荚皮等,营养价值比干草低。藁秕饲料是粗饲料中的最大一类,包括秸秆和秕壳两类。

1. 秸秆类

秸秆是指农作物籽实收获以后剩下的茎秆枯叶部分,主要分为禾本科植物的秸秆和豆科植物的秸秆两大类。前者包括玉米秸、麦秸、稻草、高粱秸等,后者包括大豆秸、豌豆秸、蚕豆秸、草籽秸等。秸秆类饲料具有如下特点。

(1)粗纤维含量极高　秸秆多处于植物成熟后阶段,此时植物细胞木质化程度很高,粗纤维含量一般在31%~45%之间。秸秆有机物的消化率很低,牛、羊对其消化率一般不超过50%。

(2)蛋白质含量很低　豆科为8.9%~9.6%,禾本科为4.2%~6.3%。

(3)粗灰分含量很高　秸秆的矿物质含量很高,主要为硅酸盐,如燕麦秸中硅酸盐占灰分的30%左右,钙、磷含量低。

2. 秕壳类

秕壳是农作物在收获脱粒时,分离出的包被籽实的颖壳、荚皮与外皮等。除稻壳、花生壳外,一般秕壳的能量价值略高于同一作物的秸秆,每千克干物质含消化能(牛)在8 903~12 498 kJ。秕壳的蛋白质营养价值也很低,玉米芯和稻谷壳中的可消化蛋白质甚至是负值。

3.4.3　树叶及其他饲用林产品类饲料

绝大多数树木的叶子(包括青叶和秋后落叶)、嫩枝和果实,均可作饲料。一些优质青树叶是动物很好的蛋白质和维生素来源,如构树、洋槐和银合欢等树的叶子。青干叶经粉碎制成叶粉,能代替部分精饲料。

树叶虽为粗饲料,但其营养价值多高于秸秆和秕壳。树叶的饲用价值受以下因素的影响。

(1)树种不同,树叶养分含量亦不同。豆科树种(如紫穗槐、洋槐、胡枝子等)的树叶中粗蛋白质含量很高,以干物质计,达20%以上。构树叶蛋白质含量高达20%~30%。松针粉富含胡萝卜素与维生素C,有利于蛋黄色泽的改善。

(2)生长期鲜嫩叶营养价值高,青落叶次之,而枯黄树叶饲用价值较差。

(3)有的树叶含有单宁,使其具有苦涩味,适口性差,如核桃、橡子等树的叶子,所以必须经过适当处理，比如发酵或青贮，去除苦涩味后再喂给动物。

3.4.4 粗饲料的加工

我国粗饲料资源丰富，尤其是农作物的秸秆每年有几亿吨，但因木质化程度和粗纤维含量高，导致这类饲料的营养价值低，资源利用率不高。必须经过适当的加工处理，提高其适口性和营养价值。目前粗饲料的加工处理主要有以下几种方法：

1. 物理方法

粗饲料经物理处理可改变原有的体积和部分理化性质。

(1)切短　切短的目的是便于动物采食，减少浪费，切短的程度因动物种类不同而异，牛为3～5 cm，羊等动物为2～3 cm。饲喂牛羊的秸秆不宜切的过细，过细导致反刍动物瘤胃炎症。

(2)粉碎或压扁　谷物类饲料及用作猪饲料的秸秆需粉碎或压扁。粉碎粒度，猪小于1 mm，牛、羊1～2 mm。

(3)制粒　制粒目的是便于机械化饲养或自动食槽的应用，改善适口性，减少浪费。

(4)水浸与蒸煮　水浸只能软化饲料有利采食，但不能改善营养价值。将切碎的粗饲料沸水烫浸或蒸煮，能迅速软化秸秆，从而提高秸秆饲料的适口性和消化率。

(5)膨化　膨化是将秸秆类饲料切短后，利用高压水蒸气处理后迅速解除压力喷放，使其暴露于空气中膨胀。膨化可使木质素低分子化，结构性碳水化合物得以分解，从而增加可溶性成分。膨化处理后的秸秆具有香味，适口性好，营养价值明显提高。

2. 化学方法

物理处理多数情况下仅改变粗饲料的物理性状，而不能提高粗饲料的营养价值。化学处理是提高粗饲料营养价值的一种方法。

(1)碱化处理　具体的方法是用8倍于秸秆质量的1.5%氢氧化钠溶液浸泡秸秆12 h，然后用水冲洗，一直洗到中性为止，最后烘干使用。这种传统的方法，缺点是费力费水，且冲洗过程中有大量的可溶性营养物质流失，还会污染环境。目前对此已有许多改进，采用半干处理和干处理。

①半干处理法。在传统方法的基础上，碱液浸泡后的秸秆不用水洗，而是用压榨机压成半干状态并烘干。

②干处理法。与以上方法完全不同。首先切短粗饲料，加入30%浓度的氢氧化钠溶液，使氢氧化钠占粗饲料量的3%～5%，然后压成颗粒或块状，冷却后即可长期保存。此种方法的碱化效果与碱的添加量有关，研究表明秸秆的消化率随碱量的增加而提高，5%的碱量效果较好(表3-32)。

表3-32　不同浓度碱处理秸秆对有机物质消化率的影响　%

秸秆中NaOH占干物质的比例	有机物质的消化率	
	体外试验	动物试验
0	40.8	48.2
2.0	51.8	51.4
3.0	59.6	53.6
4.0	66.4	62.3
5.0	74.0	66.7

(2)钙化处理　钙化处理是碱化处理的一种形式，此方法在处理粗饲料同时还可以增加钙源。具体做法是用1%生石灰或3%熟石灰浸泡切短的粗饲料，经24 h后捞出，不需冲洗即可饲喂。

(3)氨化处理　氨化处理也是碱化处理的一种形式，原理是NH_3溶于水变成NH_4OH，将不易溶解的木质素分解成较易溶解的羟基木质素，使细胞间的镶嵌物质与细胞壁变得松散，利于纤维素酶和消化液渗透其内。氨化处理使秸秆消化率提高20%以上，粗蛋白质含量增加1倍(由4%～5%提高到8%～10%)秸秆品质提高。具体操作方法有以下几种。

①无水液氨处理。将秸秆堆垛，用塑料薄膜覆盖成密封状态。在堆垛底部用一根管子与液氨罐相连，按秸秆重量的3%通入液氨。氨化时间的长短视气温而定。饲喂前提前1～2 d启封，散去残留的余氨。

②氨水处理。将秸秆切短、装窖、压实，按100 kg秸秆喷洒12 kg的氨水(浓度为25%)后密封。通常情况下5～17 d可完成氨化，启封后应通风12～24 h，待氨味消失后才能饲喂。

③尿素处理。原理是尿素在秸秆中尿素酶的作用下产生氨对秸秆进行氨化。将秸秆重量3%的尿素按1∶20的比例溶解在水中，逐层堆放逐层喷洒，最后用塑料薄膜密封。

3. 微生物处理

粗饲料的利用关键是解决纤维素消化问题，微生物处理是利用微生物分解秸秆中难以被动物利用的纤维素或木质素，从而提高粗饲料的营养价值。如日本用木霉纤维素酶分解粗饲料中粗纤维，分解率达80%。

3.5 青绿饲料与青贮饲料

3.5.1 青绿饲料

青绿饲料指天然水分含量60%以上的青绿多汁饲料，青绿饲料的种类繁多，以富含叶绿素而得名。主要包括人工栽培牧草、天然牧草、青饲作物、叶菜类、非淀粉质根茎瓜类、水生植物及树叶类等。青绿饲料具有以下营养特性。

(1)含水量高、适口性好　青绿饲料的含水量一般在45%以上，陆生植物的水分含量约为60%～90%，而水生植物可高达90%～95%。

(2)粗蛋白质含量高、品质优　若按干物质计，禾本科牧草粗蛋白质含量13%～15%，叶菜类饲料粗蛋白质含量可达18%～24%，蛋白质生物学价值较高一般可达70%以上。

(3)粗纤维含量较低　幼嫩的青绿饲料含粗纤维较少，木质素也低，若以干物质为基础，粗纤维含量为15%～30%，随着植物生长期的延长，粗纤维和木质素的含量逐渐增加。

(4)矿物质含量高　青绿饲料是畜禽矿物质的良好来源，豆科牧草钙的含量较高，钙磷比例适宜，因此依靠青绿饲料为主食的动物不易缺钙，但牧草中钠和氯一般含量不足。

(5)维生素含量丰富　青绿饲料含有丰富的维生素，特别是胡萝卜素含量较高，为50～80 mg/kg。此外，青绿饲料中B族维生素、维生素E、维生素C和维生素K的含量也较丰富，不足之处是缺乏维生素D和维生素B_6。

1. 天然牧草

我国天然草地上生长的牧草种类繁多，主要有禾本科、豆科、菊科和莎草科4大类。禾本科牧草适口性较好，特别是在生长早期，幼嫩可口，禾本科牧草分布最广，再生能力很强，比较耐牧，对其他牧草起到保护作用，是牧区主要饲料。菊科牧草有特殊的气味，除羊外，一般家畜都不喜采食。

2. 栽培牧草

栽培牧草是指人工播种栽培的各种牧草，常以产量高、营养好的豆科和禾本科牧草为主要栽培对象，栽培牧草可为家畜常年提供丰富而均衡的青绿饲料。

(1)豆科牧草　我国栽培豆科牧草有悠久的历史，2000 年以前我国就开始栽培紫花苜蓿。此外，三叶草、草木樨、紫云英、沙打旺等也是广泛栽培的豆科牧草。豆科牧草粗蛋白质含量较高，适口性好，营养价值略高于禾本科牧草。但豆科牧草的耐牧性不如禾本科牧草，在调制青贮饲料时，常因豆科牧草含蛋白质较多，糖分较少，产生的乳酸少而难以青贮。另外，家畜大量采食豆科牧草易发生膨胀病。

①紫花苜蓿。紫花苜蓿又称紫苜蓿、苜蓿，是我国最古老、最重要的栽培牧草之一，具有产量高、品质好、适应性强，经济价值高等特点。紫花苜蓿营养丰富，以干物质计，初花期中粗蛋白质为 20%～22%，必需氨基酸组成较为合理，赖氨酸高达 1.34%，是玉米的 4 倍。紫花苜蓿维生素、色素含量丰富，如胡萝卜素含量可达 161.7 mg/kg。

二维码3-29
紫花苜蓿

②三叶草。三叶草属共有 300 多种，目前栽培较多的是红三叶和白三叶。红三叶又名红车轴草、红菽草等，草质柔软，适口性好，以干物质计，所含可消化粗蛋白质低于苜蓿，净能则较苜蓿高。白三叶又名白车轴草，茎叶细软，叶量多，再生能力强，耐践踏，最适于放牧，粗纤维含量较红三叶低。

二维码3-30
三叶草

③草木樨。草木樨又称野苜蓿、马苜蓿、甜三叶等。草木樨抗旱性强，能耐瘠薄，但不耐湿。草木樨可青饲、调制干草和青贮，具有较高的营养价值，是一种优良的豆科牧草。以干物质计，草木樨含粗蛋白质 19.0%，粗纤维 31.6%，粗脂肪 1.8%，无氮浸出物 31.9%。草木樨含有香豆素，有苦味，适口性差，饲喂时应由少到多，或与其他适口性好的饲草混喂。当草木樨贮藏不当发霉时，在霉菌作用下，香豆素会转变为双香豆素，其结构式与维生素 K 相似，是维生素 K 的拮抗剂。家畜采食霉烂草木樨后，一旦皮肤有伤口，血液不易凝固，动物往往会因出血过多而死亡。

二维码3-31
草木樨

④苕子。苕子是一年生或越年生豆科植物，在我国栽培的主要有普通苕子和毛苕子两种。普通苕子又称春苕子、普通野豌豆、普通舌豌豆等。毛苕子又名冬苕子、长柔毛野豌豆、毛野豌豆。两种苕子均具有茎叶柔嫩、适口性好，营养价值高的特点，可青饲、调制干草和青贮，是各类家畜喜食的优质牧草。

二维码3-32
苕子

⑤紫云英。紫云英又称红花草、连花草。紫云英耐湿，不耐瘠薄。鲜嫩多汁，尤以猪喜欢采食。以干物质计，粗蛋白质含量 31.76%，粗纤维 11.82%，粗脂肪 4.14%，无氮浸出物 44.46%。紫云英含有较多的皂苷，当反刍动物大量采食新鲜紫云英时，其中含有的皂苷与可溶性蛋白质等物质在瘤胃内发酵，形成大量的泡沫，引起臌胀病。同时皂苷味苦和辛辣，影响饲料的适口性。

二维码3-33
紫云英

(2)禾本科牧草　在栽培的牧草中，禾本科牧草占大多数。禾本科牧草生命力强，具有较强的耐牧性，适应性广，大多为多年生植物。禾本科牧草的饲用价值较高，蛋白质和钙虽较豆科牧草少，但可溶性糖分比豆科牧草多，在调制干草或青贮时，禾本科牧草也较豆科牧草适宜。

①黑麦草。黑麦草分枝多，生长快，能耐牧，可青饲、放牧和调制干草。黑麦草品质好，柔嫩多汁，适口性好，各类家畜都喜食，也是鱼类的优质饲料。

②无芒雀麦。无芒雀麦又名无芒草、禾萱草，为世界范围重要的禾本科牧草之一。无芒雀麦适应性广，生命力强，能耐寒、耐湿、耐瘠薄、耐旱和耐碱。无芒雀麦叶多茎少，利用年限长，产量高，适口性好，营养价值高，各种动物都喜食。

③羊草。羊草又名碱草，多年生禾本科牧草，我国北方草原地区分布很广。羊草叶量丰富，适口性好，可青饲、放牧和调制干草。

④苏丹草。苏丹草又名野高粱，原产于非洲苏丹，是世界最普遍栽培的一年生禾本科牧草。苏丹草具有高度的适应性，抗旱能力特强，耐瘠薄。苏丹草营养价值高，适口性好，各种草食家畜均喜采食，同时也是草食性鱼类的优质饲料。幼嫩的苏丹草含有少量的氢氰酸，饲用时应注意。

⑤鸭茅。鸭茅又名鸡脚草、果园草。鸭茅草质柔嫩，叶量多，营养丰富，适口性好，是草食家畜和草食性鱼类的优良牧草。

⑥象草。象草又名紫狼尾草，原产于非洲，是热带、亚热带普遍栽培的高产优质牧草。象草喜温暖湿润气候，根系发达，产量高、管理粗放、已成为南方青绿饲料的重要来源。适时刈割，柔软多汁，适口性好，利用率高，是草食家畜的优质牧草，幼嫩时也可以喂猪、禽和鱼。

二维码3-34
黑麦草

二维码3-35
无芒雀麦

二维码3-36
羊草

二维码3-37
苏丹草

二维码3-38
鸭茅

二维码3-39
象草

3.5.2 青贮饲料

青贮饲料是指将新鲜的青饲料装入密封容器里，经过微生物发酵作用，制成一种具有特殊芳香气味、耐贮藏的多汁饲料。青贮饲料具有清香味道和酸味、柔软多汁、颜色黄绿、适口性好，适宜长期储藏青绿饲料的方法。

1. 青贮原理和条件

饲料青贮的原理是在厌氧环境中，依靠乳酸菌发酵，将饲料中可溶性糖分转化为乳酸，使 pH 快速下降到 4.2 以下，从而抑制有害菌的繁殖，达到长时间保存青饲料中营养物质的目的。饲料青贮的条件有以下几点：

(1)厌氧环境　乳酸菌是厌气性细菌,而腐败菌等有害微生物大多是好气性菌,如果青贮原料内有较多空气时,就会影响乳酸菌的生长和繁殖。为了给乳酸菌创造良好的厌氧生长繁殖条件,须做到原料切短,装实压紧,造成厌氧环境。

(2)适宜的温度　青贮的适宜温度为26.7～37.8 ℃,温度过高或过低,都不利于乳酸菌的生长和繁殖,并影响青贮料的品质。

(3)适宜的含水量　青贮原料中含有适宜水分,是保证乳酸菌正常活动的重要条件。水分含量过高或过低,均会影响青贮发酵过程和青贮饲料的品质,青贮原料适宜含水量为70%～75%。

(4)适当的含糖量　乳酸菌要产生足够数量的乳酸,必须有足够数量的可溶性糖分。只有当青贮原料中pH为4.2以下,才可抑制微生物活动。乳酸菌形成乳酸,使pH达4.2时所需要的原料糖是十分重要的,通常称作最低需要含糖量。青贮原料中可溶性糖应在1.0%以上,可保证乳酸菌的正常生命活动。

2. 青贮饲料的制作

(1)收割　原料要适时收割,收割过早,原料含水多,可消化营养物质少;收割过晚,纤维素含量增加,适口性差,消化率降低。通常豆科牧草在现蕾期至开花初期进行收割,禾本科牧草在孕穗至抽穗期收割,甘薯藤、马铃薯茎叶在收薯前1～2 d或霜前收割。

(2)切短　原料收割后应及时运至青贮地点,否则原料中水分大量蒸发、叶片掉落,养分大量损失。青贮原料要切短至2～5 cm。

(3)装窖　如果是土窖,窖的四周应铺垫塑料薄膜,避免饲料接触泥土被污染和饲料中的水分被土壤吸收而发霉,其他结构的窖可以直接装填。装填的原料,含水率在65%～70%为宜,水分不足时,要添加水,水分过多时,要添加干饲料,如糠麸、秸秆、草粉等。

(4)压实　装填原料时,每装30 cm左右,将原料踩实一次,要特别注意踩实窖的边缘,原料踩得越实,窖内残留空气越少,越利于乳酸菌的繁殖生长。青贮原料装填应尽量缩短时间,若不能一次装满,则要覆盖薄膜。

(5)密封　青贮原料装填高于窖口30 cm左右,此时在原料上铺一层20 cm厚的青草,上覆塑料膜,然后盖上一层厚实的黏土。窖的四周要挖排水沟,防止雨水流入窖内。

3. 青贮的过程

(1)第一阶段,青贮原料的呼吸期　青贮植物细胞利用残留氧气进行有氧呼吸,消耗青贮饲料中养分,并耗尽原料缝隙间氧气。残留氧气越多,呼吸持续时间越长,青贮窖内温度越高,养分损失越多。与此同时,附着于青贮原料表面的好氧菌大量繁殖、消耗氧气。

(2)第二阶段,厌氧菌活动期　由于青贮原料的呼吸及好氧菌的繁殖,窖内氧气耗尽,进入无氧状态。此时,乳酸菌大量繁殖,产生乳酸,致使原料pH下降到3.8～4.2。

(3)第三阶段,青贮饲料的平稳期　由于乳酸的酸性环境,青贮窖内细菌繁殖受到抑制,青贮原料得以较长时间的贮存。

4. 青贮的种类

(1)常规青贮　将原料切碎、压实、密封,在厌氧环境下使乳酸菌大量繁殖,将饲料中的淀粉和可溶性糖转化成乳酸。当乳酸积累到一定浓度后,抑制腐败菌的生长,将青绿饲料中养分保存下来。

(2)半干青贮　又称低水分青贮,青贮原料收割后,经风干水分降到40%～55%,微生物处于生理干燥状态,生长繁殖受到抑制。在青贮过程中,微生物发酵弱,有机酸产生量少,养分不被分解。该类青贮由于水分含量低,青贮原料中可溶性糖含量要求不严格,故较常规青贮扩大了原料的范围,常规青贮法中不易青贮的原料(如豆科牧草)可以采用半干青贮方法青贮。

(3)添加剂青贮　为获得优质青贮饲料和减少在青贮中由于微生物的活动而造成的养分损失,在青贮时添加一些添加剂可对青贮的发酵作用进行控制。如添加各种可溶性碳水化合物、乳酸菌、酶制剂等,可促进乳酸菌发酵,迅速产生大量的乳酸,使 pH 很快达到 3.8～4.2。或加入各种酸类、抑菌剂等,可防止腐生菌等不利于青贮的微生物生长,如黑麦草青贮可按 1%加入甲醛/甲酸(3∶1)的混合物。或加入尿素、氨化物等可增加蛋白质的含量,可提高青贮效果,扩大青贮原料的范围。

5. 青贮饲料的营养特点

(1)最大程度保持青绿饲料的营养　一般青绿饲料经晒干之后,营养价值降低 30%～50%,但是经青贮后,养分损失仅为 3%～10%,尤其是蛋白质和维生素保存较好。

(2)适口性好,消化率高　青饲料鲜嫩多汁,青贮使水分得以保存,青贮饲料含水量可达 70%。同时在青贮过程中由于微生物发酵作用,产生大量乳酸和芳香物质,更能提高青贮饲料的适口性和消化率。

(3)可调节青绿饲料的均衡供应　青贮饲料保存年限可达 2～3 年或更长,做到全年均衡供应。

(4)可净化饲料,保护环境　青贮能杀死青饲料中的病菌、虫卵,破坏杂草种子的再生能力,从而减少对畜禽和农作物的危害。另外,秸秆青贮可改观焚烧秸秆的现象,减少对环境的污染。

6. 青贮饲料的利用

(1)青贮饲料的取用　青贮饲料制作一个半月后即可利用,开窖取用时,如发现表层呈黑褐色并有腐败臭味时,应把表层的青贮饲料弃掉。然后从上到下分层取料,一次性取料,尽量减少与空气的接触面,所取的饲料要当天用完,取后及时覆盖,防止暴晒,雨淋,结冻。

(2)青贮饲料的饲喂技术　青贮饲料的饲喂必须由少到多,逐渐增加,最后稳定在适宜水平。青贮饲料作为草食家畜牛羊的主要粗饲料,一般占饲粮干物质的 50%以下。由于青贮饲料含有大量有机酸,具有轻泻作用,因此母畜妊娠后期不宜多喂,产前 15 d 停喂。冰冻的青贮饲料易引起母畜流产,应待冰融化后再喂。

3.6　矿物质饲料

矿物质饲料包括动物需要的各种矿物质元素补充物和某些应用于特殊目的的矿物质,目前已知畜禽有明确需要的矿物元素有 14 种,其中常量矿物元素有 7 种:钾、镁、硫、钙、磷、钠和氯,微量元素有 7 种:铁、锌、铜、锰、碘、钴、硒。

3.6.1　常量矿物质饲料

1. 钙补充物

石灰石粉、贝壳粉等是常用专门补钙原料,骨粉、磷酸氢钙等是既含钙又含磷的原料。

(1)石灰石粉　石灰石粉即石粉、天然碳酸钙、重质碳酸钙,为白色或灰白色粉末,由天然矿石经筛选后粉碎而成。石粉含碳酸钙 94%以上,含钙量为 34%～38%,不低于 33%,

优质石粉含钙量38%以上。石粉是最常见的补钙饲料原料，除用作钙源外，石粉还广泛用作微量元素预混合饲料的稀释剂或载体。

(2)轻质碳酸钙　轻质碳酸钙又称沉淀碳酸钙，是将石灰石高温煅烧成氧化钙(生石灰)，用水将其调成石灰乳，再与二氧化碳作用，制成的白色粉末制品。饲料级轻质碳酸钙纯度为98%，含钙39.2%，为纯化工产品，纯度高，杂质少，为优质碳酸钙产品，因其价格偏高，在饲料中应用较少，常作为奶牛的钙补充料。

(3)贝壳粉　贝壳粉由各种贝壳包括牡蛎壳、扇贝壳、蚌壳等粉碎制得，为灰色或灰白色粉末，含钙34%～38%，优质贝壳粉碳酸钙含量在95%以上。此外，贝壳粉必须进行灭菌处理，以免传播疾病。

(4)蛋壳粉　蛋壳粉是蛋品加工厂或孵化场的副产品，由蛋壳、蛋膜及蛋白残留物经干燥、粉碎制得，干燥时温度应达82 ℃以上，以保证灭菌，防止蛋白腐败甚至传播疾病。蛋壳粉含钙量变化较大，在29%～37%之间，使用时要测定钙和粗蛋白质的含量。

此外，白垩石、氯化钙、氧化钙、白云石、葡萄糖酸钙、乳酸钙等也可作为钙的来源。

2. 磷补充物

磷补充物来源复杂，种类很多。磷补充物含矿物元素较复杂，只提供磷的矿物质饲料很少，仅限于磷酸和磷酸铵，大多数常用磷补充物除含磷外还含有其他矿物元素如钙、钠，添加于饲料中往往会引起这些元素含量的变化。磷的补充物多来自矿物磷酸盐类，由于天然磷矿中含有较多的氟、砷、铅等有毒有害元素，用作饲料磷补充物的产品必须经过一定的加工处理脱氟除杂，使这些有毒有害物质含量符合饲料要求。

(1)磷酸钙类　磷酸钙类为饲用磷的主要来源，主要有磷酸二氢钙、磷酸氢钙和磷酸钙。

①磷酸二氢钙。磷酸二氢钙的别名为磷酸一钙，其产品常为含1个结晶水的磷酸一钙[$Ca(H_2PO_4)_2 \cdot H_2O$]，相对分子质量252.07，具吸湿性，纯品含钙15.9%，磷24.57%，工业品按纯度92%计算，即含钙14.63%，磷22.60%。其水溶性和生物利用率均优于磷酸氢钙，是优质的磷补充物。最适宜用作水生动物磷的补充物，利用率远高于其他磷源。

②磷酸氢钙。磷酸氢钙的别名为磷酸二钙，是用磷酸与方解石在混合器中直接混合反应生成的，常含2个结晶水($CaHPO_4 \cdot 2H_2O$)，相对分子质量172.09。纯品磷酸氢钙含钙23.2%，磷18.0%，工业品按纯度88.9%计算，即含钙21%，磷16%。磷酸氢钙是最常用的补磷饲料原料，饲料级磷酸氢钙质量标准见表3-33。

表3-33　饲料级磷酸氢钙质量标准　　%

项目	含量	项目	含量
钙	≥21.0	重金属(以Pb计)	≤0.003
磷	≥16.0	砷	≤0.003
氟	≤0.18	细度(透过500 μm筛)	≥95

③磷酸钙。磷酸钙别名磷酸三钙，化学式$Ca_3(H_2PO_4)_2$，相对分子质量310.18，灰色或褐色，并有臭味。纯品含钙38.7%，磷19.97%，工业品按纯度85%计算，即含钙32.9%，磷16.97%。

(2)骨粉类　骨粉是以家畜骨骼为原料，经蒸汽高压灭菌后干燥粉碎而成的产品，骨粉和其他骨制品钙、磷比例平衡，利用率高，是较好的钙磷补充物。按加工方法不同，可分为蒸制骨粉、煮骨粉、脱胶骨粉和焙烧骨粉。产品品质及钙、磷含量因加工方法不同差异较大。

骨粉易被病原菌污染，制作过程中要求灭菌处理。

(3)磷酸钠类

①磷酸二氢钠又称磷酸一钠，化学式为 $NaH_2PO_4 \cdot 2H_2O$，无色斜方晶系结晶，纯品含磷 19.85%，钠 14.74%。工业品(按纯度 98%计算)含磷 19.45%，钠 14.45%。

②磷酸氢二钠又称磷酸二钠，化学式为 $Na_2HPO_4 \cdot 12H_2O$，无色单系结晶或白色粉末，纯品含磷 8.65%，钠 12.84%。工业品(按纯度 98%计算)含磷 8.47%，钠 12.58%。

3. 钠、氯补充物

钠和氯在动物体内主要与离子平衡或渗透压有关，在动物饲料中易缺乏，尤其是草食动物。

(1)氯化钠　以前食盐直接用于饲料补充钠、氯，现已明确用于饲料钠、氯的补充物是饲料添加剂氯化钠。饲料添加剂国家标准规定氯化钠含量(以 NaCl 计)应在 95.50%以上，水分控制在 3.20%以内。氯化钠可使体液保持中性，同时也能促进食欲，参与胃酸形成。各种动物的氯化钠用量为 0.2%～0.5%。

(2)碳酸氢钠　碳酸氢钠又称小苏打、烧碱，化学式为 $NaHCO_3$，为白色粉末或不透明单斜晶系细微结晶。无臭，味咸，可溶于水，微溶于乙醇。纯品含钠 27.38%，工业品纯度为 99%，即含钠 27.10%。碳酸氢钠是优质的补钠原料，同时也是很好的缓冲剂，可维持电解质平衡。

(3)无水硫酸钠　无水硫酸钠又称元明粉、无水芒硝，化学式为 Na_2SO_4。纯品含钠 16.19%，硫 22.57%，工业品纯度为 99%，即含钠 16.03%，硫 22.35%。无水硫酸钠生物利用率高，是优良的钠、硫补充剂，特别是补钠时不会增加氯的含量。硫酸钠同时又是一种泻药，用量不宜过大，一般饲料中添加量不超过 0.5%。

4. 钾补充物

(1)氯化钾　氯化钾为无色或白色结晶，化学式为 KCl，易溶于水，微溶于乙醇，稍溶于甘油。纯品含钾 52.45%，含氯 47.55%，工业品纯度为 99.5%，即含钾 52.19%，含氯 47.31%。氯化钾既可补钾，又同时补氯，常常作为电解质使用。

(2)硫酸钾　硫酸钾为白色或无色颗粒或粉末，分子式为 K_2SO_4，易溶于水，不溶于乙醇，纯品含钾 44.87%，含硫 18.40%，硫酸钾主要用于反刍动物饲料中。

(3)磷酸二氢钾　磷酸二氢钾又称磷酸一钾，无色或白色结晶粉末，化学式为 KH_2PO_4。溶于水，溶液呈酸性，有潮解性。纯品含磷 22.76%，钾 28.73%，工业品纯度为 98%，常用于水产饲料的补钾剂。

(4)磷酸氢二钾　磷酸氢二钾又称磷酸二钾，白色或无定形粉末，化学式为 $K_2HPO_4 \cdot 3H_2O$。易溶于水，溶液呈微碱性，有吸湿性。纯品含磷 13.57%，钾 34.26%，工业品纯度为 95%。

5. 镁补充物

(1)硫酸镁　硫酸镁又称泻盐、苦盐，化学式为 $MgSO_4 \cdot 7H_2O$，为无色细小的针状或斜柱状结晶。易溶于水，微溶于乙醇和甘油。纯品含镁 9.86%，硫 13.01%，工业品纯度为 99%，即含镁 9.76%，硫 12.88%，是一种优良的补镁剂，多用于反刍动物和水生动物饲料。

(2)氧化镁　氧化镁为白色粉末，化学式为 MgO，纯品含镁 60.32%。工业品纯度为 96.5%，即含镁 58.21%。氧化镁适口性好，镁的相对含量高，对于反刍动物效价优于硫酸镁。

6. 硫补充料

(1)二水硫酸钙　二水硫酸钙又称石膏,化学式为 $CaSO_4 \cdot 2H_2O$,纯品含硫 18.62%、钙 23.28%。工业品纯度为 95%,即含硫 17.61%,钙 22.12%。二水硫酸钙生物利用率高,是钙和硫的良好来源。

(2)硫代硫酸钠　硫代硫酸钠的化学式为 $Na_2S_2O_3 \cdot 5H_2O$,纯品含硫 25.84%,钠 18.53%。工业品纯度为 99%,即含硫 25.58%,钠 18.34%。硫代硫酸钠既可补硫又可补钠,还可用于水产养殖中调节水质的酸碱平衡。

3.6.2 微量元素饲料

动物饲粮中易缺乏微量元素,因此有必要添加微量元素饲料,以满足动物的营养需要。按照饲料属性,微量元素饲料可划为饲料添加剂。饲料中常补充的微量元素有铁、铜、锌、锰、碘、硒、钴。

1. 铁补充物

用于饲料的铁补充物很多,分为无机铁、有机铁和氨基酸螯合铁,生物学效价差异很大,主要有硫酸亚铁、氯化亚铁、碳酸亚铁、柠檬酸铁、葡萄糖酸铁、赖氨酸亚铁等。

(1)硫酸亚铁　硫酸亚铁是常用的铁补充物,产品主要有含 7 个结晶水($FeSO_4 \cdot 7H_2O$)和 1 个结晶水($Fe SO_4 \cdot H_2O$)的硫酸亚铁。含 7 个结晶水的硫酸亚铁为浅蓝绿色单斜结晶或结晶性粉末,易潮解结块,含铁 20.09%,含硫 11.53%。含 7 个结晶水的硫酸亚铁不稳定,在加工和贮藏过程中易氧化为不易被动物利用的 Fe^{3+},由于其吸湿性和还原性,对饲料中的某些维生素等成分易产生破坏作用。含 1 个结晶水的硫酸亚铁($FeSO_4 \cdot H_2O$),为白色至淡黄色结晶性粉末,含铁 32.9%、硫 18.9%。含 1 个结晶水的硫酸亚铁由含 7 个结晶水的硫酸亚铁加热脱水而得,加工性能好,与其他成分的配伍性好,作为铁源饲料应用较多。

(2)氯化亚铁　氯化亚铁为蓝绿色单斜系透明结晶,产品含 4 个结晶水($FeCl \cdot 4H_2O$),易潮解,含铁量大于 27.3%。

(3)碳酸亚铁　碳酸亚铁为灰白色结晶粉状物或含有极小的斜方六面体,分子式为 $FeCO_3$,含铁 48.2%,工业品的纯度在 81%以上,在空气中稳定,加热即变暗色。

(4)有机铁类　乳酸亚铁、柠檬酸亚铁、葡糖酸亚铁等均为有机铁,生物学价值高,使用安全,但价格较高。

(5)氨基酸螯合铁　产品有赖氨酸亚铁、甘氨酸亚铁、蛋氨酸亚铁、*DL*-苏氨酸铁等,生物活性高于无机盐类,吸收率高,代谢利用性好,但生产成本高。

2. 铜补充物　可用作铜补充物的有硫酸铜、氯化铜、碱式氯化铜。

(1)硫酸铜　产品有含 5 个结晶水的硫酸铜($CuSO_4 \cdot 5H_2O$)和无水硫酸铜($CuSO_4$)。含 5 个结晶水的硫酸铜为蓝色透明的三斜结晶或结晶粉末,含铜 25.44%,含硫 12.84%,易吸湿返潮、结块,易破坏饲料中的一些养分。无水硫酸铜为灰白色或微绿白色斜方结晶或无定形粉末,含铜 39.81%,含硫 20.09%。

(2)氯化铜　氯化铜产品含 2 个结晶水,为蓝绿色斜方晶系结晶,分子式 $CuCl_2 \cdot 2H_2O$,含铜 37.2%,易潮解,在干燥空气中易风化。

(3)碱式氯化铜　碱式氯化铜是一种墨绿色结晶粉末,分子式 $Cu_2(OH)_3Cl$,不溶于水,不易潮解,因此不会分解产生铜离子,碱式氯化铜生物学效价是硫酸铜的 121.7%～

141.0%，是硫酸铜理想的替代物。

3. 锌补充物

可用作锌补充物的有硫酸锌、氧化锌、氯化锌、碳酸锌、乙酸锌、碱式氯化锌等，其中常用的为硫酸锌、氧化锌、氯化锌。

(1)硫酸锌　硫酸锌产品类型有含 7 个结晶水的硫酸锌($ZnSO_4 \cdot 7H_2O$)和含 1 个结晶水的硫酸锌($ZnSO_4 \cdot H_2O$)，7 水硫酸锌为无色结晶或白色的结晶粉末，易吸湿结块，含锌 22.7%，含硫 11.1%。1 水硫酸锌由 7 水硫酸锌经加热、脱水制成，性质较稳定，含锌 36.4%，含硫 17.9%。

(2)氧化锌　氧化锌为白色粉末，分子式 ZnO，含锌 80.34%，不溶于水，稳定性好，不结块、不变性，对饲料中其他活性物质无影响。氧化锌在断奶仔猪饲料中还具有减少腹泻的作用，农业部 2625 号公告规定在仔猪断奶后前两周特定阶段，允许使用氧化锌或碱式氯化锌至 1 600 mg/kg(以锌元素计)。

(3)碱式氯化锌　碱式氯化锌呈白色粉末状，分子式 $Zn_5Cl_2(OH)_8 \cdot 7H_2O$，含锌 58%，不溶于水，不易潮解，稳定性好，具有更高的生物利用率。

4. 锰补充物

可用作锰补充物的有硫酸锰、碳酸锰、氧化锰、氯化锰、磷酸氢锰等，其中常用的为硫酸锰、氧化锰和碳酸锰。

(1)硫酸锰　硫酸锰产品有 1 水硫酸锰($MnSO_4 \cdot H_2O$)、4 水硫酸锰($MnSO_4 \cdot 4H_2O$)和 7 水硫酸锰($MnSO_4 \cdot 7H_2O$)。硫酸锰产品随结晶水的减少锰的利用率稍有降低，但含结晶水越多，越易吸潮、结块，越容易影响饲料中其他成分，因而 1 水硫酸锰应用最广泛。1 水硫酸锰为淡红色粉末，含锰 32.5%，含硫 19.0%。

(2)碳酸锰　碳酸锰为白色或淡褐色粉末，分子式 $MnCO_3$，含锰 47.79%，难溶于水。产品多为 1 个结晶水的碳酸锰。碳酸锰的生物学效价略低于硫酸锰。

(3)氧化锰　氧化锰别名一氧化锰，草绿或灰绿色立方晶系粉末或八面体结晶，分子式 MnO，不溶于水。由于烘焙温度不同，可生产不同含锰量的产品。氧化锰化学性质稳定，有效成分含量高，相对价格低，许多国家逐渐以氧化锰代替硫酸锰。

5. 碘补充物

可用作碘补充饲料的有碘化钾、碘化钠、碘酸钾、碘酸钙等，其中常用的为碘化钾和碘酸钙。

(1)碘化钾　碘化钾为无色或白色结晶或结晶性粉末，分子式 KI，含碘 76.4%，含钾 23.6%。易溶于水，在空气中暴露会释放出游离碘对维生素有一定的破坏作用。

(2)碘酸钙　市场上碘酸钙产品有无水碘酸钙[$Ca(IO_3)_2$]、1 水碘酸钙[$Ca(IO_3)_2 \cdot H_2O$]和 6 水碘酸钙[$Ca(IO_3)_2 \cdot 6H_2O$]，三种碘酸钙均为白色结晶性粉末。无水碘酸钙含碘 65.1%，含钙 10.3%，1 水碘酸钙含碘 62.22%，含钙 9.83%，6 水碘酸钙含碘 50.97%，含钙 8.03%。碘酸钙稳定性和适口性较好，易被动物吸收。

6. 钴补充物

钴主要应用于反刍动物饲料中，可用作钴补充饲料的有硫酸钴、氯化钴、乙酸钴等，其中硫酸钴和氯化钴应用最为广泛。

(1)硫酸钴　硫酸钴有无水硫酸钴($CoSO_4$)、含 1 个结晶水的硫酸钴($CoSO_4 \cdot H_2O$)和含 7 个结晶水的硫酸钴($CoSO_4 \cdot 7H_2O$)。硫酸钴随其结晶水的增加而水溶性增加，含 7 个结晶水的硫酸钴易吸湿返潮结块，应用时需脱水处理。

(2)氯化钴　氯化钴有无水氯化钴($CoCl_2$)、含 1 个结晶水的氯化钴($CoCl_2 \cdot H_2O$)和含 6 个结晶水的氯化钴($CoCl_2 \cdot 6H_2O$)。随着结晶水的增加，由淡蓝色、浅紫色至红色或红紫色结晶，氯化钴在 40～50 ℃下逐渐失去水分，140 ℃时失去结晶水变为青色，氯化钴是应用最广泛的钴补充饲料。

7. 硒补充物

硒的补充物主要有亚硒酸钠、硒酸钠，亚硒酸钠生物学效价高于硒酸钠，是应用广泛的硒补充饲料。有机硒(如蛋氨酸硒)效果好于亚硒酸钠和硒酸钠，但由于价格和生产原因，目前未广泛应用。

亚硒酸钠为白色结晶或结晶性粉末，分子式 Na_2SeO_3，含硒 45.7%。在 500～600 ℃以下时稳定，超过时慢慢氧化成硒酸钠。易溶于水，有剧毒，因此使用时要注意安全，饲料中允许添加的形式是 1%亚硒酸钠预混剂。

3.7　维生素饲料

维生素是动物维持生理机能所必需的一类小分子有机化合物，对单胃动物来说，除了个别维生素外，大多数维生素不能或不能完全由体内合成而满足需要，必须从饲料中得以补充。反刍动物虽然瘤胃微生物可合成 B 族维生素和维生素 K，但成年反刍动物其他维生素及幼龄反刍动物的维生素也必须由饲料供给。

3.7.1　脂溶性维生素

脂溶性维生素是不溶于水而溶于脂肪、乙醚及氯仿等非极性有机溶剂的一类维生素，包括维生素 A、维生素 D、维生素 E、维生素 K。这类维生素一般只含有碳、氢、氧三种元素，大部分能在体内储存，排泄率不高，短时期供给不足不会对畜禽生产力和健康产生不良影响，摄入量过多易引起中毒现象。另外，脂溶性维生素大多稳定性较强。

1. 维生素 A

维生素 A 主要存在于动物的肝脏中，植物和真菌中没有维生素 A，但其中含有的类胡萝卜素进入人体后可代谢为维生素 A，并具有维生素 A 活性，通常称之为维生素 A 原。维生素 A 补充物有维生素 A 醇、维生素 A 乙酸酯和维生素 A 棕榈酸酯三种形式。

(1)维生素 A 醇　又称鱼肝油，大多从鱼肝中提取，加入抗氧化剂后制成微囊。维生素 A 醇稳定性较差，饲料工业选用较少。

(2)维生素 A 乙酸酯　呈鲜黄色结晶粉末，易吸湿，见光或吸潮后易分解，为了提高其稳定性可加入抗氧化剂和明胶制成微粒。维生素 A 乙酸酯稳定性好，应用较普遍。

(3)维生素 A 棕榈酸酯　为黄色油状或结晶固体，需存放在密封容器中，置于阴凉、避光、防潮的环境中保存。

2. 维生素 D

维生素 D 是一类含有环戊烷多氢菲结构的固醇类物质，为白色晶体。维生素 D 仅存在于动物体内，以酯的形式存在。植物体及酵母中不含维生素 D，但其中的麦角固醇经紫外线照射后转化为维生素 D_2(麦角固醇)，人和动物皮肤中的 7-脱氢胆固醇经紫外线照射后可转化为维生素 D_3(胆钙化醇)。维生素 D 共有 6 种形式，其中重要的是维生素 D_2 和维生素 D_3。

猪对维生素 D_2 和维生素 D_3 的利用率相同，而家禽对维生素 D_2 的利用率仅是维生素 D_3 的1%～2%，因而对于禽类只用维生素 D_3 作为维生素 D 补充物。维生素 D 产品有维生素 D_2 和维生素 D_3 的干燥粉剂、维生素 D_3 微粒、维生素 A/D 合剂微粒，其中维生素 D_3 微粒是生产中主要的维生素 D 补充物。

3. 维生素 E

维生素 E 又称生育酚，是优良的天然抗氧化剂，在自然界中有多种维生素 E 活性化合物，包括 α-生育酚、β-生育酚和 γ-生育酚等，其中以 α-生育酚活性最强。维生素 E 产品主要是 DL-α-生育酚，50%剂型的 DL-α-生育酚有较好的稳定性，在加工处理中损失较少。

4. 维生素 K

维生素 K 有维生素 K_1、维生素 K_2 和维生素 K_3。其中维生素 K_1 和维生素 K_2 是天然的，人工合成的维生素 K_3 制剂效价高，溶于水，性质较稳定，故商品维生素 K 多是维生素 K_3 制剂，其活性成分为甲萘醌，商品有三种剂型：亚硫酸氢钠甲萘醌、亚硫酸氢钠甲萘醌复合物和亚硫酸嘧啶甲萘醌。其中亚硫酸氢钠甲萘醌复合物稳定性较好，是目前应用最为广泛的维生素 K_3 制剂。

3.7.2 水溶性维生素

水溶性维生素是可溶于水而不溶于非极性有机溶剂的一类维生素，包括 B 族维生素和维生素 C。这类维生素除碳、氢、氧元素外，有的还含有氮、硫等元素。与脂溶性维生素不同，水溶性维生素在人体内储存较少，从肠道吸收后进入人体的多余的水溶性维生素大多从尿中排出，若摄入量过少则出现缺乏症。水溶性维生素几乎无毒性，摄入量偏高一般不会引起中毒现象。B 族维生素几乎都是辅酶或辅基的组成成分，参与机体各种代谢。

1. 维生素 B_1

维生素 B_1 又称硫胺素，维生素 B_1 在 pH3.5 以下的酸性条件下较稳定，当 pH 增高时，其稳定性降低。用于维生素 B_1 补充物的产品有硫胺素盐酸盐和硫胺素硝酸盐两种，硫胺素硝酸盐吸湿性小，稳定性更好。

2. 维生素 B_2

维生素 B_2 又称核黄素，为黄色粉末，在酸性或中性溶液中热稳定性好，但对光和紫外线很敏感，易吸潮。其商品形式为核黄素及其酯类，为黄色至橙黄色的结晶性粉末。维生素 B_2 添加剂常用的是含核黄素 96%、55%、50%等的制剂。

3. 维生素 B_6

维生素 B_6 的活性形式是磷酸吡哆醛。市场上维生素 B_6 的产品多为盐酸吡哆醇，白色粉末，热稳定性好，对光的稳定性较差，在碱性或中性溶液中遇光分解。

4. 维生素 B_{12}

维生素 B_{12} 又称钴胺素、氰钴胺素，维生素 B_{12} 对还原剂、光敏感，易分解，不宜与有还原作用的维生素 C 等配伍。主要商品形式有氰钴胺、羟基钴胺等，产品为红色结晶粉末，水溶性好，有 1%、2%和 0.1%等规格。

5. 烟酸

烟酸是维生素 B_3 的别称，又称尼克酸，产品有烟酸和烟酰胺两种类型，均为白色无味结晶粉末，由于烟酸被动物吸收形式为烟酰胺，故二者活性相同。在 B 族维生素中烟酸是最稳定的，在干燥条件下烟酸与烟酰胺都很稳定，在水溶液中二者对热、光、酸、碱都稳定。

6. 泛酸

泛酸是维生素 B_5 的别称，泛酸是极不稳定的黏性油质，极易吸湿，因此，多选用稳定性好的泛酸钙。*D* 型泛酸钙生物活性为 100%，*L* 型泛酸钙无生物活性。饲料工业生产的有 *D*-泛酸钙或 *DL*-泛酸钙，*D* 泛酸钙产品的有效成分含量为 98%，*DL*-泛酸钙产品的有效成分多为 90%。

7. 叶酸

叶酸又称蝶酰谷氨酸，为黄色结晶，是维生素中已知生物学活性最多的一种，叶酸的生物活性形式为四氢叶酸。商品制剂应用较多的是药用级叶酸，产品为极细粉末，易凝集成团，流动性差，应用时需要预混合处理。

8. 胆碱

胆碱是磷脂和乙酰胆碱等物质的组成成分，胆碱的商品添加形式主要是氯化胆碱，其纯品为白色结晶，吸湿性强，有鱼腥味。氯化胆碱易溶于水和乙醇，水溶液呈中性。氯化胆碱产品有液态和固态两种，液态氯化胆碱含量为 70%，固态氯化胆碱含量为 50%。氯化胆碱对其他维生素有破坏作用，特别是在有金属元素存在时对维生素 A、维生素 D、维生素 K 破坏较强，因此，不宜与其他维生素相混合。

9. 生物素

生物素又称维生素 H、辅酶 R，为无色长针状结晶，对氧、热相对稳定，但是容易被紫外线、强酸、强碱、氧化剂破坏。其主要的商品形式为 *D*-生物素，含生物素一般为 1%或 2%。

10. 维生素 C

维生素 C 又称抗坏血酸，结构类似葡萄糖，是一种多羟基化合物。自然界中具有生物活性的是 *L*-抗坏血酸。维生素 C 极不稳定、易被氧化，光、热、碱性物质、金属离子能加速其氧化。维生素 C 的商品形式为抗坏血酸、抗坏血酸钠、抗坏血酸钙以及包被抗坏血酸。维生素 C 具有很强的还原性，在实际生产中维生素 C 可作为抗氧化剂，保护其他营养成分。

3.7.3 维生素类似物

一些物质具有维生素的某些特性，因不能观察到特别的缺乏症而不具备必要性，不符合维生素的定义，称为维生素类似物。这些物质大多能在体内合成，合成数量是否满足需要视机体的健康状况而定。通过体外补充这些物质，通常能观察到明显的生理功效。饲料添加剂品种目录中规定允许在饲料中使用的有肌醇、*L*-肉碱、*L*-肉碱盐酸盐、甜菜碱、甜菜碱盐酸盐。

1. 肌醇

肌醇又称环己六醇，结构类似于葡萄糖，广泛分布于动物和植物体内，是动物、微生物的生长因子。纯的肌醇为一种稳定的白色结晶，溶于水而有甜味，耐酸、碱及热。肌醇对于动物的生长发育起着积极的促进作用，可增进动物的食欲、促进细胞新陈代谢、有助于动物的生长发育。其多用于水产饲料，一些毛皮动物也需增补肌醇。

2. *L*-肉碱

L-肉碱又称左旋肉碱、肉毒碱，是一种类维生素营养素，命名为维生素 Bt。其结构类似于胆碱，与氨基酸相近，可促进脂肪转化为能量。*L*-肉碱对于动物的生长发育、繁殖、健康极其重要。*L*-肉碱具有促进脂肪酸的 β-氧化，降低血清胆固醇及甘油三酯的含量，提高机体耐受力等生理功能。主要用于甲壳类动物即虾类饲料中，用于母猪饲料中可提高母猪繁殖性能、提高仔猪成活率。

3. 甜菜碱

甜菜碱又称三甲胺乙内酯，一种生物碱，具有强烈的吸湿性能，在机体内作为甲基供体与胆碱、蛋氨酸、维生素 B_{12} 的功能类似，在饲料中添加甜菜碱可替代一部分蛋氨酸。甜菜碱具有促进脂肪代谢和蛋白质合成，调节体内渗透压，缓和应激，提高瘦肉率的作用。鱼类对甜菜碱有独特的味觉感受，常作为水产动物诱食剂。

4. 甜菜碱盐

甜菜碱盐酸盐是一类有机化合物的总称，又称盐酸甜菜碱，为白色至微黄色结晶性粉末，味呈酸涩，具吸潮性，易溶于水、乙醇，遇碱反应。甜菜碱盐酸盐功能与甜菜碱相似，是一种高效、优质、经济的诱食促生长添加剂，广泛应用于畜、禽、水产养殖及各种宠物饲料中。

3.8 饲料添加剂

饲料添加剂是指在饲料加工、制作、使用过程中添加的少量或者微量物质，包括营养性饲料添加剂和一般饲料添加剂。根据《饲料添加剂品种目录》中的类别，饲料添加剂品种主要包括氨基酸、维生素、矿物元素、酶制剂、微生物、防腐剂、抗氧化剂及其他等。

3.8.1 营养性饲料添加剂

营养性饲料添加剂是指添加到配合饲料中，直接对动物发挥营养作用的少量和微量物质，主要包括氨基酸、维生素、微量元素，还有一些特殊生理功能的其他营养性添加剂。维生素添加剂、微量元素添加剂分别归到维生素饲料和矿物质饲料，这里只阐述氨基酸添加剂。

在动物饲养中，为了满足动物对必需氨基酸的需要，常在饲粮中添加一定量的氨基酸。添加的种类和数量要充分考虑氨基酸之间的平衡。常见的氨基酸添加剂有如下几种。

1. 赖氨酸

赖氨酸为碱性必需氨基酸，赖氨酸是动物需要量最高的必需氨基酸，通常是猪的第一限制性氨基酸。赖氨酸有 *L* 型（左旋）、*D* 型（右旋）和 *DL* 型（消旋）3 种构型。动物体不能利用 *D* 型，只有 *L* 型赖氨酸才能被利用。饲料生产常用的商品是 98.5%的 *L*-赖氨酸盐酸盐，为白色或浅褐色粉末或颗粒，其生物活性只有 *L*-赖氨酸的 78.8%。此外，还有一种赖氨酸添加剂为 *L*-赖氨酸硫酸盐，为一种高密度的流动性颗粒，为淡黄色或褐色，其生物活性约为 *L*-赖氨酸的 51%。

2. 蛋氨酸及其类似物

蛋氨酸又称甲硫氨酸，甲硫基丁氨酸。蛋氨酸有 *L* 型（左旋）、*D* 型（右旋）两种构型，不论是 *L* 型还是 *D* 型都能被动物利用，*D* 型可在动物体内经酶催化转化为 *L* 型，营养价值相同。目前使用较广泛的蛋氨酸添加剂是人工合成的 *DL*-蛋氨酸，它是 *L* 型和 *D* 型等量的外消旋化合物。

蛋氨酸羟基类似物是 *DL*-蛋氨酸合成过程中氨基由羟基所代替的一种产品，又称液态羟基蛋氨酸，在动物体内的营养作用与蛋氨酸相似，是蛋氨酸的替代品。

蛋氨酸羟基类似物钙盐又名蛋氨酸羟基钙，为浅褐色粉末或颗粒，是用液态羟基蛋氨酸与氢氧化钙或氧化钙中和，经干燥、粉碎和筛分后制得，功效相当于蛋氨酸羟基类似物，贮运更方便。

《饲料添加剂安全使用规范》（农业部公告 2017 年第 2625 号发布，2019 年第 231 号修订）对鸡饲料使用蛋氨酸添加剂有最高限量规定，*DL*-蛋氨酸在鸡配合饲料或全混合日粮中的最高限量(以氨基酸计)为0.9%。

3. 色氨酸

色氨酸又称β-吲哚基丙氨酸,为白色或微黄色结晶或结晶性粉末。色氨酸商品形式主要为*L*-色氨酸,呈白色或淡黄色粉末,难溶于水,可溶于热乙醇,由合成得到的*DL*-色氨酸,经消旋酶消旋后制成。色氨酸饲料添加剂的使用已由原来仅用于仔猪的人工乳中(0.02%~0.05%),发展到应用于一般的畜禽饲粮中。

4. 苏氨酸

苏氨酸主要形式是*L*-苏氨酸,为白色结晶性粉末。随着赖氨酸、蛋氨酸在饲料中的广泛应用,苏氨酸逐渐成为影响畜禽生产性能的主要限制性因素,通常是猪饲料中的第二或第三限制性氨基酸,是家禽饲料的第三或第四限制性氨基酸。

5. 精氨酸

精氨酸又称蛋白氨基酸,为碱性氨基酸,在动物体内参与鸟氨酸循环,促进尿素的形成,并经尿排出,从而降低血氨浓度。用于饲料添加剂的商品形式有*L*-精氨酸、*L*-精氨酸盐酸盐。*L*-精氨酸是化学物质,经水重结晶后,于105 ℃失去结晶水,其水溶性呈强碱性,可从空气中吸收二氧化碳。

6. 甘氨酸

甘氨酸又称氨基乙酸,为白色结晶或粉末,是内源性抗氧化剂还原性谷胱甘肽的组成氨基酸,机体发生严重应激时常外源补充。目前较为先进的方法是利用丙烯腈副产氢氰酸和羟基乙腈生产甘氨酸,纯度可以达到99%以上。

7. 谷氨酰胺

谷氨酰胺学名2-氨基-4-氨甲酰基丁酸,是谷氨酸的酰胺,为白色结晶性粉末。在疾病或应激的状态下,机体对谷氨酰胺的消耗明显多于正常生理状态下的水平。

3.8.2 一般饲料添加剂

一般饲料添加剂是指为保证或改善饲料品质、提高饲料利用率而掺入饲料中少量或微量物质。主要包括药物饲料添加剂、酸化剂、微生物饲料添加剂、防霉剂、黏结剂、中草药及植物提取物等。

1. 药物饲料添加剂

农业农村部第194号公告决定自2020年7月1日起,饲料生产企业停止生产含有促生长类药物饲料添加剂(中药类除外)的商品饲料,改变抗球虫和中药类药物饲料添加剂管理方式,不再核发“兽药添字”批准文号,改为“兽药字”批准文号,可在商品饲料和养殖过程中使用,不再保留标签标准文本中“药物饲料添加剂”的字样。自2020年7月1日起,原农业部公告第168号和第220号废止。

2. 酸化剂

酸化剂是为补充幼畜胃液分泌不足,降低胃内pH而添加于饲料中的一类物质。种类包括无机酸、有机酸及其盐类,常见的有甲酸、乙酸、丙酸、乳酸、柠檬酸、延胡索酸和甲酸钙等,其中柠檬酸、延胡索酸应用最为广泛。

(1)柠檬酸　又称枸橼酸,无色半透明晶体,在潮湿空气中易潮解。柠檬酸具有令人愉快的酸味,安全无毒,在水中的溶解度高,动物体可直接吸收代谢。国内外大量的研究证明,几种有机酸的添加效果是柠檬酸＞延胡索酸＞甲酸钙,柠檬酸是效果最好的饲料酸化剂。

柠檬酸可降低饲料的 pH，抑制微生物的增殖，因此可以作为饲料防霉剂。另外，柠檬酸还可作为抗氧化剂的增效剂，与抗氧化剂混合使用可提高抗氧化效果。

(2)延胡索酸　又称富马酸，为无色结晶或粉末，水果酸香味，溶解度低。延胡索酸是较好的酸化剂，也是一种酸性防霉剂，抗菌谱较广，使用量在 0.2%左右。

3. 微生物饲料添加剂

微生物饲料添加剂是采用允许添加到饲料中的有益微生物经发酵制成，是抗生素的最佳替代品。微生物饲料添加剂的作用是促进有益菌繁殖，抑制有害菌生长，保持机体微生态平衡。《饲料添加剂品种目录》(2013)中饲用微生物菌种目录包括乳酸菌类、双歧杆菌类、芽孢杆菌类、酵母类、霉菌类、光合细菌类和丙酸杆菌类。生产中使用的常见菌种有三大类，即乳酸菌类、酵母类和芽孢杆菌类。

(1)乳酸菌　乳酸菌是一类能利用可发酵碳水化合物产生乳酸的细菌的总称，乳酸菌无芽孢，革兰氏染色呈阳性，厌氧或兼氧，具有丰富的物种多样性，广泛存在于动物肠道中，绝大多数是动物肠道常在菌，具有重要生理功能。乳酸菌具有耐酸、耐胆盐、黏附性强等特性，但不耐高温，在饲料加工和储存过程中容易失活。乳酸菌是生物发酵饲料和微生物饲料添加剂的常用菌种。

(2)芽孢杆菌　芽孢杆菌是革兰氏阳性菌，需氧或兼氧，能形成芽孢(内生孢子)，芽孢杆菌具有耐酸、耐胆盐、耐高温、快速复活和较强分泌酶等特点，在有氧和无氧条件下都能存活。在不利条件下形成芽孢，在条件适宜时又可以重新萌发成营养体。芽孢杆菌在动物体内一般属于“过路菌”，能分泌很多酶类及益生物质。目前应用较多的有枯草芽孢杆菌、地衣芽孢杆菌等。

(3)酵母菌　酵母菌是一种单细胞真菌，是兼性厌氧生物，在有氧和无氧环境下都能生存。酵母菌在自然界分布广泛，主要生长在偏酸性的潮湿的含糖环境。酵母菌含有丰富的蛋白质、氨基酸、核酸、维生素、多糖以及各种消化酶。允许直接用作微生物饲料添加剂的是酿酒酵母和产朊假丝酵母。

4. 酶制剂

酶是生物体产生的一种活性物质，是体内各种生化反应的催化剂。目前已发现的酶类有几千种，已能人工生产的有 300 多种，在饲料工业中应用的也有 20 多种。

(1)酶制剂的作用　动物体内各种营养物质的消化、吸收和利用都必须依赖酶的作用。添加的外源酶制剂的作用：①补充内源酶不足，提高内源酶分泌和活性；②破坏植物细胞壁，提高淀粉和蛋白质等营养物质的利用率；③降低消化道食糜黏度，减少疾病发生；④消除饲料中的抗营养因子和有毒有害物，提高饲料的营养价值。

(2)酶制剂的种类

①消化碳水化合物的酶。这类酶包括淀粉酶和非淀粉多糖酶两类，其中淀粉酶主要有 α-淀粉酶和糖化酶。α-淀粉酶是内切酶，能将大分子的淀粉分解为中低分子物质，糖化酶也是内切酶，能将 α-淀粉酶分解的中低分子物质进一步分解为葡萄糖。非淀粉多糖酶包括半纤维素酶、纤维素酶和果胶酶。半纤维素酶有木聚糖酶、甘露聚糖酶、阿拉伯木聚糖酶和聚半乳糖酶。纤维素酶能破坏纤维素的结晶结构，将纤维素大分子分解为低聚糖，再进一步分解成葡萄糖，纤维素酶主要有 C1 酶、Cx 酶以及 β-葡聚糖酶。

②蛋白酶。蛋白酶是水解蛋白质肽链的一类酶的总称。按其水解多肽的方式，可以将其分为内肽酶和外肽酶两类。内肽酶可把大分子的多肽链从中间切断，形成分子量较小的

朊和胨；外肽酶又可分为羧肽酶和氨肽酶，它们分别从多肽的游离羧基末端或游离氨基末端逐一将肽链水解生成氨基酸。按其反应的最适 pH，分为酸性蛋白酶、中性蛋白酶和碱性蛋白酶。工业生产上应用的蛋白酶，主要是内肽酶。

③脂肪酶。脂肪酶又称三酰甘油酰水解酶，可作用于甘油三酯的酯键，使甘油三酯降解为甘油二酯、单甘油酯、甘油和脂肪酸，是动物机体内脂肪代谢中最基本的酶。脂肪酶广泛分布于动物、植物和微生物中，饲料用脂肪酶多来源于微生物，且要求产自黑曲霉。

④植酸酶。植酸又称肌醇六磷酸，广泛存在于植物中，由于矿物质结合在蛋白-植酸-矿物元素复合物中，会降低植物中矿物质的营养效价。植酸酶能将磷酸残基从植酸上水解下来，显著提高磷的利用率，增加矿物元素的营养效价。

5. 着色剂

饲用着色剂主要用于家禽，以使蛋黄和肉鸡皮肤增色，提高产品质量。着色剂主要是类胡萝卜素及其衍生物，有天然着色剂和合成着色剂。天然着色剂有 β-胡萝卜素、辣椒红、万寿菊提取物（天然叶黄素）。合成着色剂有 β-阿朴-8'-胡萝卜素醛、β-阿朴-8'-胡萝卜素乙酯和 β-胡萝卜素-4,4-二酮（斑蝥黄）等。另外，虾青素是水产动物允许使用的着色剂。

6. 调味剂、香料

(1)调味剂　调味剂又称香味剂、风味剂、诱食剂，用于改善饲料适口性，增加饲养动物食欲。常用的调味剂主要有糖精钠、谷氨酸钠、5'-鸟苷酸二钠、血根碱及各种食品用香料。

①糖精钠。糖精钠又称邻磺酰苯甲酰亚胺钠，是最早应用的人工合成甜味剂。溶于水，在稀溶液中的甜度为蔗糖的 200～500 倍，浓度大时有苦味，在酸性条件下加热，甜味消失，并可形成苦味的邻氨基磺酰苯甲酸。

②谷氨酸钠。谷氨酸钠属鲜味剂，且具有增香作用。多用于食品，目前已添加于饲料。

(2)香料　适宜作为饲料香料的原料很多，主要是一些含有香味的动、植物加工品、油及其浸提物以及已批准作为食品添加剂的香料物质。如茴香油、甘草精、姜及其浸提物、柑橘油、胡椒粉、柠檬酸、乳酸丁酯等，饲料香料的选择应考虑动物的喜好和添加的目的，以乳香型、水果香型为主。

7. 饲料保存剂

(1)防霉剂　饲料防霉剂是指能降低饲料中微生物的数量，控制微生物的代谢和生长，防止饲料发霉变质并延长贮存时间的饲料添加剂。其对微生物的作用主要有两个方面：一是破坏霉菌的细胞壁和细胞膜；二是破坏或抑制细胞内酶的作用，降低酶的活性。在高温、潮湿的季节和地区，微生物繁殖迅速，易引起饲料的霉变，此种情况下，通常会在饲料中加入防霉剂。饲料常用的防霉剂有以下 4 种。

①丙酸及其盐类。丙酸是一种具有强烈刺激性气味的无色透明液体，易溶于水。丙酸盐有丙酸钠、丙酸钙和丙酸铵。丙酸及其盐类是酸性防霉剂，其防霉效果为丙酸＞丙酸铵＞丙酸钠＞丙酸钙。丙酸及其盐类毒性很低，是饲料中最常用的一种防霉剂。

②苯甲酸及苯甲酸钠，苯甲酸又称安息香酸，苯甲酸为白色片状或针状结晶或结晶性粉末，不溶于水，溶于乙醇、乙醚等有机溶剂。苯甲酸钠为白色颗粒或结晶性粉末，无臭或微带安息香气味，易溶于水。苯甲酸及苯甲酸钠在体内参与代谢，不蓄积、毒性低，是较安全的防霉剂。在饲料中主要使用苯甲酸钠，添加量（以苯甲酸计）不超过 0.1%。

③山梨酸及其盐类，山梨酸又称清凉茶酸，白色结晶粉末，无臭或稍带刺激性臭味。山梨酸钾和山梨酸钠均为白色至淡黄棕色鳞片状结晶或结晶性粉末，易溶于水和酒精、无臭或

稍有臭气，在空气中不稳定，能被氧化着色，易吸湿。山梨酸及山梨酸钾是国际上应用最广泛的防霉剂，通过抑制微生物体内的脱氢酶系统，对霉菌、酵母菌和多种好气菌都有抑制作用，对乳酸杆菌、梭状芽孢杆菌等厌氧菌作用弱。

④双乙酸钠又称二乙酸钠、双醋酸钠，为白色结晶，带有醋酸气味，易吸湿，极易溶于水，加热至150 ℃以上分解，具有可燃性，在阴凉干燥条件下性质稳定。双乙酸钠主要靠分解的分子态乙酸起抗菌作用，其对细菌和霉菌有良好的抑制能力。双乙酸钠还可用于食品、饲料的酸味剂和改良剂，被美国食品和药品管理局定为安全物质。

(2)抗氧化剂　为防止或延缓饲料中某些活性成分发生氧化变质而添加于饲料中的制剂。主要用于含高脂肪的饲料，以防止脂肪氧化酸败变质，添加剂预混合饲料中为防止维生素的氧化也会添加抗氧化剂。饲料中常用的抗氧化剂有乙氧基喹啉、丁羟基茴香醚、丁羟甲苯、维生素E等。

①乙氧基喹啉。乙氧基喹啉又称乙氧喹啉、乙氧喹，为黄褐色的黏滞性液体，几乎不溶于水，溶于丙酮、氯仿等有机溶剂及油脂。乙氧基喹啉是目前饲料中应用最广泛的抗氧化剂，其在饲料中的添加量不宜超过150 mg/kg。

②丁羟基茴香醚。丁羟基茴香醚又称丁羟甲氧苯(BHA)，为白色或微黄褐色结晶或结晶性粉末，有特异的酚类刺激性气味。除抗氧化作用外，丁羟基茴香醚还有较强的抑菌能力，200 mg/kg即可完全抑制饲料中的青霉、黑曲霉等霉菌的孢子生长。

③二丁基羟基甲苯。二丁基羟基甲苯又称丁羟甲苯(BHT)，不溶于水和甘油，易溶于酒精、丙酮和动植物油。是常用的油脂抗氧化剂，适于长期保存油脂和含油脂较高的饲料。在油脂中的适宜添加量为100～200 mg/kg，不宜超过200 mg/kg。

8. 黏结剂、抗结块剂和稳定剂

(1)黏结剂　饲料黏结剂是颗粒饲料制粒过程添加的具有增加饲料黏结性的添加剂，有助于颗粒的成形和耐久性，提高水产饲料在水中的稳定性。常见的黏结剂有α-淀粉、海藻酸钠、羧甲基纤维素钠等。

(2)抗结块剂　在粉状饲料尤其是添加剂预混合饲料生产中，为减少饲料原料因吸湿返潮结块，增加流散性而添加的物质，又称流散剂。常见的抗结块剂有硅酸钙、二氧化硅、硬脂酸钙等。

(3)稳定剂　稳定剂是改善或稳定配合饲料物理性质或组织状态的一类添加剂。主要有山梨醇酐脂肪酸酯、蔗糖脂肪酸酯、甘油脂肪酸酯等。

9. 中草药及植物提取物

(1)中草药　中草药含有多种成分，既是天然产物又是药物，具有提高动物生产性能、改善动物产品质量、饲料品质、防病保健的作用。农业农村部规定自2020年7月1日起，饲料生产企业停止生产含有促生长类药物饲料添加剂(中药类除外)的商品饲料。目前中草药收录在《饲料原料目录》“第7其他植物、藻类及其加工产品汇总中7.6其他可饲用天然植物(仅指所称植物或植物的特定部位经干燥、粉碎获得的产品)”。农业农村部第22号公告把绿茶、迷迭香增加到饲料原料目录。目前饲用天然植物品种已增加至117种。

(2)植物提取物　植物提取物是以植物为原料，经过物理、化学提取分离，定向获取和浓集植物中的某一种或多种有效成分，不改变其有效成分结构而形成的产品。按照提取植物的成分不同，可形成多糖、黄酮、苷、酸、多酚、萜类、生物碱等；按照性状不同，可分为精油、浸膏、粉等。饲料添加剂品种目录(2013)中列有允许饲料中使用的植物提取物，如糖萜素(源自山茶籽饼)、苜蓿提取物(有效成分为苜蓿多糖、苜蓿黄酮、苜蓿皂苷)、杜仲叶提取物(有效成分为绿原酸、杜仲多糖、杜仲黄酮)、淫羊藿提取物(有效成分为淫羊藿苷)、紫苏籽提取物(有效成分为 a-亚油酸、亚麻酸、黄酮)等。

思考题

1. 简述国际饲料和中国饲料分类法。
2. 简述能量饲料的种类。
3. 简述植物蛋白质饲料中抗营养因子的种类。
4. 简述青贮饲料的原理。
5. 简述矿物质饲料的种类。
6. 简述饲料添加剂的概念、作用和种类。

4 饲料配方的设计方法

4.1 饲料配方设计的准备

4.1.1 饲料配方设计的意义

1. 饲料配方的概念

根据动物的营养需要、饲料原料的营养价值、原料的现状及价格等条件合理地确定各种饲料原料的配合比例，这种饲料原料的配合比例即称为饲料配方。在进行饲料配合和生产时，均需有饲料配方。

日粮是指满足一头动物一昼夜(24 h)所需各种营养物质而采食的各种饲料总量。日粮中能量和其他营养物质的种类、数量及其相互之间的比例都能满足动物的营养需要，这样的日粮称为平衡日粮或全价日粮。单一的饲料不能满足动物的营养需要，应按照饲料配方的要求，选取不同数量的若干种饲料互相搭配，使其所提供的养分符合饲养标准中规定的数量，这样的设计步骤称为日粮配合。

饲粮是指按日粮中各种饲料组分的百分比配制的大量混合饲料。在集约化畜牧业生产中，动物通常采用群饲，为了便于饲料生产工业化，通常将日粮中的各种组分换算成百分含量，而后配制成满足一定生产水平类群动物要求的混合饲料，再按日分顿饲喂。

日粮与饲粮有密切的关系，日粮是饲粮配制的基础，将构成日粮的各种饲料组分的数量换算成百分比，而后扩大配合成饲粮。在实际生产中，饲粮所含营养物质水平并不完全符合饲喂对象中每个个体每日的具体营养需要，但在群饲饲养实践中，依靠饲喂对象自身的采食量调节即可保证每个动物的营养需要。饲料工业产品——全价配合饲料，实际上是饲粮。饲粮为养殖实践和饲料生产的工业化提供了极大的方便。

2. 设计饲料配方的意义

合理地设计饲料配方是科学精准饲养动物的一个重要环节。设计饲料配方时既要考虑动物的营养需要与生理特点，又应合理地利用各种饲料资源，才能设计出最低成本，并能获得最佳饲养效果和经济效益的饲料配方。设计饲料配方是一个技术性和实践性很强的工作，要求设计者不仅应具有一定的动物营养和饲料科学方面的知识，并且还要有一定的饲养实践经验。目前，应用计算机可以快速准确设计饲料配方，并且可以同时计算和平衡多种营养指标。电子计算机毕竟只是一种运算工具，它必须在人的指令和规定约束条件下才能进行快速准确的逻辑分析和计算。因此，只有不断地研究和改进饲料配方的设计工作，才能实施标准化和精准化饲养及经济合理地利用各种饲料资源，以达到既能充分发挥动物的生产潜力，又可降低饲料成本，提高经济效益的目的。

4.1.2 饲料配方设计的原则

1. 科学原则

饲料配合是一个复杂的过程，其科学性主要体现为以下五方面。

(1)营养性 饲粮配合首先要正确设计饲料配方。饲料配方是依据营养需要量所确定的饲粮中各饲料原料的搭配比例。设计时应考虑下面几个问题：

①饲养标准的应用。饲养标准中对养分的规定量是根据许多科学试验和实践经验综合考虑确定的，它在很大程度上代表了动物的营养需要，因此，它是饲粮配合的最主要依据。饲养标准中规定的能量水平和各养分需要量之间的比值，可看作是一种较理想的比例关系，如果调节能量水平在一定范围内变动，其他养分应随着比例关系也进行变动。饲养标准中各种养分需要量的数据是若干试验的平均数，不可能完全符合某一地区的需要或某一个体的需要。因此，应用时应根据实际饲养效果做适当调整，不能把标准绝对化。饲养标准随着条件的变化(如品种、生产力、饲料、营养科学的发展等)，应相应修改、补充与修订。在动物生产中，应根据实际情况，灵活运用饲养标准。设计饲料配方的营养指标愈接近饲养对象的营养需要，愈能发挥它的综合效益。

②注意饲粮的全价性与综合平衡性设计。设计配方时不仅要考虑各营养物质(如能量、粗蛋白质、维生素、矿物质等)的含量，还需考虑饲粮整体的全价性与综合平衡性。要注意能量与蛋白质、氨基酸与维生素、氨基酸与矿物质、氨基酸与氨基酸、维生素与维生素、矿物质与微量元素等的平衡。若缺乏某种营养物质或各营养物质达不到平衡，就会影响饲料产品质量。如饲粮中能量水平偏低，部分蛋白质降解为能量使用，这样会造成不必要的营养浪费；若某种氨基酸比例偏低，就会限制其他氨基酸的利用；若日粮的钙水平过高，会阻碍锌的吸收等等。

③饲料成分表的应用。饲料原料的营养成分与含量要准确。饲料原料的营养成分与含量是设计配方的基础。正确的做法是将各种原料按规定进行抽样分析测定，取得准确数据。但实际生产中不可能对每项指标都进行实测，比较切实可行的方法是参照常用饲料营养成分与营养价值表，结合产地取其具有代表性的平均数值。对于个别原料成分不清的，需要进行实测。

④饲粮的组成。多种饲料原料配合可以发挥各种饲料原料之间的营养互补作用。一般日粮中的能量饲料和蛋白质饲粮的种类应为 3～5 种，粗料种类应为 2～3 种。为了使配方营养素达到全价和平衡，还应根据需要添加矿物元素、维生素和氨基酸。饲粮的组成应相对稳定。如果必须改变饲料原料的种类时，应逐渐更换，否则会导致畜禽消化系统疾病，影响畜禽的生产性能。泌乳家畜的饲粮结构最好能终年保持夏季饲料状态，如奶牛夏季的饲料有幼嫩的青草和南瓜等多汁饲料。除晒制的青干草外，冬季还必须有青贮料、胡萝卜等块根块茎类饲料。

(2)适口性 适口性差的饲料畜禽不爱吃，采食量减少，营养水平再高也很难满足畜禽的营养需求。所以设计配方时应综合考虑，一要严防有特殊气味、霉变或过粗的原料，以免影响饲粮的适口性；二要根据饲养对象的特点，尤其是对刚开食的幼畜，可适当添加甜味剂或香味剂，增加动物的采食量。

(3)可食性 配合饲料的可食性在于能保证饲养对象既吃得下，又吃得饱，还能满足营养需要。由于不同种类家畜的消化器官结构差异很大，饲粮类型必须适合饲喂对象消化器官的特点。如反刍家畜消化道容积大，能消化纤维性物质；单胃畜禽消化道容积小，消化纤维性物质能力较差。因此，反刍家畜通常将青粗饲料作为日粮的基础饲粮，不足的营养物质再用其他的精料来补充；而单胃畜禽饲料应以精料型为主。

为了确保畜禽能够摄入每天所需要的营养物质，必须考虑畜禽采食量与饲料容积及饲料养分浓度之间的关系。如果配出的饲粮容积过大，养分浓度低，畜禽吃不完，就会造成营养物质的不足；若是容积过小，养分浓度高，这样在限制饲喂时，畜禽食后没有饱腹感，而在自由采食时，又会出现过饲的情况，饲养效果也不好。一般来说，各种畜禽每日所需干物质的数量可参考下列数据(按 100 千克体重计算)：猪 2.5～4.5 kg，乳牛 2.5～3.5 kg，肉牛 2～3 kg，羊 2.5～3.5 kg。

(4)易消化性　饲料易消化，才有利于各种营养物质的吸收与利用，设计配方时应当注意各种动物对各种原料中养分的消化率，用饲料中可消化养分的数据，就更具科学性。

(5)抗逆性　饲料的抗逆作用表现在三个方面：一是能增强饲养对象的抗病力；二是能保持各营养素的稳定性；三是能防止自身的霉变。

2. 经济原则

要想既能提高畜禽的生产力水平，又能获得最佳的经济效益，综合考虑饲料产品的营养水平、生产性能和价格是关键。生产实践中有时会出现这种情况，某些配合饲料尽管饲料价格稍高一点，只要猪增重快、耗料少，或者是尽管生产水平低一点，只要饲料价格低廉，同样能降低生产成本，获得较好的经济效益。因此，设计配方时应注重饲料营养水平、生产性能和价格三者的关系。此外，为了降低饲料价格还应考虑：开发本地饲料资源，就近取材；合理搭配利用植物性蛋白饲料；选用生产性能高、价格低廉的原料；运用现代新技术，优化配方设计。

3. 卫生原则

在设计配方时，应考虑饲料的卫生要求，发霉变质的饲料不宜做配合饲料的原料。在饲料原料中，如玉米、米糠、花生饼、棉仁饼因脂肪含量高，容易霉变，容易感染黄曲霉而产生黄曲霉毒素，损害肝脏，严重时导致肿瘤或癌症。一旦使用了发霉的饲料，可以通过添加一定量的霉菌毒素降解剂或吸附剂来缓解霉菌毒素的危害。除此之外，还要注意选择那些没有受农药和其他有毒、有害物质污染的饲料。配制完成的饲料产品应符合相关的国家、行业或团体标准。

4.1.3　饲料配方设计所需资料

设计饲料配方必须准备下述几种有关资料，才能着手进行数学运算。

1. 确定动物的营养需要量

动物的饲养标准是饲料配方设计的主要依据。畜牧生产水平较高的国家均已制定了适合于本国生产条件的各类动物饲养标准，并且每隔几年修订一次使之趋于完善。我国也已制定了猪、鸡、牛和羊等不同动物种类的饲养标准。

实践证明，根据饲养标准所规定的营养水平饲喂动物，将有利于提高饲料的利用效果及畜牧生产的经济效益。饲养标准虽具有一定的代表性，但是由于试验动物及试验条件的限制等情况，饲养标准也只是相对合理，不能机械地搬用。因此，设计饲料配方时，应根据所掌握的有关饲料资源和动物的具体情况等进行灵活调配。在必要时，对饲养标准所列数值可作相应的调整，以充分满足动物的营养需要，更好地发挥其生产性能及提高饲料的利用效率。

2. 饲料原料

(1)饲料成分及营养价值表　饲养标准中一般均附有相应的饲料营养成分表,饲料成分表中的数据客观地反映了各种饲料的营养成分和营养价值,对饲料资源的合理利用、提高动物生产效率、降低畜禽生产成本具有重要的作用。任何饲料原料的成分并非恒定不变的,可因收获年度、产地、品种、加工方法等因素而改变,原料成分值应尽量选具有代表性的。具备分析饲料成分的单位,应对所购进的每批原料进行饲料常规成分分析及其微量成分测定,作为饲料配方设计时营养成分计算的依据。

(2)饲料的种类和数量　在设计饲料配方时,一般认为使用的饲料原料种类越多,就越能补充营养的缺陷,实现原料间营养的互补,便于计算出多原料、价格适宜的饲料配方。但实际生产中原料种类过多,一方面质量难以控制,另一方面由于库存、价格、来源等影响,给企业生产带来很多不便。所以在配方设计时,应根据当地饲料资源的实际情况,确定适宜的饲料原料种类和数量,一般选用5～7种主原料为宜。饲料添加剂是配合饲料的核心,在配方设计时要注意补充,饲料添加剂的使用必须遵守国家的有关法律法规。

(3)饲料的价格　在手工计算法进行饲料配方设计时,以成分计算为主,在满足动物营养需要的基础上,要选择质优价廉的饲料以降低成本;在计算机进行配方优化时,要使同样营养水平下,饲料配方的成本最低,则必须准确地标明饲料原料的营养价值和价格。除此之外,还要考虑动物和饲料的特性,例如,对成年反刍动物一般常用尿素来取代一定数量的饲粮蛋白质,从而节约饲料成本。

3. 饲料配方的类型和要求

(1)饲料配方的类型　在配方设计时,首先要明确配方的类型和设计重点,大部分配方为高效专用型配方,在配方设计时针对不同的饲喂对象,设计出高生产性能或特殊要求的饲料配方。有些配方是以充分利用当地饲料资源及降低饲料成本为目标的地区性典型饲料配方,则需要充分分析和了解本地饲料资源的营养价值和特点。在生产实践中也有一些为通用型的饲料配方,如部分预混料和浓缩料,该类型主要针对市场普遍的要求而设计,在营养和标准上没有专用型的准确。

(2)饲料配方的要求　除营养达到标准外,还要考虑饲料厂家对饲料配方的一些特殊要求。如:为强化动物生长和生产,在饲料中添加一些生长促进剂、诱食剂、酸化剂和酶制剂等;为改善肉鸡肤色和蛋鸡蛋黄颜色而添加着色剂等改善畜产品品质的添加剂;为使动物健康生长、抵御疾病而添加的抗球虫制剂、中草药产品和微生态制剂等。另外,为改善饲料产品的品质还需针对性地加入防霉剂、抗氧化剂和黏结剂等。

4.2　主要养殖动物饲料配合要点

4.2.1　猪饲料配合要点

1. 哺乳仔猪

哺乳仔猪生长发育迅速,消化器官发育不完善,消化酶系统不健全。为了刺激哺乳仔猪消化系统发育,应给予补料训练,使其及早开食。哺乳仔猪教槽料应选择类似母乳的适口性好、消化率高的原料。能量饲料可选择适口性好的乳清粉、葡萄糖和蔗糖等。乳清粉的主要成分是乳糖,具有天然乳香味,能够提高食欲,改善生长性能,是教槽料中乳糖的主要来源。

教槽料中的蛋白质以优质的鱼粉、血浆蛋白粉、肠膜蛋白粉等动物性原料最佳，植物性蛋白质原料要选择经过膨化或发酵处理的无抗原或低抗原的蛋白质原料，如膨化大豆、发酵豆粕、膨化小麦胚芽等。饲料中添加脂肪可改进适口性和促进早日采食，油脂要以豆油、玉米油、椰子油等为主，并添加抗氧化剂。

2. 断奶仔猪

断奶仔猪消化酶和胃酸分泌不足，同时仔猪断奶也会引起消化系统及结构发生显著改变，造成肠道微生态系统失调，影响营养物质的消化吸收，降低仔猪的免疫力。早期断奶的仔猪，由原来的母乳过渡到含有植物性原料的饲粮必须有一个适应过程，加上仔猪消化酶分泌系统发育不完善，要求仔猪饲粮必须考虑如下几个方面的问题：

①饲粮中必须有一定的乳制品，尤其是乳清粉、乳糖或脱脂奶粉等，以便仔猪适应这一转变阶段。

②使用品质优良、适口性好、易于消化吸收的饲料。

③注意植物性蛋白原料的使用不能过高，或者采用去除抗原的植物蛋白质饲料原料，例如加工良好的膨化大豆或分离大豆蛋白等。

④使用油脂补充能量需要时，应选用含有必需脂肪酸或中链脂肪酸的油脂，大豆油、椰子油和玉米油是仔猪很好的能量饲料原料。

⑤在断奶仔猪饲粮中添加酶制剂或酸化剂等非营养性饲料添加剂，促进仔猪对饲料营养成分的消化吸收。

3. 生长肥育猪

生长期猪的维持需要量随着体重的增加而增加。生长的需要量是由日增重、增重内容和营养物质的利用率决定的。其日增重从绝对量上看，从出生后就一直增加。从相对数量上，日增重分两种情况：在其生长转缓点之前生长速度逐渐增加；生长转缓点之后生长速度逐渐下降。从相对增重内容方面来讲，水分、蛋白质随年龄、体重的增加而逐渐减少，但脂肪却逐渐增加。在营养物质利用率上是蛋白质、矿物质等养分的利用率随年龄增加而明显降低。

体重 20～60 kg 猪的机体各组织生长发育功能处于逐渐完善阶段，这个阶段主要是骨骼和肌肉的生长，而脂肪的增长比较缓慢。在实际饲养中，充分利用生长前期的生长速度快、养分利用率高、维持消耗少、生产蛋白多、沉积脂肪少的特点和优势非常重要。虽然此时对饲料营养水平要求高，要求饲料可消化能值高，蛋白质含量高且品质好等；但此时体重小，采食量也相对较少，所以重点抓好这个时期的饲养是最经济合算的。这个阶段的生长肥育猪对非常规饲料原料的利用能力逐渐增强，对饲料原料的要求不如仔猪高，饲料来源选择范围较大。原料选择上可以逐渐使用一些非常规原料，但消化率低、适口性差的原料要限量使用或不用，发霉变质的饲料对猪的危害最大，应避免使用。

体重 60 kg 至出栏的肥育猪各器官系统功能都发育完善，对饲料的消化吸收能力有很大改善，此阶段的猪脂肪组织生长旺盛，肌肉和骨骼的生长相对缓慢。这一阶段脂肪沉积量增多，因此配方中能量蛋白质比相对较高，并且此时猪的消化机能成熟，对饲料原料的选择范围较广，可以增加非常规饲料饼粕类原料的种类和用量，猪的饲料中也可全部选用植物性饲料，在肥育末期应考虑饲料组成对胴体品质的影响，减少油脂类等饲料原料的添加。

4. 母猪

(1)后备母猪　母猪从4月龄到配种前称为后备母猪。4月龄以上的母猪，其消化器官比较发达，消化机能和适应环境的能力逐渐增强，是内部器官发育的生理成熟时期。饲养后备母猪要求它能正常生长发育，保持不肥不瘦的种用体况和适当的营养水平是后备猪生长发育的基本保证。为了促进母猪多排卵，提高产仔数，最好在配种前7～10 d进行短期优饲，此时，可通过提高采食量来增加母猪摄入饲粮的养分含量。

(2)妊娠母猪　妊娠母猪的营养需要分为3个阶段：妊娠前期(0～30 d)、妊娠中期(30～90 d)和妊娠后期(90～114 d)。妊娠前中期由于胎儿生长慢，母体贮备多，母猪代谢率强，合成利用率高，所以一般不需要饲喂过多饲料。试验证明，猪配种后立即降低营养水平，不仅无害，而且有助于胚胎存活；妊娠后期，由于胎儿生长快，营养需要多，为了不使母体贮备动用太多，影响产后泌乳量，因此在妊娠后期应增加饲料的营养水平。但总的来说，妊娠期的营养水平不宜过高，过高会降低饲料利用率，同时容易使母猪过肥，导致胚胎死亡率增加，产仔个数减少。再者，体况过肥，会影响下一个繁殖周期，降低母猪发情率，因此一般在妊娠以后都适当降低日粮营养水平。

妊娠母猪的饲粮要注意讲究卫生，保证质量，不可用发霉、变质、有毒和有强烈刺激性的饲料原料，否则易引起流产、死胎和弱胎等。妊娠母猪食欲好，代谢旺盛，适当补充一定量的糠麸和优质草粉等富含纤维的原料，不仅使种猪保持良好的体况，维持较高的繁殖性能，同时可以减少便秘的发生。此外，还应适当增加维生素和矿物元素的供给量。

(3)哺乳母猪　哺乳母猪代谢旺盛，所需的营养水平一般较高。因为它既要满足自身的维持需要，恢复产前的体况，又要泌乳供给仔猪，哺乳母猪对营养的需要也随着哺乳仔猪头数的增加而增加。

泌乳母猪的饲料配方应充分考虑泌乳的需要，除了选用优良的玉米、豆粕、鱼粉等饲料外，高品质的哺乳母猪饲料还可添加膨化大豆、大豆磷脂、喷雾干燥血球蛋白粉等能改善饲料品质、提高母猪泌乳量和繁殖性能的饲料原料。优质的苜蓿草粉、苹果渣和枣粉等富含丰富的维生素和可溶性纤维，适量的添加可改善适口性、提高采食量、预防便秘和促进泌乳等功效。

5. 种公猪

种公猪的日粮营养水平相对较低，因为要求种公猪应有一个良好的体况，健康、不肥胖。配种对它来说是一种生产，但对个体来说又是一种生理机能，所以它不需要过高的营养水平。设计种公猪的日粮要求能量适中，含优质蛋白质、维生素和矿物质，饲料适口性好，氨基酸平衡。多种来源的蛋白质饲料可以营养互补，提高蛋白质的生物学价值。日粮中的蛋白质饲料应尽量减少对繁殖性能不利的棉籽饼粕类原料的添加，同时适当增加维生素和微量元素的供给量。

4.2.2　家禽饲料配合要点

1. 肉鸡

肉仔鸡具有生长速度快、饲料效率高、生长潜力大等特点。尽管不同品种的肉鸡生长速度差异很大，但随着现代育种技术的不断进步，肉鸡总体的生长速度处于较高的水平。因此，只有供给优质、营养全面的配合饲料，才能满足肉鸡维持生命和生长的需要，充分发挥其生长潜力。

能量水平对肉鸡的生长起着重要的作用，有研究表明，在其他营养水平一致的情况下，肉鸡饲料能量水平在一定范围内和日增重成正比。为了提高肉鸡的生长性能，要添加一定的动植物油脂或油脂含量高的饲料原料来补充能值。肉鸡饲料中蛋白质、氨基酸的含量应与能量的比例适当，才能达到耗料少、增重快的目的。在设计肉鸡饲料配方时应选用能量、粗蛋白质含量较高的优质原料，如黄玉米、豆粕、鱼粉、油脂等，不用或少用纤维较高的原料，如糠麸类等。

2. 蛋鸡

蛋鸡从出生到第一个产蛋周期结束大约要经历 65 周，按照其生理特点，一般将这个周期又分为育雏期、育成期、开产期和产蛋期。不同阶段生理特征不同，营养需要不同，其配方设计重点也不同。

育雏期一般指 0～6 周龄的蛋小鸡。对配合饲料的要求，不仅要注重质量，而且营养浓度也要高。

育成期一般指 7～18 周龄的蛋中鸡。育成鸡的饲养关系着高产蛋鸡日后的产蛋性能。要求鸡只不能过肥过瘦，并且要求鸡只能在适龄时期达到性成熟；为此，各品种在各周龄要达到一定的体重。配方设计的重点是将能量和蛋白水平控制在一定水平，并保证维生素和微量元素的充分供给。

开产期一般指 19 周龄至 5%产蛋率阶段。这一时期，饲料中要逐步增加钙含量，将有助于促进幼母鸡骨骼中钙的沉积，又可避免突然改换产蛋期饲料造成的各种应激。同时，饲料中各种维生素和微量元素的比例要适当。

产蛋期一般是指 5%产蛋率到一个产蛋周期结束的时期。由于家禽味觉不发达，它对饲料的采食量主要决定于饲料的能量水平，也就是说在一定范围内，鸡根据自身对能量的需要量来调节采食量，供给鸡的饲料能量可以是一个范围。但要注意，能量变动后，其他营养成分也随着饲养标准中规定的比例关系进行变动。高产蛋鸡对蛋白质和氨基酸的不足很敏感，特别要注意蛋白质的质量。在玉米＋豆粕的日粮类型中，鸡饲料中的第一限制性氨基酸是含硫氨基酸，主要是蛋氨酸和胱氨酸。但在杂粕代替豆粕的日粮类型中，鸡饲料中第一限制性氨基酸有可能会是赖氨酸，因此在补充氨基酸添加剂时，首先补充哪一个，要根据具体情况而定。产蛋期因蛋壳本身 90%～95%都是碳酸钙，所以需钙量很多，一般都需要 3%～3.5%。

蛋鸡的饲料配方一般以植物性饲料原料为主。育雏期应尽量选择消化利用率高的优质饲料原料。育成期，一般配制全植物性饲料，因为要限饲，可适当选用粗纤维含量高的饲料原料。产蛋对饲料利用率较高，配方设计时可以适当考虑棉粕、菜粕、芝麻饼等一些非常规饲料原料。种用鸡对饲料品质的要求高于普通蛋鸡，一般不用棉粕、菜粕以及一些发霉变质的饲料原料，还应根据标准调整维生素和微量元素的水平。

3. 鸭、鹅

鸭属于杂食动物，食谱比较广，鸭的饲料配方设计可参考鸡的配方程序。和鸡相比，鸭的耐粗饲性较好，对大多数饲料原料的消化率比鸡高，饲料原料的选择范围较广，如一些糠麸等农副产品可以适当添加。

鹅是草食家禽，比较耐粗饲。在配方设计时可参照鸡的配方选择原料，主要调整配方中的粗纤维水平，可饲喂 30%～50%的青绿饲料，或添加 5%～10%的优质青干草粉，也可适当补充一些性价比较高的蛋白质饲料，以满足高产鹅的营养需要。

4.2.3 草食动物饲料配合要点

1. 牛和羊

(1)牛、羊是复胃草食家畜,其消化道容积相当大,供给的营养物质既要满足其营养需要,又要满足生理需要(即应有饱感),所以要考虑到饲料的体积。青粗饲料体积大,容重小,价格低廉,因而可以成为牛、羊日粮的主体。其用量一般可占日粮的60%~70%。对于每头(只)牛、羊来说,每日使用大容积饲料提供的干物质数量可按每百公斤体重2~3 kg计算。用水分含量高的其他大容积饲料代替干草时,可按如下比例进行替换:3 kg青贮料或4 kg块根块茎类饲料代替1 kg干草。

(2)单独用粗饲料饲喂高产的牛、羊,很难满足其营养需要,需要添加精饲料以补充能量、蛋白质、矿物质等的不足。一般对奶畜来说,每产3 kg奶需要投喂1 kg的精饲料。对于集中肥育期的肉牛每天需要投喂2~5 kg的精料。不过精料的投喂量也随市场及基础日粮的变化而不同。

设计牛羊精料补充料应是在最大限度利用粗料和各类农副产品的基础上,对照营养需要,根据养分的余缺进行计算。

(3)牛、羊可有效地利用尿素等非蛋白氮。给牛、羊饲喂尿素,可补充日粮中蛋白质的不足,提高生产水平,降低饲养成本。一般尿素可代替奶畜日粮总氮量的30%,肥育牛羊的50%,或者按日粮干物质1%~2%的比例添加尿素。为了提高尿素的利用率和饲用安全性,也可选用品质较好的缓释或保护尿素产品。

2. 兔

兔有发达的盲肠,内有大量微生物菌群,因此它对粗饲料的消化率高。在生产水平不太高的情况下,配合饲料可以草料为主;生产水平较高时,必须补充适当的精料。根据不同的生理阶段,调整好不同的精、粗料比例。一般幼兔料营养水平要高些,而且要容易消化,所以精料比例大些;青年兔一般营养水平稍低,要以青草和粗料为主,辅以精料;怀孕母兔及哺乳母兔既要考虑维持自身的体质,又要考虑胎儿发育及泌乳,适当给予精料;种公兔可以粗料为主,注意补充一些蛋白质。

设计饲料配方时,首先根据饲养标准考虑能量和粗蛋白质这两个指标,这是兔赖以生存和生产的主要营养成分;其次是粗纤维,一般都要求日粮中粗纤维的含量达10%~16%,这是草食动物生理需要决定的。然后根据提供的饲料中所含的矿物质、微量元素、氨基酸、维生素和需要量之间的差额进行补充或调整。

根据国内外试验表明,成年兔可以利用非蛋白氮,因此,在成年兔的日粮中可以添加1%尿素,节约蛋白质。兔易感染球虫病,日粮中可加入抗球虫药预防。

4.2.4 鱼饲料配合要点

由于鱼类利用碳水化合物的能力差,所以鱼类的主要能量来源是脂肪和蛋白质,这一点与畜、禽有很大不同。畜禽饲料中,碳水化合物作为供能的重要营养素,在日粮中所占的比例要比其他成分大得多。而在鱼的日粮中,碳水化合物的含量一般控制在25%~45%的范围内比较适宜。碳水化合物用的适量,一方面可起到节约蛋白质的作用;另一方面起黏结作用,增加鱼饵料对水的稳定性。但若过多对鱼类是有害的,尤其是肉食性鱼类会造成糖原在肝肾中的蓄积,危害鱼类的生长。

鱼类对蛋白质的需要量因鱼的种类和生长阶段的不同而不同。同时，又与鱼类所栖息的水温等多种因素有关。一般来说，肉食性鱼类和以动物性饲料为主的杂食性鱼类，对饲料蛋白质的要求较高，草食性鱼类要求较低；幼鱼对蛋白质要求高，成鱼要求低。如鲤鱼的幼鱼要求饲料蛋白质含量为40%～42%，成鱼32%～35%；草鱼幼鱼27%～28%，成鱼24%～25%。鱼类对氨基酸的需要也像其他畜禽一样有十种必需氨基酸，但与猪相比，它要求精氨酸的比例较高。不过在鱼用饵料中添加合成氨基酸还必须注意氨基酸平衡，要首先添加第一限制性氨基酸。

鱼类对脂肪有特别高的利用能力，其对脂肪的消化率可高达90%以上。养殖的鱼类，其饵料中脂肪的含量一般为10%～15%。但脂肪是很容易氧化的物质，并且氧化生成的醛、酮、酸对鱼类是有害的，可使鱼类生长缓慢，成活率降低，患贫血、肌肉萎缩等。因此，添加用的油脂，必须注意质量，最好在饵料中添加抗氧化剂以减慢脂肪的氧化。

鱼类生活在水中，可以从水中吸收钙，若不是特别软的水，一般从水中吸收的钙可满足代谢的需要，但鱼类吸收磷较困难。因此，鱼饵料中钙、磷比例与畜禽饲料不同，鱼类要求钙、磷比例为1∶1或钙更少一些，而畜禽比例一般为(1.5∶1)～(2∶1)。

4.3 全价配合饲料配方设计

4.3.1 手工计算法

1. 试差法

这是一种传统的饲料配方设计方法，也是设计配方时需要掌握的基本方法。其特点是，首先根据经验拟出各种饲料原料的大致比例，然后用各自的比例去乘以该种原料所含的各种营养成分的百分含量，再将各种原料的同种营养成分之积相加，即得该配方的每种营养成分的总量。将所得结果与饲养标准比较，如有任一营养成分不足或超过，可通过增减相应的原料进行调整和重新计算，直到相对接近饲养标准为止。

此法简单易学，不需要特殊的计算工具和程序，因而使用较为广泛。缺点是计算量大，盲目性较大，不易筛选出最佳的配方，成本可能较高。

(1)试差法设计饲料配方的步骤　①查出饲喂对象的饲养标准。②选出可能使用的饲料原料，并查出营养成分和单价。③草拟配方。先确定能量饲料和蛋白质饲料的大致比例。因为能量和蛋白质这两个营养指标是基础，为满足这两个指标所用的饲料原料占的比例最大。对于生长肥育的畜禽来说可以占到96%～98%，对于产蛋的家禽来说，可以占到88%～92%，留出2%～4%或10%～12%的比例用来添加矿物质和添加剂。计算时就在97%或90%的范围内进行调整，使能量和蛋白质这两个指标达到要求，可避免多指标一起算所带来的麻烦。待这两个指标达到要求后，再用矿物质饲料、氨基酸和添加剂给予补充。它们的成分比较单一，添加量又小，添加后对前面调整好的能量和蛋白质饲料原料的量没有太大的影响。对于单胃畜禽而言，谷物是其能量的主要来源，在饲料配方中可用到45%～70%；糠麸类含有一定的能量和一定的调养作用，但因粗纤维较多，而且矿物质不平衡，因此只需用3%～20%，不宜过多；植物性蛋白质可用15%～30%；动物性蛋白质因价格高，一般只用3%～15%。反刍家畜应考虑日粮的体积和应具有疏松的特性，所以要求它们以草料为主，

二维码4-1
试差法设计
饲料配方

精料为辅。一般青、粗饲料占日粮的50%～70%，籽实占15%～30%，糠、麸占5%～25%，矿物质占1%～3%。配方草拟好之后进行计算，计算结果和饲养标准比较，如果差距较大，应进行反复调整，直至计算结果和饲养标准接近为止。④按照需要补充矿物质饲料。⑤按照需要补充氨基酸添加剂。⑥微量元素和维生素的添加一般按照商品介绍进行补充或按照饲养标准计算添加量。

(2)试差法设计饲料配方举例

【例】用玉米、小麦麸、大豆粕、棉籽粕、鱼粉、大豆油、氨基酸、石粉、磷酸氢钙、氯化钠、1%添加剂预混料等为体重20～35 kg的生长肥育猪制定饲料配方。

第一步，从我国农业部2004年颁布的猪的饲养标准(NY/T 65—2004)中查出20～35 kg瘦肉型生长肥育猪营养需要(表4-1)。

表4-1　20～35 kg瘦肉型生长肥育猪营养需要

消化能/(MJ/kg)	粗蛋白质/%	钙/%	总磷/%	有效磷/%	钠/%	氯/%	赖氨酸/%	蛋氨酸/%	蛋氨酸+胱氨酸/%
13.39	17.80	0.62	0.53	0.25	0.12	0.10	0.90	0.24	0.51

第二步，查饲料营养成分表(表4-2)。

表4-2　饲料营养成分

饲料	消化能/(MJ/kg)	粗蛋白质/%	钙/%	总磷/%	有效磷/%	钠/%	赖氨酸/%	蛋氨酸/%	蛋氨酸+胱氨酸/%
玉米	14.27	8.70	0.02	0.27	0.05	0.01	0.24	0.18	0.38
小麦麸	9.37	15.70	0.11	0.92	0.32	0.07	0.63	0.23	0.55
大豆粕	14.26	44.20	0.33	0.62	0.16	0.03	2.68	0.59	1.24
棉籽粕	9.68	43.50	0.28	1.04	0.26	0.04	1.97	0.58	1.26
鱼粉	12.55	60.20	4.04		2.90	0.97	4.72	1.64	2.16
大豆油	36.61			2.90					
石粉			35.00						
磷酸氢钙			23.20		18.00				
氯化钠						39.5			

第三步，草拟配方，试算消化能和粗蛋白质含量见表4-3。

表4-3　消化能和粗蛋白质含量计算

饲料	配比/%	消化能/(MJ/kg)	粗蛋白质/%
玉米	67	14.27×0.67=9.560 9	8.70×0.67=5.829 0
小麦麸	6	9.37×0.10=0.562 2	15.70×0.06=0.942 0
大豆粕	19	14.26×0.19=2.709 4	44.20×0.19=9.398 0
棉籽粕	2	9.68×0.02=0.193 6	43.50×0.02=0.870 0
鱼粉	2	12.55×0.02=0.251 0	60.20×0.02=1.204 0

续表 4-3

饲料	配比/%	消化能/(MJ/kg)	粗蛋白质/%
大豆油	1	36.61×0.01=0.366 1	
合计	97	13.64	17.24
标准		13.39	17.80
比较		+0.25	−0.56

第四步，调整配方。和饲养标准比较，消化能水平稍高于饲养标准，粗蛋白质水平偏低。需要把粗蛋白质水平提高，小麦麸的消化能低于玉米，粗蛋白质高于玉米，可将玉米的添加水平减少，增加麸皮的用量。调整配方如下，其计算见表 4-4。表 4-4 所列内容和饲养标准比，消化能和蛋白质含量都接近饲养标准。

表 4-4　消化能和粗蛋白质含量计算

饲料	配比/%	消化能/(MJ/kg)	粗蛋白质/%
玉米	60	14.27×0.60=8.562 0	8.70×0.60=5.220 0
小麦麸	13	9.37×0.13=1.218 1	15.70×0.13=2.041 0
大豆粕	19	14.26×0.19=2.709 4	44.20×0.19=8.398 0
棉籽粕	2	9.68×0.02=0.193 6	43.50×0.02=0.870 0
鱼粉	2	12.55×0.02=0.251 0	60.20×0.02=1.204 0
大豆油	1	36.61×0.01=0.366 1	
合计	97	13.30	17.73
标准		13.39	17.80
比较		−0.09	−0.07

第五步，补充矿物质饲料。在以上配方中钙、磷和钠含量计算见表 4-5。表 4-5 所计算的含量和饲养标准相比，钙、磷和钠含量都不能满足猪的营养需要，需要补充。

表 4-5　饲料中钙、磷和钠含量计算　　%

饲料	配比	钙	总磷	有效磷	钠
玉米	60	0.02×0.60=0.012 0	0.27×0.60=0.162 0	0.05×0.60=0.030 0	0.01×0.60=0.006
小麦麸	13	0.11×0.13=0.014 3	0.92×0.13=0.119 6	0.32×0.13=0.041 6	0.07×0.13=0.009 1
大豆粕	19	0.33×0.19=0.062 7	0.62×0.19=0.117 8	0.16×0.19=0.030 4	0.03×0.19=0.005 7
棉籽粕	2	0.28×0.02=0.005 6	1.04×0.02=0.020 8	0.26×0.02=0.005 2	0.04×0.02=0.000 8
鱼粉	2	4.04×0.02=0.080 8	2.90×0.02=0.058 0	2.90×0.02=0.058 0	0.97×0.02=0.019 4
大豆油	1				
合计	97	0.175 4	0.478 2	0.165 2	0.041
标准		0.62	0.53	0.25	0.12
与标准比		−0.444 6	−0.051 8	−0.084 8	−0.079

用磷酸氢钙补磷，有效磷缺乏最多，以达到有效磷标准进行补充。磷酸氢钙的需要量计算如下，(0.25%−0.1652%)÷18.00%×100%=0.47%。补充了 0.47%的磷酸氢钙后磷

的含量得到满足，钙的含量可达到 0.1754%＋23.20%×0.0047＝0.2844%。当钙还不能满足时，需要再用只补钙的矿物质饲料进行补充。现用石粉，石粉的需要量计算如下，(0.62%－0.2844%)÷35.00%×100＝0.96%，也就是再补充 0.96%的石粉，钙的含量也可得到满足。补充钠所需的氯化钠用量为(0.12%－0.041%)÷39.50%×100%＝0.20%。

第六步，补充氨基酸。在以上配方中赖氨酸、蛋氨酸和蛋氨酸＋胱氨酸含量分别为 0.8689%、0.2944%和 0.6035%(计算步骤见表 4-6)，和饲养标准相比，赖氨酸不足，蛋氨酸、蛋氨酸＋胱氨酸可满足需要。需用赖氨酸补充，市售的赖氨酸为 *L*-赖氨酸盐酸盐，其商品纯度为 98.5%，*L*-赖氨酸盐酸盐中赖氨酸的含量为 80%，因此赖氨酸的实际含量为 78.8%。赖氨酸的补充量应为(0.90%－0.8689%)÷78.8×100%＝0.04%。

表 4-6　赖氨酸、蛋氨酸和蛋氨酸＋胱氨酸含量计算　%

饲料	配比	赖氨酸	蛋氨酸	蛋氨酸＋胱氨酸
玉米	60	0.24×0.60＝0.144 0	0.18×0.60＝0.108 0	0.38×0.60＝0.228 0
小麦麸	13	0.63×0.13＝0.081 9	0.23×0.13＝0.029 9	0.55×0.13＝0.071 5
大豆粕	19	2.68×0.19＝0.509 2	0.59×0.19＝0.112 1	1.24×0.19＝0.235 6
棉籽粕	2	1.97×0.02＝0.039 4	0.58×0.02＝0.011 6	1.26×0.02＝0.025 2
鱼粉	2	4.72×0.02＝0.094 4	1.64×0.02＝0.032 8	2.16×0.02＝0.043 2
大豆油	1			
合计	97	0.868 9	0.294 4	0.603 5
标准		0.90	0.24	0.51
与标准比		－0.031 1	＋0.054 4	＋0.093 5

第七步，按使用说明添加微量元素和维生素复合添加剂预混料。本配方中使用 1%维生素和微量元素复合添加剂预混料。

第八步，调整并列出饲料配方和养分含量。以上步骤计算出饲料配方中所有原料的总和为 99.67%，将麸皮的用量增加 0.33%，对整个配方的营养水平没有太大影响，原料总计为 100%，最终的饲料配方和营养成分见表 4-7。

表 4-7　调整后的饲料配方及营养水平

饲料	配比/%	营养物质	营养水平
玉米	60.00	消化能/(MJ/kg)	13.33
小麦麸	13.33	粗蛋白质/%	17.78
大豆粕	19.00	钙/%	0.62
棉籽粕	3.00	总磷/%	0.57
鱼粉	2.00	有效磷/%	0.25
大豆油	1.00	钠/%	0.12
石粉	0.96	赖氨酸/%	0.90
磷酸氢钙	0.47	蛋氨酸/%	0.29
氯化钠	0.20	蛋氨酸＋胱氨酸/%	0.61

续表 4-7

饲料	饲料配方/%	营养物质	营养水平
L-赖氨酸盐酸盐	0.04		
添加剂预混料	1.00		
总计	100.00		

以上例子中的设计方法也可在电脑的 Excel 表中进行手工调整计算。

第一步，根据饲养标准和饲料成分表在电脑中输入配方工作表，见图 4-1。

第二步，建立饲料配方和(总计)以及配方计算函数式。

①建立配方和计算函数。在总计和总计对应的单元格(B16)中输入求和函数 Σ，并输入求和的区间。②建立配方计算函数。在配方营养指标和消化能对应的单元格(C16)中输入函数 SUMPRODUCT，选取函数计算数列配方单元格(B4-B14)和能量单元格(C4-C14)；确定数列后，用 $ 符号将配方单元格固定，以便在计算消化能后再继续计算其他各项养分。

	A	B	C	D	E	F	G	H	I	J	K
1	配方计算工作表										
2	饲料名称	配比	消化能	粗蛋白质	钙	总磷	有效磷	钠	赖氨酸	蛋氨酸	蛋氨酸+胱氨酸
3		(%)	(MJ/kg)	(%)	(%)	(%)	(%)	(%)	(%)	(%)	(%)
4	玉米		14.27	8.70	0.02	0.27	0.05	0.01	0.24	0.18	0.38
5	小麦麸		9.37	15.70	0.11	0.92	0.32	0.07	0.63	0.23	0.55
6	大豆粕		14.26	44.20	0.33	0.62	0.16	0.03	2.68	0.59	1.24
7	棉籽粕		9.68	43.50	0.28	1.04	0.26	0.04	1.97	0.58	1.26
8	鱼粉		12.55	60.20	4.04	2.90	2.90	0.97	4.72	1.64	2.16
9	大豆油		36.61								
10	石粉				35.00						
11	磷酸氢钙				23.20	18.00	18.00				
12	氯化钠							39.50			
13	赖氨酸								78.80		
14	蛋氨酸										
15	总计	0.00									
16	配方营养指标		0.00	0.00	0.00	0.00	0.00	0.00	0.00	0.00	0.00
17	饲养标准		13.39	17.80	0.62	0.53	0.25	0.12	0.90	0.24	0.51

图 4-1 建立配方计算工作表

第三步，草拟配方，在配方营养指标行，可自动计算出消化能值和粗蛋白质含量，见图 4-2。

=SUMPRODUCT($B4:$B15,C4:C15)/100

	A	B	C	D	E	F	G	H	I	J	K
1	配方计算工作表										
2	饲料名称	配比	消化能	粗蛋白质	钙	总磷	有效磷	钠	赖氨酸	蛋氨酸	蛋氨酸+胱氨酸
3		(%)	(MJ/kg)	(%)	(%)	(%)	(%)	(%)	(%)	(%)	(%)
4	玉米	67.00	14.27	8.70	0.02	0.27	0.05	0.01	0.24	0.18	0.38
5	小麦麸	6.00	9.37	15.70	0.11	0.92	0.32	0.07	0.63	0.23	0.55
6	大豆粕	19.00	14.26	44.20	0.33	0.62	0.16	0.03	2.68	0.59	1.24
7	棉籽粕	2.00	9.68	43.50	0.28	1.04	0.26	0.04	1.97	0.58	1.26
8	鱼粉	2.00	12.55	60.20	4.04	2.90	2.90	0.97	4.72	1.64	2.16
9	大豆油	1.00	36.61								
10	石粉				35.00						
11	磷酸氢钙				23.20	18.00	18.00				
12	氯化钠							39.50			
13	赖氨酸								78.80		
14	蛋氨酸										
15	总计	97.00									
16	配方营养指标		13.64	17.24	0.17	0.43	0.15	0.04	0.84	0.29	0.59
17	饲养标准		13.39	17.80	0.62	0.53	0.25	0.12	0.90	0.24	0.51

图 4-2 草拟配方

第四步，调整配方，使消化能和蛋白质水平接近饲养标准，依次补充矿物质、氨基酸和添加剂预混料，并调整配方总和为 100%，见图 4-3。

饲料名称	配比	消化能	粗蛋白质	钙	总磷	有效磷	钠	赖氨酸	蛋氨酸	蛋氨酸+胱氨酸
	(%)	(MJ/kg)	(%)	(%)	(%)	(%)	(%)	(%)	(%)	(%)
玉米	60.00	14.27	8.70	0.02	0.27	0.05	0.01	0.24	0.18	0.38
小麦麸	13.33	9.37	15.70	0.11	0.92	0.32	0.07	0.63	0.23	0.55
大豆粕	19.00	14.26	44.20	0.33	0.62	0.16	0.03	2.68	0.59	1.24
棉籽粕	2.00	9.68	43.50	0.28	1.04	0.26	0.04	1.97	0.58	1.26
鱼粉	2.00	12.55	60.20	4.04	2.90	2.90	0.97	4.72	1.64	2.16
大豆油	1.00	36.61								
石粉	0.96			35.00						
磷酸氢钙	0.47			23.20	18.00	18.00				
氯化钠	0.20						39.50			
赖氨酸	0.04							78.80		
蛋氨酸										
添加剂预混料	1.00									
总计	100.00									
配方营养指标		13.33	17.78	0.62	0.57	0.25	0.12	0.90	0.30	0.61
饲养标准		13.39	17.80	0.62	0.53	0.25	0.12	0.90	0.24	0.51

图 4-3　调整饲料配方

2. 交叉法(又叫对角线法、四边形法)

这个方法是把化学分析中溶液稀释的算法应用于畜禽的饲料配方设计中，此法简单易学，一般在饲料种类不多及考虑的营养指标少的情况下采用。

【例】用玉米(粗蛋白质 8.7%)和浓缩饲料(粗蛋白质 38%)为 30～60 kg 生长肥育猪配制混合饲料，其配方设计的步骤如下。

第一步，查猪的饲养标准，要求混合料的消化能为 13.39 MJ/kg，粗蛋白质 16.40%。

第二步，经分析或查饲料成分表得知，玉米含粗蛋白质为 8.7%，消化能 14.23 MJ/kg；浓缩饲料含粗蛋白质为 38%，消化能 13.73 MJ/kg。从能值看都能满足猪的营养需要，因为玉米、浓缩饲料能值都高，这样只需根据蛋白质的需要量来确定玉米和浓缩饲料的用量。

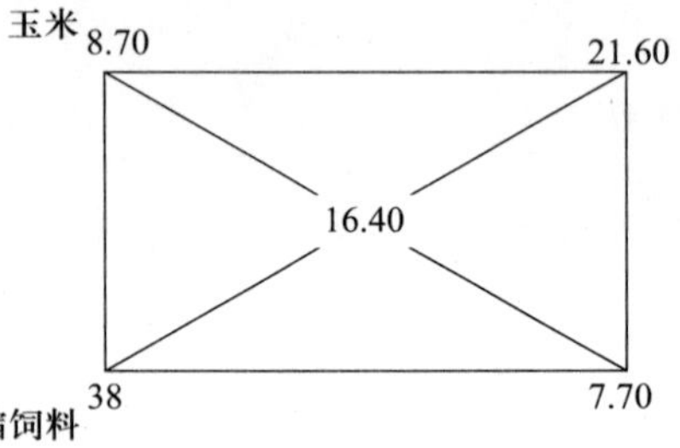

图 4-4　十字交叉法计算配方

第三步，作十字交叉图，把混合料需要达到的粗蛋白质含量 16.40%放在交叉处，玉米和浓缩饲料的粗蛋白质含量分别放在左上角和左下角；然后以左方上、下角为出发点，各向对角通过中心做交叉，大数减小数，所得的数分别记在右上角和右下角(图 4-4)。

第四步，换算成百分含量，将上面所计算的各差数，分别除以这两差数的和，就得两种饲料混合的百分比。

玉米用量＝21.60÷(21.60＋7.70)×100＝73.72%

豆粕用量＝7.70÷(21.60＋7.70)×100＝26.28%

注意：应用此法时，两种饲料养分含量必须分别高于和低于所求的数值。

3. 联立方程法(又叫公式法、代数法)

此法是利用数学上联立方程求解法来计算饲料配方。它可以用两种饲料(单一的或混合的)达到两个指标。优点是条理清晰，方法简单。缺点是饲料原料较多时，需按经验先组合成两种饲料，计算比较复杂。

【例】用野干草、胡萝卜、玉米、棉仁饼、石粉、磷酸氢钙、食盐为一头体重 500 kg，日产奶

15 kg,乳脂率4%的成年母牛配制日粮。

第一步,查出奶牛的维持需要和生产需要(表4-8)。

表4-8 奶牛的营养需要

项目	干物质/kg	净能/MJ	粗蛋白质/g	钙/g	磷/g
维持需要	6.56	37.57	488.00	30.00	22.00
日产15 kg奶的需要	0.45×15=6.75	3.14×15=47.10	85×15=1 275	4.50×15=67.50	3.00×15=45.00
维持+生产	13.31	84.67	1 763.00	97.50	67.00

第二步,查出饲料营养成分(表4-9)。

表4-9 奶牛饲料原料营养成分

项目	干物质/kg	净能/MJ	粗蛋白质/g	钙/g	磷/g
玉米	0.86	7.70	87.00	0.20	2.70
棉粕	0.87	6.82	425.00	2.40	4.70
野干草	0.84	3.39	33.00	0.30	0.20
胡萝卜	0.12	1.13	11.00	1.50	0.90
磷酸氢钙				232.00	180.00
石粉				350.00	

第三步,先考虑青粗饲料,并计算出青粗饲料可达养分含量。

500 kg体重奶牛,每天按每100千克体重喂2 kg干草计算,应当喂10 kg,如果其中2.5 kg干草用胡萝卜代替,那么需胡萝卜10 kg(胡萝卜4 kg代替1 kg干草),这样青粗饲料的组成即是7.5 kg的干草和10 kg的胡萝卜,它们能提供的养分含量见表4-10。

表4-10 青粗饲料提供的养分含量

项目	净能/MJ	粗蛋白质/g	钙/g	磷/g
干草提供	3.39×7.5=25.43	33.00×7.5=247.5	0.30×7.5=2.25	0.20×7.5=1.50
胡萝卜提供	1.13×10=11.30	11×10=110	1.5×10=15.00	0.90×10=9.00
青粗料提供	36.73	357.50	17.25	10.50
营养需要	84.67	1 763.00	97.50	67.00
与需要比	−47.94	−1 405.50	−80.25	−56.50

第四步,计算出需精料补充的养分。

第五步,用玉米和棉粕补充所需的能量和蛋白质。

设玉米用量为X,棉粕用量为Y;列联立方程求解:

$$\begin{cases} 7.70X + 6.82Y = 47.94 \\ 87X + 425Y = 1\ 405.50 \end{cases}$$

$$X = 4.03(\text{kg}) \quad Y = 2.48(\text{kg})$$

第六步,用磷酸氢钙和石粉补充所需的钙和磷。

设磷酸氢钙用量为X,石粉用量为Y;列联立方程求解:

$$\begin{cases} 232X + 350Y = 80.25 - (4.03 \times 0.2 + 2.48 \times 2.4) \\ 180X + 0 = 56.5 - (4.03 \times 2.7 + 2.48 \times 4.7) \end{cases}$$

$$X = 0.19(\text{kg}) \quad Y = 0.08(\text{kg})$$

二维码4-2
规划求解
设计配方

4.3.2 用 Excel 线性规划设计饲料配方

线性规划法又简称 LP 法，是最早采用运筹学的有关数学原理来进行饲料配方优化设计的一种方法。该方法将饲料配方中的有关因素和限制条件转化为线性数学函数，求解一定条件下的目标值（最小值和最大值）。

1. 线性规划法的基本条件

采用线性规划法解决饲料配方设计问题时一般要求如下情况成立。

（1）饲料原料的价格、营养成分数据是相对固定的，基本决策变量（x）为饲料配方中各种饲料原料的用量，饲料原料用量可以在指定的用量范围内波动。

（2）饲料原料的营养成分和营养价值数据具有可加性，规划过程不考虑各种营养成分或化学成分的相互作用关系。

（3）特定情况下动物对各种养分需要量为基本约束条件，并可转化为决策变量的线性函数，每一线性函数为一个约束条件，所有线性函数构成线性规划的约束条件集。

（4）只有一个目标函数，一般指配方成本的极小值，也可以是配方收益的最大值。目标函数是决策变量的线性函数，各种原料所提供的成分与其使用量成正比例。

（5）最优化配方为不破坏约束条件的最低成本配方或最大收益配方。

2. 线性规划最低成本配方设计的步骤

（1）建立和维护饲料原料数据库和饲养标准库。将饲料原料的名称、代码、中国饲料号、原料特性和描述、适应动物、饲料价格（成本）、饲料的营养和化学成分、利用率、效价、能蛋比（或蛋能比）、钙磷比、氨基酸比例（其他氨基酸/赖氨酸）等数据输入饲料原料库，将饲养标准名称、代码、标准编号、标准来源、营养需要量、适应动物、标准描述等数据输入饲养标准库。也可对以前已输入的数据进行修改、补充和完善。

（2）制作数学模型数据表。根据产品设计方案从原料库选择相应的饲料原料、从标准库中选择相应的营养标准，设置原料的用量限制和营养需要的上下限，并产生适当的数学模型数据表。目前，大多数计算机配方软件可以储存以前输入的数据和建立的相应数学模型，可进行适当修改后用于新的饲料配方设计。

数学模型的好坏直接影响配方的水平。模型越细，原料品种越多，营养指标越全；数学模型越复杂，计算量就越大，无解的可能性也越大。但若原料品种和营养指标太少，就会得不到令人满意的配方。在生产实际当中约束条件可以根据需要增减。

（3）某些配方程序需要手工记录相应的原料品种数、条件（≥、=、≤）等参数值。目前大多数配方程序自动统计原料个数和条件数。

（4）由计算机计算饲料配方并显示结果。

（5）对配方结果进行分析判断是否符合要求及是否有必要加以调整。如果符合要求则保存或打印配方表；如果有必要加以调整，则可删除或增加原料品种。应将原品种的各项营养成分及价格换成新增品种的相应数据，若对原料的某一数据更改，则只需在原有基础上进行即可。也可改变某项指标的≥、=、≤数据来调整运算模型，调整好后重新运算，直到配方结果满意为止。

3．线性规划最低成本配方设计实例

Office组件之一的Excel自身提供的“加载宏”中有“规划求解”功能，可以解决各种线性规划任务。根据动物饲养标准、原料营养成分、市场价格，以及饲料配方设计的要求和经验，建立配方设计原始Excel工作表，将有关函数参数填于表格中，设置有关约束条件后，就可以直接规划求解饲料配方。此方法具有数据表示直观、计算方便、增减原料和数据修改容易等优点，无须购买专门的饲料配方软件，利用计算机的Excel电子表格进行规划求解，即可得出最低成本的最优饲料配方。适用于各种小型饲料厂、规模养殖场进行优化饲料配方设计。

例：用玉米、大豆粕、棉籽粕、菜籽粕、芝麻饼、花生仁粕、鱼粉、豆油、磷酸氢钙、石粉、蛋氨酸、赖氨酸盐酸盐、氯化钠和添加剂预混料为高产蛋鸡设计全价配合饲料配方。

（1）建立配方计算基本工作表　按照图4-5所示输入各项计算参数：原料名称、养分含量和单价、饲养标准、选取原料的上下限、营养指标约束的上下限。

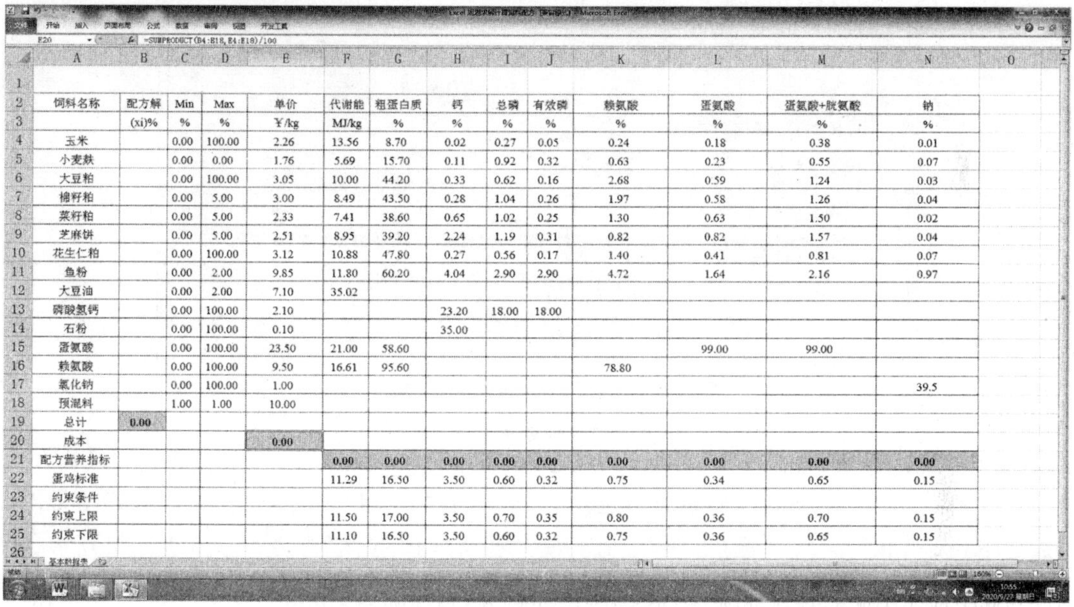

饲料名称	配方解	Min	Max	单价	代谢能	粗蛋白质	钙	总磷	有效磷	赖氨酸	蛋氨酸	蛋氨酸+胱氨酸	钠
	(xi)%	%	%	￥/kg	MJ/kg	%	%	%	%	%	%	%	%
玉米		0.00	100.00	2.26	13.56	8.70	0.02	0.27	0.05	0.24	0.18	0.38	0.01
小麦麸		0.00	0.00	1.76	5.69	15.70	0.11	0.92	0.32	0.63	0.23	0.55	0.07
大豆粕		0.00	100.00	3.05	10.00	44.20	0.33	0.62	0.16	2.68	0.59	1.24	0.03
棉籽粕		0.00	5.00	3.00	8.49	43.50	0.28	1.04	0.26	1.97	0.58	1.26	0.04
菜籽粕		0.00	5.00	2.33	7.41	38.60	0.65	1.02	0.25	1.30	0.63	1.50	0.02
芝麻饼		0.00	5.00	2.51	8.95	39.20	2.24	1.19	0.31	0.82	0.82	1.57	0.04
花生仁粕		0.00	100.00	3.12	10.88	47.80	0.27	0.56	0.17	1.40	0.41	0.81	0.07
鱼粉		0.00	2.00	9.85	11.80	60.20	4.04	2.90	2.90	4.72	1.64	2.16	0.97
大豆油		0.00	2.00	7.10	35.02								
磷酸氢钙		0.00	100.00	2.10			23.20	18.00	18.00				
石粉		0.00	100.00	0.10			35.00						
蛋氨酸		0.00	100.00	23.50	21.00	58.60					99.00	99.00	
赖氨酸		0.00	100.00	9.50	16.61	95.60				78.80			
氯化钠		0.00	100.00	1.00									39.5
预混料		1.00	1.00	10.00									
总计	0.00												
成本				0.00									
配方营养指标					0.00	0.00	0.00	0.00	0.00	0.00	0.00	0.00	0.00
蛋鸡标准					11.29	16.50	3.50	0.60	0.32	0.75	0.34	0.65	0.15
约束条件													
约束上限					11.50	17.00	3.50	0.70	0.35	0.80	0.36	0.70	0.15
约束下限					11.10	16.50	3.50	0.60	0.32	0.75	0.36	0.65	0.15

图4-5　配方计算工作表

（2）建立饲料配方计算函数式

①求配方和（总计）直接点工具栏中的 $\sum$，并输入求和的区间。

②求配方成本和配方营养指标。选择计算函数SUMPRODUCT；确定函数计算数列；修正函数计算公式。确定数列后，用 \$ 符号将配方单元格固定，以便在计算代谢能后再继续计算各项养分。

（3）规划求解饲料配方

①安装规划求解。在文件下选项中打开加载项，选择规划求解加载项，见图4-6。

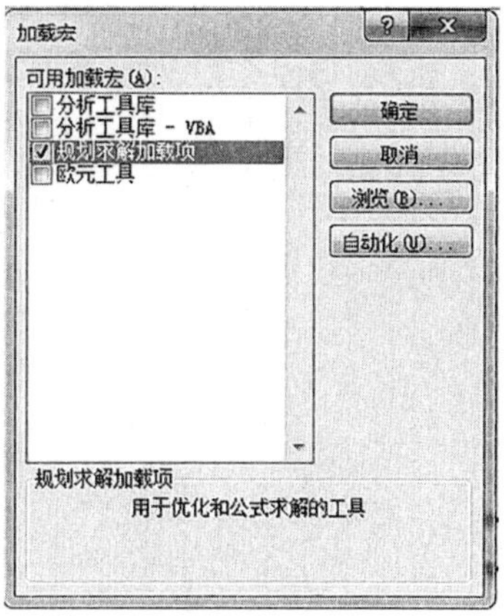

图4-6　添加规划求解加载项

②设定规划求解参数。打开规划求解，并在对话框中输入求解所需的各项参数，见图4-7。设定配方成本为目标，选

择最小值。可变单元格为配方解。遵守约束为：配方总和为 100，原料用量在工作表中设定的最小值和最大值之间，配方营养指标在工作表中设定的约束上限和约束下限之间，见图 4-7。

图 4-7 规划求解参数

③求解。用鼠标点求解，如果原料选用合理，营养指标也约束合理，规划求解结果对话框会显示：规划求解找到一解，可满足所有的约束及最优状况(图 4-8)。此时，配方解已求出，点击“保留规划求解的解”，配方工作表中配方解可自动生成，见图 4-9。如果无解，则会给出一个推荐配方供参考。也可调整约束条件，然后再求解，直到求出最优解。

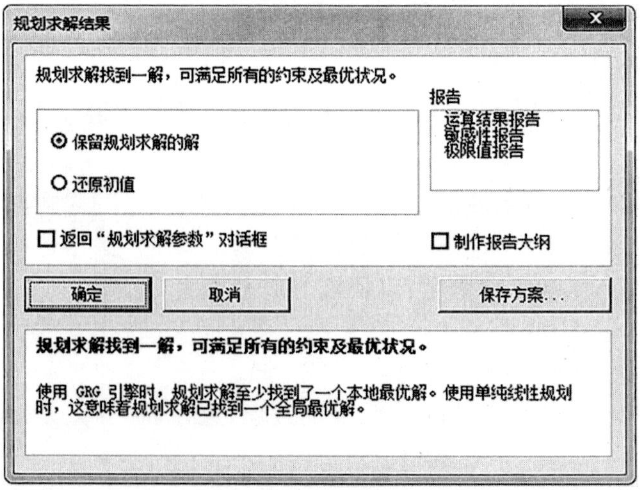

图 4-8 规划求解结果

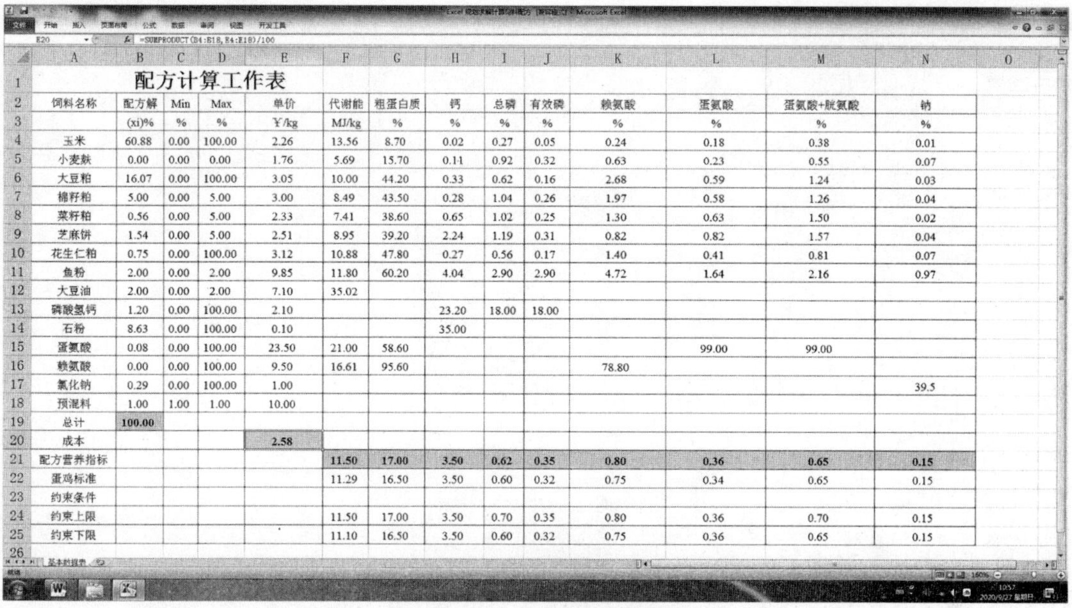

=SUMPRODUCT(B4:B18,E4:E18)/100

配方计算工作表

饲料名称	配方解	Min	Max	单价	代谢能	粗蛋白质	钙	总磷	有效磷	赖氨酸	蛋氨酸	蛋氨酸+胱氨酸	钠
	(xi)%	%	%	¥/kg	MJ/kg	%	%	%	%	%	%	%	%
玉米	60.88	0.00	100.00	2.26	13.56	8.70	0.02	0.27	0.05	0.24	0.18	0.38	0.01
小麦麸	0.00	0.00	0.00	1.76	5.69	15.70	0.11	0.92	0.32	0.63	0.23	0.55	0.07
大豆粕	16.07	0.00	100.00	3.05	10.00	44.20	0.33	0.62	0.16	2.68	0.59	1.24	0.03
棉籽粕	5.00	0.00	5.00	3.00	8.49	43.50	0.28	1.04	0.26	1.97	0.58	1.26	0.04
菜籽粕	0.56	0.00	5.00	2.33	7.41	38.60	0.65	1.02	0.25	1.30	0.63	1.50	0.02
芝麻饼	1.54	0.00	5.00	2.51	8.95	39.20	2.24	1.19	0.31	0.82	0.82	1.57	0.04
花生仁粕	0.75	0.00	100.00	3.12	10.88	47.80	0.27	0.56	0.17	1.40	0.41	0.81	0.07
鱼粉	2.00	0.00	2.00	9.85	11.80	60.20	4.04	2.90	2.90	4.72	1.64	2.16	0.97
大豆油	2.00	0.00	2.00	7.10	35.02								
磷酸氢钙	1.20	0.00	100.00	2.10			23.20	18.00	18.00				
石粉	8.63	0.00	100.00	0.10			35.00						
蛋氨酸	0.08	0.00	100.00	23.50	21.00	58.60					99.00	99.00	
赖氨酸	0.00	0.00	100.00	9.50	16.61	95.60				78.80			
氯化钠	0.29	0.00	100.00	1.00									39.5
预混料	1.00	1.00	1.00	10.00									
总计	100.00												
成本				2.58									
配方营养指标					11.50	17.00	3.50	0.62	0.35	0.80	0.36	0.65	0.15
蛋鸡标准					11.29	16.50	3.50	0.60	0.32	0.75	0.34	0.65	0.15
约束条件													
约束上限					11.50	17.00	3.50	0.70	0.35	0.80	0.36	0.70	0.15
约束下限					11.10	16.50	3.50	0.60	0.32	0.75	0.36	0.65	0.15

图 4-9　规划求解结果报告

④结果分析形成敏感性报告。在图 4-8 中同时点击“运算结果报告”(图 4-10)、“敏感性报告”(图 4-11)和“极限值报告”(图 4-12)并确定,则会另外生成 3 个单独报表,以查看详情。

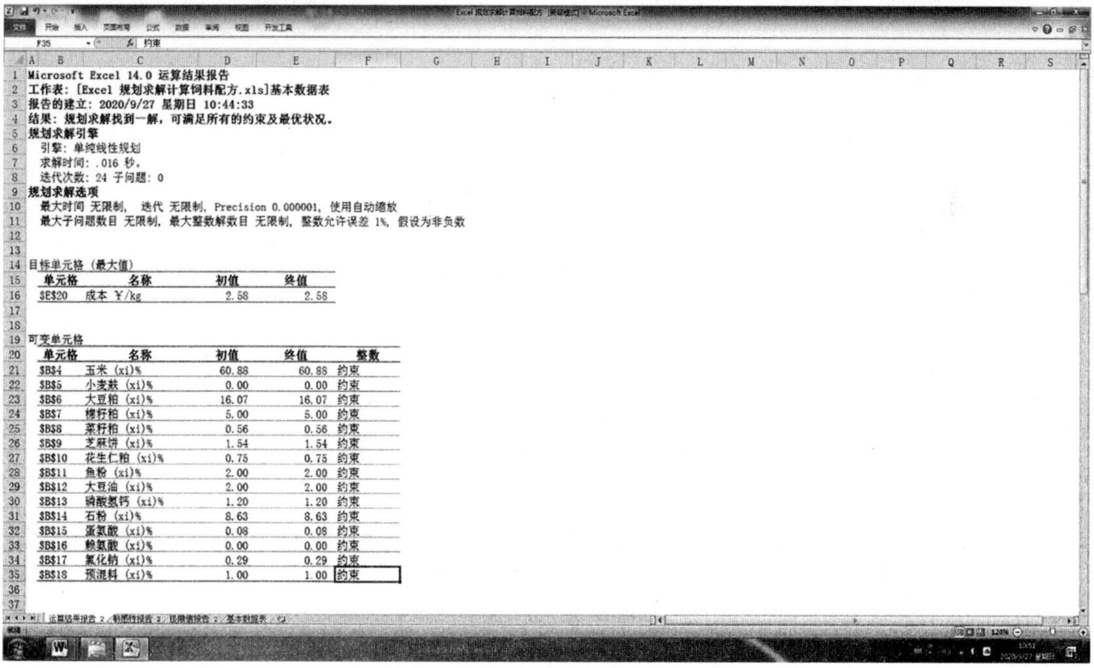

Microsoft Excel 14.0 运算结果报告
工作表: [Excel 规划求解计算饲料配方.xls]基本数据表
报告的建立: 2020/9/27 星期日 10:44:33
结果: 规划求解找到一解,可满足所有的约束及最优状况。
规划求解引擎
引擎: 单纯线性规划
求解时间: .016 秒。
迭代次数: 24 子问题: 0
规划求解选项
最大时间 无限制, 迭代 无限制, Precision 0.000001, 使用自动缩放
最大子问题数目 无限制, 最大整数解数目 无限制, 整数允许误差 1%, 假设为非负数

目标单元格 (最大值)

单元格	名称	初值	终值
E20	成本 ¥/kg	2.58	2.58

可变单元格

单元格	名称	初值	终值	整数
B4	玉米 (xi)%	60.88	60.88	约束
B5	小麦麸 (xi)%	0.00	0.00	约束
B6	大豆粕 (xi)%	16.07	16.07	约束
B7	棉籽粕 (xi)%	5.00	5.00	约束
B8	菜籽粕 (xi)%	0.56	0.56	约束
B9	芝麻饼 (xi)%	1.54	1.54	约束
B10	花生仁粕 (xi)%	0.75	0.75	约束
B11	鱼粉 (xi)%	2.00	2.00	约束
B12	大豆油 (xi)%	2.00	2.00	约束
B13	磷酸氢钙 (xi)%	1.20	1.20	约束
B14	石粉 (xi)%	8.63	8.63	约束
B15	蛋氨酸 (xi)%	0.08	0.08	约束
B16	赖氨酸 (xi)%	0.00	0.00	约束
B17	氯化钠 (xi)%	0.29	0.29	约束
B18	预混料 (xi)%	1.00	1.00	约束

图 4-10　运算结果报告

4.4　浓缩饲料配方设计

浓缩饲料又称平衡用配合饲料,是指以蛋白质饲料为主,由蛋白质饲料、矿物质饲料和

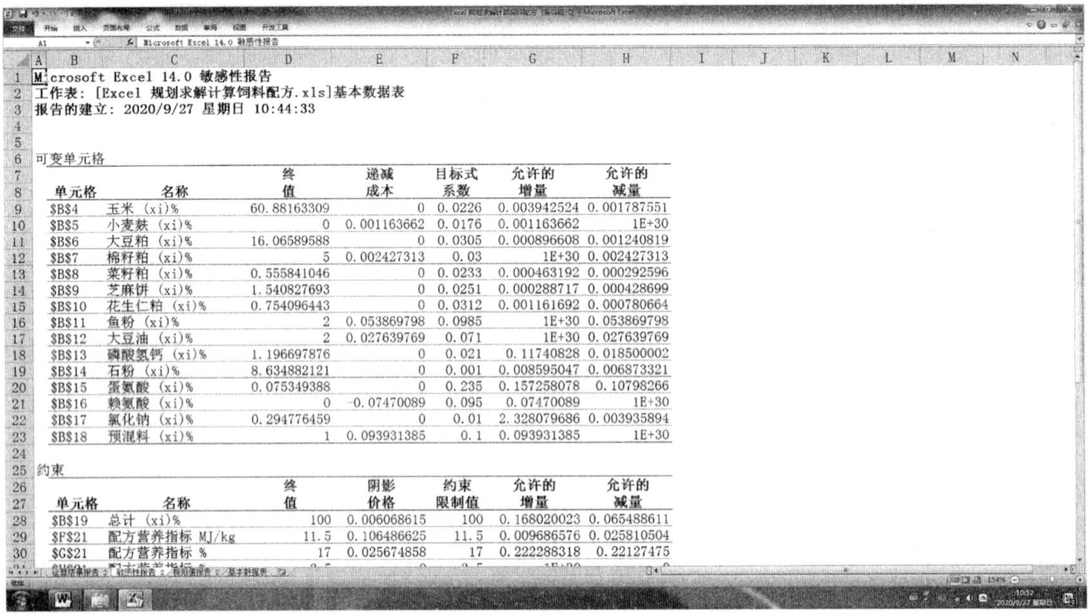

Microsoft Excel 14.0 敏感性报告
工作表：[Excel 规划求解计算饲料配方.xls]基本数据表
报告的建立：2020/9/27 星期日 10:44:33

可变单元格

单元格	名称	终值	递减成本	目标式系数	允许的增量	允许的减量
B4	玉米（xi）%	60.88163309	0	0.0226	0.003942524	0.001787551
B5	小麦麸（xi）%	0	0.001163662	0.0176	0.001163662	1E+30
B6	大豆粕（xi）%	16.06589588	0	0.0305	0.000896608	0.001240819
B7	棉籽粕（xi）%	5	0.002427313	0.03	1E+30	0.002427313
B8	菜籽粕（xi）%	0.555841046	0	0.0233	0.000463192	0.000292596
B9	芝麻饼（xi）%	1.540827693	0	0.0251	0.000288717	0.000428699
B10	花生仁粕（xi）%	0.754096443	0	0.0312	0.001161692	0.000780664
B11	鱼粉（xi）%	2	0.053869798	0.0985	1E+30	0.053869798
B12	大豆油（xi）%	2	0.027639769	0.071	1E+30	0.027639769
B13	磷酸氢钙（xi）%	1.196697876	0	0.021	0.11740828	0.018500002
B14	石粉（xi）%	8.634882121	0	0.001	0.008595047	0.006873321
B15	蛋氨酸（xi）%	0.075349388	0	0.235	0.157258078	0.10798266
B16	赖氨酸（xi）%	0	-0.07470089	0.095	0.07470089	1E+30
B17	氯化钠（xi）%	0.294776459	0	0.01	2.328079686	0.003935894
B18	预混料（xi）%	1	0.093931385	0.1	0.093931385	1E+30

约束

单元格	名称	终值	阴影价格	约束限制值	允许的增量	允许的减量
B19	总计（xi）%	100	0.006068615	100	0.168020023	0.065488611
F21	配方营养指标 MJ/kg	11.5	0.106486625	11.5	0.009686576	0.025810504
G21	配方营养指标 %	17	0.025674858	17	0.222288318	0.22127475

图 4-11　敏感性报告

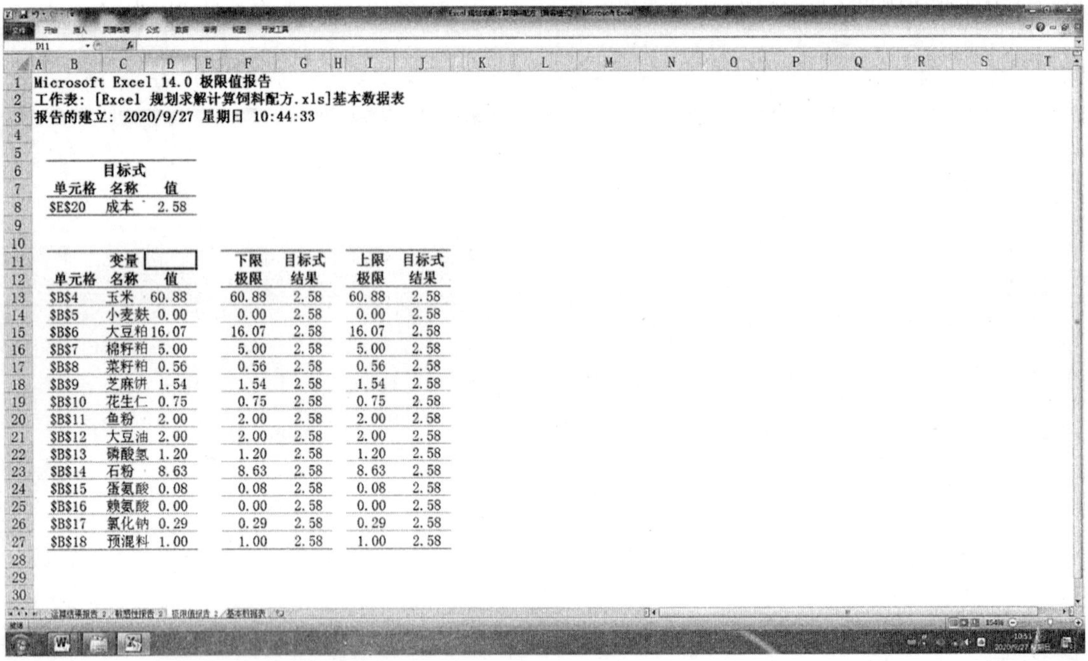

Microsoft Excel 14.0 极限值报告
工作表：[Excel 规划求解计算饲料配方.xls]基本数据表
报告的建立：2020/9/27 星期日 10:44:33

单元格	目标式名称	值
E20	成本	2.58

单元格	变量名称	值	下限极限	目标式结果	上限极限	目标式结果
B4	玉米	60.88	60.88	2.58	60.88	2.58
B5	小麦麸	0.00	0.00	2.58	0.00	2.58
B6	大豆粕	16.07	16.07	2.58	16.07	2.58
B7	棉籽粕	5.00	5.00	2.58	5.00	2.58
B8	菜籽粕	0.56	0.56	2.58	0.56	2.58
B9	芝麻饼	1.54	1.54	2.58	1.54	2.58
B10	花生仁	0.75	0.75	2.58	0.75	2.58
B11	鱼粉	2.00	2.00	2.58	2.00	2.58
B12	大豆油	2.00	2.00	2.58	2.00	2.58
B13	磷酸氢	1.20	1.20	2.58	1.20	2.58
B14	石粉	8.63	8.63	2.58	8.63	2.58
B15	蛋氨酸	0.08	0.08	2.58	0.08	2.58
B16	赖氨酸	0.00	0.00	2.58	0.00	2.58
B17	氯化钠	0.29	0.29	2.58	0.29	2.58
B18	预混料	1.00	1.00	2.58	1.00	2.58

图 4-12　极限值报告

添加剂预混料按一定比例混合而成。

浓缩饲料是饲料厂生产的半成品，一般占全价配合饲料的 20%～30%，不能直接饲喂动物，必须与能量饲料混合才可制成全价配合饲料。在生产实践中，由于生产需要的不同，浓缩饲料的概念也逐渐扩大，它既可以不包括全部的蛋白质饲料，又可以把一部分能量饲料包括在内。

浓缩饲料一般按照使用对象分类，如猪用浓缩料、鸡用浓缩料、牛羊用浓缩料、鱼用浓缩料等。如果按使用对象的不同生理阶段划分，可分为仔猪用浓缩饲料、种猪用浓缩饲料、产蛋后备鸡用浓缩饲料、产蛋鸡用浓缩饲料、种鸡用浓缩饲料等。

浓缩饲料可用于小型饲料厂和规模养殖场配制全价配合饲料。从理论上讲，全价配合饲料含有动物所需的除水分以外的所有营养物质，其饲养效果好，饲料转化率高。但一些小型饲料厂和中大型农场的饲料厂，一般因为技术和设备的原因，难以生产全价配合饲料，即使生产，质量也达不到要求。这些厂家可以购买浓缩饲料再加上相应的能量饲料，用一般的设备经过搅拌混匀即可生产出高质量的配合饲料，同时还可以节约占总量 60%～80%的能量饲料的往返运输费用。

浓缩饲料中各种原料的配比随原料的规格、性质和使用对象而异。一般蛋白质饲料占 40%～80%，矿物质饲料占 15%～20%，添加剂预混料占 5%～10%。

4.4.1 浓缩饲料配制的原则

(1)按一定比例与当地能量饲料混合后，在营养水平上要达到或接近所喂养畜禽的饲养标准。或者在主要营养指标上达到所规定的饲料的质量标准。如能量、蛋白质、钙、磷、盐、限制性氨基酸、地方性缺乏的微量元素等。

(2)对于不同的单胃畜禽和反刍家畜，以及不同的生长期、不同的生产水平和不同的生产目的应生产各自相应的浓缩饲料。设计通用型浓缩饲料是不合理的，因为那样在营养上难以达到精准平衡。

(3)生产浓缩饲料的原料，除蛋白质饲料、常量矿物质饲料、微量元素及维生素外，一般还应考虑加入适量的防腐剂、抗氧化剂以及药物成分。

(4)应控制浓缩饲料的含水量。一般浓缩料成品含水量应低于 12%。浓缩饲料蛋白质含量高，易发霉、发热、结块，水分含量较高时容易导致产品营养价值降低或变质。

4.4.2 浓缩饲料配方的设计方法

二维码4-3
浓缩饲料
配方设计

浓缩饲料配方的设计方法有两种：第一种是根据动物的饲养标准及饲料来源、营养价值和价格设计出全价配合饲料配方，然后把能量饲料从配方中抽出，余下的再折合成百分含量，即为浓缩饲料配方；第二种是根据用户所具有的能量饲料种类和数量，确定浓缩饲料和能量饲料的比例，结合动物饲养标准确定浓缩饲料各养分所应达到的水平，最后计算出浓缩饲料的配方。

1. *第一种方法*

(1)基本步骤　①根据饲养标准设计全价配合饲料配方。②确定浓缩饲料在全价配合饲料中应占的比例。③计算浓缩饲料的生产配方。④标明浓缩饲料的名称、规格、使用对象和使用方法。

(2)35～60 kg 生长肥育猪浓缩饲料配方设计举例

第一步，根据饲养标准用试差法设计出全价配合饲料配方(图 4-13)。

该配方组成及营养水平见表 4-11，和饲养标准比较，基本相符。

第二步，确定浓缩饲料在配制全价配合饲料中应占的比例。根据以上配方能量饲料占的比例为 74%，浓缩饲料占的比例为 26%。

第三步，确定浓缩饲料的生产配方。浓缩饲料的生产配方是根据下面的公式进行计算的：

$$\text{某饲料在浓缩饲料中的配合率(比例)}=\frac{\text{全价配合饲料中该饲料的配合率(比率)}}{\text{浓缩饲料占配合饲料的比例}}$$

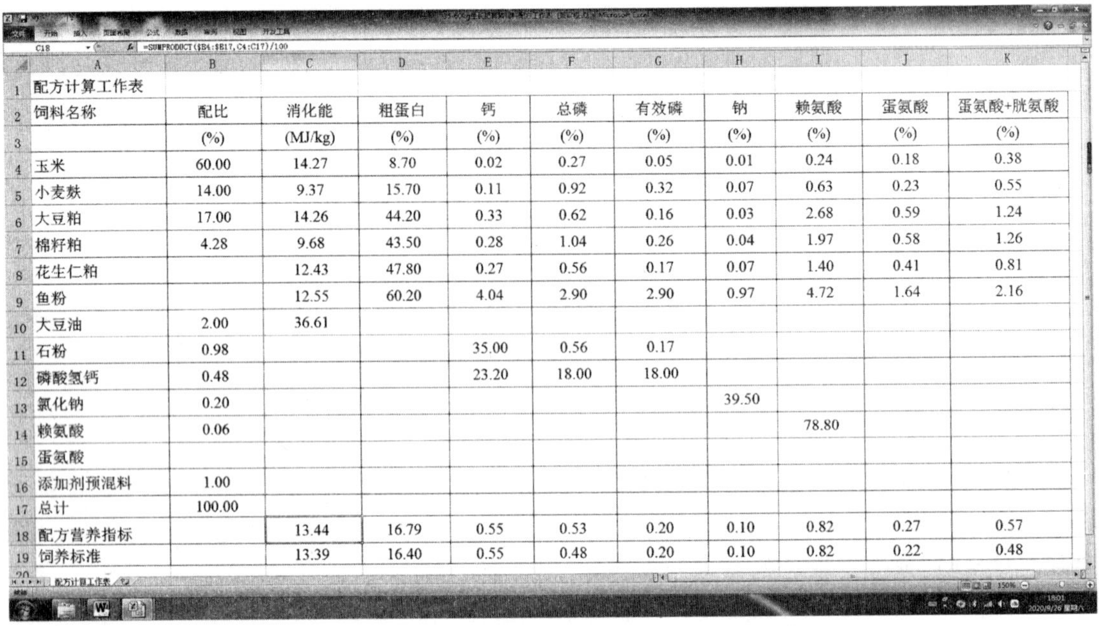

配方计算工作表										
饲料名称	配比	消化能	粗蛋白	钙	总磷	有效磷	钠	赖氨酸	蛋氨酸	蛋氨酸+胱氨酸
	(%)	(MJ/kg)	(%)	(%)	(%)	(%)	(%)	(%)	(%)	(%)
玉米	60.00	14.27	8.70	0.02	0.27	0.05	0.01	0.24	0.18	0.38
小麦麸	14.00	9.37	15.70	0.11	0.92	0.32	0.07	0.63	0.23	0.55
大豆粕	17.00	14.26	44.20	0.33	0.62	0.16	0.03	2.68	0.59	1.24
棉籽粕	4.28	9.68	43.50	0.28	1.04	0.26	0.04	1.97	0.58	1.26
花生仁粕		12.43	47.80	0.27	0.56	0.17	0.07	1.40	0.41	0.81
鱼粉		12.55	60.20	4.04	2.90	2.90	0.97	4.72	1.64	2.16
大豆油	2.00	36.61								
石粉	0.98			35.00	0.56	0.17				
磷酸氢钙	0.48			23.20	18.00	18.00				
氯化钠	0.20						39.50			
赖氨酸	0.06							78.80		
蛋氨酸										
添加剂预混料	1.00									
总计	100.00									
配方营养指标		13.44	16.79	0.55	0.53	0.20	0.10	0.82	0.27	0.57
饲养标准		13.39	16.40	0.55	0.48	0.20	0.10	0.82	0.22	0.48

图 4-13　试差法设计出全价配合饲料配方

表 4-11　35～60 kg 生长肥育猪全价配合饲料配方及营养水平

饲料配方/%		营养水平	
玉米	60.00	消化能/(MJ/kg)	13.44
小麦麸	14.00	粗蛋白质/%	16.79
大豆粕	17.00	钙/%	0.55
棉籽粕	4.28	总磷/%	0.53
大豆油	2.00	有效磷/%	0.20
石粉	0.98	钠/%	0.10
磷酸氢钙	0.48	赖氨酸/%	0.82
氯化钠	0.20	蛋氨酸/%	0.27
L-赖氨酸盐酸盐	0.06	蛋氨酸+胱氨酸/%	0.57
添加剂预混料	1.00		
总计	100.00		

在配方工作表中插入浓缩饲料配比列(C 列),将浓缩饲料所用原料均用上述公式进行计算,即 C6=B6/26%,其余各列依次计算,可得出浓缩饲料配方(图 4-14)。浓缩饲料的营养水平可通过插入函数 SUMPRODUCT 进行计算,浓缩饲料配方及营养水平见表 4-12:

第四步,标明浓缩饲料的名称、规格和使用方法。

35～60 kg 生长肥育猪浓缩饲料每千克内含消化能≥13.50 MJ/kg,粗蛋白≥36.00%,钙 2.0%～2.5%,磷 0.60%～0.90%,钠 0.25%～0.35%,赖氨酸≥2.20%。

混合能量饲料后才可使用。能量饲料混合方法:浓缩饲料 26%,能量饲料 74%(其中玉米 60%,小麦麸 14%)。

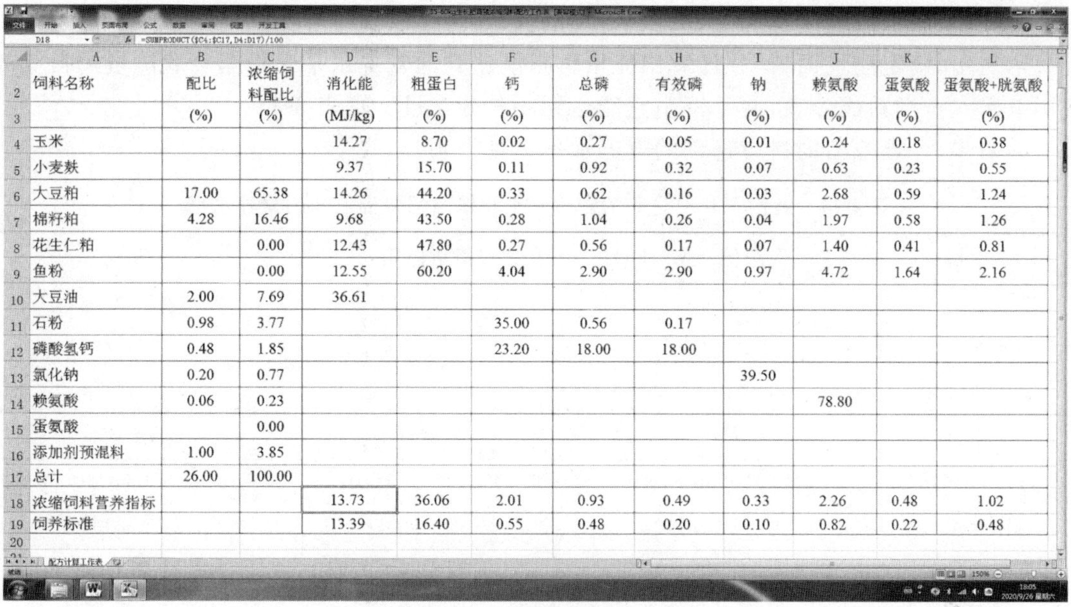

饲料名称	配比	浓缩饲料配比	消化能	粗蛋白	钙	总磷	有效磷	钠	赖氨酸	蛋氨酸	蛋氨酸+胱氨酸
	(%)	(%)	(MJ/kg)	(%)	(%)	(%)	(%)	(%)	(%)	(%)	(%)
玉米			14.27	8.70	0.02	0.27	0.05	0.01	0.24	0.18	0.38
小麦麸			9.37	15.70	0.11	0.92	0.32	0.07	0.63	0.23	0.55
大豆粕	17.00	65.38	14.26	44.20	0.33	0.62	0.16	0.03	2.68	0.59	1.24
棉籽粕	4.28	16.46	9.68	43.50	0.28	1.04	0.26	0.04	1.97	0.58	1.26
花生仁粕		0.00	12.43	47.80	0.27	0.56	0.17	0.07	1.40	0.41	0.81
鱼粉		0.00	12.55	60.20	4.04	2.90	2.90	0.97	4.72	1.64	2.16
大豆油	2.00	7.69	36.61								
石粉	0.98	3.77			35.00	0.56	0.17				
磷酸氢钙	0.48	1.85			23.20	18.00	18.00				
氯化钠	0.20	0.77						39.50			
赖氨酸	0.06	0.23							78.80		
蛋氨酸		0.00									
添加剂预混料	1.00	3.85									
总计	26.00	100.00									
浓缩饲料营养指标			13.73	36.06	2.01	0.93	0.49	0.33	2.26	0.48	1.02
饲养标准			13.39	16.40	0.55	0.48	0.20	0.10	0.82	0.22	0.48

图 4-14　浓缩饲料本文计算

表 4-12　浓缩饲料的配方及营养水平

项目	比例/%	项目	营养水平
大豆粕	65.38	消化能/(MJ/kg)	13.73
棉籽粕	16.46	粗蛋白质/%	36.06
大豆油	7.69	钙/%	2.01
石粉	3.77	总磷/%	0.93
磷酸氢钙	1.85	有效磷/%	0.49
氯化钠	0.77	钠/%	0.33
L-赖氨酸盐酸盐	0.23	赖氨酸/%	2.26
添加剂预混料	3.85	蛋氨酸/%	0.48
总计	100.00	蛋氨酸＋胱氨酸/%	1.02

2. 第二种方法

(1)基本步骤　①查出饲喂对象的饲养标准。②确定能量饲料和浓缩饲料的比例。③确定能量饲料,并计算出能量饲料所能达到的营养水平。④和饲养标准比较,计算出浓缩饲料应达到的营养水平。⑤确定浓缩饲料原料种类,并查出养分含量。⑥按照试差法计算该浓缩饲料配方。⑦写出使用说明。

(2)举例　为 0～8 周龄生长蛋鸡设计浓缩饲料配方。

第一步,查饲养标准见表 4-13。

表 4-13　0～8 周龄生长蛋鸡饲养标准

代谢能/MJ/kg	粗蛋白质/%	钙/%	总磷/%	磷/%	钠/%	赖氨酸/%	蛋氨酸/%	蛋氨酸＋胱氨酸/%
11.91	19.00	0.80	0.70	0.40	0.15	1.00	0.37	0.74

第二步，确定浓缩饲料和能量饲料的比例，假定为 40∶60。

第三步，确定能量饲料，并计算出能量饲料能达到的营养水平。根据经验能量饲料全部使用玉米。查饲料成分表，并计算出它能达到的养分含量。见表 4-14。

第四步，计算浓缩饲料应达到的营养水平。见表 4-14。

表 4-14　能量饲料已达到的营养水平和浓缩饲料应达到的营养水平

项目	代谢能/(MJ/kg)	粗蛋白质/%	钙/%
玉米可达养分	13.56×0.60=8.136 0	8.7×0.60=5.22	0.02×0.60=0.012
与标准比	−3.77	−13.78	−0.79
浓缩料应达	3.77/0.4=9.44	9.85/0.4=34.45	0.79/0.4=1.97
项目	总磷/%	有效磷/%	钠/%
玉米可达养分	0.27×0.60=0.162 0	0.05×0.60=0.03	0.01×0.60=0.006
与标准比	−0.54	−0.37	−0.14
浓缩料应达	0.54/0.4=1.35	0.37/0.4=0.93	0.14/0.4=0.36
项目	赖氨酸/%	蛋氨酸/%	蛋氨酸+胱氨酸/%
玉米可达养分	0.24×0.60=0.144	0.18×0.60=0.108	0.38×0.60=0.228
与标准比	−0.86	−0.26	−0.51
浓缩料应达	0.86/0.4=2.14	0.26/0.4=0.66	0.51/0.4=1.28

第五步，确定浓缩饲料原料种类，并查出养分含量，见表 4-15。

表 4-15　饲料原料及养分含量

项目	代谢能/(MJ/kg)	粗蛋白质/%	钙/%	总磷/%	有效磷/%	钠/%	赖氨酸/%	蛋氨酸/%	蛋氨酸+胱氨酸/%
大豆粕	10.00	44.20	0.33	0.62	0.16	0.03	2.68	0.59	1.24
小麦麸	5.69	15.70	0.11	0.92	0.32	0.07	0.63	0.23	0.55
玉米蛋白粉	14.27	56.30	0.07	0.44	0.16	0.02	0.92	1.38	2.38
棉籽粕	7.78	43.50	0.28	1.04	0.26	0.04	1.97	0.58	1.26
鱼粉	11.80	60.20	4.04	2.90	2.90	0.97	4.72	1.64	2.16
大豆油	35.02								
磷酸氢钙			23.00		16.00				
石粉			35.00						
氯化钠						39.5			
L-赖氨酸盐酸盐							78.8		
蛋氨酸								98.8	
1%添加剂预混料									

第六步，按照试差法计算出该浓缩饲料配方。配方见表 4-16。

第七步，写出使用说明。

饲料名称：蛋雏鸡浓缩饲料。

表 4-16　浓缩饲料的配方及营养水平

项目	饲料配方/%	项目	营养水平
小麦麸	17.15	代谢能/(MJ/kg)	9.06
大豆粕	50.00	粗蛋白质/%	34.77
玉米蛋白粉	10.00	钙/%	1.96
棉籽粕	10.00	总磷/%	1.34
大豆油	1.00	有效磷/%	0.91
石粉	3.00	钠/%	0.35
磷酸氢钙	4.05	赖氨酸/%	2.13
L-赖氨酸盐酸盐	0.50	蛋氨酸/%	0.73
蛋氨酸	0.20	蛋氨酸+胱氨酸/%	1.28
添加剂预混料	2.50		
总计	100.00		

饲喂对象:适用于 0～8 周龄蛋鸡。

本浓缩料含粗蛋白质≥34.00%,钙 1.90～2.50%,有效磷 0.80～1.20%,赖氨酸≥2.00%,蛋氨酸≥0.70%。

混合能量饲料后才可使用。混合方法为浓缩饲料 40%,玉米 60%。

4.5　草食家畜饲料配方设计

4.5.1　精料混合料和全混合日粮的概念

精料混合料是指用于牛、羊反刍家畜或用于单胃草食家畜(马、兔)的一种补充精料,它主要由能量饲料、蛋白质饲料、矿物质饲料所组成,用于补充草料中不足的营养成分。在草食家畜配方设计时,可首先根据动物日粮中的青粗饲料的采食量,计算出不足的营养成分,再选用饲料原料设计精料混合料配方。

现代规模化养殖场一般采用全混合日粮(total mixed ration,TMR),TMR 是指根据反刍动物所需的能量、蛋白质、粗纤维、矿物质和维生素等,把揉碎的粗料、精料和各种添加剂进行重复混合,得到营养平衡的全混合饲料。反刍动物饲喂 TMR 日粮可以保证采食的均匀性,提高干物质的采食量,有利于消化道内环境的稳定。TMR 日粮的应用也有利于企业进行规模化生产和经营,节约劳动力和饲料成本。TMR 日粮的配制,可以按精料混合料的配方使用要求,再添加青粗饲料进行配制。也可以直接根据饲养标准和饲料原料,采用试差法进行配制。以下用两种方法分别说明草食家畜精料混合料配方和 TMR 配方的设计。

4.5.2　草食家畜精料混合料和 TMR 日粮配方设计

草食家畜饲料配方的设计方法有两种。第一种是根据用户所用的青粗饲料的种类和数量,计算青粗饲料中的营养浓度,再结合动物饲养标准确定精料混合料中各养分所应达到的水平,最后选用原料计算出精料混合料的配方。第二种是根据动物的饲养标准及饲料来源、营养价值和价格设计出全混合日粮饲料配方,然后把青粗饲料从配方中抽出,余下的再折合成百分含量，即为精料混合料饲料配方。生产 TMR 时可根据精料混合料配方按比例加入青粗饲料。

设计草食家畜的日粮配方除应考虑供给必要的营养成分外，还应考虑日粮的干物质量，这样既能满足其营养需要，又能满足其生理需要。此外，设计饲料配方时还要考虑不同原料的水分含量。水分含量较高的饲料原料要以干物质为基础进行营养价值的评定及计算。

1. 第一种方法

(1)用第一种方法设计精料混合料配方的步骤如下。

①查出饲喂对象的维持需要和生产需要；②查出饲料营养成分；③计算青粗饲料中的营养浓度，和标准相比，确定精料混合料应达到的营养水平；④用试差法进行配合，计算出精料混合料配方。

(2)奶牛饲料配方设计举例　为体重 600 kg 成年奶牛(日产乳脂率 4%的标准乳 30 kg)设计精料补充料配方。

第一步，查出奶牛维持需要和产奶需要(表 4-17)。

表 4-17　奶牛每日的维持需要和产奶需要

项目	需日粮干物质/kg	产奶净能(NND/kg)	可消化蛋白质/g	钙/g	磷/g
维持需要	7.52	13.73	364	36	27
生产需要					
每产 1 kg 奶需要(4%乳脂率)	0.45	1.00	55	4.5	3.0
日产 30 kg 奶需要	13.50	30.00	1 650	135	90
总需要量(维持+生产)	21.02	43.73	2 014	171	117

注：NND 为奶牛能量单位。

第二步，查出青粗饲料和精料补充料原料的营养成分(表 4-18)。

表 4-18　奶牛日粮主要原料营养成分

饲料	干物质/%	产奶净能(NND)	可消化蛋白质/(g/kg)	钙%	磷%
玉米	88.00	2.35	55	0.02	0.21
麸皮	88.30	1.95	94	0.21	0.81
豆饼	90.60	2.64	280	0.32	0.50
棉籽饼	84.40	1.49	135	0.78	0.63
玉米青贮	22.70	0.36	10	0.10	0.06
苜蓿干草	90.10	1.37	91	1.43	0.24
石粉				35.19	
磷酸氢钙				23.20	18

第三步，计算奶牛青粗饲料的需要(表 4-19)。

表 4-19　奶牛日粮青粗饲料的营养浓度

饲料	干物质/kg	产奶净能(NND)	可消化蛋白质/g	钙/g	磷/g
4 kg 苜蓿干草	3.60	5.48	364	57.20	9.60
21.16 kg 玉米青贮	4.80	7.62	211.6	21.16	12.70
合计	8.40	13.10	575.6	78.36	22.30
标准	21.02	43.73	2 014	171	117
与标准比较	−12.62	−30.63	−1 438.40	−92.64	−94.70

青粗饲料提供 40%的干物质进食量，则需要干物质 8.408 kg。每头每天喂 4 kg 苜蓿干草(干物质含量 90.10%)，则还需要玉米青贮 21.16 kg(干物质含量 22.70%)。

第四步，确定精料补充料的营养浓度(表 4-20)。

表 4-20　每千克奶牛精料补充料的营养浓度

干物质%	产奶净能(NND/kg)	可消化蛋白质/%	钙/%	磷/%
100%	2.43	11.40	0.73	0.75
88%	2.14	10.03	0.64	0.66

精料补充料干物质按大部分能量饲料和蛋白质饲料的干物质 88%计，则可计算出奶牛精料补充料的营养浓度。

第五步，计算精料补充料配方(表 4-21)。

表 4-21　奶牛精料补充料配方与营养水平

饲料配方/%		营养水平	
玉米	50.00	能量 NND	2.20
麸皮	28.50	可消化蛋白质%	10.50
豆饼	18.10	钙%	0.64
石粉	0.60	磷%	0.66
磷酸氢钙	1.30		
食盐	0.50		
添加剂预混料	1.00		

选用试差法或规划求解的方法，计算出奶牛精料补充料的配方。

(3)肉牛饲料配方设计举例　用野干草、玉米秸青贮、玉米、麸皮、棉籽饼、磷酸氢钙、石粉、食盐、添加剂预混料，为体重 400 kg，日增重 1 000 g 的育肥肉牛设计饲料配方。

第一步，从我国农业部颁布的《肉牛饲养标准》中查出体重 400 kg，日增重 1 000 g 育肥牛的饲养标准(表 4-22)。

表 4-22　体重 400 kg，日增重 1 000 g 育肥牛饲养标准

干物质/kg	综合净能/MJ	RND	粗蛋白质/g	钙/g	磷/g
8.56	50.63	6.27	866	33	20

注：RND，肉牛能量单位。

第二步，查饲料营养成分表(表 4-23)。

表 4-23　饲料营养成分表

饲料	干物质/%	综合净能/MJ	RND	粗蛋白质/g	钙/g	磷/g
野干草	87.9	4.03	0.5	106	3.8	0
玉米秸青贮	25.0	2.44	0.3	56	4.0	0.8
玉米	88.4	9.12	1.13	97	0.9	2.4
棉籽饼	89.6	7.39	0.92	363	3.0	9.0
麸皮	88.6	6.61	0.82	163	2.0	8.8
磷酸氢钙	99.8				218.5	186.4
石粉	99.1				325.4	

第三步，计算青粗饲料所能提供的养分(表 4-24)。

表 4-24　计算粗饲料营养成分

饲料	用量/kg	干物质	综合净能/MJ	RND	粗蛋白质/g	钙/g	磷/g
野干草	2.5	87.9%	4.03	0.50	106.00	3.8	0
玉米秸青贮	8.0	25.0%	2.44	0.30	56.00	4.00	0.80
粗饲料供给量		4.20 kg	13.74	1.70	344.94	16.35	1.60
营养需要量		8.59 kg	50.63	6.27	866.00	33.00	20.00
与标准比较		−4.36 kg	−36.89	−4.57	−521.07	−16.65	−18.40

第四步，精饲料的补充(表 4-25)。

表 4-25　计算精料的营养成分

饲料	用量/kg	干物质	综合净能/MJ	RND	粗蛋白质/g	钙/g	磷/g
玉米	3.5	88.4%	9.12	1.13	97.00	0.90	2.40
棉籽饼	0.5	89.6%	7.39	0.92	363.00	3.00	9.00
麸皮	1	88.6%	6.61	0.82	163.00	2.00	8.80
精饲料补充量		4.43 kg	37.38	4.63	607.16	5.90	19.25
精饲料要求供给量		4.36 kg	36.89	4.57	521.07	16.65	18.40
与标准比较		0.07 kg	0.49	0.06	86.09	−10.75	0.85

第五步，补充矿物质饲料。所计算的养分含量与饲养标准相比，钙不能满足肉牛的营养需要，需要补充。钙可由石粉提供：10.75÷32.54%÷99.1%=33.3 g，所以每天补充 33.3 g 的石粉即可满足肉牛对钙的需要。另按饲养标准规定每天补充 50 g 食盐和 50 g 添加剂。

第六步，整理配方。

综合以上计算结果，整理该肉牛每天应提供的各种饲料量如表 4-26 所示。

表 4-26 肉牛每日需提供饲料用量 kg

饲料	用量	饲料	用量	饲料	用量
野干草	2.500	棉籽饼	0.500	食盐	0.050
青贮秸玉米	8.000	麸皮	1.000	添加剂预混料	0.050
玉米	3.500	石粉	0.033	合计	15.633

第七步，计算精料混合料配方。

由于生产中一般要预先配制精料混合料，所以精料混合料配方中各种饲料原料的百分比计算如表 4-27 所示。

表 4-27 精料混合料配方

饲料	用量/kg	比例/%
玉米	3.50	68.20
棉籽饼	0.50	9.74
麸皮	1.00	19.48
石粉	0.03	0.64
食盐	0.05	0.97
添加剂预混料	0.05	0.97
合计	5.133	100.00

2. *第二种方法*

(1)用第二种方法设计精料混合料配方的步骤 ①查出饲喂对象的营养需要；②查出饲料营养成分，并把风干基础养分折算成绝干基础养分含量；③用试差法进行配合；④将所用饲料绝干物，再还原为饲料原物数量；⑤去除青粗饲料，计算出精料混合料配方。

(2)肉羊饲料配方设计举例 用青贮玉米秸、花生秧、玉米、麸皮、豆粕、棉粕、石粉、磷酸氢钙、食盐和添加剂预混料，为体重 20 kg 以上的肉用绵羊育肥公羊设计 TMR 日粮饲料配方。

第一步，明确目标。肉羊饲料配方设计的第一步是明确目标，不同的目标对配方要求有所差别。例如，体重 20 kg 育肥羊，预期日增重为 300 g。

第二步，确定动物的营养需要量。国内外的饲养标准可作为营养需要量的基本参考。主要参考中国肉用绵羊生长育肥公羊饲养标准(NY/T 816—2021)，确定 20 kg 育肥羊，日增重 300 g 的营养需要量，并折算成干物质中成分含量，见表 4-28。

表 4-28 育肥羊营养需要量

项目	干物质采食量/kg/d	代谢能/MJ/d	粗蛋白质/g/d	中性洗涤纤维/kg/d	钙/g/d	总磷/g/d
每千克干物质成分含量	0.95	7.6	133.00	0.29	8.60	4.80
	1.00	8.00	140.00	0.31	9.05	5.05

第三步，查肉羊营养需要及饲料营养成分表，并列出饲料营养成分含量(表 4-29)。

表 4-29　饲料营养成分含量

原料	干物质/(%鲜样)	代谢能/(MJ/kg DM)	粗蛋白质/(% DM)	中性洗涤纤维/(% DM)	钙/(% DM)	磷/(% DM)	钠/(% DM)
玉米	88.80	13.04	8.93	10.10	0.07	0.23	
麸皮	92.50	10.83	17.90	30.10	0.24	1.04	
豆粕	91.63	12.43	45.27	15.59	0.27	0.54	
棉粕	90.95	10.76	43.09	30.68	0.23	0.93	
花生秧	90.90	6.45	7.41	69.60	0.78	0.19	
青贮玉米秸	29.91	6.65	7.96	67.80	1.15	0.16	
磷酸氢钙					24.00	18.50	
石粉					37.00		
氯化钠							39.5
小苏打							27.00
预混料							

第四步，拟定配方。计算代谢能、粗蛋白质和中性洗涤纤维含量。

从表 4-30 计算中可看出，所配饲料每千克所含代谢能、粗蛋白质的含量都基本满足需要，中性洗涤纤维的含量高于饲养标准。

表 4-30　计算代谢能、粗蛋白质和中性洗涤纤维的含量

原料	干物质配比/%	干物质/%	代谢能/(MJ/kg DM)	粗蛋白质/(% DM)	中性洗涤纤维/(% DM)	钙/(% DM)	磷/(% DM)	钠/(% DM)
玉米	18	88.80	13.04	8.93	10.10	0.07	0.23	
麸皮	10	92.5	10.83	17.90	30.10	0.24	1.04	
豆粕	11	91.63	12.43	45.27	15.59	0.27	0.54	
棉粕	4	90.95	10.76	43.09	30.68	0.23	0.93	
花生秧	23	90.90	6.45	7.41	69.60	0.78	0.19	
青贮玉米秸	31	29.91	6.65	7.96	67.80	1.15	0.16	
磷酸氢钙						24.00	18.50	
石粉						37.00		
食盐								39.5
小苏打								27
预混料								
总计	97		8.77	14.27	44.79			
要求每千克干物质含			8.00	14.00	31.00			
比较			+0.77	+0.27	>31.00			

第五步，补充矿物质饲料。根据饲养标准要求补充矿物质饲料，并添加食盐和碳酸氢钠补充钠元素，并调整配方和为 100%(表 4-31)。

表 4-31　补充矿物质并调整配方

原料	干物质配比/%	代谢能/(MJ/kg DM)	粗蛋白质/(% DM)	中性洗涤纤维/(% DM)	钙/(% DM)	磷/(% DM)	钠/(% DM)
玉米	17.38	13.04	8.93	10.10	0.07	0.23	
麸皮	10.00	10.83	17.90	30.10	0.24	1.04	
豆粕	11.00	12.43	45.27	15.59	0.27	0.54	
棉粕	4.00	10.76	43.09	30.68	0.23	0.93	
花生秧	23.00	6.45	7.41	69.60	0.78	0.19	
青贮玉米秸	31.00	6.65	7.96	67.80	1.15	0.16	
磷酸氢钙	0.917 5				24.00	18.50	
石粉	0.198 0				37.00		
食盐	0.50						39.50
小苏打	1.00						27.00
预混料	1.00						
总计	100.0000	8.6900	14.2100	44.7300	0.904 4	0.503 6	0.465 7
要求每千克干物质含		8.0000	14.0000	31.0000	0.905 0	0.505 0	
比较		+0.69	+0.21	>31.00			

第六步，将所用的绝干物还原为饲料原物数量(表 4-32)。

表 4-32　计算绝干物还原为饲料原物数量

饲料名称	干物质配比/%	各种干物质每日需要量/kg	原饲料中干物质含量/%	每天饲料需要量/kg
玉米	17.38	0.95×0.173 8=0.165 1	88.80	0.17÷0.888 0=0.18
麸皮	10.00	0.95×0.10=0.095 0	92.50	0.10÷0.925 0=0.10
豆粕	11.00	0.95×0.11=0.104 5	91.63	0.10÷0.916 3=0.11
棉粕	4.00	0.95×0.04=0.038 0	90.95	0.04÷0.909 5=0.04
花生秧	23.00	0.95×0.23=0.218 5	90.90	0.22÷0.909 0=0.24
青贮玉米秸	31.00	0.95×0.31=0.294 5	29.91	0.29÷0.299 1=0.98
磷酸氢钙	0.917 5	0.95×0.009 175 =0.008 7	94.00	0.01÷0.94=0.01
石粉	0.198 0	0.95×0.001 980 =0.001 9	92.00	0.002÷0.92=0.002
氯化钠	0.50	0.95×0.005=0.004 8	93.00	0.005÷0.93=0.005
小苏打	1.00	0.95×0.01=0.095	92.00	0.01÷0.92=0.01
预混料	1.00	0.95×0.01=0.095	93.00	0.01÷0.93=0.01
总计	100.00	0.95		

第七步，列出该羊的全混合日粮配方（表 4-33）。

表 4-33 育肥羊全混合日粮配方

原料	日粮组成/(kg/d)	日粮配比/%	原料	日粮组成/(kg/d)	日粮配比/%
玉米	0.180	10.670	磷酸氢钙	0.010	0.590
麸皮	0.100	5.930	石粉	0.002	0.120
豆粕	0.110	6.520	氯化钠	0.005	0.300
棉粕	0.040	2.370	小苏打	0.010	0.590
花生秧	0.240	14.230	预混料	0.010	0.590
青贮玉米秸	0.980	58.090	合计	1.687	100.000

第八步，计算精料混合料配方，便于生产时预混合。

将日粮中的花生秧和青贮玉米秸除外，其余各饲料配比之和折合成 100%。其计算公式如下：某饲料在精料中的百分比＝（某饲料在日粮中的百分比/精饲料配比和）×100%。计算结果见表 4-34。

表 4-34 育肥羊精料混合料配方 %

原料	配比	原料	配比
玉米	38.54	石粉	0.43
麸皮	21.24	氯化钠	1.07
豆粕	23.55	小苏打	2.14
棉粕	8.57	预混料	2.14
磷酸氢钙	2.14	合计	100.00

4.6 添加剂预混料配方设计

预混料又称为添加剂预混料，是由一种或多种添加剂原料与载体或稀释剂按一定比例配制的均匀混合物质。添加剂预混料可分为单项预混料和综合性预混料两种基本类型。单项预混料是由同一种类的多种添加剂配制而成的匀质混合物，如维生素预混料、微量元素预混料等；综合性预混料是由不同种类的多种添加剂按照配方制作而成的匀质混合物。如维生素、微量元素、氨基酸及其他成分混合在一起的预混料。

将添加剂原料配制成预混料在饲料生产中具有许多优点：①可以使微量的添加剂原料在配合饲料中混合均匀，保证了饲料的质量和品质；②配料的精度高，速度快，有利于标准化生产和应用；③配好的添加剂预混料能克服某些添加剂稳定性差、静电感应及吸湿结块等缺点。

4.6.1 载体与稀释剂及其质量要求

为了保证微量活性成分在配合饲料中混合均匀，配制添加剂预混料必须使用载体或稀释剂。载体是指能够接受和承载粉状活性成分的可饲物料。它不但对添加剂原料有稀释作用,而且还能够提高添加剂的流散性,使添加剂更易于均匀地分布到饲料中去。常用的载体有有机载体和无机载体两大类,有机载体包括玉米、小麦麸、脱脂米糠、稻壳粉、大豆壳粉和玉米芯粉等,无机载体包括硅酸盐、二氧化硅、沸石粉、陶土、滑石和蛭石等。制作添加剂预混料对载体的要求是本身是非活性物质,对所承载的微量成分有良好的吸附能力,化学稳定性好,来源方便,价格低廉。

稀释剂是掺入到一种或多种微量添加剂中起稀释作用的可饲用物料。它可以稀释活性组分的浓度,并将它们的颗粒彼此分开。稀释剂的粒度一般比载体细,可以作为稀释剂的原料有:脱胚的玉米粉、葡萄糖、蔗糖、豆粕粉、次粉、磷酸二钙、石灰石粉、贝壳粉、高岭土、食盐等。

载体和稀释剂是保证预混料混合均匀的重要条件,也是预混料中最大的组分。一般认为载体和稀释剂具有不同的作用和特点,相互不宜取代,但实际上许多载体和稀释剂的成分可能同时起到承载、稀释和吸附有效活性成分的作用。因此,根据不同的预混料特点,选择合适的载体和稀释剂对饲料的配制非常重要。

1. 含水量

载体和稀释剂的含水量是一个必须考虑的因素。载体水分含量过高时,不仅影响预混料的生产和混合均匀度,还易使微量组分在贮藏中失去活性、失效,从而严重影响预混料的效能。因此,必须严格控制载体和稀释剂的水分,通常认为含水量越低越好。载体和稀释剂中的含水量一般都不超过10%,最高含水量不超过12%,作为商品供应的载体水分应低于8%,以防产品结块变质。

2. 粒度

是指颗粒的大小。活性成分、饲料添加剂、载体和稀释剂等,都要求一定的粒度。粒度是制作饲料添加剂和预混料的重要技术指标。预混料的载体粒度一般在标准筛30～80目之间(0.59～0.177 mm)。严格地讲,若有10%的粒度大于0.59 mm时,需再次粉碎,对于粒径小于0.177 mm的量不应超过12%。稀释剂的粒度一般来说比载体的粒度要均匀和细一些,为30～200目(0.59～0.074 mm)。

3. 容重

载体的容重是影响混合均匀的重要因素,应考虑载体或稀释剂的容重与微量活性组分相接近,才能保证活性组分在混合过程中分布均匀。在添加剂预混料的制作工艺上,要设法缩小各种饲料添加剂之间容重的差异,并尽量与全价配合饲料的容重接近。

4. 表面特性

载体的表面特性是承载微量组分的重要因素。载体应具有粗糙的表面,或表面有小孔。当载体与微量组分充分混合时,微量组分能进入载体表面的小孔,或吸附在粗糙的表面上。一般认为粗纤维含量较高的麦麸、脱脂米糠、大豆皮粉、小麦初粉均属良好载体,多作为维生素添加剂的载体。微量元素添加剂的载体多选用二氧化硅和沸石粉等作为载体。稀释剂不具备承载性能,表面光滑,且具有较好的流散性,才能混合均匀。如粒度较细的去胚玉米粉、磷酸二氢钙和碳酸钙等,都是较理想的稀释剂。

5. 吸湿性和结块性

吸湿性是指载体在空气中吸附水分后,使其本身潮解或增加水分的性能。当载体或稀释剂吸湿性增强,则制成预混料易结块,活性组分在贮藏过程中易于变质,故尽量不使用具有吸湿性强的物料做载体或稀释剂。如酒糟风干物、乳清粉等均不宜做载体或稀释剂。在实际生产中，对于易结块的载体，可加入二氧化硅、沉淀碳酸钙、疏水淀粉等抗结块剂，以减少结块。

6. 流动性

流动性又称流散性。载体或稀释剂的流动性，对于微量活性组分均匀混合起重要作用，流动性差不易混合均匀，流动性太强，则预混料或混合料的成品在运输过程中易产生分级，影响添加剂预混料的质量。应选择流动性适中的载体和稀释剂。

7. 酸碱度(pH)

载体或稀释剂的 pH，影响微量组分的活性。例如，泛酸钙在 pH 小于 5 时，活性的损失加快。有些活性组分在 pH 大于 9 时，活性则受到损失。因而，在选用载体或稀释剂时，要考虑它的 pH。不同的各种活性组分(或添加剂)，对 pH 的要求各不相同，载体或稀释剂要具备缓冲 pH 的特点，使预混料的 pH 保持在中性附近。

8. 静电荷

过度粉碎和干燥的纯活性成分常带有静电荷。颗粒越小，化合物越纯，越干燥，静电荷越高。当混合时，这些带静电的小颗粒由于与其他材料发生异性相吸的作用，使活性组分吸附于混合机或输送设备的表面，造成混合不均匀和活性成分的损失，同时也造成下次混合时的污染；另外，当混合时，若各个颗粒所带电荷相同，颗粒之间相互排斥，会造成粉尘，使活性成分损失。静电作用亦会影响物料的流动性，在载体表面添加不饱和的植物油或糖蜜等抗静电物质，可减少或消除静电的影响。

要生产优质的预混料，必须选择好相应的载体和稀释剂。生产维生素预混料时，考虑到维生素的稳定性差，容重偏低，为保持维生素的活性，宜选用含水量低、pH 近中性、化学特性稳定、容重小、表面粗糙、承载性能较强的砻糠粉等有机物料为载体；采用容重小，表面粗糙的玉米芯粉等做稀释剂。生产微量元素预混料时，考虑微量元素容重较大，宜采用比重较大的碳酸钙等无机物料为载体。对于综合性预混料的生产，可优选玉米粉等为载体，这就兼顾到维生素和微量元素的特性。

预混料中载体的加入量，根据该预混料占配合饲料的比例而定。商品性预混料通常以1%～5%的配比加到配合饲料中。有些用量极少的微量活性组分以稀释预混料的形式出售，如维生素 B_2、维生素 B_{12} 等，具有不同规格的浓度可供选用。但是有些用量较少的活性物质以纯化合物形式出售，如维生素 B_1、叶酸、维生素 B_6 等，则可将其进一步稀释，稀释浓度一般为1%～5%或更高些。

4.6.2 维生素添加剂预混料配方设计

1. 维生素预混料配方设计的原则

(1)合理确定维生素的添加量　维生素预混料的配方设计应根据动物饲养标准进行。美国 NRC 标准是在实验室最优条件下测得的维持动物不发病或纠正维生素缺乏症所需要的最低需要量。它不能反映动物正常生长发育的生理需要，故不适于在生产条件下应用。动物对维生素的最佳需求量应当是保证动物健康、生长、繁殖和不同饲喂环境下生产效果最好的需要量。实践证明，最佳需要量常比最低需要量高出几倍。但维生素原料成本较高，在生产中宜本着经济合理的原则，选择饲用效果和经济效果较好的配方，即在 NRC 标准基础上，适当增加一定的安全系数，保证维生素的供给量，以取得最佳经济效果。

从维生素的稳定性上看，维生素 A 和维生素 D_3 制剂比其他维生素易失去活性，即使已采用包囊技术，维生素也易失去活性，而且常用饲料中不含有维生素 A 和维生素 D_3。所以维生素 A、维生素 D 供给要比需要量高。在常用饲料中维生素 B_1、维生素 B_6 和生物素含量较丰富，为了降低复合维生素成本，这三者的用量可以比需要量降低一些或不添加。维生素 B_2 对防止生长雏鸡腿病和提高种蛋孵化率有显著作用，一般用量都高于需要量。在大规模饲养和各种逆境因素（如高温、寒冷、疾病、接种疫苗等）影响的情况下，比较容易继发维生素 A、维生素 D、维生素 K、烟酸、叶酸、生物素以及维生素 C 的缺乏症，因此配合饲料中维生素的补给量，通常应高出标准数倍。在颗粒饲料的制作过程中，会有大量的维生素 A、维生素 B 和生物素等因受高温的影响而被破坏；随着饲粮保存时间的延长，其中的维生素 A、维生素 B_1、维生素 B_{12}、维生素 E 和维生素 C 等将受各种理化因素的影响而被破坏，所以维生素添加剂中各种维生素的含量往往都高于饲养标准。

维生素预混合料配方设计关键是维生素的添加量。通常基础日粮中的维生素含量可作为安全系数不计入配方。另外，要根据不同动物的生理特点确定维生素的添加，如反刍动物瘤胃微生物能合成较多 B 族维生素，在反刍动物饲粮中可不添加该类维生素。

（2）注意配伍禁忌　各种活性成分混合在一起，它们之间必将发生物理和化学反应，为了缓解这些反应，在把活性成分制成饲料添加剂时，需要对易受损害的活性成分或者易导致其他活性成分损失的活性成分进行处理。但是，生产中并不能使所有饲料添加剂都做到这一点。也不能完全避免活性成分之间的相互作用。因而，维生素预混料的配制应注意配伍禁忌问题。

在饲料添加剂的配伍禁忌上，最突出的有三个例子：一是烟酸和泛酸之间；二是微量元素添加剂和维生素之间；三是氯化胆碱和其他添加剂之间。氯化胆碱有吸湿性，可使预混料的含水量提高，降低品质。氯化胆碱对维生素 A、胡萝卜素、维生素 D 和泛酸钙等有破坏作用。因而，在添加剂预混料中使用氯化胆碱，常常降低营养效用，所以它一般不添加在预混料内，而是直接添加到配合饲料中。

2. 维生素添加剂预混料配方设计的方法

（1）维生素预混料配方设计的步骤　①确定预混料的品种和浓度。品种是指通用型或专用型；浓度是指预混料在配合饲料中的用量，一般占配合饲料风干重的 0.1%～0.2%。②确定添加维生素的种类和数量。专用型维生素预混料有单一的，有复合的，根据其用途确定添加维生素的种类；通用型维生素预混料一般都是按照饲养标准规定的种类进行设计。即 4 种脂溶性维生素和除胆碱以外的 8 种水溶性维生素。③选择各种维生素原料。④将需要添加的维生素量折算为商品原料量。⑤根据对预混料浓度的要求，计算载体的用量。⑥折算出维生素添加剂的生产配方。

（2）维生素预混料配方设计示例

【例】为开产至高峰期（产蛋率＞85%）蛋鸡设计 0.02%维生素预混料配方。详见表 4-35。

表 4-35　产蛋鸡用复合维生素标准及添加量

维生素名称	饲养标准(a)（每千克全价饲料含）	拟定添加水平(b)（每千克全价饲料含）	拟定添加水平(c)（每千克预混料含）
维生素 A	8 000 IU	16 000 IU	16 000 IU÷0.02%
维生素 D_3	1 600 IU	2 000 IU	2 000 IU÷0.02%

续表 4-35

维生素名称	饲养标准(a) (每千克全价饲料含)	拟定添加水平(b) (每千克全价饲料含)	拟定添加水平(c) (每千克预混料含)
维生素 E	5 IU	10 IU	10 IU÷0.02%
维生素 K_3	0.5 mg	0.6 mg	0.6 mg÷0.02%
维生素 B_1	0.8 mg	1.0 mg	1.0 mg÷0.02%
维生素 B_2	2.5 mg	4.0 mg	4.0 mg÷0.02%
维生素 B_6	3.0 mg	2.0 mg	2.0 mg÷0.02%
维生素 B_{12}	0.004 mg	0.012 mg	0.012 mg÷0.02%
泛酸钙	2.2 mg	10 mg	10 mg÷0.02%
烟酸	20 mg	20 mg	20 mg÷0.02%
叶酸	0.25 mg	0.5 mg	0.5 mg÷0.02%
生物素	0.10 mg	0.15 mg	0.15 mg÷0.02%
BHT *			
小计			
载体			

注：* 为抗氧化剂 2,6-二叔丁基羟基甲苯。

第一步，查饲养标准(a)，以饲养标准为基础，根据饲养的具体条件，拟定维生素的添加种类及全价配合饲料中的添加水平(b)，见表 4-35。

第二步，计算每千克预混料中各种维生素的添加水平。预混料中维生素的水平(c)＝全价料中维生素的水平(b)/预混料在全价配合饲料中的添加量(0.02%)，见表 4-36。

表 4-36　产蛋鸡用复合维生素标准及添加量

维生素名称	拟定添加水平(每千克全价料含,b)	拟定添加水平(每千克预混料含,c)	原料规格(d)	原料用量(e)(每千克预混料含)	原料用量(f)(每 100 千克预混料含)
维生素 A	16 000 IU	16 000 IU÷0.02%	500 000 IU/g	16 000÷0.02%÷500 000＝16(g)	1.600 0 kg
维生素 D_3	2 000 IU	2 000 IU÷0.02%	500 000 IU/g	2 000÷0.02%÷500 000＝2(g)	0.200 0 kg
维生素 E	10 IU	10 IU÷0.02%	50%	10÷0.02%÷50%÷1 000＝100.00(g)	10.000 0 kg
维生素 K_3	0.6 mg	0.6 mg÷0.02%	96%	0.6÷0.02%÷96%÷1 000＝0.312 5(g)	0.031 3 kg
维生素 B_1	1.0 mg	1.0 mg÷0.02%	96%	1.0÷0.02%÷96%÷1 000＝0.520 8(g)	0.052 1 kg
维生素 B_2	4.0 mg	4.0 mg÷0.02%	80%	4.0÷0.02%÷80%÷1 000＝2.500 0(g)	0.250 0 kg
维生素 B_6	2.0 mg	2.0 mg÷0.02%	96%	2.0÷0.02%÷96%÷1 000＝1.041 7(g)	0.104 2 kg
维生素 B_{12}	0.012 mg	0.012 mg÷0.02%	1.00%	0.012÷0.02%÷96%÷1 000＝0.600 0(g)	0.060 0 kg
泛酸钙	10 mg	10 mg÷0.02%	98%	10÷0.02%÷98%÷1 000＝5.102 0(g)	0.510 2 kg
烟酸	20 mg	20 mg÷0.02%	100%	20÷0.02%÷100%÷1 000＝10.000(g)	1.00 kg
叶酸	0.5 mg	0.5 mg÷0.02%	98%	0.5÷0.02%÷98%÷1 000＝0.255 1(g)	0.025 5 kg
生物素	0.15 mg	0.15 mg÷0.02%	2%	0.15÷0.02%÷2%÷1 000＝3.750 0(g)	0.375 0 kg

续表 4-36

维生素名称	拟定添加水平（每千克全价料含，b）	拟定添加水平（每千克预混料含，c）	原料规格（d）	原料用量(e)（每千克预混料含）	原料用量(f)（每 100 kg 预混料含）
BHT *				0.5 g	0.050 0 kg
小计					14.258 3 kg
载体					85.741 7 kg

注：1IU 维生素 E=1 mg DL-α-生育酚醋酸酯。

第三步，计算每千克预混料中各种维生素原料的添加量(e)。某种维生素原料在预混料中的添加量(e)=维生素在预混料中的添加水平(c)/原料中维生素的含量(d)。抗氧化剂 BHT 在预混料中的添加量为 500 mg/kg。

第四步，统一单位，计算出每 100 kg 预混料中维生素原料的用量(f)，f=e×100/1 000。合计得出每 100 kg 预混料中维生素原料和抗氧化剂的总量为 14.258 3 kg，载体的用量=(100−14.258 3)kg=85.741 7 kg。最后，将各种维生素和载体的用量按百分比表示，即为该复合维生素预混料配方，见表 4-37。

表 4-37　产蛋鸡用复合维生素配方　　%

维生素名称	原料配比	维生素名称	原料配比	维生素名称	原料配比
维生素 A	1.6	维生素 B_2	0.25	叶酸	0.03
维生素 D_3	0.20	维生素 B_6	0.10	生物素	0.38
维生素 E	10.00	维生素 B_{12}	0.06	BHT *	0.05
维生素 K_3	0.03	泛酸钙	0.51	载体	85.74
维生素 B_1	0.05	烟酸	1.0	总计	100.00

4.6.3　微量元素添加剂预混料配方设计

1. 微量元素预混料配方设计的原则

设计微量元素预混料配方，应遵循技术先进，面向实际和经济合理等原则。

(1)合理确定微量元素的添加量　由于在动物日粮中微量元素的添加量很少，而基础饲料中含量变化较大，生物学效价也有变化，很难做到现用现测。如果按成分表简介计算误差较大。所以在配方设计时，普遍把饲养标准中规定的微量元素需要量作为添加量，将基础饲料中的含量，一般忽略不计，而作为保证值(或保险量)。这样，既简化了计算，又便于实际应用。

微量元素添加种类的确定一般是以饲养标准中规定的种类为基本依据，同时考虑地区性，如某元素的缺乏或高含量区。通常需要考虑添加的微量元素都是铁、铜、锌、锰、硒、碘等。

在确定微量元素的添加量时，还应考虑元素间的比例平衡。某些元素的特效作用，如高剂量铜对猪、鸡具有促生长作用，但超量供给，有可能破坏动物体内元素间的平衡，应从严掌握。此外，生产高锌蛋、高碘蛋等需要特别注意元素之间的干扰和比例平衡。微量元素的添加要特别注意某元素的添加量和中毒量的差距，即安全系数。安全系数小，在设备和工艺上又达不到均匀混合的情况下，要以安全第一的要求处理。

（2）关于硒的限量添加问题　硒既是动物必需的微量元素，又是一种剧毒物质。在使用上对其有严格限制，必须用亚硒酸钠或硒酸钠做微量元素硒的添加化合物。如常用的亚硒酸钠毒性大，故以稀释品出售，且务必混合均匀，严防局部浓度大，导致中毒。凡生产硒的预混料厂，每批产品需作硒含量分析，以使其产品符合规定。

2. 微量元素添加剂预混料配方设计的步骤

（1）确定微量元素添加量　饲养标准是确定动物营养需要的基本依据，还可参考确实可靠的研究和使用效果进行权衡，修订微量元素添加量的种类和数量。

（2）微量元素的原料选择　综合原料的生物效价、价格和加工工艺的要求选择微量元素原料。主要查明微量元素含量，同时查明杂质及其他元素含量，以备应用。原料的选择一般应选用生物效价高、稳定性好、便于粉碎和混合，价格比较低廉的原料。一般铜、铁、锰、锌都以选硫酸盐为好，货源充足，畜禽对其利用率高，且价格便宜。为了保证微量元素预混料中水分含量达到产品要求，可选用含一个结晶水的硫酸盐。从国内目前情况看，由于畜禽对有机微量元素和氨基酸螯合物微量元素的吸收较好，所以用量也在上升。

（3）根据原料中微量元素含量和预混料中的需要量，计算在预混料中各种微量元素所需商品原料量，计算方法是如下。

纯原料量＝某微量元素需要量/纯品中元素含量（%）

商品原料量＝纯原料量/商品原料纯度（%）

（4）确定载体用量　根据预混料在配合饲料中的比例，计算载体用量。一般认为预混料占全价配合饲料的0.1%～0.5%为宜。载体用量为预混料量与商品原料之差。

（5）列出微量元素预混料的生产配方。

3. 微量元素预混料配方设计示例

【例】为35～60 kg体重生长肥育猪设计0.5%微量元素添加剂预混料配方，见表4-38。

表4-38　35～60 kg生长肥育猪微量元素预混料配方计算表

元素名称	每千克饲料中添加量（a）/mg	原料	原料中元素含量（b）/%	原料的纯度（c）/%	每千克全价料中原料用量（d）/mg	每千克预混料中原料用量（e）/g	每100 kg预混料中原料的用量（f）/kg
铜	4.0	$CuSO_4 \cdot 5H_2O$	25.5	98.0	4.0÷0.255÷0.98＝16.01	3.20	0.32
铁	60	$FeSO_4 \cdot H_2O$	32.9	90.0	60÷0.329÷0.9＝202.63	40.53	4.05
锌	60	$ZnSO_4 \cdot H_2O$	36.4	90.0	60÷0.364÷0.9＝183.15	36.63	3.66
锰	2.0	$MnSO_4 \cdot H_2O$	32.5	98.0	2÷0.325÷0.98＝6.28	1.26	0.13
碘	0.14	1% KI	76.4×1%	99.5	0.14÷0.764÷1%÷0.995＝0.18	3.68	0.37
硒	0.25	1% Na_2SeO_3	45.6×1%	99.5	0.25÷0.456÷1%÷0.995＝0.55	11.02	1.10
小计						96.32	9.63
载体		沸石粉				903.68	90.37
合计						1 000.00	100.00

第一步，查饲养标准，确定微量元素的添加量(a)。

第二步，选择微量元素原料，并确定原料中的元素含量(b)和纯度(c)，并计算每千克全价料中原料的用量(d)，$d=a/(b\times c)$

第三步，计算每千克预混料中原料和载体的用量。某种微量元素原料在预混料中的添加量(e)＝全价配合饲料中微量元素原料的添加量(d)/预混料在配合饲料中的添加量(0.5%)，并进行单位折算。

第四步，计算每100 kg预混料中各种微量元素原料的添加量(f)，并统一单位，便于生产使用，$f=\times 100/1\ 000$。计算得出每100千克预混料中微量元素原料的总量为9.63 kg，载体的用量＝(100－9.63)kg＝90.37 kg。

第五步，将各种微量元素和载体的用量按百分比表示，即为该复合微量元素预混料配方，见表4-39。

表4-39　35～60 kg生长肥育猪微量元素预混料配方　%

原料名称	配比	原料名称	配比
$CuSO_4\cdot 5H_2O$	0.32	1% KI	0.37
$FeSO_4\cdot H_2O$	4.05	1% Na_2SeO_3	1.10
$ZnSO_4\cdot H_2O$	3.66	沸石粉	90.37
$MnSO_4\cdot H_2O$	0.13	合计	100.00

4.6.4　综合性预混料配方设计

1. 综合性预混料配方设计的原则

(1)防止和减少有效成分损失，保证预混料的稳定性和有效性。

通常情况下，综合性预混料的活性成分容易损失。有些微量元素，特别是其硫酸盐类与某些维生素接触后促使其失效。还有一些微量元素之间，混合后会降低效价，甚至是完全失活。因此，生产上为了减少和避免损失，首先生产单一类型的维生素预混料和微量元素预混料，到制作配合饲料再进行混合。直接生产和使用复合预混料的优点是用户使用方便，通用性强，不需要特殊的加工设备。

为保证综合性预混料的稳定性和有效性，各种维生素要根据情况超量添加，优选稳定性好的原料，如经过稳定性处理的维生素K和微粉粒维生素A。微量元素方面，使用硫酸盐做原料时，应尽量选择低结晶水或无结晶水的盐类，或选择微量元素的氧化物，如氧化锰、氧化锌等。同时在预混料中加入抗氧化剂，减少维生素类的损失。适当增加载体或稀释剂的比例，降低预混料中微量组分的浓度。

(2)添加成分符合国家饲料和饲料添加剂管理条例的要求。不得生产和使用中药外的所有促生长类药物饲料添加剂。

2. 综合性预混料配方设计步骤

(1)确定综合性预混料在配合饲料中的用量，一般以占配合饲料重的1%、2%、4%的规格最多。

(2)确定综合性预混料中各组分的种类及各组分在配合饲料中的用量。比如复合维生素在全价配合饲料中的用量为0.2%，微量元素用量为0.5%等。

(3)综合性预混料中各组分实际用量的计算。

3. 配方设计示例

【例】肉用仔鸡 2%预混料配方见表 4-40。

表 4-40　肉用仔鸡 2%预混料配方计算表

添加剂种类	全价配合饲料中用量 (*a*)/(mg/kg)	每千克综合性预混料中原料用量 (*b*)/g	每 100 kg 预混料中原料的用量 (*c*)/kg
肉鸡维生素预混料(0.02%)	200	200÷2%÷1 000=10	1.00
肉鸡微量元素预混料(0.1%)	1 000	1 000÷2%÷1 000=50	5.00
微生态制剂	200	200÷2%÷1 000=10	1.00
酶制剂	200	200÷2%÷1 000=10	1.00
抗球虫药物(12%盐霉素)	500	500÷2%÷1 000=25	2.50
抗氧化剂(30%乙氧基喹啉)	250	250÷2%÷1 000=12.5	1.25
小计		117.5	11.75
沸石粉		882.5	88.25
总计		1 000	100.00

第一步，确定综合性预混料中添加剂的种类及在全价配合饲料中的添加量。

第二步，计算每千克预混料中添加剂原料和载体的用量。某种添加剂原料在综合性预混料中的添加量(b)=全价配合饲料中添加剂原料的添加量(a)÷预混料在配合饲料中的添加量(2%)÷1 000，并进行单位折算。

第三步，计算每 100 kg 预混料中各种添加剂原料和载体的添加量(c)=b×100÷1 000，并统一单位，便于生产使用。计算得出每 100 kg 预混料中添加剂原料的总量为 11.75 kg，载体的用量=(100－11.75)kg=88.25 kg。将各种添加剂原料和载体的用量按百分比表示，即为该综合性预混料配方(表 4-41)。

表 4-41　肉用仔鸡 2%预混料配方　　%

添加剂种类	配比	添加剂种类	配比
肉鸡维生素预混料(0.02%)	1.00	抗球虫药物(12%盐霉素)	2.50
肉鸡微量元素预混料(0.1%)	5.00	抗氧化剂(30%乙氧基喹啉)	1.25
微生态制剂	1.00	沸石粉	88.25
酶制剂	1.00	总计	100.00

4.7　配方软件设计畜禽饲料配方

4.7.1　配方软件设计饲料配方示例一

“资源配方师”Refs 软件是北京资源集团开发研制的饲料配方系统，该配方系统具有功能完整、性能可靠、使用方便和实用性强等优点，适合于教学、科研和饲料生产企业等部门使用。

Refs3000 系统采用多层次的结构体系，其总体设计分为：系统管理、配方制作系统、自动配方系统、预混料系统、原料库存管理、打印设置、资源原料词霸和帮助内容等。下面以单配方设计为例简明介绍全价配合饲料配方制作。运用该配方软件设计饲料配方步骤如下。

第一步，安装并进入资源配方系统(图 4-15)。

图 4-15 资源配方系统进入界面

第二步，进入系统界面后(图 4-16)，可根据说明点击“系统管理”，对系统中原料和标准等进行管理和维护。点击“配方制作”，进入下一个界面(图 4-17)，选取“单配方操作”，进一步选取“新建单配方方案”。

图 4-16 资源配方系统界面

第三步，输入方案名和方案描述信息(图 4-18)，进入配方制作窗口(图 4-19)。

第四步，用鼠标选取“营养标准”，选取所参考营养素指标，并点击“营养素存储”进行保存(图 4-20)。同时可对营养标准的上下限进行修改，并点击“营养标准存储”进行保存(图 4-21)。

第五步，鼠标点击“原料”，选取所需饲料原料，按“⇓”将其置手工配方窗(图 4-22)，并根据情况修改原料价格和原料营养成分等，最后点击“原料数据存储”进行保存(图 4-23)。

图 4-17　配方制作界面

图 4-18　方案名和方案描述信息界面

图 4-19　配方制作窗口

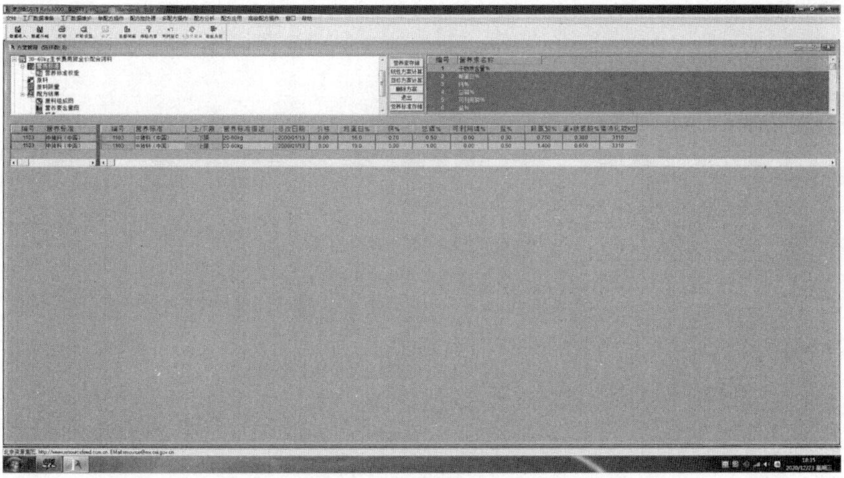

图 4-20 营养素选择窗口

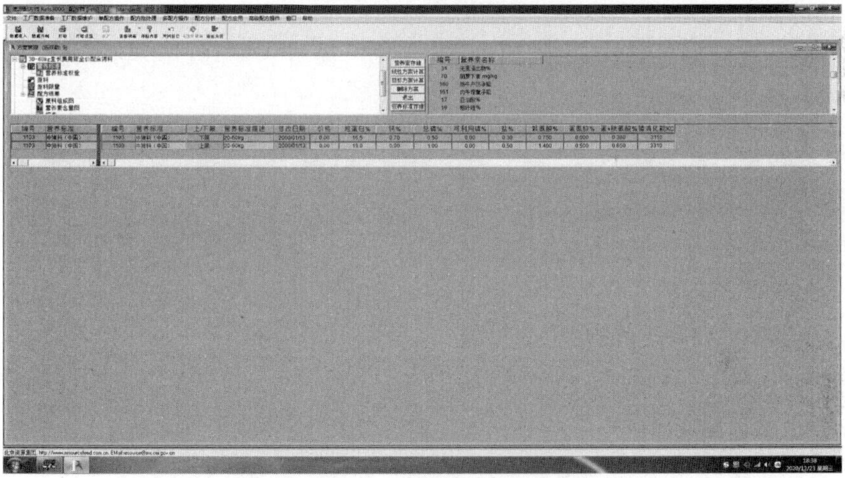

图 4-21 营养标准修改界面

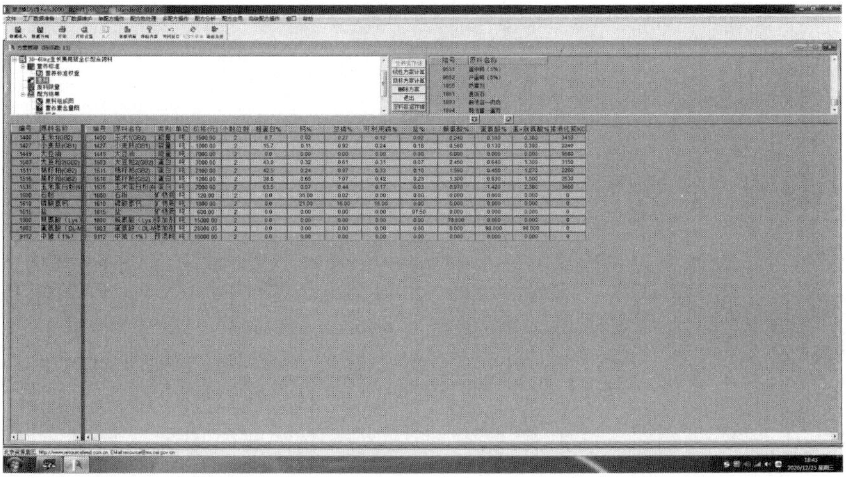

图 4-22 饲料原料选择界面

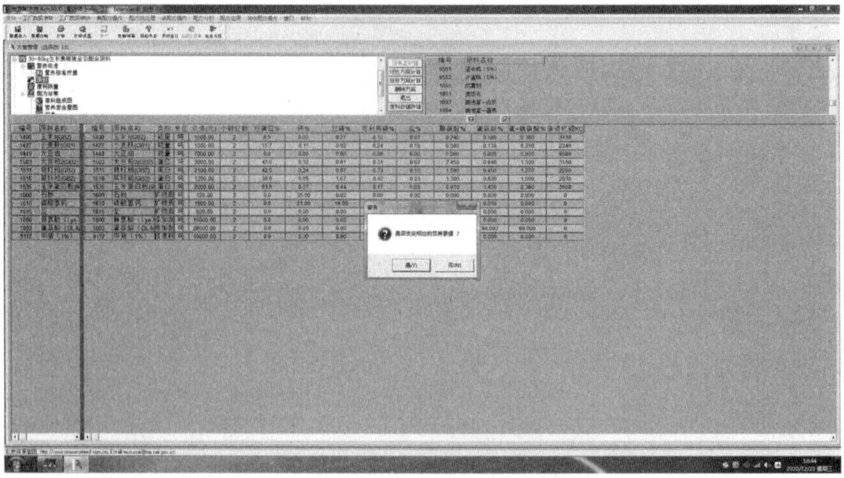

图 4-23　原料数据修改界面

第六步，点击原料限量，对原料的用量进行约束，最后点击“原料限量存储”进行保存（图 4-24）。

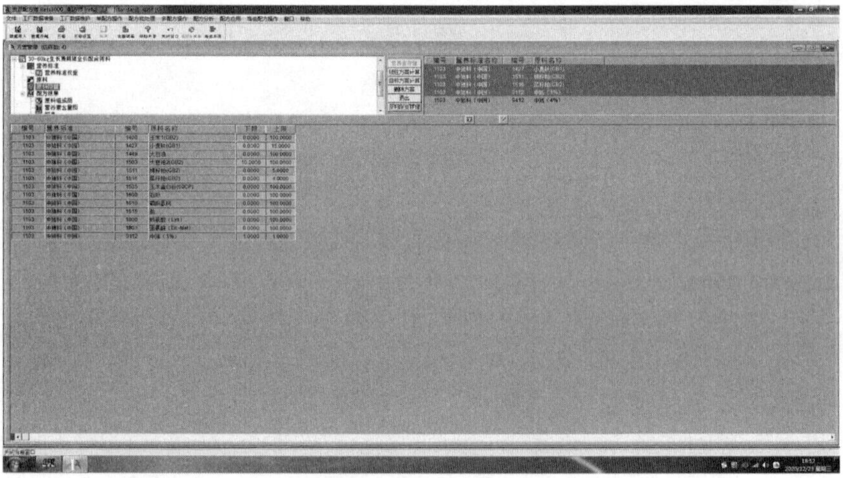

图 4-24　原料上下限修改界面

第七步，利用以上数据，点击“线性方案计算”（图 4-25），可得到相应配方结果（图 4-26），也可将以上配方进行数据存储或打印（图 4-27）。

该配方软件还具有多配方处理、预混料制作、配方综合分析与影子价格分析、原料采购决策与灵敏度分析、原料库存管理、水产饲料制作等其他功能，可根据生产需要进一步研究和应用。

二维码4-4
金牧软件
设计配方

4.7.2　配方软件设计饲料配方示例二

金牧饲料配方软件-VF123 是生产中方便应用的一种配方软件，可以计算出不同种类动物的全价料、浓缩料、预混料、复合多维和复合矿物质的配方。该配方软件的技术步骤包括输入标准、选择原料和计算配方等几个主要

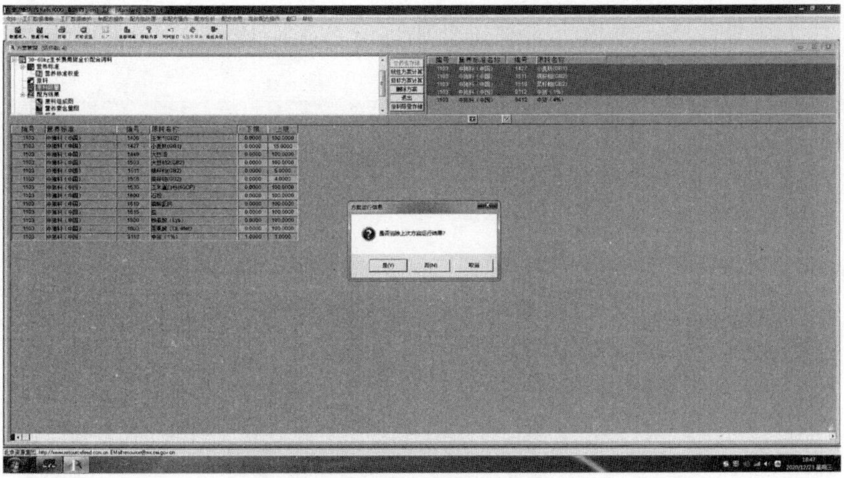

图 4-25　线性方案计算

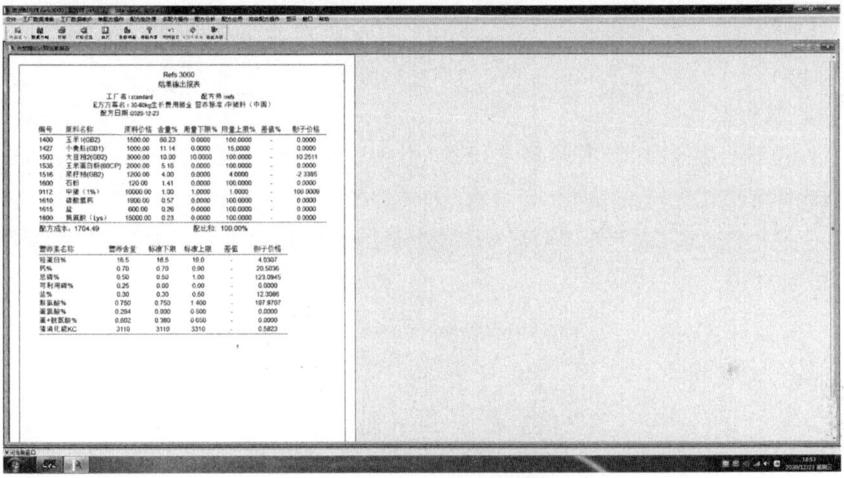

图 4-26　配方计算结果

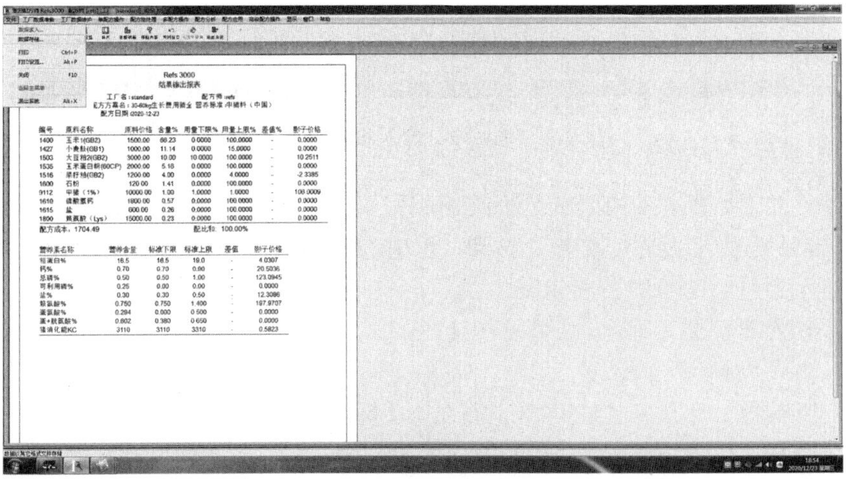

图 4-27　配方保存或打印

步骤。运用该配方软件设计饲料配方步骤如下。

第一步,安装并进入金牧配方系统(图 4-28)。

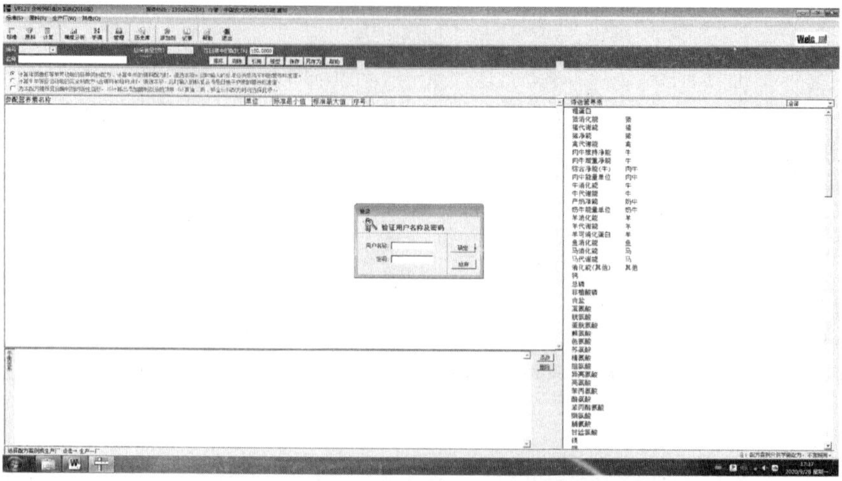

图 4-28　安装进入金牧配方系统

第二步,输入标准。

(1)进入标准窗　用鼠标点击屏幕上行的“引入”,进入标准窗,选择合适的标准(图 4-29)。

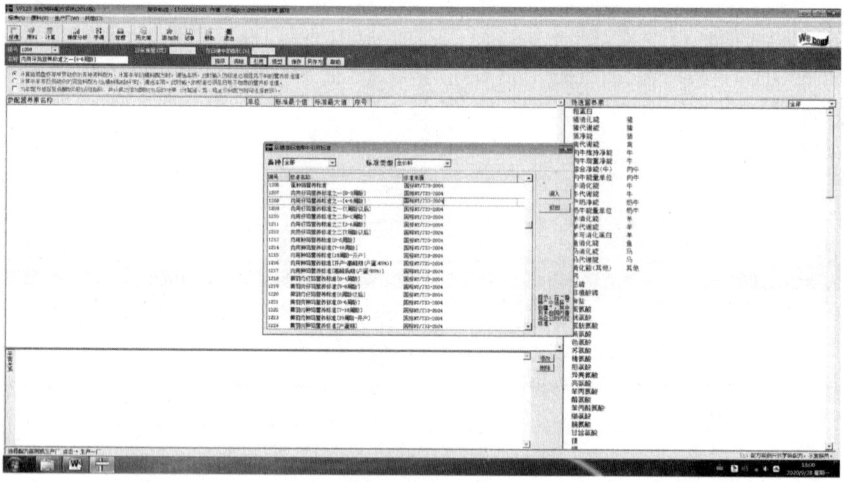

图 4-29　输入标准

(2)选择营养素　用鼠标在标准窗的右框中,双击需要计算的营养素,本例包括:禽代谢能、粗蛋白质、赖氨酸、蛋氨酸、蛋胱氨酸、钙、总磷、非植酸磷、钠、和氯,给这几项都标上钩号√,并自动调入到左边的参配营养素框中。

(3)输入各营养素的标准值,结果见图 4-30。

第三步,输入原料(图 4-31)。

(1)进入原料窗　用鼠标点击屏幕上行的“原料”,进入原料窗。

(2)选择原料　用鼠标在原料窗的右框中,双击需要参配的原料。本例包括玉米、小麦麸、大豆粕和国产鱼粉等共十四种原料。给这些原料都标上钩号√,并自动调入到左边的参配原料框中。

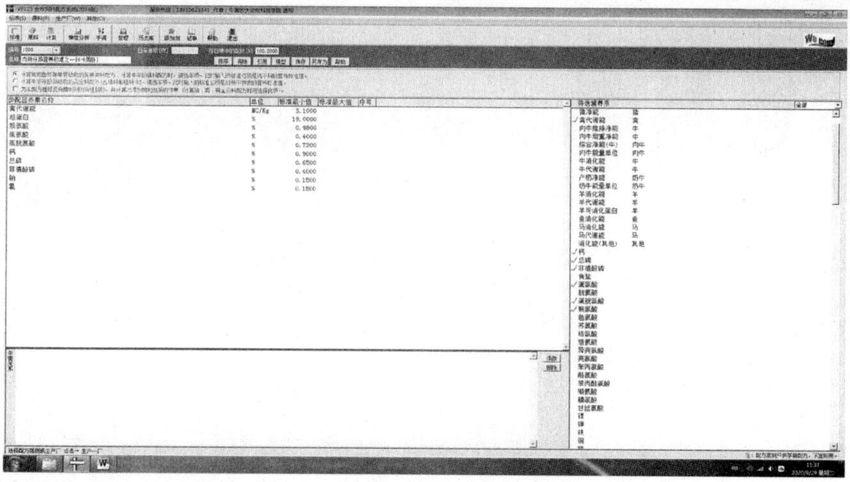

图 4-30　输入营养素

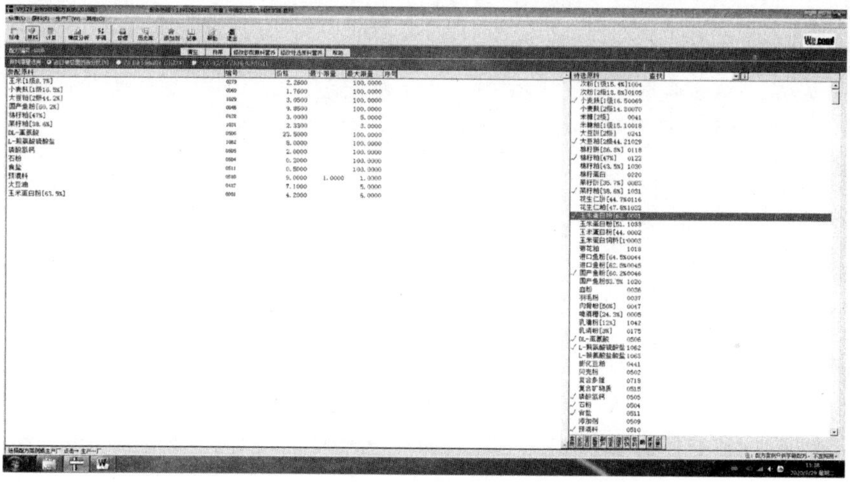

图 4-31　输入原料

(3)输入各原料的价格和限量值。

(4)双击相应的原料,也可对原料中的营养成分含量进行修改并保存(图 4-32)。

第四步,优化计算配方。

(1)用鼠标点击屏幕上行的“计算”,便开始优化计算,得出配方(图 4-33)。

(2)保存配方结果。选择“另存为”,选择配方工厂,输入配方的编号和名称(图 4-34)。

4.7.3　饲料智能物联网技术

随着大数据分析技术的进步,物联网技术发展迅速。畜牧行业如何借助大数据、云计算、物联网等现代科学技术手段,将动物营养学、饲料学及其相关学科的最新研发成果应用到生产实际,在提高企业经济效益的同时,实现产业真正意义的提质增效和转型升级是目前急需解决的问题。

ODM(original design manufacturer,原始设计制造商)是指在制造业中,由采购方委托制造方提供从研发、设计到生产、后期维护的全部服务的生产方式。湖南伟业动物营养集团、农业

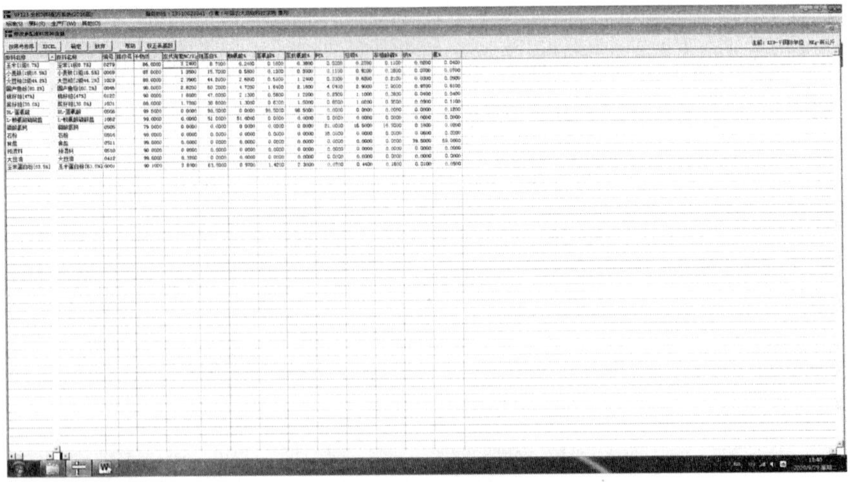

图 4-32 修改原料营养成分

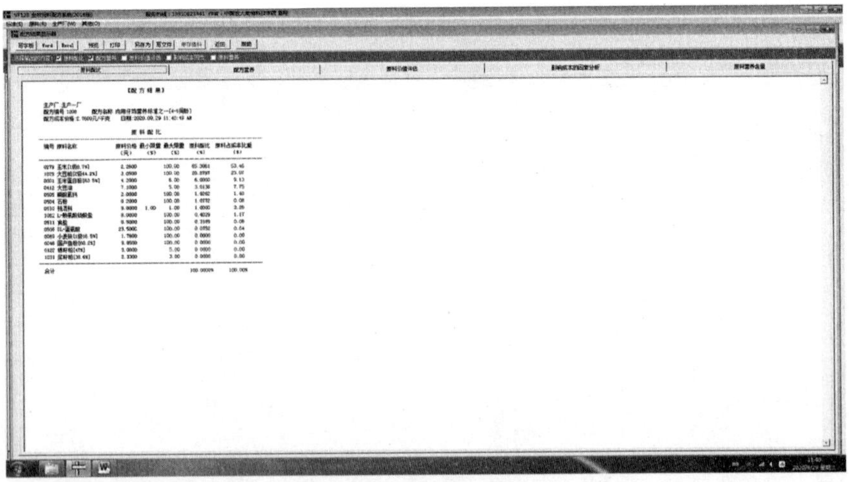

图 4-33 优化计算配方

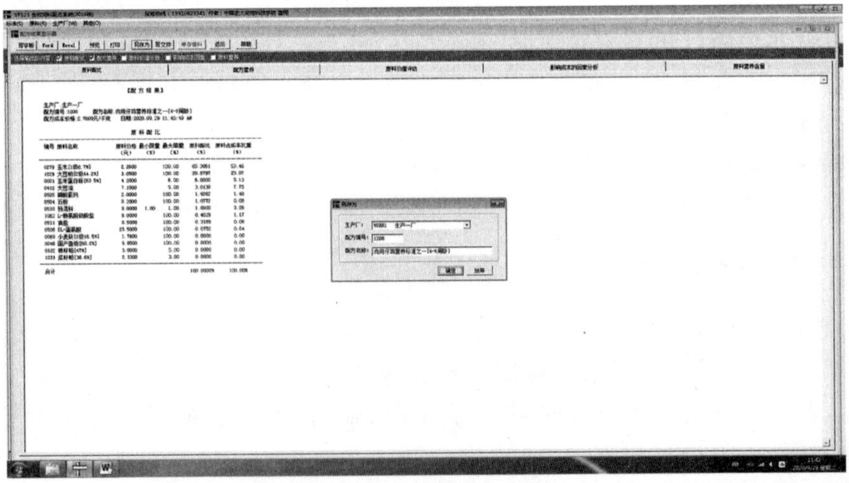

图 4-34 保存配方结果

农村部饲料工业中心和北京中农联成科技公司等单位研究开发了饲料 ODM 物联网系统。

饲料 ODM 物联网是以提高养殖场收益为终极目的。通过物联网技术利用现代化的设备将饲料加工、品控管理、饲养效果和市场利润分析等联系在一起，根据养殖场的实际情况(品种、环境、管理、健康水平、畜禽价格等)制定的包括配方、饲喂阶段、保健、效果跟踪并反复验证等环节得出的优化方案的系统平台，其架构包括数据采集层、通信层、数据处理平台和终端应用层四个部分(图 4-35)。

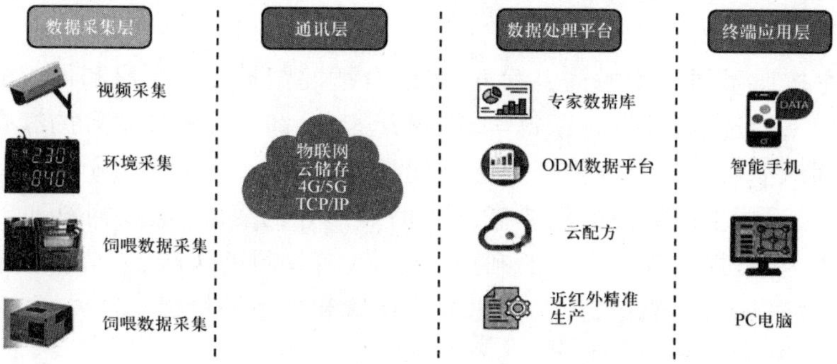

数据采集层：包含各种现场参数的采集及报警；通信层：包含有线、无线通信中间件设备，云端中间件；数据处理平台：专家数据库、ODM 数据平台、云配方、生产控制；终端应用层：通过手机、平板、电脑等对数据进行展示及运用。

图 4-35 饲料智能物联网平台

在饲料 ODM 系统中，从原料入库—粉碎—混合—制粒—成品仓的每个环节都有在线近红外系统检测其化学成分的变化，所有检测结果与生产记录自动生成并发送给饲料 ODM 物联网平台。养殖场选取有代表的栏舍安装自动饲喂系统后，能准确称量出每头猪的采食量、体重以及猪舍温湿度、氨气等信息，信息在汇总后将自动传送饲料 ODM 物联网平台。饲料 ODM 系统可以将这些数据及时在系统中保存和云备份。

饲料企业配方技术人员可以实时了解原料数据(近红外实时数据)、动物品种、环境、健康以及使用目前饲料配方下的生长性能等信息。准确测定出动物的理想生长曲线；依据未来市场畜产品价格、原料行情选择预期生长曲线；通过大数据对非常规原料、功能性原料及新的添加剂进行优化和筛选，降低成本，优化出饲料配方。饲料物联网技术的研发和应用对配合饲料生产和智能生产管理将起到积极的促进作用。

思考题

1. 饲料配制的原则是什么？
2. 猪不同阶段营养需要及饲料配方各有哪些特点？
3. 全价配合饲料配方设计方法有哪些？计算的一般步骤是什么？
4. 设计浓缩饲料配方时，如何根据全价配合饲料配方进行原料比例的折算？
5. 精料混合料和全混合日粮(TMR)的概念是什么？
6. 预混料的载体和稀释剂的选择有哪些质量要求？
7. 预混料配方设计的一般方法和步骤是什么？

5 饲料加工与智能控制

饲料加工是按照不同动物的饲料配方，采取合适的饲料加工手段和加工流程，将饲料原料转化为饲料产品的过程，是饲料原料学、动物营养学、饲料分析技术等的综合运用，在饲料工业体系中起到承上启下的重要作用。通过饲料加工，可以为动物生产营养均衡的饲料产品，满足不同动物不同生产阶段的营养需要和饲喂形态的要求；通过饲料加工，可以有效去除饲料中的有害因子，提高饲料资源的利用效率，改善饲料的风味、适口性和消化率；通过饲料加工，还可以改善饲料的储运特性，优化饲喂环境和生态环境。

5.1 饲料加工工艺流程

饲料加工工艺流程是指从饲料原料、饲料添加剂入厂至制成成品出厂之间的所有加工工序的完整的顺序组合。饲料加工中主要的加工工序包括饲料原料的接收、原料的清理和分级、原料的粉碎、配料、混合、调质、成型(制粒、挤压膨化、压片、压块等)、干燥和冷却、包装等。饲料加工工艺流程通过各种加工工序的有效组合，满足不同产品的加工需求。饲料加工工艺流程图是用标准的饲料“加工设备图形符号”绘制而成，是对饲料加工工艺流程中各种加工工序组合和相互关系的直观表述。典型的饲料加工工艺流程图如图 5-1 所示。

5.2 原料的接收和清理

饲料原料的接收和清理是饲料生产工艺的第一步，是将饲料厂所需各种原料用一定的运输设备运送入厂，并经质量检验和称重计量后，清理入库的全过程。该工艺环节的操作与管理直接影响到饲料产品质量和饲料生产管理。

5.2.1 原料的接收

1. 饲料原料类型

从生产工艺角度来分类，饲料原料可分为粒状固态原料、粉状固态原料和液态原料。粒状(或块状)原料主要指玉米、高粱、小麦等谷物原粮和豆粕、菜籽粕等粕类饲料原料，需要经过粉碎处理后使用。粉状原料主要指米糠、麸皮、矿物质、维生素、药物添加剂等饲料原料。液体原料主要指油脂、糖蜜、液体氨基酸以及其他液体饲料添加剂(如液体氯化胆碱)。

饲料原料的种类、品种和数量多少，取决于饲料厂生产饲料产品的品种、产量、组分、配方及加工工艺的要求。

2. 饲料原料接收流程

原料接收应遵循的原则为：规模较小或短距离运输时，选择汽车运输；长距离运输尽可

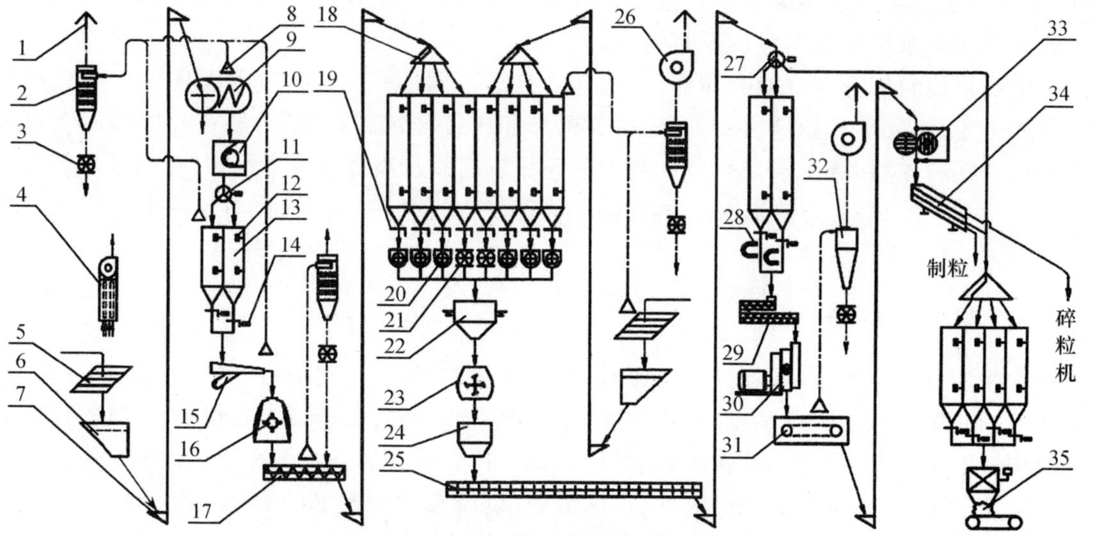

图 5-1　典型的饲料加工工艺流程图

1. 风帽；2. 脉冲布袋除尘器；3. 叶轮式关风器；4. 直吸式组合脉冲除尘器；5. 栅筛；6. 袋装料下料坑；7. 斗式提升机；8. 吸口吸尘罩；9. 单层圆筒清理筛；10. 永磁滚筒；11. 气动三通蝶阀；12. 料位器；13. 普通料仓；14. 气动阀门；15. 电磁振动喂料器；16. 单轴卧式锤片粉碎机；17. 螺旋输送机；18. 旋转分配器；19. 手动阀门；20. 螺旋喂料器；21. 叶轮喂料器；22. 配料秤；23. 单轴单层桨叶混合机；24. 缓冲斗；25. 刮板输送机；26. 离心风机；27. 电动四通蝶阀；28. 磁钢(铁)；29. 单轴桨叶式调质器；30. 环模制粒机；31. 卧式冷却器；32. 旋风分离器；33. 双混碎粒机；34. 振动分级筛；35. 自动定量包装秤

(资料来源：GB/T 24352—2020 《饲料加工设备图形符号》)

能采用铁路和水路运输，以降低运输成本。饲料固体原料接收流程按照原料来料途径不同，分为陆路接收和水路接收。饲料原料陆路接收流程如图 5-2 所示，饲料原料水路接收流程如图 5-3 所示。如果是散装原料，还会在入库前加入筛选和磁选等清理环节。

图 5-2　饲料原料陆路接收流程

图 5-3　饲料原料水路接收流程

3. 饲料原料接收设备与设施

饲料原料的接收设备和设施主要是计量设备和机械输送设备及附属设备和设施(如卸货台、卸料坑、溜管、分配器、叉车等)。

原料接收工段主要用到的计量设备有电子地中衡、自动秤和流量计。电子地中衡主要用于车载原料的计量，自动秤用于散装固体原料的计量，流量计用于液体原料的计量。

输送机械设备中，带式输送机、刮板输送机和螺旋输送机一般用于原料的水平或倾斜输送，其中刮板输送机多用于散装原料的远距离输送，螺旋输送机宜用于散装原料的短距离输送，带式输送机可用于袋装原料和散装原料的输送。斗式提升机用于垂直输送散粒物料，气力输送常用于水路船舶运输的原料输送。

饲料厂原料储存有立筒仓储存、房式仓储存等不同形式。立筒仓主要用于存放流动性较好的玉米、小麦等粒状原料；房式仓主要用来存放各种包装物原料；原料液体罐用于存放散装液态饲料原料；维生素、酶制剂、益生菌等热敏感原料需低温避光储存，药物添加剂和属于危险化学品的饲料添加剂（如亚硒酸钠）应当有独立的储存间，储存间应当设立清晰的警示标识，并采用专人管理。

5.2.2 原料的清理

常用的饲料原料中，动物性蛋白原料（鱼粉、肉骨粉等）、植物蛋白原料（豆粕、菜籽粕、棉籽粕等）和饲料添加剂（维生素、矿物质等）作为商品性原料，生产加工过程中已经进行清理，符合饲料卫生标准，基本无须清理，饲料厂主要清理的原料为谷物饲料原料。饲料原料中常见的杂质包括石块、水泥块、麻绳、木块、玉米芯，以及霉变原料和金属等杂质。由于成品饲料对含杂质的限量要求较低，饲料原料清理主要目的是除去对动物有害（如霉变原料）、对加工设备有害（如金属杂质）和对环境有害的杂质（如粉尘），以保证人员和加工设备的安全、生产过程的顺畅以及改善饲料加工的环境卫生。

饲料厂原料清理主要利用原料与杂质在物理性质上的差异进行除杂，主要采用的方法有筛选、磁选和风选方法，其中筛选用于筛除秸秆、石块、麻绳、泥沙等杂质，磁选用于去除各种金属类杂质，并在原料接收、筛选及其他加工过程中辅以通风除尘，在去除粉尘杂质的同时改善整体的生产环境卫生。

筛选是利用原料和杂质之间物料的粒形、长、宽、厚等的差别，使其一部分通过筛面成为筛下物，另一部分留于筛面上成为筛上物，从而使饲料与杂质分离。筛选过程中，要实现原料和杂质的有效分离，应满足以下 3 个条件：①物料和筛面有适宜的相对运动；②筛选物料能够和筛面充分接触；③筛面有合适的孔形和尺寸。饲料厂用于原料清理的设备和设施主要有圆筒清理筛、圆锥清理筛和栅筛。圆筒清理筛主要用于清除粒状饲料原料中麦秆、麻绳、纸片等大的杂质；圆锥清理筛主要用于清除粉状饲料原料中的大杂质和结块料；栅筛主要放置于卸料坑上方，用于大杂质和包装物的清理。

饲料厂常见的磁选设备包括永磁筒、永磁滚筒、篦式磁选器和永磁溜管，用于金属类杂质的清除，以保证后续工段的加工设备安全和生产安全。

饲料厂清理工艺比较常见的是圆筒（圆锥）清理筛＋永磁（滚）筒，即先筛选后磁选的组合形式。立筒仓储存原料的清理工艺可分为立筒仓前清理和立筒仓后清理两种形式。立筒仓前进行清理后入立筒仓储存，可以减少杂质对原料的污染，延长储存时间。但仓前清理时，需配置与原料接收能力配合的、较大产能的清理设备，然而，此法中清理设备利用率较低。立筒仓前清理，然后入仓储存，清理设备可选择与后续设备（如粉碎机）产能配套的、产能相对较低的清理设备，初期投资较少，但原料未经清理就直接进入立筒仓，增加了原料污染霉变的可能。因此，出于饲料安全的考虑，建议采用立筒仓前清理的工艺形式。

5.3 粉碎

饲料粉碎是指利用机械力克服物料内部凝聚力来减小物料的尺寸或粒度的作业过程。

饲料粉碎是饲料加工工艺中的重要工段，粉碎粒度不仅影响动物采食、饲料转化率和动物生产性能，而且对后续加工工段以及最终产品质量也有明显影响。粉碎阶段的能耗一般占到饲料生产总能耗的 30%以上，粉碎效率的良好控制对饲料厂生产成本控制具有重要意义。

粉碎的目的是获得最佳的饲料原料粒度。所谓最佳饲料粒度是指使饲养动物对饲料具有最大利用率或最佳生产性能且不影响动物健康，同时生产成本控制良好的几何平均粒度。最佳饲料粒度的大小因动物种类、动物饲养阶段、配方原料组成、加工工艺等条件的不同而不同。

5.3.1 粉碎原理及粒度测定

固体物料抵抗破坏的力学特性主要表现为物料的硬度、强度、韧性和脆性等。硬度越高、强度越大、韧性越大、脆性越小的物料，抵抗破坏的能力越强，粉碎时需要的能量越高。粉碎过程中，机械作用力主要有 3 种类型：撞击力、挤压力和剪切力，饲料所受的粉碎作用力，由上述 3 种作用力结合而成。根据作用力的不同，原料粉碎的基本方式有挤压、剪切、弯曲、冲击、研磨等。从力学的实质来看，粉碎过程就是一个功能转换过程。为科学解释粉碎过程中的能量消耗，寻求节能降耗途径，产生了多种关于粉碎能耗的理论学说，如面积学说、体积学说、裂缝学说以及综合能耗理论。

在饲料工业中，根据粉碎粒度的大小，粉碎可分为粗破碎、细破碎、普通粉碎、微粉碎、和超微粉碎等。粉碎粒度的划分只是一个大概区分，不同行业差异较大，国内外也没有统一的分类标准。

目前国际饲料行业使用的粉碎粒度测量方法是筛分法，主要有两层筛筛分法（GB/T 5917.1—2008）和十四层筛筛分法（ANSI/ASAE 319.4—2008）用筛分法测定饲料粒度。两层筛法执行方便、操作简单，但测定较为粗放、数据精确度较低，常用于饲料厂粒度的快速测定。十四层筛分法测定和计算复杂，但能较为准确反映饲料整体粒度的分布状况，广泛应用于科学研究和学术交流。

5.3.2 粉碎设备

饲料厂使用的常见粉碎设备，按粉碎机械的结构特征可将其分为 5 类（图 5-4），以锤片粉碎机和辊式粉碎机应用最为广泛。

1. 卧式锤片粉碎机

按转子轴的方向，锤片粉碎机可分为立式和卧式 2 种。按粉碎机的进料方向，锤片式粉碎机有径向（顶部）进料式、切向进料式和轴向进料式 3 种。按有无筛片，锤片粉碎机可分为有筛式和无筛式。在饲料厂中应用最为广泛的是顶部进料的卧式锤片式粉碎机。

卧式锤片粉碎机的主要工作部件为安装若干数量锤片的转子以及安装于转子外围的齿板和筛片（图 5-5）。转子包括锤片、销轴和锤架板等。锤片通过销轴连接到锤架板上，锤架板由主轴带动高速旋转，进而使锤片获得 80～100 m/s 的线速度，在锤片的高速撞击下物料被粉碎。转子、主轴、锤片、筛片和齿板是锤片粉碎机的主要工作部件，锤片、筛片和齿板也是粉碎机的易耗件。

筛片和齿板所包围的空间为粉碎室，筛片内径为粉碎机的工作直径，筛片的有效宽度为粉碎机的工作宽度。粉碎机的直径和宽度直接影响到粉碎机的产量，绝大多数粉碎机都是按照直径和宽度不同，分为不同的规格型号。

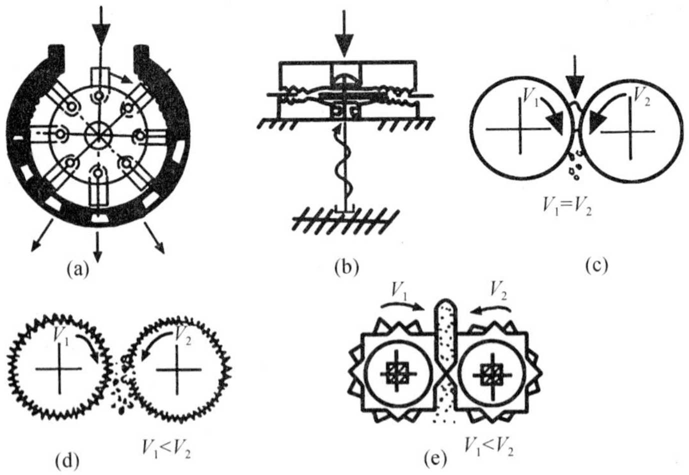

图 5-4　粉碎机类型

(a). 锤片粉碎机;(b). 盘式粉碎机;(c). 压碎式粉碎机;(d). 辊式粉碎机;(e). 碎饼机

(资料来源:龚利敏,王恬主编. 饲料加工工艺学. 中国农业大学出版社,2010)

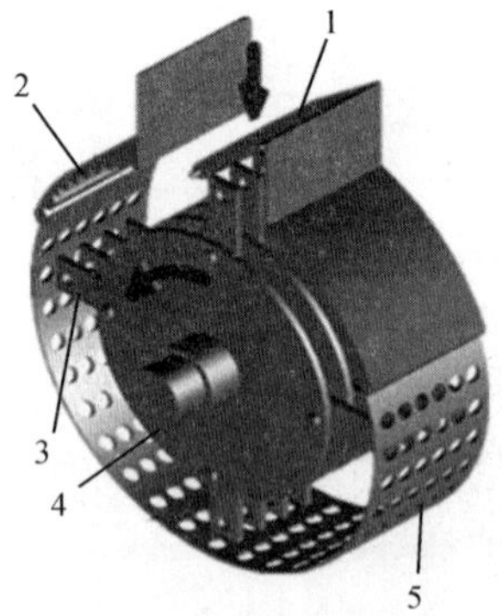

图 5-5　锤片式粉碎机主要结构

1. 导料板;2. 齿板;3. 锤片;4. 转子;5. 筛片

(资料来源:于翠萍主编. 饲料加工工艺设计原理. 郑州大学出版社,2016)

粉碎机工作时,转子以一定速度旋转,锤片在自身离心力的作用下处于转子的径向,物料自粉碎室顶部,通过喂料器和导料板,均匀进入粉碎机的锤片和筛片的间隙中,在悬空状态下被具有一定线速度的锤片强烈击打而破碎;破碎后的物料撞击在筛片或齿板上,小于筛孔直径的物料穿过筛孔,排出机外,不能过筛,物料撞击筛片或齿板后弹回,再次受到锤片打击,如此往复达到粉碎目的。

锤片是锤片粉碎机最主要的,也是最易损耗的工作部件。通常卧式锤片粉碎机上均匀安装有 4～12 组锤片,锤片组数和每组锤片的数量由粉碎室宽度和对物料的粉碎程度确定,粉碎室越宽,每组锤片的数量越多;粗粉碎时,锤片组数和每组锤片数量少;细粉碎和微粉碎时,锤片组数和每组锤片数量多。为保障转子的动平衡精度,一般要求普通粉碎机内,对称的两组锤片的质量差≤5 g。

锤片有矩形、多角形、阶梯形、尖角形等多种形式,其中矩形锤片因其通用性好、形状简单、易制造和节约原料而应用最广。锤片工作时,主要磨损部位是迎击物料的边角,为提高锤片的工作寿命,可以通过改变转子转向或将锤片掉头,使锤片的四个角都可以作为粉碎机的工作角，也可以对锤片工作角堆焊碳化钨合金(1～3 mm)，提高工作角的强度和耐磨性。

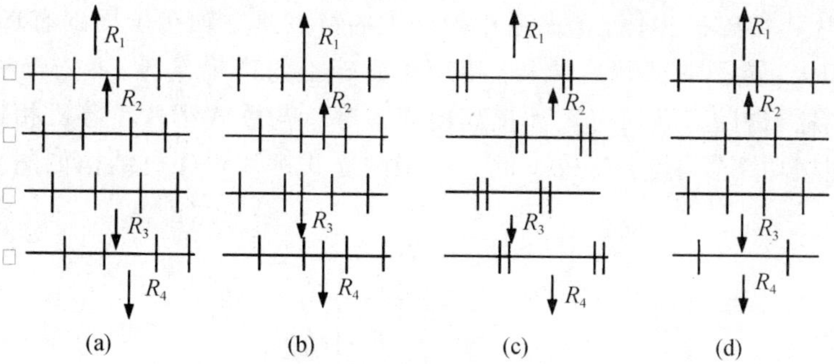

图 5-6 锤片的排列方式

(a). 螺旋线排列；(b). 对称排列；(c). 交错排列；(d). 对称交错排列

(资料来源：于翠萍主编．饲料加工工艺设计原理．郑州大学出版社，2016)

锤片在转子销轴上的安装位置称作锤片排列方式，它关系到转子平衡、物料在粉碎室内的分布、锤片磨损的均匀程度。对锤片排列的要求是：锤片沿粉碎室宽度运动均匀、锤片运动轨迹尽可能不重复、没有横向推料作用、有利于转子的平衡。常用的锤片排列方式有 4 种，螺旋线排列、对称排列、交错平衡排列和对称交错排列(图 5-6)，其中对称排列和对称交错排列形式，转子平衡性好、物料无侧移、锤片磨损均匀、运动轨迹均匀，实际应用最广。

筛片除与机壳两端面组成粉碎室外，主要起到控制粉碎成品粒度的作用。耐磨、开孔率高是粉碎机对筛片的主要要求，因此，锤片粉碎机通常采用冲孔筛片，孔型多为圆形，为提高筛面开孔率，筛孔排列以正三角形为主(图 5-7)。

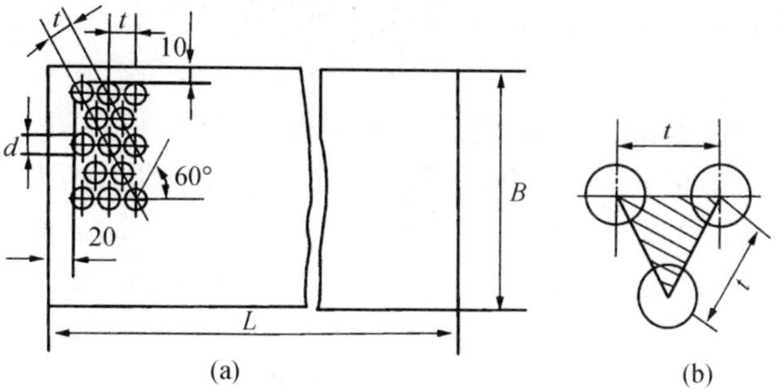

图 5-7 冲孔筛片

(a). 展开图；(b). 筛孔排列

(资料来源：于翠萍主编．饲料加工工艺设计原理．郑州大学出版社，2016)

筛片安装在粉碎机转子外围，根据不同的进料形式，筛片形成不同的包角。轴向进料的粉碎机一般形成环筛，筛片有 360°包角，切向进料粉碎机筛片包角为 180°，也称半筛。对径向进料(顶部进料)粉碎机，筛片包角为 300°，有时也制成水滴形。因顶部进料或切向进料，物料随气流直接进入锤片最大线速度区内，所以粉碎效果较好。

齿板通常安装在进料口的两侧，其作用是加强对物料的碰撞、搓擦作用，同时可以阻滞粉碎室内物料环流层的运动并降低其速度。对于纤维多、韧性大、水分高的物料作用较明显。齿板由铸铁制造，表面进行硬化处理，以增强耐磨性能。

2. 立式锤片粉碎机

与卧式锤片式粉碎机相比，立式锤片粉碎机的特点是立轴转子周围有环筛，下部有圆形底筛，筛理面积大；转子下部装有风机，叶片在粉碎室内产生气流，不依赖机外辅助吸风系统，并可降低能耗与料温，因而可大大提高粉碎效率。与卧式锤片粉碎机相比，其结构紧凑，占地面积小，配用功率较小，生产成本低。典型的立式锤片粉碎机结构如图 5-8 所示。

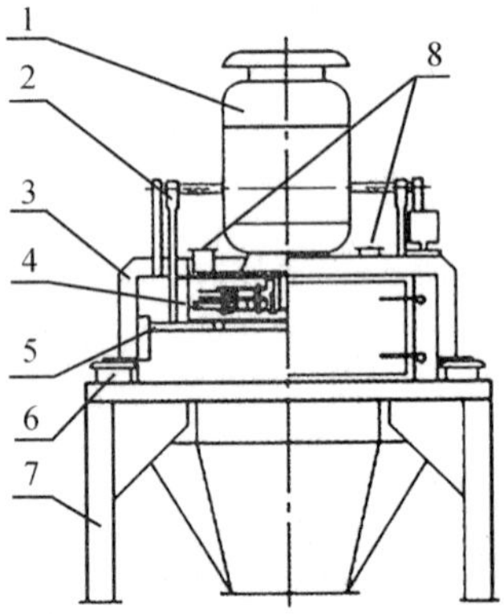

图 5-8　立式锤片粉碎机结构

1. 电机；2. 压筛机构；3. 机壳；4. 转子；5. 筛架；6. 压块；7. 机架；8. 进料口

（资料来源：于翠萍．饲料加工工艺设计原理．郑州大学出版社，2016）

在立式粉碎机作业时，待粉碎物料通过自动喂料器进入分流机构，并被均匀地分成三股，从 3 个进料口进入粉碎室。物料流与锤片运动轨迹垂直相交，物料与锤片之间有很大的相对速度，加上有几个进料口同时进料，因而物料受到的撞击力大且均匀。在此作用下，大部分物料被粉碎达到合格的细度，迅速通过圆周 360°包角的筛片排出粉碎室。部分粉碎不足或少量未粉碎的物料继续下降，落入转子下层粉碎区域，与上层锤片相比，下层锤片的末端线速度更高，与筛片的间隙更小，物料受到的作用力更强，得以进一步粉碎。已粉碎的物料借助离心力和机内气流的正压力，通过周围环筛及底筛筛孔，极小量物料通过上、下两粉碎区域落入底筛上表面。与锤片架相连的刮片将欲沉积在底筛上的物料刮起，并随转子旋转，将其甩向周围的锤片打击区域继续粉碎。刮片同时具有风机叶片功能，产生一定的风压和风量，这既有利于细粉排出，也可降低粉碎室的温度和湿度，提高了粉碎效率。

3. 辊式粉碎机

辊式粉碎机的主要工作构件是一对具有一定表面技术特性的圆柱形磨辊，两个磨辊直径相同，并以不同的转速做相向旋转运动；两辊在垂直面上平行配置，辊表面间有一定间隙（轧距），轧距在整个磨辊长度上形成粉碎区，当物料通过粉碎区时，受到两磨辊的挤压、剪切和研磨作用而被粉碎。

辊式粉碎机在饲料加工工艺中一般不单独承担原料的粉碎任务，常与锤片粉碎机联合使用，用于二次粉碎工艺中的第一次粉碎。

4. 微粉碎机

水产饲料加工对饲料原料的粉碎粒度要求较高，一般使用微粉碎机或超微粉碎机对饲料原料进行粉碎。为获得更小粒度的物料，与普通锤片粉碎机相比，微粉碎机或超微粉碎机锤片数量多、密度大；锤片和筛片间隙小；常采用无筛片的形式，合格的物料颗粒通过风力分级的方式收集；为获得较高的生产能力，多为宽体粉碎机。

5.3.3 粉碎工艺

按照物料在生产工艺流程中的粉碎次数，饲料厂粉碎工艺可分为一次粉碎工艺和二次粉碎工艺。

1. 一次粉碎工艺

图 5-9 为一次粉碎工艺，经过初清的粒状原料，储存于待粉碎仓中，经过磁选后进入粉碎机。粉碎产品经螺旋输送机和斗式提升机送入配料仓。

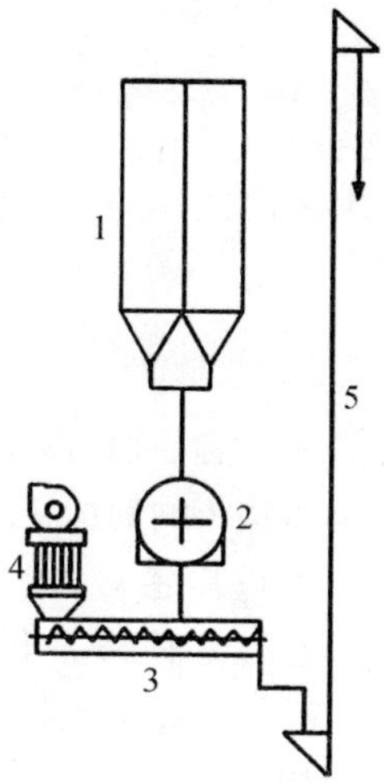

图 5-9 一次粉碎工艺流程

1. 待粉碎仓；2. 粉碎机；3. 螺旋输送机；4. 脉冲除尘器；5. 提升机

（资料来源：李德发，龚利敏．配合饲料制造工艺与技术．中国农业大学出版社，2003）

2. 二次粉碎工艺

二次粉碎工艺常用于水产饲料生产中，一次性投资较大，但有利于减少粉碎电耗，避免过度粉碎，提高饲料粉碎成品颗粒的均匀度。

常见的二次粉碎工艺可分为双机组合二次粉碎工艺和单机循环二次粉碎工艺（图 5-10）。双机二次循环工艺可以是两台锤片粉碎机的组合（图 5-10a），也可以是辊式粉碎机和锤片粉碎机的组合（图 5-10b）。单机循环二次粉碎工艺中，使用同一台粉碎机完成两次粉碎工作（图 5-10c）。为获得较高的工作效率，原料粉碎后在分级筛中进行分级，符合粒度要求的原料进入下道工序，粗粒物料返回粉碎机进行再次粉碎。

5.4 配料计量

饲料的配料计量是按照预设的饲料配方要求，采用特定的饲料计量系统，对不同品种的饲用原料进行投料及准确称量的工艺过程。饲料配料计量系统指的是以配料秤为中心，包括配料仓、给料器、卸料机构等设施，实现物料的供给、称量及排料的加工系统。配料是饲料厂质量安全的关键控制点之一，需要严格控制程序，实现精准管理，杜绝不合格产品产生。

配料计量可分为容积式配料和重量式配料，也可分为分批配料和连续配料。目前，饲料工业主要的配料计量方式是自动化重量式分批配料，辅以人工添加小料的方式。

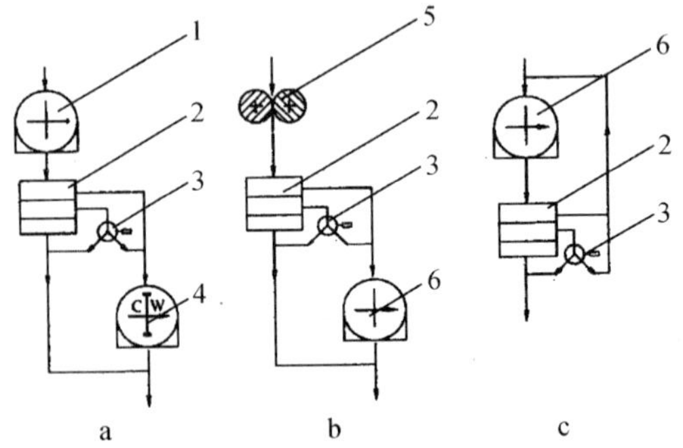

图 5-10　二次粉碎工艺

1,6. 锤片粉碎机;2. 分级筛;3. 三通;4. 超微粉碎机;5. 辊式粉碎机

(资料来源:于翠萍．饲料加工工艺设计原理．郑州大学出版社,2016)

5.4.1　配料计量系统

配料计量系统设备主要包括配料仓、料位器、喂料器、电子配料秤等,其中电子配料秤是配料计量工段的核心装备,电子配料秤的好坏直接影响到饲料产品的品质、成本和饲料生产的效率。

电子配料秤由秤盖、软连接、秤斗、称重传感器、支架、排料闸门、配料控制系统等组成。称重传感器是电子配料秤的核心部分,它是一种将非电的物料量(如温度、重量等)转换成电量(电压、电流、电阻或电容)的转换元件。称重传感器要求具有良好的线性度,较高的输出灵敏度,性能长期稳定,抗侧向力强,结构简单,容易安装和调整。

称重传感器有电阻应变片式、电容式、压磁式和谐振式等几种,其中以电阻应变片式称重传感器应用最广。电阻应变片式称重传感器(图 5-11)是将一组应变片(通常为 4 个)分别以纵向和横向粘贴于弹性体上,该组应变片组成一个平衡桥式电路。当弹性体不受力时,桥式电路的电阻平衡,电路输出端无电压输出。当弹性体受压或受拉力时(配料称重时),粘贴的电阻应变片受到压缩或拉伸,电阻减小或增大,使得电桥平衡破坏,因而在电路输出端有输出电压,其大小与弹性体所受的力成正比。电子称重显示仪表将称重传感器的电压变化转化为实际的称重结果。

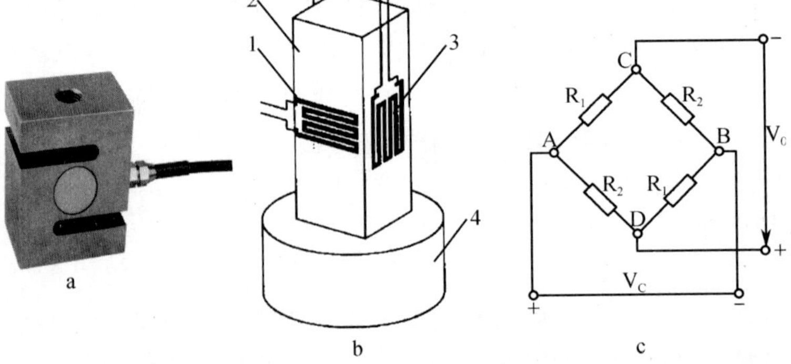

图 5-11　电阻应变片式称重传感器

1. 横向应变片;2. 弹性体;3. 纵向应变片;4. 底座

a. 称重传感器实物图;b. 传感器内部结构;c. 应变片桥式电路

(资料来源:于翠萍．饲料加工工艺设计原理．郑州大学出版社,2016)

电子配料秤的传感器数量一般为3～4个。

电子配料秤应满足下列要求：①具有足够的称量准确度和配料准确度，满足饲料配方所提出的精确配料要求，以保证饲料产品的高质量与低成本。饲料生产企业常用自动称量准确度为0.2级的配料秤。②配料秤具有良好的稳定性与不变性，实现快速、稳定、持续、准确的配料计量，以保证正常连续的工业化生产。③具有良好的适应性，可适应配料品种和配比的变化，并且配方变更方便；可适应工艺的变化和不同环境的需要，具有优良的抗干扰性能。④便于实现生产过程的实时监控和生产管理的自动化。⑤结构简单，价格低廉，耐用可靠，故障少并且维护方便。

5.4.2 配料计量过程

现行饲料企业的主配料秤均采用累加式称重配料方式，即饲料配方中的各种原料在设定的电子配料秤中依次完成计量工作。

配料计量时，首先在自动配料系统中选定饲料配方，设置各产品中各种饲料组分的配料量，同时确认配料仓号、喂料器号与储存的原料名称相符。配料过程中，饲料组分由螺旋喂料器送入配料斗中，为保证计量精度，原料输送采用快速给料与慢速给料相结合的喂料方式，在饲料组分达到预定计量值的90%前快速给料，之后转为慢速给料至预定计量值。重复上述过程，直到所有饲料原料按照饲料配方的要求称量完毕为止。

5.4.3 配料生产工艺

设计合理的配料工艺流程，在于正确地选定配料计量装置的规格、数量，并使其与配料给料设备、混合机组等设备的组合充分协调。优化的配料工艺流程可提高配料准确度、缩短配料周期，有利于实现配料生产过程的自动化和生产管理的科学化。

目前最常见的配料工艺流程有多仓数秤(2～4个配料秤)、多仓一秤和一仓一秤等几种形式。一仓一秤工艺是指每个配料仓下配置一台电子配料秤。作业时各电子配料秤独立完成进料、称量和卸料的配料周期动作。这种工艺的优点是配料周期短、准确度高，但设备多，投资大，使用维护也较复杂。多仓一秤工艺是指全部配料仓下仅配置一台电子配料秤。各配料仓依次称量配料，配料周期相对较长，生产效率较低。更重要的是小配比(5%～20%)的原料称量时误差很大，会降低产品的质量和增加生产成本。多仓数秤工艺综合了两者的特点，应用最为广泛。

图5-12是多仓双秤的配料工艺形式。各种饲料原料储存在不同的配料仓中，在配料时由喂料器分别依次将原料送至秤斗中。大配比(≥20%)的原料送至大秤斗称量，小配比(5%～20%)的原料则被送至小秤斗称量。当全部原料按设定配方要求称量配料完毕，达到规定累计重量(每批料量)时，秤斗门打开将秤斗内物料放入混合机混合室中进行搅拌混合。

根据粉碎工艺和配料工艺的配合和前后次序不同，还可以分为“先粉碎后配料工艺”“先配料后粉碎工艺”和“粉碎—配料—粉碎”工艺。先粉碎后配料工艺是将粒状原料和不符合粒度要求的原料先进行粉碎，使之达到粒度要求，与无须粉碎的粉状原料进入配料仓进入配料的加工工艺。先粉碎配料工艺中，粉碎机负荷稳定，粉碎机每次粉碎物料为单一品种，工况易控制，而且粉碎机停机、保养维修或更换零部件不影响生产，适用于加工谷物含量高的配合饲料，国内外饲料厂广泛采用此工艺。先粉碎后配料工艺的缺点在于需要单独配置专用的待粉碎仓，粉碎不同物料时需要调整粉碎机的工艺参数，操作相对烦琐。先配料后粉碎

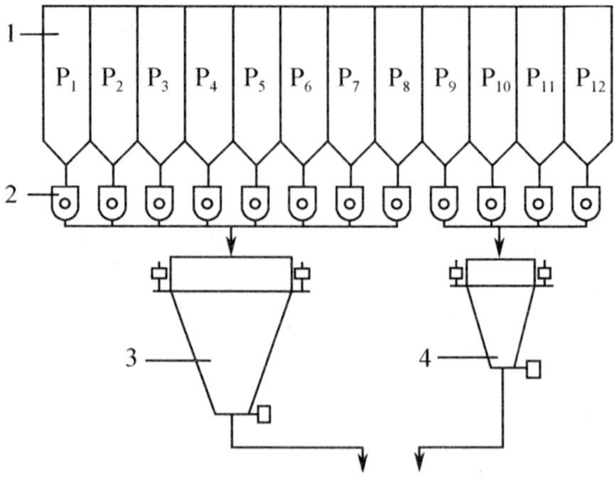

图 5-12 多仓双秤配料工艺流程

1. 配料仓；2. 喂料器；3. 大秤斗；4. 小秤斗

（资料来源：李德发，龚利敏．配合饲料制造工艺与技术．中国农业大学出版社，2003）

工艺是将所有原料统一配料后再进入粉碎机进行粉碎的加工工艺。先配料后粉碎工艺对原料品种的变化适应性较强，更换配方方便，不存在物料未及时粉碎无法进行配料的情况，最终粉碎成品的粒度均一性好，而且配料仓即为待粉碎仓，可以减少仓容量。缺点在于原料颗粒大小不同，粉碎机负荷波动较大，粉碎机的工作状况是否良好直接影响整个生产过程。此外，与先粉碎后配料工艺相比，不需粉碎的原料也要经过粉碎机，粉碎机产能要求较高，能耗也较高，而且部分原料可能会过度粉碎，包埋处理的维生素和酶制剂可能会遭到破坏，效能下降，因此国内外应用较少。粉碎-配料-粉碎工艺综合了上述两种工艺的优点，粒状原料粉碎后与其他粉状原料一起进行配料，之后进行二次粉碎，二次粉碎机负荷较小、运行平稳，粉碎粒度的均一性较好，生产工艺的灵活性高，适用于对饲料粒度要求较高的或产品变化频繁的饲料产品生产。

5.5 混合

饲料混合是采用机械搅拌作用，将按配方比例要求准确称量的各种饲料原料组分在混合室内充分混合的工艺过程。混合后的物料样品中，各种饲料原料组分的含量应与饲料配方中相应组分含量一致。饲料混合是确保配合饲料质量和提高饲料报酬的重要环节。

5.5.1 混合基本原理

混合机的混合作业过程包括 3 种混合方式：对流混合、剪切混合和扩散混合。

（1）对流混合（convectional mixing） 配料后的饲料组分进入混合机后，区分明显，在混合工作部件的作用下，不同的饲料组分从一处移向另一处，相互之间形成相对流动，使物料产生混合作用。对流混合混匀速度快，参与混合的物料量大，它的速度决定着整体混合速度。

（2）剪切混合（cutting mixing） 饲料组分在工作部件作用下或在重力作用下，产生局部移动，彼此形成许多相对滑动的剪切面的混合过程。剪切混合相互交叉量少，混匀速度慢。

（3）扩散混合（diffusive mixing） 混合物料的颗粒，以单个粒子为单元向四周移动、扩散，类似于分子扩散过程。扩散混合使混合更加细腻，混合均匀度更高，但混匀速度最慢。

常用混合机中存在多种混合作用同时起效。

上述3种混合形式在同一混合过程中同时存在，不同结构的混合机中，起主要作用的混合形式各不相同。如桨叶式混合机和螺带式混合机，以对流混合为主体，而滚筒式混合机和V形混合机则以扩散混合为主体。

5.5.2 混合工艺

混合工艺可分为分批混合(图5-13)和连续混合两种混合方式。

分批混合就是将各种混合组分根据配方的比例配合在一起，并将它们送入周期性工作的“批量混合机”分批次地进行混合。每经过一个混合周期，即生产出一个批次混合好的饲料。每个混合周期，包括混合机装载物料时间(进料时间)、混合时间、卸料时间和空转时间，如图5-13所示。如混合机每批的混合能力为2 t/批，混合周期为6 min，则混合机每小时的生产能力为2 t/批×10批=20 t。分批混合方式，混合均匀度高，改换配方方便，不同配方产品的交叉污染少，是目前饲料厂普遍应用的一种混合工艺。

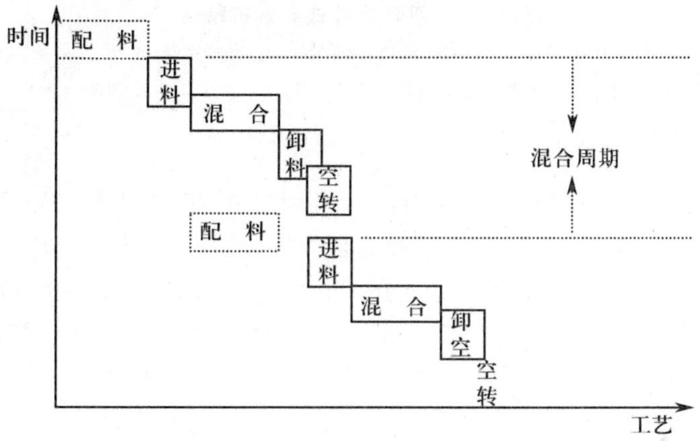

图5-13 分批混合工艺混合周期

(资料来源：李德发，龚利敏．配合饲料制造工艺与技术．中国农业大学出版社，2003)

连续混合工艺是将各种饲料组分按照饲料配方分别连续计量，同时进入连续式混合机，在连续式混合机内边输送，边混合至均匀，并连续从出料口排出。连续式混合工艺生产效率高，容易与粉碎及制粒等连续操作的工序相衔接，生产时不需要频繁地操作。连续式混合工艺的缺点在于流量调节精度要求高，混合均匀度较分批式混合工艺低，更换产品配方时交叉污染比较严重，不符合目前饲料企业多个饲料品种更换的需要，实际使用的饲料企业日趋少见。

按照混合原料的物理形态，混合可分为固-固混合、固-液混合和液-液混合。饲料厂以固体物料的混合占主导地位。当配方中含有油脂、液体添加剂等液体饲料成分时，混合周期内会留出固液混合时间。如添加的液体成分较多，而液体添加管道较少时，需预先将不同液体成分提前混合，然后添加进混合机的混合室内。

5.5.3 混合机

混合机是配合饲料厂的核心设备之一，饲料厂计算产能时也是按照混合机的生产能力来计算的。如混合机生产能力为30 t/h，则计算饲料厂年生产能力为：30 t/h×20 h/d×300 d=18万t(以每天生产20 h，每年工作300 d计)。

按照作业的连续性分，混合机可分为分批式(间歇式)混合机和连续式混合机。按照机壳的运动方式不同,分为机壳固定型混合机和机壳旋转型混合机。按机内物料受力形式不同,可分为强制型混合机和重力型混合机。根据混合机工作部件布置形式不同,可分为立式混合机和卧式混合机。机壳固定型的卧式混合机是目前饲料厂的主流机型,常用的有卧式桨叶混合机和卧式螺带混合机。

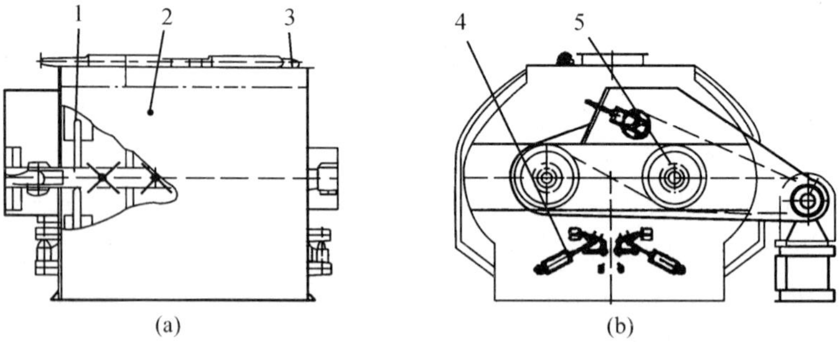

图 5-14　双轴桨叶式混合机结构

1. 双桨叶转子;2. 机体;3. 液体添加系统;4. 出料系统;5. 传动系统

(资料来源:李德发,龚利敏. 配合饲料制造工艺与技术. 中国农业大学出版社,2003)

1. 卧式桨叶混合机

卧式桨叶混合机是目前饲料厂的主力混合机型之一,有单轴和双轴之分。物料混合过程中同时具有强烈的对流、剪切和扩散三种混合作用,混合速度快,一般 60～90 s 净混合时间即可将一批饲料混合均匀。混合均匀度高,可达 96%的混合均匀度,或变异系数可低至 4%以下,可以满足各类饲料产品的生产要求。卧式双轴桨叶混合机主要由传动机构、卧式筒体、双搅拌轴、液体添加装置和出料门及控制装置等部分组成(图 5-14)。工作原理如下。

①电机通过链条(或齿轮)带动两根主轴以一定的速度做等速反向转动,物料沿轴向流动到达轴端后,被轴端桨叶推动转向另一轴区运动,使整个机内物料形成一个水平面的循环流动;另一方面物料同时又将分别绕各自轴线转动,形成一个垂直面和循环流动物料流;而且两轴重叠区域的物料还有横向的相对交叉流动。这种多方位的复合循环对流,将使机内物料更多更快地从一处向另一处移动混合,产生强烈的对流混合。

②转子桨叶与桨叶间互不连接,物料受到的作用力时强时弱,物料的运动时快时慢或有时停止,这种非连续运动使物料内产生较大的速度差。速度差的存在,使物料在桨叶作用下彼此形成剪切面,各物料团状或颗粒相互滑动、参插和碰撞,形成较强的剪切混合。

③两转子反向同步旋转,中线部分存在桨叶的运动重叠区,在这个区域中被桨叶翻动的物料在离开桨叶的瞬间,处于失重状态,形成流态化区域,物料颗粒在流态化区域中自由运动,相互摩擦渗透,充分进行扩散混合。各种混合作用使得物料在机体内形成全方位的连续循环翻动,相互交错剪切,从而达到快速、柔和、均匀的混合效果(图 5-15)。

2. 卧式双螺带混合机

卧式螺带混合机也是饲料厂的主流混合机之一,主体结构与桨叶混合机类似,同样包括传动机构、卧式筒体、转子、液体添加装置和出料门及控制装置等部分。不同之处在于螺带混合机的转子由转轴、撑杆和内、外两层螺带绕轴安装而成(图 5-16)。内螺带直径小,螺带宽,外螺带直径大,螺带窄。内外螺带的排列形式也有两种:一种是外螺带将物料从两端往中间推送,内螺带将物料从中间往两端推送,或外螺带将物料从中间往两端推送,内螺带将物料从两端往中间推进;另一种是外螺带将物料由一端向另一端推送,而内螺带推送物料的方向与其相反。

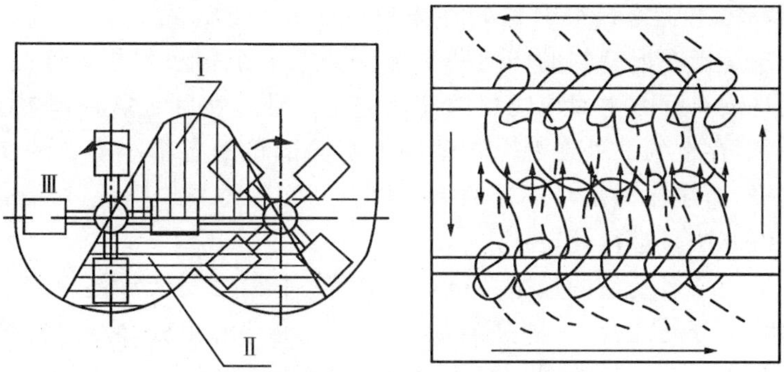

图 5-15 双轴桨叶式混合机运动轨迹

Ⅰ. 水平运动；Ⅱ. 垂直运动；Ⅲ. 交叉失重

（资料来源：李德发，龚利敏. 配合饲料制造工艺与技术. 中国农业大学出版社，2003）

工作时，各种组分的物料按配方比例经过精确计量以后，送入螺带混合机。物料在螺带的推送下按逆流原理进行充分混合，外圈螺带使物料沿螺旋轴的一个方向流动，内圈螺带则使物料沿着相反方向流动，物料在混合机内不断翻滚、对流，从而达到快速、均匀的混合。

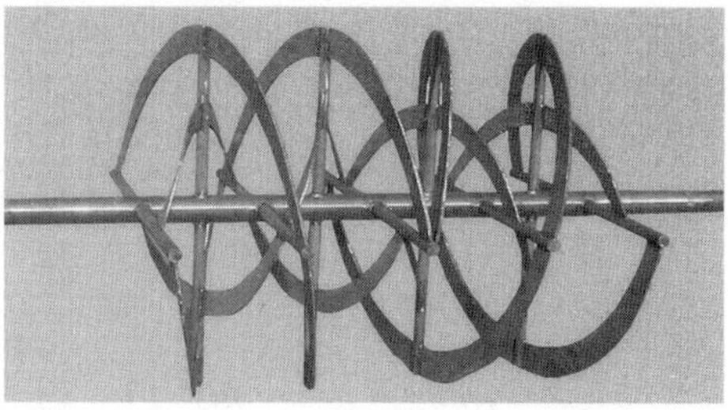

图 5-16 双螺带结构

卧式螺带混合机的优点是混合速度快，混合质量好，卸料时间短，物料在机内的残留量少，而且混合组分的成分、水分和脂肪对混合质量的影响较小，能混合散落性较差以及黏附力较大的物料。缺点是占地面积大、动力消耗稍大。

3. 其他混合机

除卧式桨叶混合机和卧式螺带混合机外，其他混合机还有立式螺旋混合机、立式行星混合机、V 形混合机、滚筒混合机等机型，但与桨叶混合机或螺带混合机相比，混合周期、混合均匀度、物料残留等不能充分满足现代饲料工业的需要，只在部分小型饲料厂使用。

5.5.4 混合质量

1. 混合曲线

图 5-17 为卧式桨叶混合机的混合曲线。混合曲线分为三个阶段：

Ⅰ为快速混匀阶段，此时以对流混合为主；Ⅱ为慢速精细混匀阶段，这个阶段为对流混合与剪切混合的共同作用阶段；Ⅲ为平衡期，此时以扩散混合为主体形式，粉体的混合与分离相平衡，通常称之为“动力学平衡”状态，混合均匀度上下波动。如继续延长混合时间，混合物会出现过度混合状态，混合均匀度反而会有所下降。混合越充分，则潜在的分离性越大，所以在实际操作中，应在达到最佳混合之前将混合物从混合机内排出，否则将会在以后的输送过程中出现分离现象。对于不同的物料、不同的混合机，有其最佳的混合时间。

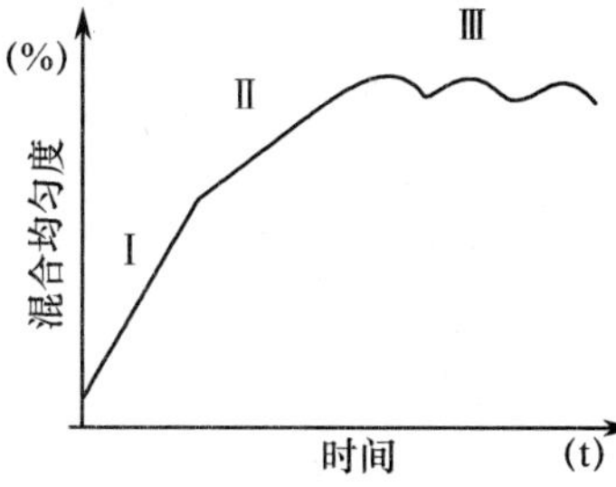

图 5-17 混合曲线

2. 混合质量的评定

混合效果的好坏主要通过混合均匀性来反映。理想的
完全混合均匀状态是指在混合物的任何一个部位截取一个很小容积的样品，其中每个组分的物料组分比例与饲料配方中对应物料的比例完全一致。实际上这种理想的完全混合状态是达不到的，也是不存在的。处在混合物整体中不同部位的各个小容器中所含各组分的比例不可能绝对相等，而往往都是与规定的标准值有一定的差异。因此，对混合均匀度的评定只能基于统计分析方法来进行评定。

多组分混合是一个多变量的概率系统，数学运算中相对复杂，所以在实践中，把多组分的混合简化为两种组分的混合：一种是准备作为定量统计的组分，暂称为“检测组分”，而其他所有的组分都看成一个均匀的同一组分，暂称为“基本组分”。在实践中，常以“检测组分”的分布情况来代表所有组分的混合情况，这样就可以用概率和统计的方法来解决实际的测定问题。常用的方法有氯离子选择电极法、沉淀法和示踪剂法（甲基紫法）等。

一般混合均匀度的评定方法是在混合机内若干指定的位置或是在混合机出口（或成品仓进口），等时间间隔取若干个一定数量的样品，分别测得每个样品所含检测成分的含量，然后用统计学上的变异系数作为表示混合均匀度的一种指标，具体计算方法如下：

平均值
$$m=\frac{x_1+x_2+\cdots+x_i}{n}=\sum_{i=1}^{n}\frac{x_i}{n}$$

则标准差
$$S=\sqrt{\frac{(x_1-m)^2+(x_2-m)^2+\cdots+(x_n-m)^2}{n-1}}=\sqrt{\frac{\sum_{i=1}^{n}(x_i-m)^2}{n-1}}$$

变异系数
$$\mathrm{CV}=\frac{S}{m}\times 100\%$$

式中：x_i 为测得第 i 个样品中检测组分量；n 为测定的样品数。

国家标准中，配合饲料要求 CV≤10%，预混合饲料要求 CV≤5%。配合饲料生产实践中可按照《饲料产品混合均匀度的测定》GB/T 5918—2008 或《微量元素预混合饲料混合均匀度的测定》GB/T 10649—2008 的方法进行。

3. 影响混合工艺效果的因素

混合工艺效果主要是指混合速度与混合均匀度两个方面。混合过程实际上是由对流、扩散、剪切等混合作用和分离作用同时并存的一个过程，凡是影响这些混合作用的因素都将影响混合工艺效果。

(1)混合机机型的影响　混合机的机型不同，混合机内的主要混合作用也不相同，从而影响到混合速度和混合均匀度。以对流混合为主的混合机（如卧式桨叶混合机和卧式螺带混合机）混合速度快，以扩散作用为主的机型（如 V 形混合机、滚筒混合机等），其混合时间一般较长，但是颗粒之间的混合可以进行得比较细腻。

混合机的设计结构要求无死角、物料不飞扬，设备的各部分应保证产生良好的对流、扩散作用。

(2)混合组分物理特性的影响　混合组分的物理特性主要是指物料的比重，颗粒表面的粗糙程度、物料的水分、散落性、结团的情况和团粒的组分等。这些物理特性的差异越小，混合效果越好，混合后越不容易出现二次分级。为了减少二次分级，可在混合过程接近完成时添入少量的黏性液体，如糖蜜、油脂等，以减少其分离的可能性。此外，某些原料如维生素

B_2，会由于静电效应在混合过程中吸附于混合机内壁上，由此影响混合质量，在混合机制造安装时，可考虑机体接地处理。

粉料的水分不高于 14%时，有助于达到所要求的混合均匀度。若水分高于这个范围，粉料不易分散，则需要增加混合时间或采取其他措施才能达到一定的混合效果。

不同的混合机、不同的混合转速对比重差异及粒度差异的影响敏感程度并不一样。以扩散作用为主的 V 形混合机，物料颗粒和比重直接影响物料在混合机内的移动速度，因此在混合均匀度达到一定程度以后会有明显的降低现象。而桨叶混合机和螺带混合机主要通过机械部件（桨叶或螺带）的推动形成对流混合，物料的物理特性对混合效果的影响较小，所以在饲料加工中应用较广泛。

(3)物料进料顺序的影响　混合过程中，物料总的进料原则是先添加饲料配方中含量高的、粒度大的、比重小的饲料组分，然后加入含量低的、粒度小的、比重大的饲料组分，以防止微量组分成团地落入混合机的死角或底部某些难以混匀之处。对于易飞扬的少量及微量组分则应放置在 80%的大量组分的上面，然后再将余下的 20%的大组分物料覆盖在微量组分的上面，既保证易于混匀，又可避免细小物料飞扬。

(4)充满系数对混合效果的影响　混合机的充满系数是指装入物料的体积 F 与混合机容积 V 的比值，即充满系数 $=F/V$。充满系数过大或过小均会影响混合速度和混合均匀度，卧式桨叶混合机、卧式螺带混合机和立式绞龙混合机，充满系数一般以 0.8 左右为宜；连续式混合机及重力式混合机，充满系数一般以 0.4 左右为宜。

综上所述，为使混合作业获得较好的混合均匀度和混合效率，避免二次分级，应做到：①混合的物料物理性质尽可能一致；②安排正确的物料进料顺序；③选择适宜的充满系数；④控制适当的混合时间；⑤混合后采用刮板或皮带输送机进行水平输送。

5.5.5　添加剂预混合饲料的生产

添加剂预混合饲料，是指由两种（类）或者两种（类）以上营养性饲料添加剂为主，与载体或者稀释剂按照一定比例配制的饲料，包括复合预混合饲料、微量元素预混合饲料、维生素预混合饲料。

载体是具有接受和吸持粉状活性组分的物质，常用的载体有小麦麸皮、大豆皮、玉米蛋白粉、稻壳粉等。稀释剂是稀释一种或多种微量添加组分的物质，常用的稀释剂有去胚玉米粉、葡萄糖、磷酸二氢钙、石灰石粉、贝壳粉、高岭土、食盐等。载体和稀释剂是保证预混合饲料质量的重要条件，必须认真选择合理的品种和规格，才能达到理想的生产效果。一般要求：①载体或稀释剂的水分低，一般不应超过 10%；②酸碱度接近中性，以免影响产品中的活性成分；③粒度和密度应尽量接近活性成分的粒度和密度。④流动性适中，不易吸湿、不带静电。

添加剂预混合饲料一般是粉状饲料的形式，整体生产工艺相对比较简单，包括原料接收和储存、粉碎、配料、混合、包装等生产环节。

各个生产环节的主要设备和工作原理与上述配合饲料的加工基本相同。与之不同的如下。

①添加剂预混合饲料生产线应当单独设立，生产设备不得与配合饲料、浓缩饲料、精料补充料生产线共用。

②不同添加剂对储存环境要求较高，生产中应根据不同添加剂原料的理化性质，选择合

适的储存环境。存放维生素、微生物添加剂和酶制剂等热敏物质的贮存间应密闭性能良好，并配备空调；亚硒酸钠等按危险化学品管理的饲料添加剂应当有独立的贮存间或贮存柜；药物饲料添加剂应当有独立的贮存间。

③添加剂预混合饲料中的各种成分的添加比例相差很大，允许的配料误差也各不相同。为提高配料精度，配料时选择多仓数秤的配料称量方式，部分添加量≤0.2%的添加剂，可通过人工称量的方式进行配料或与稀释剂预混合后再进行正常的配料作业。

④混合机(含混合机缓冲仓)与物料接触部分使用不锈钢制造，混合机的混合均匀度变异系数≤5%。混合机内部光滑无死角，尽量减少交叉污染。

⑤混合过程中可通过添加油脂来减少粉尘、增加载体承载能力、消除静电。为防止油脂加入导致微量组分结团，影响混合效果，混合过程中，一般先在混合机内加入70%～80%的载体或稀释剂，再加入活性成分混合2～3 min，基本混合均匀后，加入油脂继续混合5～10 min，最后加入剩余的载体或稀释剂至完全混合均匀。

⑥混合后物料尽量采用刮板输送或皮带输送的形式，并尽量减少输送距离，避免产品的次分级。

5.6 饲料制粒

将粉状饲料原料或粉状饲料经过水、热调质并通过机械压缩使其强制通过模孔而聚合成型的过程定义为制粒。通过制粒，可将细碎的、易扬尘的、不适口的和难于装运的饲料利用热、水分和压力制成较大的颗粒。与粉状饲料相比，颗粒饲料的优点主要有以下5个方面。

①制粒过程中，在水、热和压力的综合作用下，蛋白质变性，淀粉糊化度提高，纤维素和脂肪的结构有所改变，适口性得以改善，饲料消化率和利用率提高。

②颗粒饲料营养成分全面均衡，不易分级，可以有效防止动物挑食；

③压制的颗粒经蒸汽高温杀菌，抗营养因子含量降低，卫生状况改善，减少饲料霉变生虫的可能性。

④颗粒饲料密度提高，体积减小，便于饲料的储存、运输和饲喂。

⑤便于动物采食，可以增加动物采食量，缩短采食时间，降低采食能耗，减少饲料浪费。

随着饲料工业的飞速发展，颗粒饲料已逐渐成为配合饲料的主要供应形态。

5.6.1 颗粒饲料的质量要求

颗粒饲料有硬颗粒和软颗粒之分。硬颗粒结构致密，颗粒密度为1.2～1.3 g/cm^3，调质水分小于20%，成品水分小于12.5%；软颗粒饲料颗粒密度为1 g/cm^3，调质水分为20%～30%，制粒温度低于60 ℃。颗粒饲料的基本质量要求如下。

①感官指标。良好的颗粒饲料应大小均匀，硬度适宜，表面光滑、有光泽，无裂纹，无腐败、发霉及其他异味。应呈现与制粒的各组分(原料)相应的颜色或略发暗。

②颗粒直径与长度。颗粒饲料的直径一般为1～20 mm，长度为直径的1.5～3倍。

③颗粒水分。北方地区水分≤14%，南方地区水分≤12.5%。

④含粉率。颗粒饲料中所含粉料(2.0 mm筛下物)质量占其总质量的百分比。畜禽料含粉率一般不高于4%。

⑤粉化率。粉化率指颗粒饲料在标准实验条件下(回转箱法)产生的粉末重量占其总重

量的百分比。畜禽料粉化率一般应不高于10%。

⑥耐水性。耐水性又称饲料水中稳定性，是指饲料在水中浸泡一定时间后，其成分不被溶解和散失的性能。饲料耐水性一般以一定时间内饲料在水中的溶失量与饲料质量之比的百分数表示，也可用饲料在水中不溃散的最长时间表示。

5.6.2 制粒工艺

制粒工段的典型工艺流程如图5-18所示，大致可分为饲料调质、颗粒压制和后处理三部分，用到的主要设备包括喂料器、调质器、制粒机、冷却器、破碎机、成品筛等，还包括风机、料位器、蒸汽系统、提升机等设备，以满足不同种类颗粒饲料的生产需要。

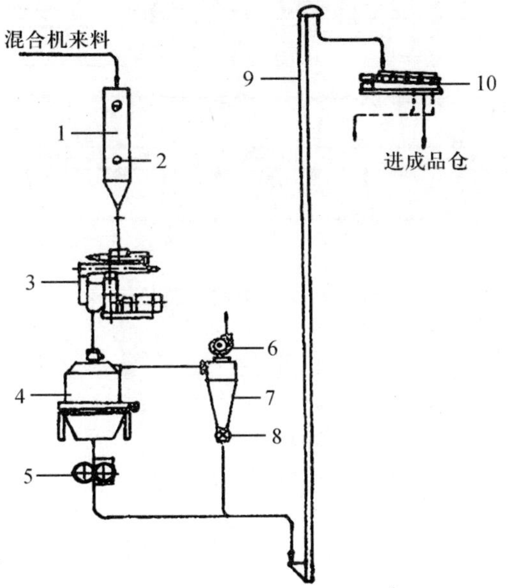

图5-18 典型制粒工艺流程

1. 待制粒仓；2. 料位器；3. 制粒机（含调质器）；4. 冷却器；5. 破碎机；6. 冷却风机；7. 旋风分离器；8. 关风器；9. 提升机；10. 成品分级筛

5.6.3 饲料调质

1. 调质的基本概念

所谓调质就是通过水蒸气对混合粉状物料进行热湿作用，物料中的淀粉糊化、蛋白质变性，物料软化以便于制粒机提高制粒的质量和效果，并改善饲料的适口性、稳定性，提高饲料的消化吸收率的单元操作。

从物理学角度来说，调质是气相（蒸汽）、液相（细微水分散的水滴）的热量、质量向固相（粉状物料）传递热量和质量的过程。蒸汽在饲料调质过程中既是传热体，又是传湿体。蒸汽中的热量和质量通过粉状颗粒物料的外表面向内部转移，饲料热量和质量不断地发生变化。

调质可以软化饲料，改善制粒的质量，提高制粒效率，降低制粒机能耗和机械损耗，降低生产成本；可以降低有害因子含量或杀灭有害因子，提高饲料养分的消化利用效率；可以同时加入油脂、糖蜜等液体饲料成分。

2. 调质器

调质过程用到的设备称为调质器。调质器也叫水热处理绞龙，实质是一个连续混合机。

在调制器中，蒸汽及其他液体与粉状物料充分混合，增加物料的塑性和弹性，使其达到或接近制粒工艺所需的要求，同时完成从喂料器到制粒机的物料输送。调质器主要有桨叶式调质器和螺旋调质器两大类型，目前国内饲料工业主流的调质器为桨叶式调质器。桨叶调质器可分为单轴桨叶调质器（图 5-19）和双轴桨叶调质器。出于延长调质时间的目的，单轴桨叶调质器还可细分为单轴单层桨叶调质器、单轴双层调质器和单轴三层调质器。双轴桨叶调质器还有双轴异径差速调质器的类型。为提高调质器的保温效果，还可在调质器外部增加蒸汽夹套。生产水产饲料时，还会增设调质熟化罐以进一步延长调质时间。

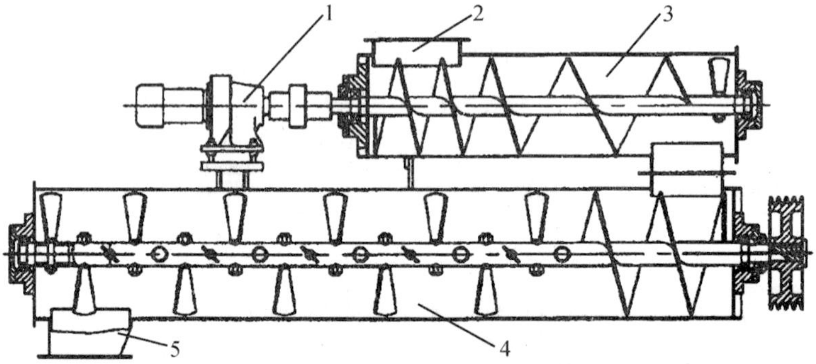

图 5-19　单轴桨叶调质器

1. 电机；2. 进料口；3. 喂料器；4. 调质器；5. 出料口

（资料来源：于翠萍．饲料加工工艺设计原理．郑州大学出版社，2016）

3. 调质效果及其影响因素和控制措施

调质效果的主要考核指标是调质后物料温度、水分、均匀度和淀粉糊化度，一般调质后的物料温度 60～80 ℃，水分 14%～17%，淀粉糊化度 16%～25%，混合均匀度≥90%，具体的温度随不同动物饲料配方的要求有所不同。影响调质效果的因素主要有蒸汽质量、配方成分、物料水分、物料粒度和调质器工作参数等。实际生产中，调质效果主要通过控制调质时间和蒸汽添加量来进行调整。

(1)蒸汽质量

蒸汽是影响调质质量的最重要因素，没有蒸汽添加，调质就无从谈起。研究数据表明，蒸汽调质可以提高 50%～100%的制粒产量，降低 30%～100%的制粒能耗，颗粒饲料品质明显提升。在调质过程中，蒸汽供应质量直接关系到调质的温度和水分的高低。

蒸汽可分为干饱和蒸汽、过热蒸汽和湿饱和蒸汽。干饱和蒸汽是指在一定的压力下，温度恰好达到饱和温度，完全不含液态水，水完全以气体状态存在的蒸汽。饱和蒸汽实际上是水分子由液态转变为气态的临界值。饱和蒸汽由于温度或压力的改变，部分气态水会迅速转变为液态，即蒸汽中携带了部分的水，此时的蒸汽称之为湿蒸汽。当干饱和蒸汽继续加热，含有更多热量的蒸汽成为过热蒸汽。

饲料调质时正常使用的蒸汽为压力稳定的干饱和蒸汽，蒸汽锅炉工作压力一般为 0.6～0.8 MPa，调质器使用的蒸汽压力为 0.2～0.4 MPa，温度 130～150 ℃，添加量约为物料量的 3%～6%。

(2)配方成分　按照饲料成分情况，饲料配方可分为高蛋白配方、高淀粉配方、高纤维配方、高脂肪配方和热敏性配方五大类。不同饲料配方应采取不同的调质方法，以达到良好的调质效果。

①高蛋白配方。水产饲料多为高蛋白配方，蛋白质吸水速度慢，调质时应采用较长调质时间，较高蒸汽压力和小的蒸汽添加量，在延长调质时间的同时，避免水分过高。

②高淀粉配方。普通畜禽配合饲料为高淀粉配方，吸水性强，易于调质，宜采用较大的蒸汽量和较低压力的蒸汽。

③高纤维配方。反刍动物饲料和高糟渣含量饲料配方中纤维含量较高，谷类或蛋白质含量低，持水性差，黏合性差。这类配方调质应使用较小的蒸汽添加量，中等的蒸汽压力。

④高脂肪配方。宠物等饲料配方中脂肪含量较高，温度升高会导致脂肪黏度降低，润滑特性增大，难于制粒，应采用较小的蒸汽添加量。

⑤热敏性配方。乳猪饲料等配方中含有较多的乳清粉，高温会使乳糖焦糖化，制粒难度提高，产品品质下降，应采用很小的蒸汽添加量和较低的蒸汽压力，控制调质后料温在 45 ℃以下。

(3)物料粒度和水分

调质后的物料要求充分软化，内外温度和水分均衡，以便获得良好的制粒效果。物料粒度小，调质过程水分渗入阻力就小，温度传导途径短，可以在较短时间内获得比较好的调质效果。物料粒度均匀度越好，不同组分物料之间和同组分物料颗粒的内外水分和温度均匀性越好，调质均匀性也越好。

为保证制粒效果的稳定，相同配方的饲料产品一般要求调质后的物料温度和水分尽可能一致。一般来说，物料每吸收 1%的蒸汽量，物料温度升高 10 ℃左右。当物料初始水分较高时，可以加入过热蒸汽，在控制水分增加的同时达到物料升温的目的。反之，当物料初始水分较低时，可以加入湿蒸汽，相同的升温条件下提供更多的水分。

(4)调质器参数

生产中可以通过调整调质器参数，控制调质时间，控制蒸汽和物料的混合效果。

调质器类型对调质时间影响较大，当生产需要较长调质时间的产品时，可采用加长调质器、双层或三层单轴桨叶调质器，或采用双轴桨叶调质器、熟化罐，还可选用大直径调质器。通过调整桨叶调质器的桨叶角度，控制物料的输送速度，也可以在一定程度上调整调质时间。

调质器转子转速影响物料在调质器内的分散状态以及物料与蒸汽的接触面积。转子转速低，物料位于调质器底部，调质器转速过高，物料由于离心力贴在调质器筒壁上，两种情况下，蒸汽不能与物料充分接触，物料吸水和升温效果差。合适的转子转速情况下，物料均匀分散在调质器内部，所有物料与蒸汽充分接触，可以达到较好的调质效果，一般转子转速控制在 7～9 m 为宜。调制器内物料的充满系数也影响到蒸汽和物料的混合效果，一般控制在 0.4～0.7。为提高蒸汽和物料的混合效果，还可以选择新型的异径差速双轴桨叶调质器。

5.6.4 颗粒压制

1. 制粒机

根据颗粒成型原理，制粒机可分为型压式、挤压式和冲压式；按照结构特征，制粒机可分为螺杆式、环模式、平模式以及活塞式等；按照饲料产品形式，制粒机还可分为硬颗粒机、软颗粒机、微粒制粒机、压块机等。

环模制粒机是饲料企业应用最广泛的制粒机类型，其外形和结构如图 5-20 所示。制粒室是制粒机的核心部分，由门体、环模、压辊及压辊调整机构、切刀等结构组成。

(1)环模　环模是一种多孔环形易损件(图 5-21)，壁薄、环模孔分布紧密、制造和装配尺寸

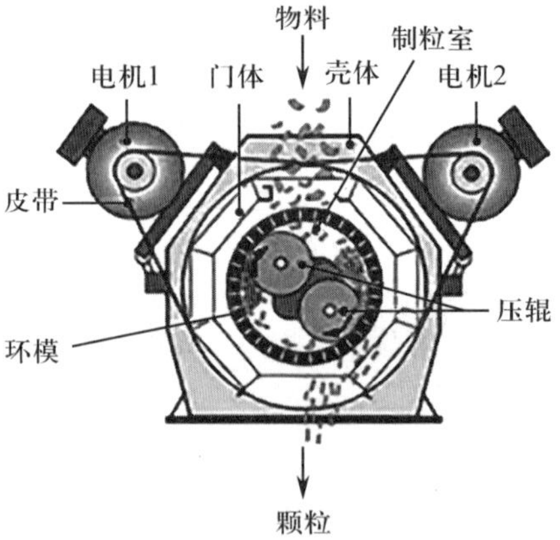

图 5-20　制粒机结构

（资料来源：武凯，孙宇．环模制粒成型技术与装备．科学出版社，2013）

要求高，是制粒机最重要的工作部件，其性能和质量好坏直接影响制粒机的生产效率和最终产品质量。环模参数主要包括环模内径、工作宽度、进口直径、模孔直径、有效长度、压缩比、开孔率等，对制粒过程影响很大，实际生产中，应根据产品不同和品质要求的不同，选择合适参数的环模。

图 5-21　制粒机环模

（2）压辊　压辊的外观如图 5-22 所示，压辊是一个组装部件，主要由压辊壳、轴承、压辊轴等部件组成。压辊轴为偏心轴，用于调整环模和压辊之间的间隙（模辊间隙）。压辊的主要作用是向环模挤压物料并使物料挤出成型。压辊装配部件中的易损件是压辊壳，表面一般做拉丝处理、钻凹穴孔或粗糙表面处理，以延长其使用寿命。当环模直径一定时，制粒机产能与压辊数量成正比关系；因此，新型制粒机中，双压辊结构和三压辊结构已经逐渐取代单压辊的结构形式。

图 5-22　压辊

（3）压辊调节机构　环模与压辊之间的间隙称为模辊间隙，对制粒效率和制粒品质影响明显。模辊间隙过小，环模和压辊工作压力较大，磨损加剧；模辊间隙过大，物料收到压力不足，颗粒疏松或出现打滑现象。一般环模与压辊之间的间隙为 0.1～0.3mm。

通过压辊调节机构的作用，使压辊偏心轴旋转，可以实现模辊间隙的调整。

（4）制粒机门

制粒机门装有磁选器、栅筛、观察口、紧急排料门（气动）

和切刀及调整机构等，其本身除去隔断功能外，也起到连接调质器，接收物料并导入环模的作用。切刀是用来切断颗粒物料的装置，切刀安装在制粒机门上，并有调节机构，能够通过调整来控制切断的颗粒料长短。一般颗粒的长度调节到颗粒直径的2～3倍。

平模制粒机主要由一个水平放置的圆盘平模和围绕中心轴回转的压辊组成，压辊一般有2～5个(根据平模的大小而定)，围绕平模旋转，随着压辊的旋转，物料被挤压并强制通过模板上的孔而形成物料条，然后由旋转切刀将其切割成一定长度的颗粒(图5-23)。平模制粒机压辊径向线速度不同，容易导致物料分布不均匀，成品颗粒密度均匀性稍差，压辊和平模的磨损也不够均匀，目前主要用于小型饲料厂或实验室。

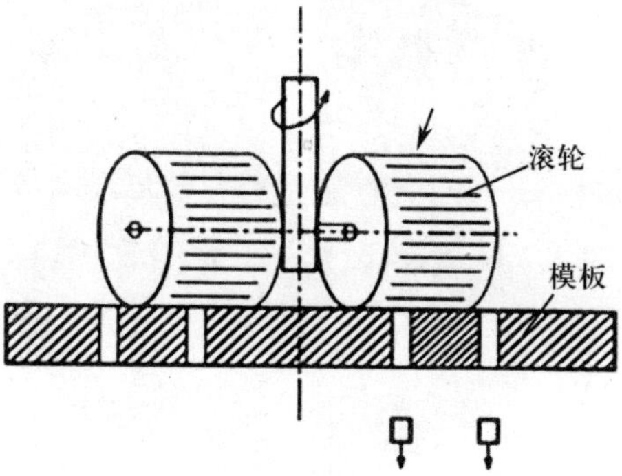

图5-23 平模制粒机结构

(资料来源：曹康．中国现代饲料工程学．上海科学技术出版社，2013)

2. 颗粒压制的过程及原理

经充分调质的物料被送入制粒室，环模由电机带动旋转，安装于环模内的2～3个压辊不公转，但因与转动着的环模摩擦而自转，进入制粒室的物料均匀分布于压辊之间，被压辊钳入、挤压并通过模孔连续地挤压成型，形成柱状饲料并随环模圈回转，再被固定在环模圈外面的切刀切成颗粒状饲料(图5-24a)。

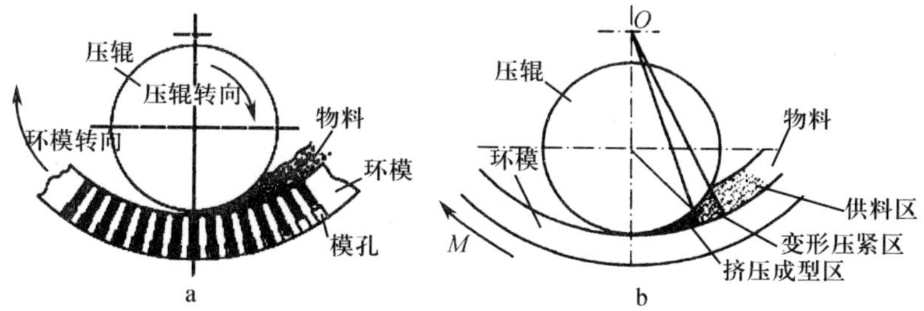

图5-24 颗粒饲料成型过程

(资料来源：武凯，孙宇．环模制粒成型技术与装备．科学出版社，2013)

根据物料在挤压过程中的不同状态，制粒室中的物料被分为3个区：供料区、变形压紧区和挤压成型区(图5-24b)。供料区内物料基本不受机械外力的影响，粉料受到环模旋转产生的离心力的作用，紧贴在环模的内圈上，物料密度无明显变化；随着环模和压辊的旋转，物料进入变形压紧区，模辊的挤压作用使得物料之间间隙逐步减小，物料直接的接触表面积增大，物料逐步被压实，密度增加到0.9～1.0 g/cm^3；模辊间隙在挤压成型区变得最小，挤压力急剧增大，接触表面积进一步增大，物料产生较好的黏结，并被压入模孔，随着物料连续进入模孔，在模孔中形成物料柱并被挤出，物料柱的密度达到 1.2～1.4 g/cm^3。

由上述过程可以看出，物料可以被连续挤压成型的条件有：①压辊和环模带动物料前进的力（钳入力）大于物料受到的阻力，物料可以被带入环模模孔；②压辊对物料的挤压力大于模孔内表面对物料柱的摩擦阻力，物料可以逐渐被挤出模孔。

3. 影响制粒效果的因素

影响制粒效果的因素主要有饲料配方组成、粉碎粒度、调质效果以及环模和压辊的配合（图 5-25）。

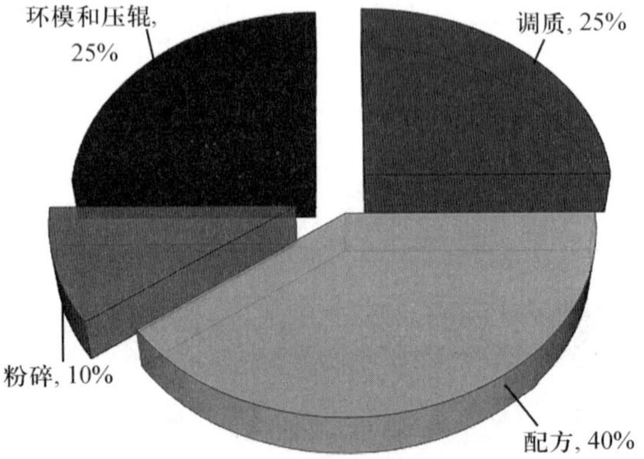

图 5-25　制粒效果影响因素

饲料配方中蛋白质和淀粉一般对饲料颗粒的产量和质量有促进作用；粗纤维会降低颗粒饲料成型率和产量，并加快模孔磨损；适当脂肪含量减少模孔磨损并提高产量，但含量过多会使颗粒软化松散，难以成型。

粉碎后的中粒和细粒饲料有较好的制粒能力，颗粒产品致密、表面光滑、有光泽，断裂和开裂现象少，同时可以降低制粒能耗，延长环模和压辊使用寿命。

环模和压辊参数主要有环模孔径和模孔长度（长径比）、模孔类型（如圆柱孔、锥形孔、阶梯孔）、模孔光滑度、模辊间距等。环模长径比提高，颗粒饲料产量显著降低，能耗增加，但颗粒的硬度提高。模辊间隙过大，产量低，有时还会不出粒；间隙过小，模辊机械磨损严重，影响使用寿命。

4. 颗粒饲料后处理

（1）冷却

冷却是指对从制粒机出来的湿热颗粒进行降温去水，使颗粒具有一定的硬度和安全水分，便于输送、运输和贮存而不至于颗粒破碎及变质。

饲料厂用于冷却的设备称为冷却器，冷却器按布置形式分为立式冷却器和卧式冷却器（图 5-26），按进风方向与物料流动方向的相同与否，分为顺流式冷却器和逆流式冷却器。

冷却器工作原理：①空气与颗粒紧密接触且处于运动状态，则空气很容易从颗粒表面带走水分——蒸发，同时蒸发作用又使颗粒降温，空气温度升高又进一步提高了空气的载水能力；②压制的饲料颗粒内部具有纤维状结构，水分可在纤维形成的毛细管中由内向外移动，当颗粒表面的水分被冷空气带走时，颗粒中心水分和温度高于表面水分，使饲料颗粒中心水分和热量一起移向颗粒表面，然后被冷空气继续带走。

在冷却器工作时，湿热颗粒从冷却器顶部的关风器进入冷却室，经分料器将颗粒料沿冷

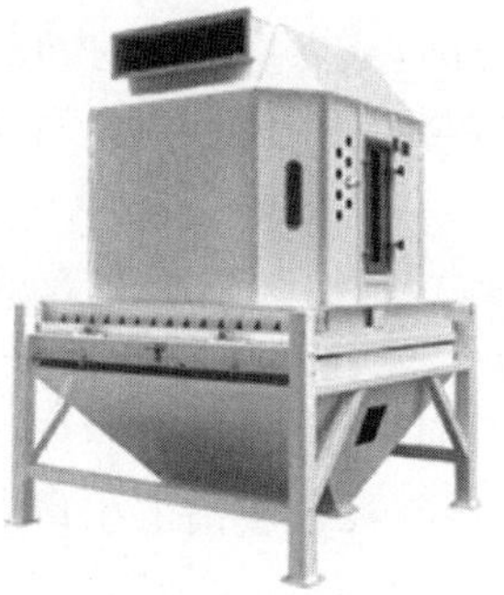
立式冷却器

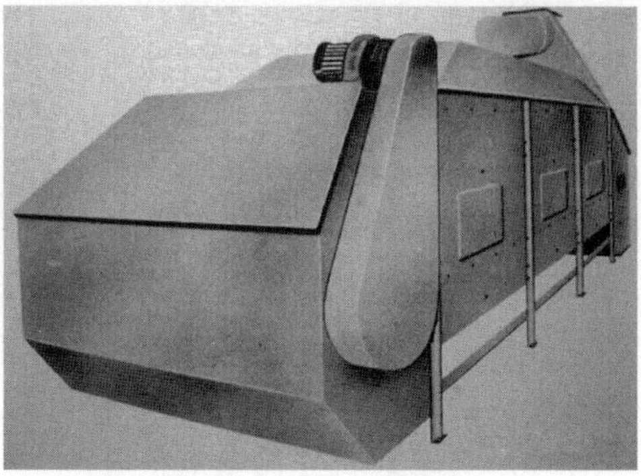
卧式冷却器

图 5-26　立式冷却器和卧式冷却器

却室水平截面均匀分布，当冷空气从冷却室底部四周进入时，穿过颗粒层将水分带走，同时空气被加热，载水能力加强，对后进入的湿热颗粒料能带走更多的水分。当颗粒积累到料位器的位置，料位器发出信号，出料机构开始排料，经一段延时后，出料机构关闭(图 5-27)。

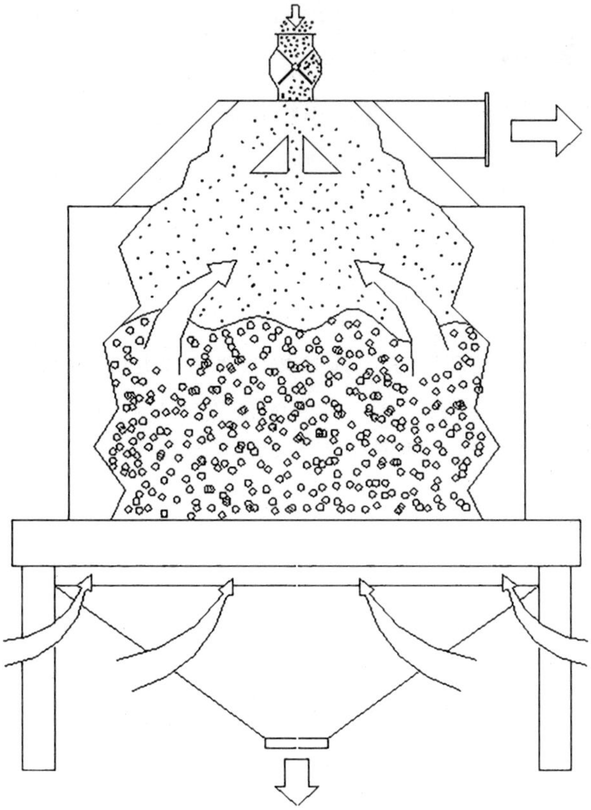

图 5-27　立式逆流冷却器工作过程

(资料来源：于翠萍．饲料加工工艺设计原理．郑州大学出版社，2016)

立式逆流冷却器结构简单，机内无残留，清理方便，占地面积小。冷却过程中，冷空气从底部进入，顶部出去，因此与颗粒表面接触最大、时间最长，而且逆流原理使颗粒沿下降方向逐渐冷却，避免颗粒剧烈冷却，从而减少颗粒开裂，而且空气与颗粒下落方向相反，减少了颗粒下落的重力，颗粒完整性好，因此在饲料行业广泛使用。

颗粒在冷却过程中，水分由内部扩散到表面所需要的时间，或者颗粒从进机到出机所需的时间称为冷却时间。它与颗粒直径、密度、物料性质、脂肪与糖蜜含量、风量与风压以及环境温度有关。

(2)破碎　幼龄动物采食饲料一般为小颗粒(≤2.0 mm)饲料产品，但制粒机生产小颗粒饲料产品时，生产效率急剧下降(下降幅度可达60%以上)，能耗和设备磨损严重。因此，饲料加工工艺中经常采用制粒＋破碎的形式，先生产大颗粒饲料，之后经过破碎机破碎成符合要求的小粒度颗粒饲料，在满足颗粒尺寸要求的同时，维持制粒机较高的生产效率。破碎机的结构和工作原理与辊式粉碎机基本相同。

(3)分级　一般颗粒料产品中所含粉料为5%～8%，而破碎料生产中所含粉料和未破碎合格的大颗粒料将达到15%～25%。分级是指使用分级筛，将冷却后的颗粒料进行筛理，合格产品送去包装，不合格的粉料及大颗粒料回流，进行重新制粒或破碎。

5.7　膨化

5.7.1　膨化的基本概念

膨化饲料是将粉状饲料原料(含淀粉或蛋白质)送入膨化机内，经过连续的混合、调质、升温、增压、挤出模孔、骤然降压以及切成粒段，再经过干燥、稳定等过程，所制得的一种膨松多孔的颗粒饲料。

膨化饲料除了具有颗粒饲料的一般优点外，尚有以下优点：①膨化过程中的热、湿、压力和各种机械作用，能大幅度提高了淀粉糊化度(≥90%)，提高蛋白质变性和脂肪稳定性，破坏和软化纤维结构的细胞壁部分，进一步提高了饲料的消化率和利用率。②高温、高压膨化腔可杀死多种有害病菌，破坏饲料中的抗营养因子。③可以制成各种沉降速度的膨化饲料，如浮性、慢沉性和沉性等饲料，以满足水产动物不同生活习性的要求，减少饲料损失，避免水质污染。④可生产出动物喜爱的各种形状产品，大大提高了饲料的外观和诱食价值。但膨化过程中的高温高压对饲料中的热敏性成分破坏比较明显，膨化产品储存过程中容易吸湿，在实际生产中应加以控制。

膨化一般分为干法膨化和湿法膨化，干法膨化是对物料进行加温、加压处理，但不加蒸汽的膨化操作。而湿法膨化是对物料进行加温、加压并加蒸汽处理的膨化操作，饲料工业中以湿法膨化形式为主。

5.7.2　膨化机

挤压膨化机是饲料膨化的关键设备，它是以挤压螺杆为主要工作部件，以特定孔型的出料模板为主要特征，对物料进行蒸汽调质(或不调质)，增压挤出和骤然降压膨化，制取膨化颗粒饲料(或物料)的设备。挤压膨化机主要机型为单螺杆膨化机和双螺杆膨化机，双螺杆膨化机因其产品稳定、清洁方便、适用范围广等优点，逐渐成为饲料膨化的主流机型。

双螺杆膨化机外形如图5-28所示，包括调制器、膨化机构、切刀装置、电机、齿轮箱等。其中，膨化机构是膨化机的主要工作部件，主要有螺杆、套筒和螺杆固定轴组成。根据物料在膨化机内部的受力和升温不同，可分为喂料段、压缩段和挤出段(图5-29)。喂料段占螺杆总长度的 10%～25%，其螺距较大，主要起到向前输送物料的作用；压缩段约占总长的 50%，压缩段的内部空间沿物料移动方向逐步缩小，物料压力和温度急剧上升；挤出段约占总长的 15%～30%，内部空间更小，物料压力和温度达到最高。内部空间的改变通过改变螺杆的螺距、直径、啮合方式以及套筒的形状和内部结构来实现。

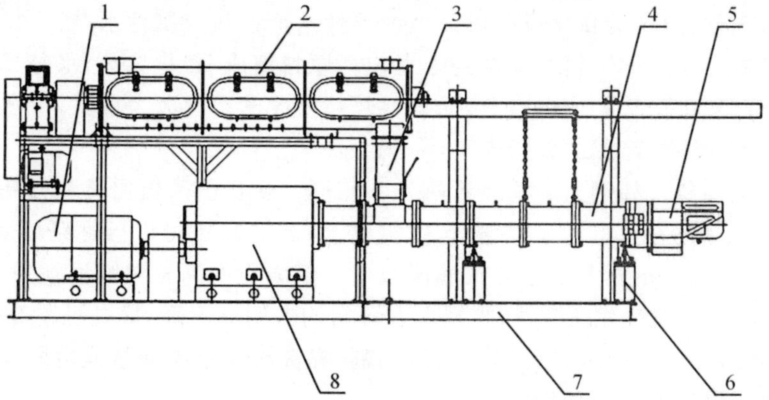

图 5-28　双螺杆膨化机外形结构

1. 电机；2. 调制器；3. 进料口；4. 膨化机构(螺杆和套筒)；5. 切刀；6. 出料口；7. 底座；8. 齿轮箱

(资料来源：龚利敏，王恬．饲料加工工艺学．中国农业大学出版社，2010)

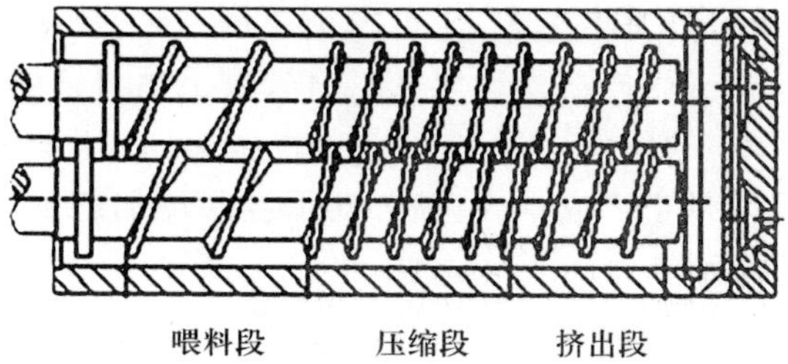

图 5-29　膨化机构

膨化机的切刀装置位于膨化结构的端口处，安装在可移动支架上，便于螺杆的装卸和清洗。切刀为旋转式，一般安装 1～4 把，刃口锋利。切刀数量和转速用来控制膨化颗粒饲料的长度，切刀数量越多，转速越快，膨化颗粒越短，反之亦然。

5.7.3　挤压膨化过程

物料首先在调质器内进行调质，与颗粒饲料生产时的调质不同的是，挤压膨化时需要更多的蒸汽量，调质后物料温度和水分更高，水分为 20%～30%，温度可达 70～100 ℃。

调质后的物料进入挤压腔中，随着物料的前进，挤压腔内部空间逐渐减小，物料被逐步压缩，压力升高，物料温度在压力、蒸汽、物料的摩擦和剪切作用下急速升高、充分糊化，最终物料压力可达 3～10 MPa，温度为 120～170 ℃，最高可达 200 ℃。

物料到达挤压腔末端，通过模孔挤出的瞬间，压强降至常压，温度迅速降低，水分吸热蒸发，饲料体积快速膨胀、脱水凝固，被切刀切成一定长度的膨化饲料。膨化后的饲料体积可比原体积增大 5～15 倍。

膨化饲料产品的温度和水分较高(水分 22%～28%，温度 80～135 ℃)，产品较软，直接冷却效果较差，一般需要先干燥后冷却的后处理过程，即使用连续输送式的干燥机进行干燥处理后，进入冷却器进行降温处理。

5.7.4 挤压膨化产品品质

膨化产品的密度是膨化产品最主要的品质指标，饲料密度决定了饲料的沉浮性能，通过对饲料密度的调整，同样的膨化设备可以生产浮性水产饲料或沉性水产饲料，满足不同动物采食需要。影响膨化水产饲料沉浮性的因素包括原料组成、膨化参数、水分、设备类型等，其中原料中淀粉的含量和淀粉的糊化程度对饲料颗粒密度的影响最为重要。一般认为 480 g/L 的饲料密度是膨化饲料浮沉的转折点。

膨化过程对饲料产品的营养物质影响各不相同。膨化前后蛋白质和氨基酸的变化不明显；淀粉糊化度显著提高，可达 90%甚至 95%以上；高温高压可以破坏纤维素结构、钝化脂肪酶，有效降低饲料中抗营养因子和致病菌数量。但膨化的高温对维生素的破坏较为明显，维生素 A、维生素 C、维生素 E 和 B 族维生素含量均有明显下降，最高可达 50%以上。实际生产中，一般可选用稳定化处理的维生素添加剂、提高维生素添加量或后期喷涂维生素的方式来降低膨化对维生素的负面影响。

5.8 自动化、智能化技术在配合饲料生产中的应用

自动化是企业升级换代的基本标志，是实现企业信息化、数字化、智能化的基础。经过数十年的发展，我国饲料加工生产在自动化、信息化、数字化与智能化方面取得了较大的进步，饲料加工过程的自动化、智能化，不仅有利于提高饲料厂的生产效率和生产管理水平，而且有利于改善产品质量、降低生产成本、减轻劳动强度和增加产量，是现代精细化管理和精益生产等现代企业管理的基础。

现代饲料加工过程自动化控制涉及饲料加工过程自动化控制、饲料加工品质自动化控制、饲料加工能源自动化控制、饲料加工安全自动化控制等方面。

5.8.1 饲料加工过程自动化控制技术

饲料加工过程自动控制技术，就是对饲料生产过程中各工段按前后次序以生产合格产品为目标，进行实时监控与管理的自动化控制系统。饲料加工过程自动化，包括整个系统与各工段及单机设备的自动控制。

饲料加工生产自动控制能根据生产工艺要求，按顺序控制电气设备的运行；程序化完成各个加工工序的生产过程控制；有效控制主要生产设备的工作负荷；有完善的故障报警和自动处理功能。自动控制系统以 PLC 为核心，采用模块化的编程思路，将各功能模块按照工业生产系统的工艺流程贯穿在一起，形成整个系统的集散控制，并通过网络实现与生产管理的远程监控指挥系统，实现对饲料加工全过程控制，同时具备远程监控和数据同步传输功能。

饲料加工工艺单元可分为原料计量系统、粉碎机自动控制系统、自动配料与混合系统、颗粒压制机与螺旋挤压机自动控制系统、自动包装与码垛系统、液体自动添加系统、干燥与冷却自动控制系统、蒸汽自动控制系统、压缩空气自动控制系统、饲料原料与成品自动取样与分析系统、在线参数测控系统等。饲料加工工艺则由各个生产工段根据不同的生产产品要求组合而成。

1. 原料自动计量接收系统

原料自动计量接收系统包括散装原料计量系统、汽车衡无人值守管理系统、立筒仓温度水分控制系统等。

散装原料计量系统由称量斗(称重传感器)、自动校秤装置、称重控制系统、计算机管理系统组成,是一种集称量、运输、仓储、结算于一体的计量器具。

汽车衡无人值守管理系统结合了微波射频识别技术、电子汽车衡技术、通信技术、自动控制技术、数据库技术以及计算机网络技术,自动记录进出装有电子标签的车辆车牌号、重量信息、时间信息等,并写入主机数据库,全程实现无人化操作,能有效杜绝人为误差,防止过衡堵塞、作弊等情况的发生。系统由 RFID 识别系统、红外定位系统、视频监控系统、声像提示系统、数据处理系统等五大部分组成,包括读写器、天线、标签卡(电子车牌)、电子汽车衡、主机、信号灯、自动道闸、地感线圈、红外仪和配套管理软件等软硬件设施。

立筒仓温度水分控制系统通过温度传感器和水分传感器在筒仓内的立体分布,实时监测筒仓内物料的水分和温度变化,通过数据控制系统实现数据的远程传输和数据处理,保证原料的安全储存。

2. 粉碎机自动控制系统

粉碎机自动控制系统可通过测量粉碎机的工作电流与设置参数比较后,通过变频器自动调整、稳定粉碎机的负荷,使粉碎机能处于最佳负荷状态。采用数字传感器根据粉碎机负荷实时定量供料,供料电机采用伺服电机和 PLC 程序控制相结合,实现数字化数据传输。

粉碎机负荷控制系统与中央控制室兼容,实现全自动远程智能控制。系统可以扩展到粉碎机供料器磁体强度、粉碎机吸风量、粉碎机轴承温度、粉碎室温度监控报警、粉尘爆炸安全监控报警,提供粉碎机锤片、筛网等易损件和通用件的使用、更换记录和统计信息和提醒报警功能,具有远程调阅等功能。

未来,粉碎机控制系统还可根据物料性状和粉碎程度,实时控制粉碎机吸风量的大小,自动更换粉碎机筛网,现场对粉碎粒度实现自动分析和数据反馈,实现粉碎粒度自动调节的闭环控制和多方位监控功能。

3. 自动配料与混合系统

目前饲料厂常用的自动配料与混合系统,集自动控制技术、计量技术、传感器技术、计算机管理技术于一体,具有重量数字显示、过程画面动态显示、配方修改管理、配料速度快、控制精度高等优点,具有配料数据自动存储、配料过程清单查询和班、日、月、年报表统计及打印等功能。系统采用开放的控制方式,兼容性强,开放的数据库通过网络可接入工厂局域网,实现管理控制一体化。

微量配料称量系统适用于饲料工业微量成分粉体物料连续自动精准全自动称重、定量、配料、输送控制。系统设计有"配方运行""设备管理""配方管理""原料仓管理""生产数据管理""配方运行"等模块,具有投料控制追溯系统,实现 MFS(制造执行系统)自动配料过程监控和追溯。

4. 制粒机自动控制系统

制粒机自动控制系统基于 PLC 与组态嵌入式软件闭环控制方式和人机界面,采用模糊逻辑控制算法,使用无级喂料调速和蒸汽调质,能自动控制颗粒机的启动、运行和关闭,自动检测和稳定物料调质温度、主机电流负荷,自动调节喂料量、液体添加量和蒸汽添加量,以控制调质温度，使颗粒机整机始终处于最佳的工作状态，同时可提高产量 10%以上，降低电耗 10%～20%。

冷却器自动控制系统纳入颗粒控制系统，可实现制粒工段自动化控制。控制系统可以控制单台或多台颗粒压制机(目前最多 6 台)，实现远程通信、数据传输与共享。

5. 挤压膨化机自动控制系统

挤压膨化技术广泛应用于水产饲料生产和饲料原料的膨化预处理等，螺旋挤压膨化机主要控制点包括水分、热能输入、机械能输入和滞留时间等。

目前的膨化控制系统为可视化控制，采用多种传感器可对螺旋挤压机进行现场检测，由反馈控制系统自动调整螺旋挤压机的相关工作参数。各种工作参数可预先设定，具有配方储存、报表打印、报警、工作参数动态显示和记录功能。该系统还可同时控制螺旋挤压膨化机、干燥机和冷却器等。

膨化产品质量控制系统在恰当的位置安装数字传感分析仪，测量进口原料和最终膨化产品的密度、温度等重要参数，产生分析信号，传入控制设备，控制设备接收信号后控制螺旋挤压机使其工作参数调整到设定标准范围，实现产品品质的实时控制。

6. 自动包装系统

近几年饲料成品的包装、储存、运输系统变化较大，包装工段的自动化、智能化趋势十分明显。自动包装系统包括自动供袋、自动套袋、自动计量、自动封包(缝包、覆胶纸带、折边、抽真空和封包)、自动压包、自动码垛等功能，实现由上袋机＋电子计量秤＋包装机＋倒袋机＋检重秤＋剔除机＋自动托盘库＋码垛机＋缠绕机组合的无人化自动包装方案。

7. 液体自动添加系统

液体添加自动控制系统采用总线控制技术，可以方便实现与生产系统的数据交换，系统具有强大的数据存储和追溯功能，能详细记录每批称重、喷涂添加液体的相关信息，有效控制入库、消耗、原料使用率等环节，实现液体原料使用的可追溯。

8. 粉尘防爆自动控制系统

(1)在线粉尘浓度监测装置　粉尘浓度监控测定传感器，可以进行在线、实时、实地监测粉尘浓度，具有异常报警功能。通过监测粉尘浓度可以监控除尘设备的完好状态，监控作业环境和容器中的粉尘浓度状况，避免粉尘爆炸事故的发生。

(2)火花探测和熄灭系统　火花探测和熄灭系统，可探测通过气力输送管道和输送机输送至下游工艺设备过程中，可能成为火灾或爆炸火源的热颗粒、火花和火焰。系统具有火花探测、火焰探测、热颗粒检测和熄灭功能；可在不停止生产的情况下灭火，防止下游设备出现火灾和爆炸风险；系统能自动触发报警和控制系统，允许通过模块扩展多个系统监控点。

(3)抑爆系统　抑爆系统使用轻质量模块化设计，提供灭火剂至快速蔓延的火中，在火源具有破坏力之前抑制它。系统通常由通用传感器、电源模块、系统监控器和几个抑爆"枪"组成。系统通用传感器模块用来监控工艺压力，该模块包括三个单独的传感器和电子逻辑以及触发枪模块。一旦三个传感器中的两个显示足够发生爆炸的压力上升，逻辑电路会提供触发信号给抑爆枪。单个传感器被编程为在预先确定的压力上升(通常为爆炸)而不是缓慢的工作压力上升的基础上触发系统。

5.8.2 饲料产品质量自动分析控制

1. 散装原料全自动取样装置

系统采用空气动力学原理，将系统设计成闭环系统，完成样品从取样点分区、分层采集，经过气力输送至旋风除尘器分离集料，完成样品的采集。取样装置配有可多点自动取样的取样扦样器，取样时具有传感功能，确保取样迅速、精准。

2. 在线自动取样与分析装置

先进的质量控制软件，可以实现生产工艺过程多点监测，确保饲料生产产品的质量。所有分析数据收集在一个共用的数据库，可以实现全部产品质量可追溯性。

在线自动取样装置有重力流管道气动控制在线取样装置、垂直逆流在线取样装置与内置式螺旋取样器等几种类型。在线自动分析装置有振实密度联合分析系统、全自动颗粒饲料粒度测定装置、烧焦颗粒自动检测装置、色差检测器、粉碎机筛网破损自动检测装置、水产饲料漂浮性测试系统、在线自动颗粒饲料耐久性指数(PDI)测量装置、近红外测定仪(NIR)自动采样与测定装置等，各种装置结合 PLC 程序控制器、嵌入式 PC，实现网络数据传输。

5.8.3 饲料加工自动化、智能化控制发展趋势

智能化是由现代通信与信息技术、计算机网络技术、行业技术、智能控制技术汇集而成的针对某一个方面应用的智能集合。智能化技术在性能、功能和体系结构方面的发展方向如下：

(1)高速度、高精度、高效化、柔性化、工艺复合性和多轴化、实时智能化。

(2)功能用户界面图形化、科学计算可视化、插补和补偿方式多样化、内装高性能 PLC、多媒体技术应用。

(3)体系结构集成化、模块化与网络化。人工智能技术的发展为生产数据与信息的分析和处理提供了有效的方法，人工智能技术尤其适合于解决特别复杂和不确定的问题，在制造过程的各个环节几乎都可广泛应用人工智能技术。信息物理系统(CPS)是智能制造的本质，其核心就是信息计算、系统通讯、物理控制，将传感器及智能决策软件与装备集成，实现感知、分析、推理、决策、控制功能，使工艺能适应制造环境变化。专家系统技术可以用于工程设计、工艺过程设计、生产调度、故障诊断等，也可以将神经网络和模糊控制技术等先进的计算机智能技术应用于产品配方、生产调度等，实现制造过程智能化。

智能化制造的特征是工艺设计智能化及知识化(制造工艺的智能设计、实时规划)，传感检测信息化与实时化(装备运行境检测、制造质量的检测)，控制执行柔性化和自动化(装备自动控制、装备柔性操作)。

饲料加工智能化是自动化、信息化、数字化发展的高度集成，覆盖饲料加工工艺过程与生产工段和单元，实现以节约劳动力、生产过程高效、节能、环保、安全为前提的自动化、智能化操作过程，进行动态、柔性化管理。实现实时、在线数字化信息自动采集、信息远程共享为前提的新型饲料加工工程生产与管理体系。总之，从车间单机到车间系统扩展到整个工厂物流过程的自动化、数字化、智能化是未来的发展方向。

在信息技术领域，以互联网为代表的信息技术产业呈现几何级数、爆发式发展，大数据、云计算、云存储，5G 等技术正在影响我们的生活，以智能机器人和网络信息技术融合为特征的第四次工业革命正在向我们走来，饲料加工技术从自动化到数字化、智能化方向快速发展。

思考题

1. 简述锤片式粉碎机的粉碎机理及物料的粉碎过程。
2. 试述多仓双秤配料工艺的工作程序。
3. 影响混合工艺效果的因素有哪些?
4. 简述环模制粒的工作原理和工作过程。

6 配合饲料质量与安全控制

配合饲料质量与安全控制直接关系到动物的生产性能和畜产品安全，是保障养殖业和饲料工业持续健康发展的关键。为规范饲料企业生产行为，保障饲料产品质量安全，农业部制定了《饲料质量安全管理规范》。饲料企业按照该规范的要求组织生产，实现从原料采购到产品销售的全程质量安全控制。因此，配合饲料质量与安全控制是饲料生产者的重要工作，必须予以高度重视。

6.1 饲料原料和成品的检验

配合饲料是按照科学的饲料配方生产出来的由多种饲料原料组成的均匀混合物，而饲料原料种类多、来源广、品质差异大。确定饲料原料和成品中营养成分是否符合规定，有毒有害物质是否控制在允许范围，需要借助一定的检测手段。饲料原料和成品检测是保证配合饲料质量的重要手段，也是饲料工业生产中的重要环节，其主要任务是采用物理、化学或生物学的手段对饲料原料和成品的物理特性、各种营养成分、抗营养成分、有毒有害物质、添加剂等进行定性或定量测定，从而对饲料原料和成品进行质量和安全评定。

6.1.1 饲料原料和成品检验的基本方法

饲料原料和成品检验从检验手段上分为感官鉴定、物理检验法、快速化学鉴别法、化学分析法、仪器分析法、近红外光谱分析法、微生物分析法、生物学分析法、动物试验评定法等。

1. 感官鉴定

感官鉴定适用于能通过人的味觉、嗅觉、触觉、视觉等进行感官检查的饲料原料和成品，不适用于对人体有毒有害的物质。本方法主要是通过感官来鉴定产品的形状、色泽、质地、气味、味道、水分含量等，是饲料原料和成品检验的常用方法。各类饲料原料和加工成品的感官指标要求基本一致，合格的原料和产品要求色泽一致、混合均匀、粒度整齐、无杂质、无异味、质地疏松、水分含量低。感官鉴定可以初步判断饲料原料和产品的质量和加工工艺是否正确。该方法简单、快速、不需要特殊仪器，但需要丰富的实践经验才能做出准确的判断。①视觉。观察饲料的形状、色泽、颗粒大小、有无霉变、虫蛀、结块、掺杂物等。②味觉。通过舌舔和牙咬来辨别饲料的味道、硬度、口感、干燥程度和有无异味等。③嗅觉。通过嗅觉来辨别饲料的气味是否正常，有无霉臭、腐臭、氨臭、焦臭等异味。④触觉。取样品放在手上，用指头捻，通过感触来判断其粒度的大小、硬度、黏性、有无夹杂物和水分含量等。

2. 物理检验法

物理检验法是根据饲料原料和成品所固有的物理性状进行鉴定和判别。常用的物理检验法有以下几种。

(1)筛分法　筛分法是用孔径大小不同的一套筛子把饲料样品分成不同的粒度级别。

该方法可以观察饲料原料的粒度、掺杂物的种类及比例。

(2)体积质量称量法　通常以 1 L 体积的饲料质量来计。一定体积的饲料原料其质量也是固定的。体积质量称量法是用规定的量具(1 000 mL 量筒、天平)测出 1 L 体积的饲料质量与该饲料的标准质量相比,即可判断有无异物混入。如果饲料原料中含有杂质或掺杂,其单位体积的质量会发生改变(或大,或小)。常见饲料原料的体积质量如表 6-1 所示。

表 6-1　常见饲料原料体积质量　g/L

原料	体积质量	原料	体积质量	原料	体积质量
玉米	626.2	稻壳	337.2	乳清粉	642.3
玉米粉	701.8～722.9	燕麦	273.0～321.1	糖蜜	1 413.0
小麦	610.2～626.2	燕麦粉	352.2	油脂	834.9～867.1
小麦麸	208.7	大豆饼粕	594.1～610.2	鱼粉	562.0
次粉	291.0～540.0	脱壳大豆	642.3	血粉	610.2
大麦	353.2～401.4	棉籽壳	192.7	肉骨粉	594.2
高粱	545.9	棉籽饼粕	594.1～642.3	肉粉	786.8
高粱粉	706.9～733.7	花生饼粕	465.6	羽毛粉	562.0
碎米	545.9	亚麻籽饼	500.0	家禽副产品	545.9
米粉	809.3～821.7	苜蓿(晒干)	224.8	贝壳粉(粗)	630.0
糙米	840.0	木薯粉	533.4～551.6	贝壳粉(细)	600.0
米糠	350.7～337.2	干啤酒糟	321.1	碳酸钙	850.0
脱脂米糠	426.0	干啤酒酵母	658.3	盐	830.0

(3)密度鉴别法　密度鉴别法是根据饲料样品在一定密度的液体中的沉浮情况来鉴别是否混入异物、异物种类和混入比例。饲料原料不同,相对密度不同(表 6-2)。根据原料密度不同,选用相应密度的液体对其分离,将分离物进一步镜检或确定混入比例。常用试剂的相对密度如表 6-3 所示。

表 6-2　饲料原料的相对密度

原料	相对密度	原料	相对密度
动植物性有机物	1.50 以下	棉籽粕	1.40～1.43
虫、虾壳、蟹壳	1.40～2.00	椰子粕	1.38～1.46
贝壳	1.90～2.60	芝麻粕	1.41
大理石粉、碳酸钙	2.60～2.90	亚麻仁粕	1.39～1.40
土砂	1.80～2.50	木棉粕	1.40～1.45
兽骨	1.90～2.20	菜籽粕	1.34
硫酸铵	1.80	脱脂糖类	1.39
尿素	1.30	大豆粕	1.38
蒸制蹄粉	1.30	陶土	1.87

密度鉴别法简单、实用,既可以鉴别出鱼粉及其他饲料里是否混杂有砂土、稻壳、锯末等异物,又可以鉴别出混合饲料中单种原料的混合比例。例如用水鉴别混入饲料的砂土,其操

作方法如下：将样品加入试管或细长的玻璃杯中，再加 4～5 倍的水，充分搅拌混合，静置一段时间后，砂土等异物的相对密度大，所以沉降于试管底部，即可鉴别出来。

表 6-3　有关试剂的相对密度

试剂	相对密度	试剂	相对密度
水	1.00	氯仿	1.47
己烷	0.66	溴仿	2.89
石油醚	0.63～0.66	甲苯	0.88
四氯化碳	1.59		

(4)显微镜检测　饲料显微镜检测是以动植物形态学、组织细胞学为基础，在显微镜下观察被检查物质的外观形态、组织结构、细胞形态及染色特征等，比照饲料原料显微镜检查图谱(GB/T 34269—2017)，对其种类和品质进行鉴别和评价。

常用的显微镜检测技术有体式显微镜检测技术和生物显微镜检测技术。体式显微镜检测技术利用体式显微镜将样品放大 7～40 倍，通过观察被检样品的外部形态特征，如表面形状、色泽、粒度、硬度、破碎面形状等为依据，用于鉴别饲料的外部结构。生物显微镜检测技术利用生物显微镜将样品放大 40～500 倍，通过观察被检样品的组织细胞学特征为依据，用于鉴别饲料的内部结构。

饲料显微镜检测的主要特点：①快速、简便、准确。不需要大型的仪器设备和复杂的检前准备，只需将被检样品按要求进行研磨、过筛或脱脂处理。②既可定性分析，也可对原料成分的纯度进行定量分析。通过饲料显微镜检测可鉴别伪劣商品，控制饲料加工、贮藏品质，弥补化学分析或其他分析方法的不足。③具有稳定性与准确性。由于动植物形态学在整体与局部的特征上具有相对的独立性，各部位组织细胞学上具有特异性，因而不论饲料加工工艺如何处理，都或多或少地保留一些用于区别各种饲料的典型特征，这就使饲料显微镜检测结果具有稳定性与准确性。饲料显微镜检测的准确程度取决于镜检人员对原料特征的熟悉程度及应用显微技术的熟练程度。

(5)水淘选鉴别法　对于混入麸皮或米糠中的稻壳粉末、花生皮粉末、锯末等，可采用碱处理后流水淘选的方法，对其混入量进行大体的定量测定。

水淘选鉴别法的具体方法是：取 1 g 试样于烧杯中，加入约 100 mL 的 5%氢氧化钠溶液，煮沸 30 min 后静置，弃去上清液，将残渣移入 1 L 烧杯中，用玻璃弯管导入流水形成涡流，这时稻壳粉末、花生皮粉末等黄色残渣集中在中间，白色的麸皮和米糠残渣则浮游于外侧，用另一支玻璃弯管吸去浮游物，将剩下的残渣过滤、干燥、称量。称量数乘以系数(稻壳粉末为 2.5，花生皮粉末、锯末均为 1.7)则为混入物的量。

3. 快速化学鉴别法

快速化学鉴别法是根据饲料成分的化学性质，在饲料中加入适当的化学试剂，根据发生反应的沉淀、颜色、气泡等变化，判断饲料中是否含有某种成分、是否有异物掺入。常用于鱼粉掺假、大豆饼粕生熟度以及氨基酸、维生素、微量元素、非营养性添加剂等饲料原料的快速化学鉴别。该技术简单、快速、实用，一些小规模的饲料加工厂和饲养场也能够操作。

4. 化学分析法

化学分析法是饲料分析测定中最普遍的方法。本技术主要借助常规仪器，如分析天平、分光光度计、酸度计、滴定管、干燥箱、高温电炉、茂福炉、凯氏定氮仪、脂肪抽提装置、纤维素分析仪等仪器设备进行分析。常用于饲料中常规成分如水分、粗蛋白质、粗脂肪、粗灰分、粗纤维、钙、磷等含量的测定。

化学分析法对含量较高组分的测定具有较高的准确度和重现性，并且所需的仪器设备成本较低，技术易掌握，便于推广应用。目前所有饲料生产企业均配备常规化学分析实验室。

5. 仪器分析法

仪器分析法是使用较特殊仪器的分析方法，是根据饲料中某种物质的物理化学性质为基础的分析方法。目前，饲料中许多较难测定的成分，如能量、氨基酸、维生素、微量元素、有毒有害物质、药物等都可以用仪器分析法测定，对于饲料中常规营养成分也可以用仪器分析法测定。常用的仪器有高效液相色谱仪、原子吸收分光光度计、离子交换色谱氨基酸分析仪、液相色谱质谱仪、气相色谱质谱仪、氧弹量热仪等。仪器分析法具有简便、快速、灵敏、选择性好、自动化程度高的特点。但仪器分析法具有一定的局限性，首先测定某一组分需要标准品，而这些标准品的含量常常要用经典的化学分析法来测定；其次仪器分析法的设备复杂、价格昂贵，实验室的设施条件要求高，较难普及。

6. 近红外光谱分析法

近红外光谱分析法是利用有机物中含氢基团 X-H（X＝C. N. O）的振动，以漫射方式获得近红外区的吸收光谱，通过主成分分析、偏最小二乘回归分析法、神经网络等现代化学计量学的手段，建立物质光谱与待测成分含量间的模型，从而实现用物质近红外光谱信息对待测成分含量的快速计算。该技术首先对标准品数据库建立相应的数学模型和验证模型，然后将待测样品相应的组分代入至验证模型中进行定量或定性分析。在饲料工业中，近红外光谱分析法可用于常规成分、微量成分以及饲料混合均匀度测定。

近红外光谱技术具有快速、简便、相对准确等优点，可以 1 min 内检测出样品的多种成分含量，也可在线品质控制，但该法检测准确性受多种因素影响，尤其是样品的粒度及均匀度影响最大，同时需要不断更新数据库和优化模型。

7. 微生物分析法

饲料微生物检验是饲料品质控制的一个重要方面，主要包括细菌总数检测、大肠杆菌检测、沙门菌检测及霉菌总数检测，是评价饲料卫生质量的重要指标之一。

饲料中细菌总数是指每 1 g（或 mL）饲料中细菌的个数，但不考虑细菌的种类。细菌总数的高低反映了饲料的清洁程度及对动物潜在的危险性。细菌总数越高，表明饲料卫生状况越差。

大肠杆菌群检测多采用最大可能数（most probable number，MPN）法和平板计数法。MPN 法是统计学和微生物学结合的一种定量检测法，待测样品经系列稀释并培养后，根据其未生长的最低稀释度与生长的最高稀释度，应用统计学概率论推算出待测样品中大肠杆菌群的最大可能数。平板计数法是大肠菌群在固体培养基中发酵乳糖产酸，在指示剂的作用下形成可计数的红色或紫色，带有或不带有沉淀环的菌落。如果大肠杆菌污染程度越高，致病菌存在的可能性就越大。饲料中沙门菌检测是根据其生化特性并结合血清学鉴定方法进行。沙门菌是重要的肠道致病菌，在饲料中不得检出。霉菌总数检测是根据霉菌生理特性，选择适宜于霉菌生长而不适宜于细菌生长的培养基，采用平皿计数方法，测定霉菌数。霉菌毒素是霉菌的有毒代谢产物，对动物具有强烈的毒害作用。饲料霉菌总数越高，受霉菌毒素污染的可能性就越大。

饲料微生物检测从采样、制样到分离培养、生化鉴定等过程都必须坚持无菌操作，才能对饲料品质做出正确的判断。

8. 生物学分析法

生物学分析法包括基于免疫化学的酶联免疫吸附测定法（enzyme-linked immunosorbent assay，ELISA）和基于分子生物学的聚合酶链式反应法（polymerase chain reaction，PCR），主要用于饲料安全检测和评价。ELISA 主要应用于饲料中的霉菌毒素如黄曲霉毒素 B_1、农药和兽药残留的快速检测。该类方法具有最低检出浓度低、专一性强、分析速度快等特点，可用于定性和半定量测定，但容易受基质干扰，产生交叉反应。PCR 方法主要用于饲料中动物源性成分和转基因饲料的定性检测，通常最低检出限为 0.1%。

9. 动物试验评定法

动物试验评定法是直接利用靶动物来评定饲料的营养价值和安全系数，其结果更加客观和科学。常用的有：饲养试验、消化试验、代谢试验、屠宰试验、同位素示踪技术、有毒有害物质危害程度的比较试验等。试验动物可以用大、小白鼠，也可以用猪、鸡、牛、羊等动物。该方法花费高、时间长，不是一种简易的方法。

10. 模拟动物评定法

模拟动物评定法是采用模拟动物消化道条件，在实验室条件下对饲料作离体消化实验，评定饲料的营养价值。体外消化法按照消化液的来源，分为消化道消化液法和人工消化液法或两类消化液混合使用法。该方法可以克服常规动物消化试验和指示剂法耗费人力、物力、财力和时间的缺陷。

11. 回归预测饲料营养价值法

通过大量的科学试验及分析测定数据，结合数理统计知识，建立回归统计模型。在以后的生产或科学研究中，根据饲料中某一种或几种成分的含量，可利用回归方程，预测饲料的其他有效成分含量和评价饲料的营养价值，这是一种比较科学和简捷的评定方法。

6.1.2 饲料原料和成品检验的步骤

饲料原料和成品质量检测的基本步骤包括采样、制样、保存、分析等。

1. 饲料原料和成品的采样

采样是利用各种采样工具，按照科学方法从待测饲料原料或产品中采集一定数量能代表饲料整体的样品或样本。样品包括原始样品、次级样品和分析样品。采样是饲料分析过程的第一步，也是非常关键的步骤。采样的根本目的是通过对样品的理化指标的分析，客观反映受检饲料原料或产品的品质。采样方法的正确与否直接决定着分析结果的准确性。

（1）采样的要求　第一，样品必须具有代表性。饲料原料或产品的容积和重量往往很大，而分析时所用的样品仅为其中很小一部分，所以样品的代表性直接影响分析结果的准确性，并关系到分析结果能否为生产实际参考和应用。如果样品不具有代表性，即使一系列分析工作非常精密、准确，无论分析多少个样品的数据，其意义都不大。第二，必须采用正确的采样方法。正确的采样方法是样品具有代表性的重要保证。正确的采样方法是根据饲料物理特性，利用数学原理，从具有不同代表性的区域采集一定数量的样品混合得到数量较大的原始样品，然后按照“四分法”或“几何法”等方法将原始样品缩减到一定数量的待测样品。第三，样品必须有一定的数量。样品数量也是保证样品代表性的重要环节。不同的饲料原料和产品要求采集的样品数量不同，主要取决于饲料的含水量、颗粒大小和均匀度、平行样品的数量。若饲料的含水量高、颗粒大、均匀度差、平行样品数量多，则采集的样品数量就多。

（2）采样的基本方法　常用的方法主要有几何法和四分法。几何法是把一整堆饲料看成具有一定规则的几何立体，如立方体、圆柱体、圆锥体等，采样时设想把这个几何体分成若干体积相等的部分，然后从每部分中取出体积相等的样品，经混合后即为原始样品。几何法常用于从大批量饲料原料或产品中采集原始样品。四分法是将饲料混匀，铺成正四方形或圆形，用药铲、刀子或其他适当器具，在饲料上划“十”字，将饲料分成四等份，任意弃去对角的两份，将剩余的两份混合。继续重复此法，直至剩余样品数量接近所需量为止。也可采用分样器或四分装置代替上述手工操作。常用于从小批量饲料和均匀饲料原料中采集原始样品或从原始样品中采集次级样品和分析样品。

2. 饲料原料和成品的制样

配合饲料原料和成品的样品一般为风干样品。采集的分析样品必须经粉碎、过筛、混合等处理，使样品的粒度达到分析要求，此过程称为制样。

（1）粉碎　粉碎主要选用植物样本粉碎机和小型万能粉碎机。粉碎过程中应注意防止吸湿或温度过热而引起水分发生变化和成分变性。每个样品粉碎后，要彻底清理粉碎机，避免交叉污染。

（2）过筛　饲料粉碎粒度影响分析结果的准确性。粉碎后的样品应全部过筛，少量难以通过筛孔的部分应尽可能用剪刀剪碎或研磨后均匀混入已粉碎的样品中，避免引起分析误差。粉碎的粒度与分析项目和测定方法有关，主要分析指标的样品粉碎粒度要求见表 6-4。

表 6-4　主要分析指标的样品粉碎粒度要求

指标	分析筛规格/目	筛孔直径/mm
水、粗蛋白质、粗脂肪、粗灰分、钙、磷、盐、NDF、ADF、ADL	40	0.42
粗纤维	18	1.00
体外胃蛋白酶消化率	20	0.90
氨基酸、微量元素、维生素、脲酶活性、蛋白质溶解度	60	0.25

（3）混合　将粉碎过筛的样品充分混合均匀，然后取 200～500 g 装入广口磨口瓶或自封袋中保存备用，并标注样品信息。

3. 样品的登记与保存

制备好的分析样品装入洁净、干燥的广口磨口瓶或自封袋中密封，并标注样品名称、制样日期、制样人、测定指标等。此外，应有专门的样品登记本，详细记录与样品有关的资料如生产厂家、批次、日期、质量、外观形状等。

配合饲料原料和产品的分析样品一般采用室温、干燥、避光条件下保存，并做好防虫。容易腐烂变质的样品，需采用冷藏（4 ℃）或冷冻（－18 ℃及以下）的方法保存。保存时间长短根据原料使用的快慢和产品的保质期而定。饲料原料样品应保留至全部用完，成品样品应保存至产品保质期过后至少 1 个月。

4. 样品的分析

在饲料原料和产品标准中，根据不同原料和产品的特点规定了相应的质量指标要求，水分、粗脂肪、粗蛋白质、粗纤维、粗灰分、钙、总磷等常规成分是饲料原料和产品最基本的质量指标。如在豆粕标准中规定的质量指标有感官形状、粗蛋白质、粗纤维、赖氨酸、水分、粗灰分、尿素酶活性、氢氧化钾蛋白质溶解度等。在配合饲料、浓缩饲料、精料补充料标准中规定的质量指标有感官形状、水分、成品的粒度、混合均匀度、粗脂肪、粗蛋白质、粗纤维、粗灰分、钙、总磷、水溶性氯化物、氨基酸、外源酶活性等。按照《饲料标签》GB 10648—2013 的要求，添加剂预混料、配合饲料、浓缩饲料、精料补充料等饲料产品的有效成分分析保证值要在标签上标注明确。

目前，为了确保饲料安全，《饲料卫生标准》GB 13078—2017 规定了饲料、饲料添加剂产品中有害物质及微生物的允许量及其检验方法。饲料安全检测的项目包括天然植物毒素如异硫氰酸酯、游离棉酚、噁唑烷硫酮等；真菌毒素如黄曲霉毒素 B_1、呕吐毒素、赭曲霉毒素、玉米赤霉烯酮等；无机污染物如砷、铅、氟、镉、汞、亚硝酸盐等；有机氯污染物如六六六、滴滴涕、六氯苯等；微生物污染物如霉菌总数、细菌总数、沙门菌等。

饲料原料和产品质量安全控制指标的呈现，需要通过样品分析来完成。样品的分析是饲料质量和安全控制必不可少的环节。

6.1.3 主要指标的检测

1. 饲料原料和成品常规指标的测定

(1)水分　饲料中水分测定的经典方法是按 GB/T 6435—2014 测定。该法适用于饲料、饲料原料和饲料添加剂中水分含量的测定。其原理是根据样品性质选择特定条件对试样进行干燥，通过试样干燥损失的质量计算水分的含量。

快速测定方法是近红外光谱法，按 GB/T 18868—2002 测定。该法适用于各种饲料原料和配合饲料中水分的测定。该方法根据待测样品近红外光谱选用对应的定标模型，然后进行待测样品近红外光谱与定标样品间比较。

(2)粗蛋白质　饲料中粗蛋白质的分析常用的方法是凯氏定氮法，按 GB/T 6432—2018 测定。该法适用于饲料原料、配合饲料、浓缩饲料、精料补充料和添加剂预混合饲料中粗蛋白质的测定。其原理是试样在催化剂作用下，经硫酸消解，含氮化合物转化成硫酸铵，加碱蒸馏使氨逸出，用硼酸吸收后，再用盐酸标准滴定溶液滴定，测出氮含量，乘以 6.25，计算出粗蛋白质含量。

杜马斯燃烧定氮法按 GB/T 24318—2009 测定。该法适用于单一饲料原料中总氮含量的测定和粗蛋白质含量计算，方法的检测限为 0.1 mg。其原理是在有氧环境下，样品在燃烧管中燃烧加热(约 900 ℃)，所生成的干扰成分被一系列适当的吸收剂去除，样品中含氮物质被定量转化成分子氮后被热导检测器检测。快速测定方法是近红外光谱法，按 GB/T 18868—2002 测定。

(3)粗脂肪　饲料中粗脂肪的测定常采用索氏浸提法，按 GB/T 6433—2006 测定。该方法适用于各种预混合饲料、配合饲料、浓缩饲料及单一饲料中粗脂肪的测定。本方法将饲料分为 A 类和 B 类。B 类饲料包括：纯动物性饲料，包括乳制品；脂肪不经预先水解不能提取的纯植物性饲料，如谷蛋白、酵母、大豆及马铃薯蛋白以及加热处理的饲料；含有一定数量加工产品的配合饲料，其脂肪含量至少有 20%来自这些加工产品。B 类以外的动物饲料为 A 类饲料。其原理是用石油醚反复浸提 A 类饲料样品，使其中脂肪溶于石油醚，并收集于抽提瓶中，然后将所有的浸提溶剂加以蒸发回收，直接称量浸提瓶中的脂肪质量或样品包浸提前后的质量，即可计算出试样中的脂肪含量。B类样品用盐酸溶液加热水解，水解溶液冷却、过滤，洗涤残渣并干燥后用石油醚提取，蒸馏、干燥除去溶剂，残渣称量。

在索氏浸提法原理的基础上开发的脂肪测定仪有FOSS脂肪测定仪和Ankom滤袋法全自动脂肪分析仪。

(4)纤维成分　饲料中的粗纤维的测定采用过滤法，按GB/T 6434—2006测定。该方法适用于粗纤维含量大于10 g/kg的饲料、谷物和豆类植物。其原理是用定量的酸和碱，在特定条件下消煮样品，再用醚、丙酮去除醚溶物，经高温灼烧扣除矿物质的量，所余量称为粗纤维。粗纤维不是一个确切的化学实体，只是在公认强制规定的条件下测出的概略养分。其中以纤维素为主，还有少量半纤维素和木质素。

饲料中的中性洗涤纤维(neutral detergent fiber，NDF)按GB/T 20806—2006测定。该方法适用于各种单一饲料和配合饲料。其原理是饲料在一定温度下，经中性洗涤剂处理，可洗涤分解大部分细胞内容物，如脂肪、淀粉、蛋白质和糖类等，而不溶解的残渣称为NDF，包括构成细胞壁的半纤维素、纤维素、木质素及少量硅酸盐等杂质。

饲料中的酸性洗涤纤维(acid detergent fiber，ADF)按NY/T 1459—2007测定。该方法适用于各种单一饲料和配合饲料。其原理是饲料经酸性洗涤剂浸煮，再用水、丙酮洗涤后不溶解的残渣为ADF。

饲料中的酸性洗涤木质素(acid detergent lignin，ADL)按GB/T 20805—2006测定。该方法适用于各种单一饲料和配合饲料。其原理是饲料在规定温度下分别经酸性洗涤剂和浓硫酸处理，可分解大部分细胞内容物，如脂肪、蛋白质、糖类和纤维素等，不溶解的残余物为ADL。饲料中纤维素、半纤维素的含量计算公式分别如下：

$$\text{半纤维素}(\%)=\text{NDF}(\%)-\text{ADF}(\%)$$
$$\text{纤维素}(\%)=\text{ADF}(\%)-\text{硫酸消化后残渣}(\%)$$

上述过滤法是传统纤维成分测定方法，费工费时，并且出现抽滤困难。滤袋技术的出现使纤维成分的测定更加高效准确。滤袋法测定纤维成分其原理、试剂与传统方法相同，只是用滤袋省去了抽滤，使操作更简单，精确度和准确度提高。滤袋法是称取一定量的样品装入特制滤袋，用封口机封口，放入装有洗涤液的烧杯，盖上冷凝装置进行消煮，消煮结束取出滤袋进行冲洗，解决了抽滤困难问题。

(5)灰分　饲料中粗灰分按GB/T 6438—2007测定。该方法适用于添加剂预混合饲料、配合饲料、浓缩饲料和单一饲料。其原理是试样在550 ℃灼烧后得到残渣，残渣用质量分数表示即试样中粗灰分。

饲料中酸不溶灰分按GB/T 23742—2009测定。该方法包括灼烧处理法和酸处理法，灼烧处理法适用于有机的单一饲料和配合饲料；酸处理法适用于矿物质、矿物质混合物和用灼烧处理法测定的盐酸不溶灰分大于1%的配合饲料。其原理为：灼烧处理法是通过灰化将试样中的有机物分解，获得的灰分用盐酸处理，过滤混合物，然后干燥，称其残渣的质量。酸处理法是用盐酸处理过的试样，过滤后干燥，再烧成灰，获得的灰分用盐酸处理，过滤混合物，然后干燥，称其残渣的质量。

(6)水溶性氯化物　饲料中水溶性氯化物按GB/T 6439—2007标准测定。该方法适用于各种配合饲料、浓缩饲料和单一饲料。其原理是试样中的氯离子溶解于水溶液中，如果试样含有有机物质，需要将溶液澄清，然后用硝酸稍加酸化，并加入硝酸银标准溶液使氯化物生成氯化银沉淀，过量的硝酸银溶液用硫氰酸铵或硫氰酸钾标准溶液滴定。

2. 氨基酸含量的测定

(1)含硫氨基酸的测定　饲料中含硫氨基酸的测定采用离子交换色谱法，按 GB/T 15399—2018 测定。该法适用于饲料原料、配合饲料、浓缩饲料和精料补充料中含硫氨基酸的测定。其原理是饲料中的含硫氨基酸用过甲酸氧化和盐酸溶液水解生成磺基丙氨酸和蛋氨酸砜，经离子交换色谱法分离，茚三酮柱后衍生，分光光度法检测，外标法定量。

(2)色氨酸的测定　饲料中色氨酸的测定有高效液相色谱法和分光光度计法，按 GB/T 15400—2018 测定。这两种方法适用于饲料原料、配合饲料、浓缩饲料和精料补充料中色氨酸的测定。

高效液相色谱法(仲裁法)原理是试样中的色氨酸经氢氧化锂溶液水解，用高效液相色谱法分离，紫外或荧光检测器检测，外标法定量。

分光光度计法原理是饲料中蛋白质经碱水解后，降解成多肽和游离的氨基酸，在硫酸介质中、氧化剂亚硝酸钠存在下，色氨酸与对二甲氨基苯甲醛缩合反应生成蓝色化合物，其吸光度在一定范围内与色氨酸含量成正比的原理进行比色测定。

(3)其他氨基酸的测定　饲料中其他氨基酸的测定采用酸水解法，用氨基酸自动分析仪测定。该法适用于饲料原料、配合饲料和浓缩饲料中除了色氨酸、含硫氨基酸以外的 15 种氨基酸的准确测定。其原理是饲料蛋白在 110 ℃条件下，用 6 mol/L 盐酸溶液水解成单一氨基酸，再经离子交换色谱法分离，并以茚三酮做柱后衍生测定。水解过程中色氨酸被全部破坏，不能测定。胱氨酸和甲硫氨基酸部分氧化，使测定结果偏低。具体测定步骤如下：

第一步，样品处理。称取 50～100 mg 的试样(含蛋白 7.5～25 mg，准确至 0.1 mg)于 20 mL 安瓿或 30 mL 具塞玻璃水解管中，加 6.0 mol/L 盐酸溶液 10.00 mL，置液氮中冷冻，然后，抽真空至 7 Pa($\leqslant 5\times10^{-2}$ mm 汞柱)后封口或充氮气后塞紧管塞，将水解管放在(110±1)℃恒温干燥箱中，水解 22～24 h。冷却、混匀、开管、过滤，用移液管吸取适量的滤液，置旋转蒸发器或浓缩器中，60 ℃抽真空，蒸发至干。必要时，加少许水，重复蒸干 1～2 次。加入 pH 为 2.2 的稀释上机用柠檬酸钠缓冲液 3～5 mL，使样液中氨基酸浓度达 50～250 nmol/mL，摇匀，过滤或离心，取上清液上机测定。

第二步，测定。用相应的混合氨基酸标准工作液做对照，按氨基酸全自动分析仪说明书要求，调整仪器操作参数和洗脱用柠檬酸钠的 pH，使各氨基酸分辨率≥85%，注入制备好的试样水解液和相应的氨基酸混合标准工作液，进行分析测定。酸解液每 10 个单样为一组，组间插入混合氨基酸标准工作液进行校准。

3. 矿物元素含量的测定

(1)钙　饲料中钙的测定常采用高锰酸钾滴定法和乙二胺四乙酸钠(EDTA)络合滴定法，按 GB/T 6436—2018 测定。这两种方法适用于饲料原料、配合饲料、浓缩饲料、精料补充料和添加剂预混合饲料。

高锰酸钾法测定的原理是将试样中有机物破坏，钙变成溶于水的离子，用草酸铵定量沉淀，用高锰酸钾间接测定钙含量。EDTA 络合滴定法原理是将试样中有机物破坏，钙变成溶于水的离子，用三乙醇胺、乙二胺、盐酸羟胺和淀粉溶液消除干扰离子的影响，在碱性溶液中以钙黄绿素为指示剂，用 EDTA 标准滴定溶液络合滴定钙，可快速测出钙的含量。

原子吸收光谱法按 GB/T 13885—2017 测定。该方法适用于配合饲料、浓缩饲料、精料补充料、添加剂预混合饲料和饲料原料。其原理是试样在高温电阻炉(550±15)℃下灰化之后，用盐酸溶液溶解残渣并稀释定容，然后导入原子吸收分光光度计的空气-乙炔火焰中。测定钙元素的吸光度，并与对应钙元素标准曲线的吸光度比较定量。

(2)总磷　饲料中总磷的测定采用分光光度法，按 GB/T 6437—2018 测定。该方法适用于饲料原料(磷酸盐除外)和饲料产品。其原理是试样中的总磷经消解，在酸性条件下与钒钼酸铵生成黄色的钒钼黄络合物。钒钼黄的吸光度值与总磷的浓度成正比，在波长 400 nm 下测定试样溶液中钒钼黄的吸光度值，与磷标准曲线比较定量。

(3)钠、钾、镁、铁、铜、锌、锰　饲料中钠、钾、镁、铁、铜、锌和锰的测定采用原子吸收光谱法，按 GB/T 13885—2017 测定。该方法适用于配合饲料、浓缩饲料、精料补充料、添加剂预混合饲料和饲料原料中钠、钾、镁、铁、铜、锌和锰的测定。其原理是试样在高温电阻炉(550±15)℃下灰化之后，用盐酸溶液溶解残渣并稀释定容，然后导入原子吸收分光光度计的空气-乙炔火焰中。测定每个待测元素的吸光度，并与对应元素标准曲线的吸光度比较定量。

(4)硫　饲料中硫的测定采用硝酸镁法，按 GB/T 17776—2016 测定。该法适用于单一饲料、配合饲料、浓缩饲料和精料补充料。其原理是用硝酸镁固定饲料样品中的硫，使其氧化完全。在酸性条件下，用氯化钡将硫酸根离子沉淀为硫酸钡，沉淀经过滤、洗涤和灼烧后，以硫酸钡形式称重，从而求得硫含量。

(5)碘　饲料中碘的测定采用硫氰酸铁-亚硝酸催化动力学法，按 GB/T 13882—2010 测定。该法适用于单一饲料、配合饲料、精料补充料、浓缩饲料和添加剂预混合饲料中碘的测定。其原理是将试样中有机物破坏，使碘游离出来。碘离子在有适量亚硝酸存在的稀硝酸溶液中，能催化硫氰酸铁褪色。在一定范围内，硫氰酸铁的褪色速度与碘离子浓度呈线性关系，可用分光光度法测定。

(6)硒　饲料中硒的测定有氢化物原子荧光光谱法(仲裁法)和 2,3-二氨基萘荧光法，按 GB/T 13883—2008 测定。这两种方法适用于配合饲料、浓缩饲料和预混合饲料中硒的测定。

氢化物原子荧光光谱法(仲裁法)原理是试样经酸加热消化后，在盐酸介质中，将试样中的六价硒还原成四价硒，用硼氢化钠作还原剂，将四价硒在盐酸介质中还原成硒化氢，由载气带入原子化器中进行原子化，在硒空心阴极灯照射下，基态硒原子被激发至高能态，在去活化回到基态时，发射出特征波长的荧光，其荧光强度与硒含量成正比，与标准系列比较定量。

2,3-二氨基萘荧光法原理是试样经混合酸消化，使硒游离出来，在微酸性溶液中硒和 2,3-二氨基萘生成 4,5-苯基苯并硒二唑，用环己烷直接在生成络合物的同一酸度溶液中萃取。用荧光光度计在激发波长为 376 nm、发射波长为 520 nm 条件下测定荧光强度，从而计算出试样中硒的含量。

(7)钼　饲料中钼的测定采用分光光度法，按 GB/T 17777—2009 测定。该法适用于单一饲料、配合饲料、精料补充料及浓缩饲料中钼的测定。其原理是在酸性条件下，硫氰化钾与饲料中的钼络合，形成的络合物用异戊醇萃取，离心后用分光光度计在波长 465 nm 处，以异戊醇为参比测定吸光度，校正空白后，由标准曲线求试样中钼的含量。

(8)钴　饲料中钴的测定采用原子吸收光谱法，按 GB/T 3884—2018 测定。该法适用于饲料原料、配合饲料、精料补充料、浓缩饲料和添加剂预混合饲料中钴的测定。其原理是用干法灰化饲料原料、配合饲料、浓缩饲料、精料补充料试样，在酸性条件下溶解残渣，定容制成试样溶液;用酸浸提法处理添加剂预混合饲料试样,定容制成试样溶液,将试样溶液导入原子吸收分光光度计中,测定其在 240.7 nm 处的吸光度,并与对应标准曲线的吸光度比较,计算钴的含量。

4. 维生素含量的测定

(1)维生素 A　饲料中维生素 A 的测定采用高效液相色谱法,包括皂化提取法和直接提取法,按 GB/T 17817—2010 测定。

皂化提取法适用于配合饲料、浓缩饲料、复合预混合饲料、维生素预混合饲料中维生素 A 的测定。其原理是碱溶液皂化试样后,用乙醚将维生素 A 提取出来,蒸除溶剂,残渣溶于适当溶剂,注入高效液相色谱仪分离,在波长 326 nm 条件下测定,外标法计算维生素 A 含量。

直接提取法适用于维生素预混合饲料中维生素 A 乙酸酯的测定。其原理是维生素预混料中的维生素 A 乙酸酯用甲醇溶液提取,试液注入高效液相色谱柱,在 326 nm 处测定,外标法计算维生素 A 乙酸酯含量。

(2)维生素 D_3　饲料中维生素 D_3 的测定采用高效液相色谱法,包括皂化提取法和直接提取法,按 GB/T 17818—2010 测定。

皂化提取法适用于配合饲料、浓缩饲料、复合预混合饲料、维生素预混合饲料中维生素 D_3 的测定。其原理是用碱溶液皂化试样,乙醚提取维生素 D_3,蒸除乙醚,残渣溶解于甲醇并将部分溶液注入高效液相色谱反相净化柱,收集含维生素 D_3 淋洗液,蒸发至干,溶解于适当溶剂中,注入高效液相色谱分析柱,在波长 264 nm 条件下测定,外标法计算维生素 D_3 含量。

直接提取法适用于维生素预混合饲料中维生素 D_3 的测定。其原理是维生素预混料中的维生素 D_3 用甲醇溶液提取,试液注入高效液相色谱柱,在 264 nm 处测定,外标法计算维生素 D_3 含量。

(3)维生素 E　饲料中维生素 E 的测定采用高效液相色谱法,包括皂化提取法和直接提取法,按 GB/T 17812—2008 测定。

皂化提取法适用于配合饲料、浓缩饲料、复合预混合饲料、维生素预混合饲料中维生素 E(*DL*-*α*-生育酚)的测定。其原理是用碱溶液皂化试验样品,使试样中天然生育酚释放出来,添加的 *DL*-*α*-生育酚乙酸酯转化为游离的 *DL*-*α*-生育酚,乙醚提取,蒸发乙醚,用正己烷溶解残渣。试液注入高效液相色谱柱,用紫外检测器在 280 nm 处测定,外标法计算维生素 E(*DL*-*α*-生育酚)含量。

直接提取法适用于维生素预混合饲料中维生素 E(*DL*-*α*-生育酚乙酸酯)的测定。其原理是维生素预混料中的维生素 E(*DL*-*α*-生育酚乙酸酯)用甲醇溶液提取,试液注入高效液相色谱柱,用紫外检测器(或二极管矩阵检测器)在 285 nm 处测定,外标法计算维生素 E(*DL*-*α*-生育酚乙酸酯)含量。

(4)维生素 K_3　饲料中维生素 K_3 的测定采用高效液相色谱法,按 GB/T 18872—2017 测定。该法适用于配合饲料、浓缩饲料、添加剂预混合饲料和精料补充料中维生素 K_3 的测定。其原理是试样经三氯甲烷和碳酸钠溶液提取并转化成游离甲萘醌,经反相 C_{18} 柱分离,紫外检测器检测,外标法定量。

(5)维生素 B_1　饲料中维生素 B_1 的测定有荧光分光光度法和高效液相色谱法,按 GB/T 14700—2018 测定。

荧光分光光度法适用于饲料原料、配合饲料、浓缩饲料中维生素 B_1 的测定。其原理是试样中的维生素 B_1 经稀酸以及消化酶分解、吸附剂的吸附分离提纯后，在碱性条件下被铁氰化钾氧化生成荧光色素-硫色素，用正丁醇萃取。硫色素在正丁醇中的荧光强度与试样中维生素 B_1 的含量成正比。

高效液相色谱法适用于复合预混合饲料、维生素预混合饲料中维生素 B_1 的测定。其原理是试样经酸性提取液超声波提取后，将过滤离心后的试液注入高效液相色谱仪反相色谱系统中进行分离，用紫外检测器（或二极管矩阵检测器）检测，外标法计算维生素 B_1 的含量。

(6)维生素 B_2　饲料中维生素 B_2 的测定有荧光分光光度法和高效液相色谱法，按 GB/T 14701—2019 测定。

荧光分光光度法适用于饲料原料、配合饲料、浓缩饲料中维生素 B_2 的测定。其原理是维生素 B_2（核黄素）在 440 nm 紫外光激发下产生绿色荧光，在一定浓度范围内其荧光强度与核黄素含量成正比。用连二亚硫酸钠还原核黄素成无荧光物质，由还原前后荧光强度之差与荧光强度的比值计算样品中维生素 B_2 的含量。

高效液相色谱法适用于维生素预混料饲料、复合预混料饲料、浓缩饲料中维生素 B_2 的测定。其原理是试样中核黄素经酸性溶液超声提取后，经离心、过滤后的试样溶液注入高效液相色谱仪反相色谱系统中进行分离，用紫外检测器或荧光检测器检测，外标法计算维生素 B_2 的含量。

(7)维生素 B_6　饲料中维生素 B_6 的测定采用高效液相色谱法，按 GB/T 14702—2018 测定。该法适用于维生素预混合饲料和复合预混合饲料中维生素 B_6 的测定。其原理是试样中维生素 B_6 经酸性提取液超声提取后，注入高效液相色谱仪反相色谱系统中进行分离，用紫外检测器或荧光检测器检测，外标法计算维生素 B_6 的含量。

(8)维生素 B_{12}　饲料中维生素 B_{12} 的测定采用高效液相色谱法，按 GB/T 17819—2017 测定。该法适用于维生素预混合饲料和复合预混合饲料中维生素 B_{12} 的测定。其原理是试样中维生素 B_{12} 用水提取，经 SPE 净化富集后，采用高效液相色谱仪分离检测，外标法定量。

(9)总抗坏血酸（维生素 C）　饲料中总抗坏血酸的测定采用邻苯二胺荧光法，按 GB/T 17816—1999 测定。该法适用于单一饲料、配合饲料、预混料、浓缩饲料，不适用于以酯化抗坏血酸形式添加的各种饲料中的抗坏血酸的测定。其原理是先将试样中抗坏血酸在弱酸性条件下提取出来，提取液中还原型抗坏血酸经活性炭氧化为脱氢抗坏血酸，与邻苯二胺反应生成有荧光的喹喔啉，其荧光强度与脱氢抗坏血酸的浓度在一定条件下成正比。根据脱氢抗坏血酸与硼酸可形成硼酸-脱氢抗坏血酸络合物而不与邻苯二胺反应，以此作为“空白”排除试样中荧光杂质的干扰。

5. 天然有毒有害物质的检验

(1)异硫氰酸酯　饲料中异硫氰酸酯的测定主要采用气相色谱法，按 GB/T 13087—2020 测定。该法适用于配合饲料、浓缩饲料、精料补充料和饲料原料中异硫氰酸酯的测定。其原理是试样中的硫葡萄糖苷在 pH7.0 缓冲液中，在白芥子酶作用下生成丙烯基异硫氰酸酯、丁烯基异硫氰酸酯和戊烯基异硫氰酸酯，用二氯甲烷提取，脱水、过滤后以气相色谱仪测定，内标法定量，结果以丙烯基异硫氰酸酯计。

(2)噁唑烷硫酮　饲料中噁唑烷硫酮按 GB/T 13089—1991 测定。该法适用于菜籽及其加工产品，以及含有菜籽及其加工产品的配合饲料、浓缩饲料和精料补充料中噁唑烷硫酮的测定。其原理是试样中的硫葡萄糖苷在 pH7.0 缓冲液中，在白芥子酶作用下水解生成异硫氰酸酯，用二氯甲烷萃取后，带羟基的异硫氰酸酯与乙醇反应，环化生成噁唑烷硫酮，用紫外分光光度法测定。

(3)游离棉酚　饲料中游离棉酚按 GB/T 13086—2020 测定。该法适用于配合饲料、浓缩饲料、精料补充料，棉籽、棉籽饼粕以及含有棉籽、棉籽饼粕成分的其他饲料原料(棉籽油除外)中游离棉酚的测定。其原理是用含有 3-氨基-1-丙醇的异丙醇—正己烷的混合溶剂提取游离棉酚，用苯胺使棉酚转化为苯胺棉酚，在最大吸收波长 440 nm 处进行比色测定。

(4)亚硝酸盐　饲料中亚硝酸盐的测定采用比色法，按 GB/T 13085—2018 测定。该法适用于饲料原料、配合饲料、浓缩饲料及精料补充料中亚硝酸盐的测定。其原理是试样在弱碱性条件下除去蛋白质，在弱酸性条件下试样中的亚硝酸盐与对氨基苯磺酸反应，生成重氮化合物，再与 *N*-1-萘基乙二胺偶合形成紫红色化合物，在波长 538 nm 条件下，进行比色测定。

6. 微生物污染的检验

(1)霉菌总数　饲料中霉菌总数按 GB/T 13092—2006 测定。该法适用于饲料中霉菌总数的测定。其原理是根据霉菌生理特性，选择适宜于霉菌生长而不适宜于细菌生长的培养基，采用平皿计数方法，测定霉菌总数。

(2)细菌总数　饲料中细菌总数按 GB/T 13093—2006 测定。该法适用于配合饲料、浓缩饲料、饲料原料、精料补充料中细菌总数的测定。其原理是试样经过处理，稀释至适当浓度，在(30±1)℃下培养(72±3)h，所得 1 g(mL)试样中所含细菌总数。

(3)沙门菌　饲料中沙门菌按 GB/T 13091—2018 测定。该法适用于饲料和饲料添加剂中沙门菌的检验。其原理是根据沙门菌的特性，选择有利于沙门菌增殖而大多数细菌受到生长抑制的培养基，进行选择性增菌，再在选择性琼脂平板上进行分离培养，以检出饲料中沙门菌。

7. 真菌毒素的检验

饲料中黄曲霉毒素、玉米赤霉烯酮和 T-2 毒素的测定采用液相色谱-串联质谱法，按 NY/T 2071—2011 测定。该法适用于单一饲料、配合饲料、浓缩饲料、添加剂预混合饲料中黄曲霉毒素 B_1、黄曲霉毒素 B_2、黄曲霉毒素 G_1、黄曲霉毒素 G_2、玉米赤霉烯酮和 T-2 毒素含量的测定。其原理是试样中的黄曲霉毒素、玉米赤霉烯酮和 T-2 毒素经乙腈溶液提取，正己烷脱脂及霉菌毒素多功能净化柱净化后，氮气吹干，甲酸乙腈溶液溶解，液相色谱-串联质谱法测定。采用色谱保留时间和质谱碎片及其离子丰度比定性，外标法定量。也可以采用相对应的霉菌毒素检测试剂盒，利用酶标仪对黄曲霉毒素、玉米赤霉烯酮和呕吐毒素等霉菌毒素进行快速检测。

8. 外源性污染有毒有害物质的检验

(1)总砷　饲料中总砷的测定有银盐法、硼氢化物还原光度法和原子荧光光度法，按 GB/T 13079—2006 测定。该法适用于各种配合饲料、浓缩饲料、添加剂预混合饲料、单一饲料及饲料添加剂。

银盐法(仲裁法)：其原理是样品经酸消解或干灰化破坏有机物，使砷呈离子状态存在，经碘化钾、氯化亚锡将高价砷还原为三价砷，然后被锌粒和酸产生的新生态氢还原为砷化氢。在密闭装置中，被二乙氨基二硫代甲酸银的三氯甲烷溶液吸收，形成黄色或棕红色银溶胶，其颜色深浅与砷含量成正比，用分光光度计比色测定。

硼氢化物还原光度法(快速法)：其原理是样品经酸消解或干灰化破坏有机物，使砷呈离子状态存在，在酒石酸环境中，硼氢化钾将砷离子还原成氢化砷气体。在密闭装置中，被二乙氨基二硫代甲酸银的三氯甲烷溶液吸收，形成黄色或棕红色银溶胶，其颜色深浅与砷含量成正比，用分光光度计比色测定。

原子荧光光度法(快速法)：其原理是样品经酸消解或干灰化破坏有机物，加入硫脲使五价砷预还原为三价砷，再加入硼氢化钠或硼氢化钾还原生成砷化氢，由氩气载入石英原子化器中分解为原子态砷，在特制砷空心阴极灯的发射光激发下产生原子荧光，其荧光强度在固定条件下与被测液中的砷浓度成正比，与标准曲线比较定量。

(2)铅　饲料中铅的测定采用原子吸收光谱法，按 GB/T 13080—2018 测定。该方法适用于配合饲料、浓缩饲料、添加剂预混合饲料、精料补充料和饲料原料中铅的测定。其原理是试样经干灰化、酸溶或湿消化后，使铅溶出，用原子吸收光谱仪在 283.3 nm 处测定吸光度值，并与标准曲线进行比较定量。

(3)汞　饲料中汞的测定有原子荧光光谱分析法和冷原子吸收法，按 GB/T 13081—2006 测定。这两种方法适用于配合饲料、浓缩饲料、预混合饲料及饲料添加剂中汞的测定。

原子荧光光谱分析法(仲裁法)原理是试样经酸加热消解后，在酸性介质中，试样中汞被硼氢化钾或硼氢化钠还原成原子态汞，由载气带入原子化器中，在特制汞空心阴极灯照射下，基态汞原子被激发至高能态，在去活化回到基态时，发射出特征波长的荧光，其荧光强度与汞含量成正比，与标准曲线比较定量。

冷原子吸收光谱法原理是在原子吸收光谱中，汞原子对波长为 253.7 nm 的共振线有强烈的吸收作用。试样经硝酸-硫酸消化使汞转为离子状态，在强酸中，氯化亚锡将汞离子还原成元素汞，以干燥清洁空气为载体吹出，进行冷原子吸收，与曲线比较定量。

(4)氟　饲料中氟的测定采用离子选择性电极法，按 GB/T 13083—2018 测定。该法适用于饲料原料(磷酸盐、石粉、鱼粉等)、配合饲料、浓缩饲料和添加剂预混合饲料中氟的测定。其原理是试样经盐酸溶液提取，用总离子强度缓冲液调节 pH 至 5～6，消除酸度和 Al^{3+}、Fe^{3+}、Ca^{2+}、Mg^{2+} 及 $SiO_3{}^{2-}$ 等能与氟离子形成络合物的离子干扰，再用离子计测定氟离子选择性电极和饱和甘汞电极的电位差，该电位差与溶液中氟离子活度的对数呈线性关系，用已知浓度的氟标准曲线所测电位差得到的线性方程，求得未知样品溶液电位差对应的氟离子浓度，计算试样中氟的含量。

(5)镉　饲料中镉按 GB/T 13082—2021 测定。该法适用于配合饲料、浓缩饲料、精料补充料、添加剂预混合饲料、饲料添加剂和饲料原料中镉的测定。其原理是以干灰化法或湿消解(微波消解)、或盐酸溶解后，导入原子吸收分光光度计的火焰或石墨炉原子化器中，在波长 228.8 nm 处测定吸光度值，在一定的浓度范围内，镉浓度与其吸光度值成正比，标准曲线校准定量。

(6)铬　饲料中铬的测定有原子吸收光谱法和分光光度法，按 GB/T 13088—2006 测定。原子吸收光谱法适用于饲料原料、微量元素预混料、复合预混料、浓缩料和配合饲料中铬的测定。其原理是样品经高温灰化，用酸溶解后，注入原子吸收光谱检测器中，在一定浓度范围，其吸收值与铬含量成正比，与标准曲线比较定量。分光光度法适用于饲料原料及配合饲料中铬的测定。其原理是以干灰化法分解样品，在碱性高锰酸钾溶液下将其中的铬离子氧化为六价铬离子，再将溶液调至酸性，使六价铬离子与二苯卡巴肼生成玫瑰红色络合物，进行比色测定。

(7)六六六、滴滴涕　饲料中六六六、滴滴涕的测定采用气相色谱法，按 GB/T 13090—2006 测定。该法适用于配合饲料、植物性原料及鱼粉中六六六、滴滴涕异构体及衍生物的残留量的测定。其原理是样品中的六六六、滴滴涕采用含有少量丙酮的正己烷混合溶剂提取，过滤后定容，从中吸出一定量的提取液，净化后，正己烷洗脱液浓缩定容后直接注入气相色谱仪，电子捕获检测器检测，以外标法定性和定量测定。

9. 饲料加工质量的检验

(1)混合均匀度　饲料产品混合均匀度的测定有氯离子选择电极法和甲基紫法，按GB/T 5918—2008标准测定。氯离子选择电极法(仲裁法)适用于配合饲料、浓缩饲料、精料补充料，以及混合机混合性能的测试。其原理是通过氯离子选择电极的电极电位对溶液中氯离子的选择性响应来测定氯离子的含量，以同一批次饲料的不同试样中氯离子含量的差异来反应饲料的混合均匀度。甲基紫法适用于混合机和饲料加工工艺中混合均匀度的测定，不适合用于添加有苜蓿粉、槐叶粉等含色素组分的饲料产品。本法以甲基紫色素作为示踪物，在大批饲料加入混合机后，再将甲基紫与添加剂一起加入混合机，混合规定时间，然后取样，以比色法测定样品中甲基紫的含量，以同一批次饲料的不同试样中甲基紫含量的差异来反映饲料的混合均匀度。

微量元素预混合饲料混合均匀度按GB/T 10649—2008测定。该法适用于含铁盐的微量元素预混合饲料。其原理是通过盐酸羟胺将样品液中的铁还原成二价铁离子，再与显色剂邻菲啰啉反应，生成橙红色的络合物，用比色法测定铁的含量，以同一批次试样中铁含量的差异来反映所测产品的混合均匀度。

(2)粉碎粒度　饲料粉碎粒度的测定采用两层筛筛分法，按GB/T 5917.1—2008测定。该法适用于配合饲料、浓缩饲料、精料补充料、添加剂预混合饲料以及单一饲料的粉碎粒度测定，也可用于饲料添加剂粉碎粒度的测定。其原理是用规定的标准试验筛在振筛机上或人工对试料进行筛分，测定各层筛上留存物料质量，计算其占试料总质量的百分数。

6.1.4　饲料原料和成品质量判定

目前，饲料原料和成品质量的判定主要根据国家标准、行业标准、地方标准、企业内部标准等规定的指标进行判定。若根据未做明文规定的指标来判定饲料质量，只能依靠动物营养基本原理和动物生产实践经验。

饲料原料主要以感官指标、水分、粗蛋白质、粗纤维、粗灰分等常规指标为判定依据。配合饲料主要从颜色、气味、水分、粗蛋白质、粗脂肪、粗纤维、钙、总磷、氨基酸、粉碎粒度、混合均匀度等方面进行判定。判定规则是检测结果若有项目不符合标准要求，应重新从来自同批产品两倍数量的包装单元中采样复检，复检结果如果仍有项目不符合标准要求，则判定该批产品不合格。

饲料原料和成品中砷、黄曲霉毒素、沙门菌等有毒有害物质和微生物的判定依据饲料卫生标准(GB/T 13078—2017)的要求。若卫生指标中有一项不符合要求或有霉变、腐败、生虫等现象时，该批产品被判为不合格。

检测结果判定的允许误差按《饲料检出结果判定的允许误差》GB/T 18823—2010规定执行。

6.2　配合饲料质量控制

配合饲料的质量优劣直接关系到饲料产品的营养价值、动物生产性能、畜产品安全、养殖者和饲料生产企业的经济效益。配合饲料的质量控制是饲料企业管理的重要控制点，也是企业技术水平的体现，它贯穿配方设计、原料验收、生产加工、产品质量检测、产品包装和销售的整个过程。

6.2.1 配方的控制

饲料配方是原料选购和产品加工的依据，是配合饲料的核心技术。如果没有科学的配方，即使质量控制措施再完善，也不可能生产出质量好的配合饲料。饲料配方要具有科学性、先进性、经济性、安全性、可操作性、市场性和合法性。饲料配方的控制需要从以下几方面进行。

1. 确定适宜的营养需要量

在生产实践中，大多数配方是根据动物种类、生理阶段、生产性能等选择我国的畜禽饲养标准和美国 NRC 饲养标准作为配方设计的基本参考。但我国的饲养标准和 NRC 饲养标准中列出的营养需要量均为最低需要量，只是在试验条件下所得到的数据。随着动物营养科学的发展、品种的改良、生产水平的提高、养殖环境条件的变化等因素的影响，饲养标准中的营养指标应作灵活调整。同时，配方要充分考虑营养元素之间的关系，如能量蛋白比、钙磷比、氨基酸之间要达到平衡；矿物元素之间的协同和拮抗关系；维生素的配伍禁忌等。

2. 注意原料的使用

设计配方时要严格遵守相关饲料法规及卫生标准，根据畜禽种类、生长阶段来决定某些含毒或昂贵饲料原料（棉粕、菜粕、鱼粉、油脂等）的合理用量。严格执行《饲料添加剂品种目录（2013）》和《饲料添加剂安全使用规范》来确定饲料添加剂的品种和用量，否则都会因使用不当危害动物健康并造成经济损失。

3. 选用先进的配方设计软件

配方设计可以选择手工计算和计算机计算。传统的手工计算方法如试差法、四边形法、联立方程法等方法，计算量较大，过程烦琐。目前计算机配方软件技术比较成熟，如 Excel、LINDO、SAS 等软件设计配方更加准确、方便。饲料配方设计软件的最大优越性是可同时计算多个变量，精确满足设定的多项营养指标的要求，实现营养素利用率最大化和成本最低。

4. 配方质量评价

配方配制出来以后，要通过有经验的配方设计人员分析、成分检测以及小规模动物试验来检验配方是否符合原来的预期值，并根据评估结果再进一步调整配方，使所设计的配方满足预定的目标。

6.2.2 饲料原料的质量控制

饲料原料是安全饲料生产最重要的一个控制点。严格控制原料的质量指标和卫生指标是饲料产品质量和安全保证的基础。饲料原料来源广，品质差异大，也可能受到农药残留污染、有毒有害物质污染、微生物污染以及霉菌毒素污染，直接影响饲料的质量和安全。饲料企业要建立健全饲料原料的质量控制体系，从原料的采购标准与程序、原料接收、原料储存等方面进行控制，确保饲料原料的质量指标和卫生指标达到国家标准要求。

1. 原料采购和验收

原料的采购和验收必须具有科学性且符合本厂要求，饲料企业应当建立原料采购验收制度和原料验收标准，逐批对采购的原料进行查验或者检验。具体要求如下。

(1)原料采购验收制度。应当规定采购验收流程、查验要求、检验要求、原料验收标准、不合格原料处置、查验记录等内容。

(2)原料验收标准。应当规定原料的通用名称、主成分指标验收值、卫生指标验收值等内容，卫生指标验收值应当符合有关法律法规和国家、行业标准的规定。

(3)企业采购实施行政许可的国产单一饲料、饲料添加剂、药物饲料添加剂、添加剂预混合饲料、浓缩饲料，应当逐批查验许可证明文件编号和产品质量检验合格证，填写并保存查验记录；查验记录应当包括原料通用名称、生产企业、生产日期、查验内容、查验结果、查验人等信息；无许可证明文件编号和产品质量检验合格证的，或者经查验许可证明文件编号不实的，不得接收、使用。

(4)企业采购实施登记或者注册管理的进口单一饲料、饲料添加剂、药物饲料添加剂、添加剂预混合饲料、浓缩饲料，应当逐批查验进口许可证明文件编号，填写并保存查验记录；查验记录应当包括原料通用名称、生产企业、生产日期、查验内容、查验结果、查验人等信息；无进口许可证明文件编号的，或者经查验进口许可证明文件编号不实的，不得接收、使用。

(5)企业采购不需行政许可的原料，应当依据原料验收标准逐批查验供应商提供的该批原料的质量检验报告；无质量检验报告的，企业应当逐批对原料的主成分指标进行自行检验或者委托检验；不符合原料验收标准的，不得接收、使用；原料质量检验报告、自行检验结果、委托检验报告应当归档保存。

(6)企业应当每 3 个月至少选择 5 种原料，自行或者委托有资质的机构对其主要卫生指标进行检测，根据检测结果进行原料安全性评价，保存检测结果和评价报告；委托检测的，应当索取并保存受委托检测机构的计量认证或者实验室认可证书及附表复印件。

2. 原料接收

原料进厂必须做到严格按程序接收。质检员接到到货通知后应及时到达现场对饲料原料进行感官检查，包括颜色、气味、粒度、杂质、发酵、发霉、结块、发热、虫染、虫蛀等，在检查过程中应特别注意整批原料感官是否一致。如果感官不一致要分别针对性地抽取特殊样品，并做好记录。取样后根据不同的原料验收标准先进行镜检等物理分析，再进行有效成分定量分析，并出具检测报告，对原料做出判断性结论。经感官、物理鉴定后合格的原料应立即通知仓管人员卸货，不合格的原料应立即通知采购部门处理。

在卸货过程中还应对此批原料继续抽查，发现不合格的原料应立即通知仓管员停止卸货并退货或单独堆放等候处理。卸货完毕应抽取大样并进行登记存档(包括产地、供应商、到货数量、到货日期、库存货位、质量情况)。在检验结果未出之前，被检原料堆上要悬挂“待检”的黄色标识物，以免生产时投错料。

原料经质检员感官检验和有效成分定量分析确认为达不到所要求营养标准，并且影响产品质量时，应及时通知采购部门办理退货事宜；若原料确认为不合格，但通过其他同类高营养原料搭配互补，或对产品质量影响不明显，且生产又急需，可以通过签订质量保证协议(包括原料名称、产地、规格、等级、运输方式、运输过程中的质量保证手段、原料质量的检测方式及检测结果的认可标准、质量事故的处理规定等)，在最终能保证产品质量的前提下可降级接收，实在不能互补使用的，要坚决作退货处理。

经质检员感官检验和有效成分定量分析确认为合格的原料才能办理入库手续，仓管人员按类别、品种、批次进行分类存放，堆码整齐，并填好原料入库卡，标明品种、数量、规格、生产厂家、经营单位、生产日期和购货日期等，然后将入库卡挂在原料上。原料接收，必须进行质量检验，与国家有关标准进行对照，从而保证原料的质量。

3. 原料储存

饲料生产企业应建有专门的饲料原料仓储管理制度，规定库位规划、堆放方式、垛位标识、原料入库管理、出库管理、环境要求、质量监控等。新原料入库时按照原料库存规划分类存放，不同品种、不同营养成分含量、不同入库期的原料分开存放，防止交叉污染，并及时跟进货位标识，确保一垛一卡，垛位标识卡应当标明原料名称、供应商简称或者代码、垛位总量、已用数量、检验状态等信息。

在原料入库后，仓管人员填写原料入库单，每日生产结束后仓管人员对原料使用情况进行盘点，根据盘点结果填写原料出库单，记录原料名称、包装规格、生产日期、供应商、出入库数量和日期、库存数量、保管人等。原料出库时应严把质量关，由仓管人员根据先进先出原则及实际情况合理安排原料的使用。当某种原料用到一定数量时，及时通知采购部门准备采购下一批原料。

原料在堆放时一般不允许在上批原料上继续堆放，原料存放要遵守先进先出原则，相邻两垛间至少留 50 cm，垛与墙之间至少留 20 cm 的间隙，以便通风。原料要求保持避光、干燥、清洁、通风，并注意防漏、防潮、防晒、防霉、防虫、防鼠、防鸟等。对温度有特殊要求的原料，如维生素、酶制剂、微生态制剂等需要存放在有温度控制设备的房间中，填写并保存温度监控记录。监控记录应当包括设定温度、实际温度、监控时间、记录人等信息。监控中发现实际温度超出设定温度范围的，应当采取有效措施及时处置。其他特殊存放要求的原料需存放在满足存放条件的地方单独存放。按危险化学品管理的亚硒酸钠等饲料添加剂的贮存间或者贮存柜应当设立清晰的警示标识，采用双人双锁管理。

根据原料种类、库存时间、保质期、气候变化等因素进行长期库存原料质量监控，填写并保存监控记录。监控记录应当包括原料名称、监控内容、异常情况描述、处置方式、处置结果、监控日期、监控人等信息。在原料储存过程中，仓管人员应经常检查原料储存过程中是否发生变化；质检人员根据原料质量标准要求，通过感官检查、抽样化验等方式检查库存原料品质。在储存过程中原料出现发热、结块、霉变、气味异常、打湿、吸潮、虫蛀、鼠害以及化验结果与进货时化验结果差别较大等异常现象时，应及时做出处理。

6.2.3 饲料加工过程中的质量控制

配合饲料的加工与动物营养有着密切的关系，优质的饲料产品要靠优质的原料、科学的配方设计和科学的加工制造共同实现。配合饲料的加工工艺是确保饲料生产效率和产品性能的重要环节，包括原料清理、粉碎、配料、混合、成形、计量和包装等工序。在饲料生产过程中，企业需要监控加工过程中各个工艺环节的质量，才能确保配合饲料产品的质量。

1. 原料清理的质量控制

原料的清理是为了保证饲料厂安全生产和产品质量。原料在生产过程中容易混入石块、沙土、塑料薄膜、玻璃、纤维质绳带、布片和金属等杂物，影响饲料产品质量和加工设备的正常运转，所以主料和辅料都应进行清杂除铁处理。饲料厂的原料清理分进仓前清理和进仓后清理，主要有计量、筛选、磁选等工序组成。清理标准为：有机物杂质≤50 mg/kg，直径≤10 mm；磁性杂质≤50 mg/kg，直径≤10mm。为确保安全，在投料坑上应设置 30～40 mm 的栅栏以清除杂质。在原料粉碎之前还需通过磁选器进行去杂除铁，如铁块进入粉碎机可使粉碎机锤片、筛子等受到破坏。工作人员要经常检查清选设备和磁选设备的工作状况，有无破损或堵塞的现象，定期清理设备中的各种残留原料。

2. 原料粉碎的质量控制

粉碎是饲料加工中必不可少的工序，粉碎质量直接关系到产品的感官质量、内在品质和饲喂效果，同时还影响到饲料的产量、耗电和成本。原料粉碎需要控制粉碎粒度及其均匀性，颗粒过大或过小都会导致饲料产品出现离析现象，从而破坏饲料产品的质量。各种动物都有一个合适的饲料粒度范围，如仔猪、生长肥育猪配合饲料 99%通过 2.80 mm 编织筛，但不得有整粒谷物，1.40 mm 编织筛上物不得大于 15%；肉用仔鸡、后备蛋鸡配合饲料全部通过 5.00 mm 编织筛，产蛋鸡配合饲料全部通过 7.00 mm 编织筛。粉碎过程中应注意以下 3 点：首先，粉碎机的操作人员应经常观察粉碎机的粉碎能力和粉碎机排出的物料粒度，如果发现有整粒谷物或粒度过粗现象，应及时停机检查粉碎机筛网有无漏洞或筛网错位与其侧挡板间形成漏缝。其次，经常检查粉碎机有无发热现象，如有发热，应及时排除可能发生的粉碎机堵料现象，观察粉碎机电流是否过载。最后，应定期检查粉碎机锤片是否已磨损，每班检查筛网有无漏洞、漏缝、错位等。

3. 配料的质量控制

配料是配合饲料生产的关键环节，要控制配料的准确性，尤其是微量成分。配料的精度高低直接影响到饲料产品中各组分的含量，对畜禽的生产影响极大。配料的质量控制要从以下 6 个方面进行。

(1)工作人员必须有很强的责任心。配料操作人员必须严格按照配方执行，每次配料要有记录，严格操作规程，做好交接班。

(2)保证配料设备的精确性。配合饲料的配料秤精度应达到 1/1 000～1/500(静态)，预混料中微量成分配料秤精度应达到 1/1 000～3/1 000(静态)。对配料秤要定期校验，称药物的秤每天要检查 1 次。

(3)根据不同品种原料的配料量配备不同的秤，以确保配料的准确性。要选用大、中、小不同的配料秤，即大料用大秤，小料用小秤。如预混料微量成分配料时，要使用灵敏度高的秤，要在接近秤的最大称量值的情况下称量微量成分。配料顺序上应先配大料，后配小料。

(4)做好配料设备的维修和保养。每次换料时，要对配料设备进行认真清洗，防止交叉污染。手工配料时，应使用不锈钢料铲，做到专料专用，以免发生混料。

(5)加强微量元素添加剂、维生素添加剂的管理，明确标记，单独存放。

(6)人工称量配料时，要有正确的称量程序，并进行必要的投料前复核称量，尤其是预混料的配料。电脑配料系统，应对电脑系统进行维护，定期检查电子秤配料系统传感器悬挂的自由程度，以防止机械性卡住而影响称量的精确性，对岗位操作人员严格要求和培训。

4. 混合的质量控制

混合是利用外力作用，将按配方配好的物料进行均匀混合的过程，是保证产品质量的主要因素。饲料的混合质量控制与混合过程的操作密切相关。一般配合饲料的生产过程中混合过程分为 2 个工序完成：第一个工序是预混合，即将配方中量小的微量元素预先与载体混合，在不影响微量元素均匀分布的前提下，缩短了混合周期；第二个工序是最后混合，主车间按配方要求将所有原料准确计量后放入混合机混合，油脂等液体原料从混合机上部的喷嘴喷洒，制成配合饲料成品。生产过程控制要点如下。

(1)选择适合的混合机　混合机类型较多，主要有单、双桨叶式混合机、螺带式混合机、锥形行星混合机、V形混合机等。混合机选择的基本条件是：充满系数、混合均匀度、混合时间、残留量等因素。螺带式混合机生产效率高，卸料速度快。锥形行星混合机混合作用强、时间短、混合质量好、残留小，还可以添加液体，很适合预混料的混合。

（2）正确的进料顺序和适宜的充满系数　在进料顺序上，一般量大的组分先投入或大部分（80%）投入混合机后，再投少量或微量组分。最小量物料添加量应不小于1%，否则需预混合后才能投入，保证混合质量。适宜的装料量对保证混合机正常工作，达到较高的混合质量十分重要。混合机的充满系数一般控制在0.6～0.8为宜。双轴桨叶混合机充满系数为0.4～0.8；V形混合机充满系数为0.3。

（3）定期检查混合均匀度和确定最佳混合时间　国家标准规定：一般配合饲料、浓缩饲料的混合均匀度变异系数≤10%，预混合饲料混合均匀度变异系数≤5%。要定期检查物料混合均匀度确定最佳混合时间。混合时间过长或过短，都会影响物料混合均匀度。混合时间过短，物料在混合机内得不到充分混合便被卸出，混合质量得不到保证；混合时间过长，物料被过度混合造成分离，同样影响质量。

（4）防止交叉污染　在更换饲料配方时，要对前一批次的残留彻底清理，以防止交叉污染。尤其是对预混合饲料的生产更为重要。预混合作业要与主混合作业分开，防止交叉污染。尽量减少混合成品的输送距离，尽量避免用风力输送，以防止饲料分离。预混合饲料混合后，最好直接装袋。液体加入混合机应注意喷洒均匀，避免饲料的成团现象。

5. *产品成形的质量控制*

制粒是饲料加工中的一个深加工过程。颗粒饲料生产率的高低和质量的好坏，除与成形设备性能有关外，很大程度取决于成形性能和调质工艺。制粒工序包括调质、制粒、冷却、破碎和筛分等环节，其控制要点如下。

（1）调质控制　调质是制粒过程中最重要的环节，对提高饲料的制粒性能及颗粒成型率影响极大。调质促进了淀粉的糊化、蛋白质变性，既提高了饲料的营养价值，又改良了物料的制粒性能，从而改进了颗粒产品的加工质量。调质要控制蒸汽压力、温度、水分及调质时间。不同饲料类型调质要求不同，一般调质时间为10～30 s，适当延长时间可提高调质效果。饱和蒸汽压力0.2～0.4MPa，调质后饲料的水分15%～17%，温度70～88 ℃。

（2）制粒　制粒可以采用环模或平模进行挤压制粒。配方原料不同，选用不同厚度的压模。压模与压轴的间隙在0.2～0.4 mm之间，并注意随时调整，不同产品需要不同的间隙。环模应定期检查表面是否有局部凸出部分，膜孔导料口是否有磨平、封口或内翻现象。

（3）冷却　颗粒饲料刚从制粒机出来时，含水量15%～17%，温度70～88 ℃，容易变形、破碎，贮藏时会产生霉变和黏结，应立即进行干燥冷却，降低温度和水分，使其硬化，以便贮藏和运输。

（4）破碎　在颗粒料的生产过程中，为了节省动力，增加产量和提高质量，先制成一定大小的颗粒，再根据畜禽饲用时的粒度用破碎机破碎成合格的产品。

（5）筛分　颗粒饲料经破碎工艺处理后，会产生一部分粉末等不符合要求的物料。因此，破碎后的颗粒饲料需要筛分成颗粒整齐、大小均匀的产品。对于不符合产品质量要求的物料，要重新制粒或重新破碎，以保证最终产品质量。每班检查分级筛筛面是否有破损、堵塞和黏结现象，以保证正常的分级效果。

6. *包装质量管理*

包装是配合饲料生产工艺流程中最后一个环节，包括称重、装袋、缝口、贴标签和运送。

检查包装秤的工作是否正常，其设定重量应与包装要求重量一致。准确计量，误差应控制在1%～2%范围内。核查被包装的饲料和包装袋及标签是否正确无误。保证缝包质量，不能漏缝和掉线。

6.3 饲料安全及其保障体系

饲料作为动物食物，其安全性不仅影响动物健康和生产性能，而且通过动物及动物产品可影响人类健康及食物链其他成员的安全，甚至影响环境的生态平衡。饲料安全是畜产品安全的基本保证，相当多的畜产品安全问题的源头是饲料安全的问题。所谓饲料安全，通常是指饲料产品(包括饲料和饲料添加剂)在加工、运输及转化为动物产品的过程中，不产生对饲养动物的健康造成实际危害，而且不会在畜产品中残留、蓄积和转移的有毒、有害物质；饲料产品以及利用饲料产品生产的畜产品，不会危害人体健康或对人类的生存环境产生负面影响。

近年来，由于肉骨粉、油脂等动物源性饲料及抗生素、高铜、高锌、有机砷制剂等生长促进剂的使用不当或长期使用、滥用，一系列与饲料有关的危害人体健康和食品安全事件相继发生。特别是二噁英污染、盐酸克伦特罗及霉菌毒素中毒、抗生素耐药性的产生和转移等，已发展成为全球性关注的社会和政治问题。加强饲料安全性的监督与管理已成为当务之急，是关系到饲料工业和养殖业能否可持续发展的一个重大问题。所以必须了解影响畜产品安全的饲料安全问题并建立相关的安全体系。

6.3.1 饲料中存在的不安全因素及其危害

1. 药物添加剂的滥用

农业部第194号公告指出，自2020年7月1日起，饲料生产企业停止生产含有促生长类药物饲料添加剂(中药类除外)的商品饲料。

抗生素作为饲料添加剂可以原形或以代谢物的形式分布全身，也可通过泌乳和产蛋过程而残留在乳和蛋中，从而广泛在畜产品中残留。由于以往抗生素的长期使用或滥用，抗生素的耐药性和残留问题越来越突出，大多数细菌对抗生素的耐药性逐渐产生。有研究结果显示，15株猪链球菌9型菌株对大环内酯类及林可胺类耐药率都为100%，对四环素及链霉素的耐药率都为93.3%，所有菌株均耐7种及以上抗菌药物，最高可耐16种。来自屠宰猪中77株大肠杆菌，大多数菌株耐3～9种药，最高可对11种抗生素耐药。屠宰猪中存在耐药性菌株的污染，且极有可能通过猪肉生产过程进入到食物链中，对消费者的健康存在一定的潜在危害。一旦细菌的耐药性传递给人类，就会出现用抗生素无法控制人类细菌感染的后果，给人类的健康造成了很大的威胁。

2. 非法使用违禁药物

2002年2月《禁止在饲料和动物饮用水中使用的药物品种目录》，规定肾上腺素受体激动剂(盐酸克伦特罗、沙丁胺醇等)、性激素(己烯雌酚、雌二醇等)、蛋白同化激素(碘化酪蛋白、苯丙酸诺龙等)、精神药品(氯丙嗪、安定等)和各种抗生素滤渣均被列为禁止在饲料和动物饮水中使用的药物。2020年1月《食品动物禁用的兽药及其他化合物清单》，规定β-兴奋剂类、性激素类、氯霉素、硝基呋喃类等21类原料药及其单方、复方制剂产品不准在食品动物饲养过程中使用。而一些饲料企业和畜禽养殖场(户)为了追求商业利润，违规使用激素、违禁药品，如碘化酪蛋白、己烯雌酚、盐酸克伦特罗等国家明令禁止的违禁药物，这些物质残留在畜产品内，经食物链进入人体，导致人类的一系列疾病。

国内曾发生盐酸克伦特罗中毒事件，造成恶劣的社会影响。盐酸克伦特罗俗称瘦肉精，是一种化学合成的β-肾上腺素类激素，能够提高家畜生长率，增加瘦肉率，减少脂肪和改善体型效果，易在动物组织和畜产品中残留。人食用了含盐酸克伦特罗的畜产品易出现中毒，表现为头晕、恶心、呕吐、血压升高、心跳加速、体温升高等症状。在饲料中添加违禁药物，对人类健康的危害极大，同时严重影响我国畜产品的出口，而且一些性质稳定的药物与化合物被排泄到环境中造成环境污染。

3. 重金属元素及砷的污染和中毒

(1)高铜、高锌及其他重金属元素的残留　饲料中添加正常需要量10倍的铜，可明显提高仔猪生长性能。高铜(>125 mg/kg)就作为一种促生长添加剂在畜禽养殖业中曾经被大量使用，尤其仔猪饲料中普遍加入高铜以提高生长性能。猪饲料中添加高剂量的铜(125～250 mg/kg)，不仅可促生长，提高饲料利用率，而且可使猪粪便变黑，导致养殖户认为猪采食饲料拉黑粪才是好饲料。当猪饲料中添加铜 100～125 mg/kg 时，肝中铜上升 2～3 倍；添加铜 250 mg/kg 时，肝中铜上升 10 倍。肝中铜过高，肝功受损，血红蛋白含量降低。长期使用会在体内蓄积，导致肝脏铜含量升高甚至引起溶血死亡，并对食品安全、环境和不可再生的矿物质的消耗等有不良影响。人食用这种猪肝后，出现血红蛋白降低和黄疸等中毒症。我国新的饲养标准中也限制了高铜的添加。

锌是继铜之后发现的又一高效微量元素促生长剂。高剂量氧化锌可以减少断奶仔猪腹泻并具有促生长的作用后，国内外大量的研究表明：添加高锌 2 000～3 000 mg/kg 能有效地降低仔猪腹泻。所以不少企业和养殖户使用氧化锌 2 000～3 000 mg/kg 来预防仔猪腹泻。高锌的使用同样会产生类似高铜的残留和中毒效果。

在配合饲料中添加劣质矿物元素添加剂，会导致重金属元素超标。铅、铬、镉、汞等重金属随饲料进入动物机体后，蓄积在某些器官，不会在体内分解，引起动物急性或慢性中毒，甚至具有致癌、致突变和致畸作用，这些元素易于在畜产品中残留或通过人类食物链而危害人体健康。同时饲料中过量的重金属元素通过饲养动物的粪、尿排泄到土壤或水域中，可对人类的生存环境构成威胁。

(2)砷的残留和污染　饲料工业中有机砷制剂(主要有洛克沙砷和阿散酸)被广泛用作动物生长促进剂。动物通过饲料长期少量摄入砷时，引起慢性中毒，表现为神经沉郁、四肢肌肉软弱、消化不良、脱毛、母畜不孕或流产等。砷被机体吸收后，主要蓄积在肝、肾、骨骼、毛发、皮肤中。饲料中大量使用砷制剂会导致土壤和水域污染，进而导致农产品污染。当人食用了这些高残留砷的畜产品和农产品时，会引起砷中毒，使体内巯基酶失活，导致细胞代谢紊乱，危机人体健康。

4. 环境化学污染

(1)二噁英的污染　自比利时、荷兰、法国、德国相继发生因二噁英污染导致畜禽类产品及乳制品含高浓度二噁英的事件以来，二噁英引发的食品安全问题迅速成为世界范围的焦点。二噁英是一种有毒的含氯化合物，是目前世界已知的有毒化合物中毒性最强的，被称为“世纪之毒”。人体摄入微量二噁英不会立即引起病变，但摄入后却不易排出。如长期食用含二噁英的食品，这种有毒成分会蓄积，最终可能致癌或引起慢性病。二噁英的主要污染源包括城市垃圾焚烧、含氯化学工业、食品包装材料等，90%以上的人体二噁英接触来源于食品，其中主要来源于鱼类，其次是肉类和乳制品。二噁英通过动物采食被其污染的饲料而进入食物链，最终传递给人类。水产品中二噁英污染原因来自水环境的污染。奶牛饲料是牛乳中二噁英的主要来源，导致牛乳中二噁英含量升高。

（2）农药的污染与残留　农药残留问题是随着农药大量施用而产生的，包括农药原体、有毒代谢物、降解物和杂质，其中包含了 DDT 在内的有机氯类农药和高毒、剧毒的有机磷类农药。有机磷杀虫剂农药具有高度亲脂性，可损害神经，主要表现为呕吐、腹泻与肌肉震颤、惊恐和运动失调。有机氯类农药难以降解，残留期可达 20～30 年之久。目前我国广泛使用农药，不仅造成其在农作物体表的大量残留，而且还可以通过食物链在畜禽和人体内沉积。动物长期采食被农药污染的饲料后，可直接危害动物的健康和生产性能，使畜禽组织及产品中聚集农药残留，进而影响人体健康，并严重影响畜产品出口。

5. 细菌和病毒污染

（1）沙门菌、致病性大肠杆菌污染　饲料受到沙门菌污染的机会很多，特别是动物性饲料原料如肉骨粉、骨粉、鱼粉、血粉等，它们适合沙门菌生长繁殖。有些植物性蛋白质饲料如饼粕类，沙门菌也常有污染。我国饲料卫生标准要求在饲料原料和产品中沙门菌不得检出。沙门菌随饲料进入消化道，可侵入肠黏膜上皮细胞及黏膜下固有层，引起肠黏膜炎性病理性变化；菌体在肠系膜淋巴结和网状内皮系统被杀灭而崩解时释放的内毒素会引起动物中毒，主要表现为呕吐、腹痛、腹泻、抽搐等，并可引起败血病。被沙门菌污染的畜产品可引起人的沙门菌食物中毒，主要表现为恶心、呕吐、腹痛、腹泻、发热、头疼等。

致病性大肠杆菌主要来自人、畜的粪便，通过粪便排出的病菌可污染饲料、水源，从而使动物感染。特别是幼畜、幼禽最易感染。致病性大肠杆菌具有多种毒力因子，如定植因子、内毒素、外毒素等。畜禽发生大肠杆菌病时出现多种病型，如仔猪发生大肠杆菌感染表现为黄痢型、白痢型、水肿型；家禽表现为急性败血症、亚急性浆膜炎、慢性肉芽肿。致病性大肠杆菌对畜禽业所造成的损失日益严重。

（2）疯牛病的传播　疯牛病是牛海绵状脑病的俗称，病的特征是中枢神经组织发生海绵样变性。其病原是一种有感染性的蛋白颗粒，定名为朊病毒。英国多次发生疯牛病，其传播途径是因为利用了被微生物朊病毒污染的饲料肉骨粉而引起的。以后其他欧洲国家也陆续发生疯牛病。目前，全世界发生疯牛病的国家已扩散到北美洲、南美洲、亚洲等许多地域。动物感染发病后的主要表现是行为及感觉异常、运动失调、轻瘫、体重锐减等，最后死亡。人类新型克雅氏病的感染和传播途径主要是通过摄入受疯牛病病原污染的动物性食品，疯牛病病原经消化道进入人体，主要侵害中枢神经系统，出现神经错乱、共济失调、肌肉收缩等临床症状，最后死亡。

6. 霉菌毒素污染

霉菌毒素是一类由真菌产生的有毒代谢产物或次生代谢产物，能够广泛污染多种农作物、饲料及食品原料，并通过食物链进入人或动物体内引起多种中毒症状甚至死亡。目前已发现的霉菌毒素超过 400 种，但只有其中一部分危害较大的毒素引起了人们的广泛重视，如黄曲霉毒素、镰刀菌素、赭曲霉毒素、玉米赤霉烯酮、呕吐毒素、T-2 毒素等。2019 年上半年饲料及原料全球霉菌毒素污染分析报告显示，全球检测的 3 785 个样品中，平均每个样品污染 5.61 种霉菌毒素，单个样品污染 5～9 种霉菌毒素占总样品的 47.2%，污染 10 种及以上霉菌毒素的样品，占总样品量的 27.4%；中国检测的 179 个样品中，平均每个样品污染 7.30 种霉菌毒素，高于全球污染水平。多种霉菌毒素混合污染同一样品是全球实际生产中最常见的状况。受到霉菌污染的饲料，不仅降低营养价值，也可能因某些霉菌产生性质不同的各类霉菌毒素而导致畜禽急、慢性中毒，研究还发现有些霉菌毒素与癌症、肿瘤的发生有关。黄曲霉毒素是目前发现的致癌性最强的化学致癌物；赭曲霉毒素、T-2 毒素、灰黄霉素等也可诱发癌症。动物摄入受霉菌毒素污染的饲料后，在肾、肝、肌肉、血、乳汁以及鸡蛋中可检出霉菌毒素及其代谢产物，造成畜产品污染，并通过食物链传递给人，对人类健康造成极大的危害。

7. 转基因饲料的安全问题

随着全球农业生物技术产业的迅速发展，转基因作物与人类的食物和动物的饲料密切相关。转基因作物如玉米、油菜籽、大豆等及其副产物作为饲料原料的安全性问题越来越引起人们的关注。美国的研究机构进行了转基因饲料对畜禽影响的试验，尚未发现转基因饲料对畜禽的生产性能、健康状况及肉、蛋、奶组分产生危害影响。但也有试验证明转基因产品对人和动物健康可能产生不利影响。转基因饲料安全性是一个比较复杂的问题。目前转基因饲料安全性的研究尚不够，特别是转基因饲料对人畜健康和动物性食品安全可能造成的长期性影响还有待加强研究。转基因饲料安全性评价需要从科学、经济和社会方面进行全面评估，并确立相关的评价技术体系和检测方法。

6.3.2 确保饲料安全的措施

1. 加强法律法规和饲料工业标准的制定

针对饲料安全中存在的突出问题，各国都制定了相应的法规。我国也十分重视饲料安全问题。自从疯牛病在欧洲国家发生与蔓延以来，为了严防疯牛病等疫病在我国传播，我国有关行政管理部门发布了一系列规定和要求，如《关于加强对进口饲用油脂和动物性饲料经营和使用管理的通知》《关于加强肉骨粉等动物性饲料产品管理的通知》等。根据我国饲料安全问题的特点，国家颁发了一系列法规和管理办法，如《饲料和饲料添加剂管理条例》《饲料原料目录》《饲料添加剂品种目录》《饲料质量安全管理规范》《新饲料和新饲料添加剂管理办法》《进口饲料和饲料添加剂登记管理办法》《兽药管理条例》《食品卫生法》《食品动物禁用的兽药及其他化合物清单》《禁止在饲料和动物饮用水中使用的药物品种目录》《无公害食品标准》《绿色食品　饲料和饲料添加剂使用准则》及《绿色食品　兽药使用准则》《农业转基因生物安全管理条例》等，并且一些法规和管理办法也在不断修订和完善。为维护我国动物源性食品安全和公共卫生安全，农业农村部公告第 194 号发布药物饲料添加剂退出计划，自 2020 年 1 月 1 日起，退出除中药外的所有促生长类药物饲料添加剂品种。随着高铜、高锌的使用带来的问题，《饲料添加剂安全使用规范》(2017 年修订版)规定仔猪($\leqslant$25 kg)配合饲料中铜的最高限 125 mg/kg，锌的最高限 110 mg/kg；在仔猪断奶后前两周特定阶段，允许在 110 mg/kg 基础上使用氧化锌或碱式氯化锌至 1 600 mg/kg。

在饲料质量和安全检测与判断的依据方面，除了已经形成的有关饲料安全的法律法规外，还要进一步完善饲料工业标准化体系。我国已经制定了饲料工业国家标准和行业标准共约 500 多项，包括基础规范标准、安全限量标准、检测方法标准、饲料原料标准、饲料添加剂标准、饲料产品标准等，标准的修订和新标准的制订工作也正在加紧进行。这些标准，特别是强制性的卫生标准、安全标准、标签标准以及检验方法标准已成为确保饲料质量和安全的重要依据。

上述的法律法规体系和标准体系对保障饲料安全起到推动作用。

2. 加强饲料安全的监督和检验工作

我国建有国家级饲料质量监督检验中心、农业部部级质检中心、省级和重点区域饲料质检机构。在2000—2004年,国家“饲料安全工程”项目建设中,国家计委共投资近2亿元,扶持1个国家级饲料质检中心,12个部级饲料质检中心,24个省级饲料监测所,3个饲料标准与饲料安全评价基地,1个饲料产品质量监测预报网络中心网站,用于建立饲料安全评价基地和饲料安全监控信息网、完善饲料标准化体系、改善检测条件、加强监控和执法力度。一直以来,饲料质量监管体系和检测体系建设是全国饲料工业发展规划的主要任务之一。

饲料监管部门应加强饲料安全监管,实行生产、经营和使用全方位质量安全检测,强化源头管理和生产监控;加大饲料和畜产品中违禁药品专项整治工作力度,对危及饲料安全的各类生产、经营企业和产品予以曝光;加大对违法行为的惩处力度;稳定饲料执法队伍,提高执法人员素质,更新执法手段,提高执法水平,加大对假冒伪劣饲料的打击力度;加强饲料安全的舆论宣传,大力宣传普及科学饲料配方和健康养殖技术。饲料质检机构应提升饲料质量安全检测技术能力,加强质量安全检测,以确保饲料安全。

3. 企业实施全面质量管理

饲料企业实施全面质量管理是企业管理的中心内容,也是确保饲料安全的切实措施。企业应根据自身特点确定企业的管理体系。目前国际公认的质量管理体系主要有ISO9000质量管理体系和HACCP管理体系。ISO9000规定了质量体系中各个环节、各个要素的标准化实施规程和合格评定实施规程,以确保最终产品质量。HACCP是实现食品安全目标的有效手段,它通过鉴别产品生产过程中的危害因素,建立预防措施来控制最终产品的安全。饲料企业实施ISO9000和HACCP管理,有助于树立饲料企业良好的公共形象,不仅可以降低经营成本,还从饲料生产中控制了那些对人类食品消费有不利影响的危害因素,从源头上保证了食物链中的食品安全。

4. 加强饲料质量安全风险评估和预警

针对新型非法添加物、霉菌毒素、病原微生物、重金属、药物等突出问题,加强安全预警和风险评估。世界万物皆有毒,剂量是决定毒性的关键。首先,根据动物及人的生物学特点和各种危害物的代谢规律,确定危害物在饲料原料和饲料产品中的最大允许含量、危害物及其有毒有害的代谢产物在畜产品中的最大允许残留量,可确保动物或人的食入量在安全范围内。其次,建立危害物预警参数,通过一系列基础研究,探索畜产品中各种危害物残留量随饲料中该物质含量改变的定量变化规律,建立动态回归预报方程和确定预警参数。根据这些方程和参数来预报饲料安全性。

5. 加强新技术新产品的研究与开发

全国饲料工业“十三五”发展规划的主要任务之一是研发推广安全高效环保饲料产品,加快发展新型饲料添加剂。由于抗生素、合成药物、高铜、高锌、砷制剂等饲料添加剂对动物生产性能和饲料利用率具有显著的促进作用,停止这些物质的使用对动物生产性能产生不利影响。以抗生素为例,取消饲用抗生素将对动物疾病控制带来巨大困难,增加治疗用药量。取消抗生素后动物生产性能会下降,必然增加畜产品的生产成本。不解决这一难题,畜产品的安全问题就得不到根本解决。开发新型绿色和无公害饲料添加剂以替代抗生素和有潜在危害的添加剂是解决饲料和畜产品安全问题的关键所在。目前,已开展新型安全饲料添加剂,如酶制剂、微生态制剂、功能性寡糖、有机酸、免疫促生长剂和其他代谢调节剂等方面的研究,并且已取得了长足进展。大量资料显示,植物提取物、微生态制剂、合生元、中草药、酶制剂和抗菌肽等饲料添加剂以其安全、高效、稳定和可控的特点被看作抗生素的良好替代品。随着抗生素的禁用,这些新型饲料添加剂在饲料中的应用也越来越多,其在促进动物生产性能和提高动物的健康水平方面有着明显的效果。

6.4 饲料质量认证和管理体系

6.4.1 饲料企业 ISO9000 质量认证体系

ISO 是国际标准化组织(International Standard Organization)的简称,是由各国标准化团体(ISO 成员团体)组成的世界性的联合会。ISO 9000 质量管理体系是对世界各国质量管理实践及管理理论的高度概括及总结,是对质量管理的程序、方法及理论统一修订后形成的一种全面的管理体系。国际标准化组织在 1987 年时提出并颁布了 ISO 9000 质量管理体系标准,经历了 1994 版、2000 版、2008 版的历次修改,直至现今的 ISO9000:2015 版系列标准。ISO 9000 质量管理体系的关注焦点是顾客的实际需求,进而为顾客提供更加全面、优质的服务及产品,并对这一系列过程的管理及方法进行了书面化,进而使得组织的整体管理水平得到显著提高。又由于 ISO9000 标准的世界通用性,有利于打破国际贸易壁垒,与国际经济接轨,创造外向型经济环境。因此,ISO9000 标准在加强企业质量工作中显得更加有效和实用。

1. ISO9000 质量管理标准的介绍

2015 版 ISO9000 族标准的文件结构包括核心标准、支持性标准和文件。4 个核心标准分别为,ISO9000:2015《质量管理体系　基础和术语》、ISO9001:2015《质量管理体系　要求》、ISO9004《质量管理体系　业绩改进指南》、ISO19011《质量和环境管理审核指南》。支持性标准和文件包括:ISO10012《测量控制系统》、ISO/T R10006《项目管理指南》、ISO/T R10007《技术状态管理指南》、ISO/T R10013《质量管理体系文件指南》、ISO/T R10014《质量经济性指南》、ISO/T R10015《教育和培训指南》、ISO/T R10017《统计技术在 ISO9001 中的应用指南》《质量管理原理》《选择和使用指南》《ISO9001 在小型企业中的应用指南》。

2015 版 ISO9000 质量管理的 7 项原则分别为:①以顾客为关注焦点。质量管理的主要关注点是满足顾客要求并且努力超越顾客的期望;②领导作用。各层领导建立统一的宗旨和方向,并且创造全员参与的条件,以实现组织的质量目标;③全员参与。整个组织内各级人员的胜任、授权和参与,是提高组织创造价值和提供价值能力的必要条件;④过程方法。当活动被作为相互关联的功能连贯过程系统进行管理时,可更加有效和高效地得到始终如一的预期结果;⑤改进。成功的组织总是致力于持续改进,对其内外部条件的变化做出反应并创造新的机会;⑥循证决策。基于数据和信息的分析和评价的决策更有可能产生期望的结果;⑦关系管理。为了持续成功,组织需要管理与供方等相关方的关系。

2. 饲料工业实施 ISO9000 质量认证体系的意义

随着社会经济的发展,我国饲料工业呈快速发展趋势,在促进国民经济发展中发挥了重要的作用。但我国饲料产业的整体素质和实力水平相对较低。主要表现在虽然饲料企业的数量众多,但大多数的企业是中小企业,生产规模小;我国区域经济发展的不平衡导致饲料厂质量管理水平高低相差悬殊,导致经济效益不高,饲料产品质量一般。如何提升饲料企业整体素质和水平,这是每一个饲料企业面临的实际问题。在饲料管理工作中引入 ISO9000

标准将使我们的饲料管理更科学化、系统化、文件化、制度化，全面提升管理水平，从而提高产品的质量水平和市场竞争力。

针对当前质量管理中普遍存在的弊端，贯彻 ISO9000 标准并以标准的要求建立、实施和保持有效的质量体系，将会给饲料企业带来以下好处。

(1)通过推行 ISO9000，可以全面提升企业的管理水准，并与国际接轨。

(2)按 ISO9000 标准建立质量管理体系，通过体系的有效应用，促进企业持续改进产品和过程，实现产品质量的稳定和提高，增强市场竞争力。

(3)可以全方位提升组织内管理者及员工的质量意识与管理能力，进而提升组织的工作效率及团队凝聚力。

(4)通过 ISO9000 认证的企业可以全面增加顾客对企业的信任度及满意度，并提高企业在国际及国内行业中的形象及影响，创造出更多的商机。

对多数饲料生产企业而言，ISO9000 标准已经不陌生，并且有一部分知名饲料企业已经实现的 ISO9000 质量认证体系。通过实施 ISO9000 质量体系认证将全面改善我国饲料企业的质量管理水平，提高产品质量和企业效益，增强市场竞争力，实现饲料工业的可持续发展。

6.4.2 饲料企业的 HACCP 管理体系

HACCP(Hazard Analysis and Critical Control Point)是危害分析和关键控制点的简称，它是目前食品安全性评价和管理的强有力工具，也是生产安全食品的国际通则。其目的主要是对食品中微生物、化学和物理危害进行安全控制。

根据《食品工业基本术语》GB/T 15091—1994 规定：HACCP 是生产(加工)安全食品的一种控制手段；对原料、关键生产工序及影响产品安全的人为因素进行分析；确定加工过程中的关键环节，建立、完善监控程序和监控标准，采取规范的纠正措施。

1. HACCP 体系的发展

HACCP 系统是 20 世纪 60 年代由美国 Pillsbury 公司与宇航局和美国陆军 Natick 研究所共同开发的，主要用于航天食品中。1971 年在美国第一次国家食品保护会议上提出了 HACCP 原理，立即被食品药物管理局接受。1990 年美国农业部与食品药品管理局联合在畜禽肉制品生产中引入 HACCP 体系，同时颁布了对海产品实行 HACCP 为基础的强制性检验程序，并在 1997 年宣布所有对美国出口的水产品企业必须建立 HACCP 体系，否则其水产品不得进入美国市场，以此为标志的 HACCP 体系开始在世界范围内广泛展开，并延伸至各种行业。1997 年国际食品法典委员会在《食品卫生通则》中发布了 HACCP 基本原则和应用程序，国际标准化组织将 HACCP 纳入 ISO9000 系列标准。目前，HACCP 体系已被世界许多国际性组织和国家广泛采用，如联合国粮农组织(FAO)、世界卫生组织(WHO)、食品法典委员会(CAC)、美国、欧盟、加拿大、澳大利亚、新西兰、日本等许多国家正在以不同的形式推行它。

2. HACCP 的基本原理

HACCP 管理体系包括以下 7 个原理。

(1)进行危害分析　列出原料生产、加工、制造、配送直到消费的各个步骤中预期可能产生的所有潜在危害，包括生物性的、化学性的和物理性的，然后进行危害分析，并对识别的危害提出预防控制措施。

(2)确定关键控制点　关键控制点是指能去除危害或降低危害发生率的一个点、步骤或程序。它存在于原料、配方以及生产、包装、运输、调配、加工和储存等过程的任何一个阶段。

(3)确定各关键控制点关键限值　对每个关键控制点,必须规定关键限值。

(4)建立各关键控制点的监控程序　对与关键控制点相关的关键限值有计划地测量或观察,及时检测关键控制点是否有失控的趋势,并在偏离发生前进行过程调整。

(5)建立当监控表明某个关键控制点失控时应采取的纠偏行动　以便当监控表明某个特定关键控制点失控时采用。

(6)建立证明 HACCP 系统有效运行的验证程序　以确认 HACCP 体系运行的有效性,采用包括随机抽样和分析在内的验证和审核方法、程序和检测,来确定 HACCP 体系是否正确地运行,证实 HACCP 体系运行的有效性。

(7)建立有关上述原理及其在应用中的所有程序和记录的文件系统　完整地记录危害分析、确定关键控制点、关键限值及 HACCP 计划的准备、监控与执行 HACCP 计划有关的信息数据和文件等,然后保存。

HACCP 是一种控制食品安全危害的预防性体系,用来使食品安全危害风险降低到最小或可接受的水平,预测和防止在食品生产过程中出现影响食品安全的危害,防患于未然。

6.4.3　饲料工业建立 HACCP 管理体系的意义

HACCP 管理体系最大优点在于它是一种系统性强、结构严谨、理性化、有多项约束、适用性强、效益显著并以预防为主的质量保证方法。在饲料工业中推行 HACCP 有着重要的意义。

1. 促进饲料工业与国际接轨

目前,饲料和食品的国际组织已采纳 HACCP 管理体系,如联合国动物饲料法典、食品法典都规定了饲料和食品生产应当推行 HACCP 管理体系,并将其纳入国际贸易中饲料和食品质量和安全管理的规定中。推行 HACCP 管理体系是我国饲料工业走向世界的通行证。

2. 生产安全绿色畜产品

在饲料工业中,实施 HACCP 管理体系是饲料和食品安全的需要。因为饲料与食品的生产程序具有相似性,并且饲料的安全直接关系到食品安全,特别以“瘦肉精”和“三聚氰胺”为代表的重大食品安全事件均与养殖业和饲料企业密切相关,频繁出现的饲料安全和污染事件,严重损害了消费者信心。因此,将 HACCP 引入饲料的生产和管理,对保证畜禽健康和食品安全具有重要意义。饲料企业推行 HACCP 管理将建立一套科学合理的有质量监控体系,保证饲料的安全卫生和动物的健康生长,并生产出无公害和绿色畜产品,从而保证人们的身体健康。

3. 加强饲料安全管理

目前我国饲料管理实行的是事后监督制度,迫切需要饲料生产、经营和使用者加强事前管理,消除安全隐患。HACCP 管理体系主要是以预防为主的质量安全的控制方法,评估可能影响到饲料质量和安全卫生的危险,分析其所具有的潜在危险性,然后予以避免,这大大降低事后监督成本,提高事后监督成效。

4. 建立和完善饲料工业标准体系

当前我国饲料标准体系建设滞后,一些允许使用的饲料添加剂仍未制定标准,有关安全卫生检测方法标准也不完善，直接影响到监督检测的法律效力。实施 HACCP 管理系统必将推动我国饲料工业各项标准体系的建立和发展。

思考题

1. 饲料原料和成品检验的基本方法有哪些?
2. 如何进行饲料样品的采集、制备和保存?
3. 如何进行配合饲料加工过程中的质量控制?
4. 饲料中存在的主要不安全因素有哪些?

7 动物饲养标准

配合饲料成本占到畜牧养殖总成本的75%左右，其品质与质量直接影响畜牧生产效益。因此配合饲料在畜牧业生产中的地位和作用越来越受重视，如何提高配合饲料的质量也一直是人们关注的焦点。配制优质的饲料产品除了挑选合适的原料和加工工艺外，精准饲料配方技术也至关重要，而选择合适的饲养标准显得尤为重要。饲养标准是根据动物营养学家公布的研究成果，及饲料营养价值评定方面的成果，按动物种类总结成一套系统、简明且实用配套资料，供生产和科学研究应用。

饲养标准规定了不同生理阶段，不同生产用途的畜禽所需的各项营养物质的数量。国际上饲养标准很多，最具权威、应用最多的是美国 NRC 标准。我国地域辽阔，动物品种和饲料资源均有自身的特点，且土地、气候、畜牧业生产水平差异也较大。因此，我们国家也颁布了一系列自己的动物饲养标准。我国的动物饲养标准是美国 NRC 标准和我国国情相结合的产物。本章主要对饲养标准的内容与作用、表达形式、基本特性、应用原则以及主要养殖动物的饲养标准做简要介绍。

7.1 饲养标准概述

7.1.1 饲养标准的概念

根据大量动物饲养试验和生产实践经验总结，结合饲料营养价值评定方面的结果，确定各种特定动物(不同种类、性别、年龄、体重、生理状况、生产目的、生产水平和环境条件等)每天应给予的各种营养成分的数量或日粮中应含有的各种营养成分的最低数量，把这些数据规定为动物从事正常生产所必须达到的基本营养标准，称为饲养标准。饲养标准一般经动物营养学家制定，总结成一套系统、简明、实用的表册式资料，由有关权威机构定期或不定期颁布发行。

饲养标准是动物营养和饲料科学领域大量科学试验研究成果的客观概括和总结，所列数据都以高度可信且规范的重复试验资料为基础，体现了本领域的最新科学技术研究进展和生产实践经验。因此，饲养标准具有科学性、先进性、权威性、可变化性、条件性和局限性等特点。

7.1.2 饲养标准的种类和内容

1. 饲养标准的种类

根据动物营养和饲料科学的最新研究成果和进展，现行饲养标准以不同动物为基础并结合不同的生理阶段、生产目的、生产水平等因素分类制定。现在已经制定并颁布了猪、禽、奶牛、肉牛、绵羊、山羊等动物的饲养标准或营养需要，并在养殖业和饲料工业中得到了广泛应用，对促进科学养殖、高效养殖起到了重要的推动作用，创造了显著的社会和经济效益。

目前，我们可参考的饲养标准主要有：我国国家标准、美国 NRC 标准、英国农业研究委员会(Agricultural Research Council，ARC)标准、日本农林水产技术委员会事务局饲养标准研究会标准、澳大利亚颁布的饲养标准、我国台湾地区颁布的标准以及一些育种公司制定的标准等。

2. 饲养标准的内容

饲养标准一般包括为 6 个组成部分，即序言、营养研究进展、动物营养需要量、饲料营养价值表、典型饲粮配方和参考文献。

(1)序言　主要说明制定或修订饲养标准的意义以及必要性、饲养标准所涉及的内容、利用研究资料的情况，修订的饲养标准还要说明本次修订的主要变化及与前一版显著不同的地方。

(2)动物营养研究进展　主要总结最新的有关研究资料，一般是按营养物质(能量、蛋白、脂肪、碳水化合物、水、矿物质和维生素)种类划分，分专题进行详细和深入的总结概括。动物营养研究进展是体现饲养标准制定或修订后的科学性和先进性的基本依据，也是制定动物营养需要量的基础。

(3)动物营养需要量　动物营养需要量是营养指标数量化的具体体现，是应用饲养标准时的主要参考部分。动物营养需要量一般是以表格的形式列出特定动物各类营养物质需要的具体数值，以方便查找和参考。

(4)饲料营养价值表　部分或全部列出常用饲料的能量、蛋白质、脂肪、碳水化合物、维生素和矿物元素含量。不同饲养标准还不同程度列出蛋白质、氨基酸钙、磷等可消化或可利用程度方面的资料。饲料营养价值表与饲养标准配套使用。

(5)典型饲粮配方　根据动物营养需要定额而配制具有代表性的配方。主要供应用饲养标准中动物营养需要量进行饲粮配合时参考，指导应用者合理设计符合饲养标准要求的实际饲粮配方。

(6)参考文献　详细列出了制定或修订饲养标准所涉及的可靠资料来源及与动物营养需要、饲料营养价值数值有关的文献，以便查阅。

3. 饲养标准的指标体系与指标种类

饲养标准的指标体系有能量指标体系、蛋白质指标体系和氨基酸指标体系，除以上指标以外，还包括采食量、纤维素、脂肪酸、维生素、矿物元素、非营养素指标。不同饲养标准或营养需要除了在制定能量、蛋白质和氨基酸定额时采用的指标体系有所不同以外，其他指标所采用的体系基本相同。在确定营养指标的种类上，不同国家和地区则差异较大。

(1)能量指标体系　常用消化能(DE)、代谢能(ME)或净能(NE)作为饲养标准中的能量指标。不同种类动物因消化代谢生理或饲粮结构的不同采用的能量指标体系不同，同一种动物不同国家或地区采用能量指标体系也有差别。家禽常用 ME，世界各国都比较一致。猪的能量体系各国不完全相同，美国、加拿大等用 DE，也用 ME，NRC 第十一版《猪的营养需要》(2012)也列出了猪的 NE 需要量；欧洲各国多用 ME，也有给出 DE；我国目前仍以 DE 为主，部分使用 ME。反刍动物多用 NE，也有部分用 DE、ME，例如奶牛采用产奶 NE，肉牛采用增重 NE，肉羊采用 DE、ME。部分饲养标准也标出了可消化总养分(TDN)、饲料单位、淀粉价等。随着动物营养研究不断深入科技水平的提升，未来动物饲养标准中有效能体系会选择准确性更高的 NE。

(2)蛋白质指标体系　蛋白质指标也是饲养标准的一个重要指标，它用于反映动物对总氮的需要，采用粗蛋白质(CP)和可消化粗蛋白质(digestible crude protein，DCP)表示。对于我国以猪、禽等为主的单胃动物，主要用于反映对真蛋白质的需要，常用 CP 表示蛋白质定额，反刍动物通常 CP 和 DCP 都标出。NRC(1989)将反刍动物的蛋白质需要量分为[可降解摄入蛋白(degraded intake protein，DIP)和非降解摄入蛋白(undegraded intake protein，UIP)]。英国的新蛋白质体系将反刍动物的蛋白质需要量分为瘤胃可降解蛋白(rumen degraded protein，RDP)和瘤胃非降解蛋白(rumen undegraded protein，RUP)。

(3)氨基酸指标体系　氨基酸指标主要用于反映动物对蛋白质质量的要求。大多数饲养标准主要列出必需氨基酸(EAA)，少部分列出非必需氨基酸，而且根据不同饲养标准，不同生理阶段的动物列出的 EAA 指标种数不同。当前，多数饲养标准采用总必需氨基酸含量体系表示氨基酸定量需要，按理想蛋白质考虑时，也用到非必需氨基酸或非必需氮。NRC 和 ARC 猪的营养需要中，全部必需氨基酸指标均列出，同时列出部分非必需氨基酸。现行 NRC 第十一版《猪营养需要》(2012)不仅列出了总氨基酸需要量，还列出了表观和真回肠可消化氨基酸需要量。

(4)其他营养指标　不同种类饲养标准，不同国家和地区的饲养标准列出的指标数量不同。①采食量。一般饲养标准根据饲粮风干物质重量按动物每天维持、生长或生产所需的能量多少列出采食的数量。②脂肪酸。饲养标准中一般列出必需脂肪酸中亚油酸的需要量，部分饲养标准列出了饲料原料脂肪酸组成，例如 NRC 第十一版《猪的营养需要》(2012)。③维生素。一般列出脂溶性维生素(维生素 A、维生素 D、维生素 K 和维生素 E)和水溶性维生素(B 族维生素和维生素 C)的需要量(反刍动物一般只列出部分或全部脂溶性维生素，单胃动物则将脂溶性和水溶性维生素部分或全部列出)。④矿物元素。按常量元素和微量元素的顺序列出。常量元素一般列出钙、磷、钾等的需要量，有的饲养标准还列出了有效磷指标。微量元素一般列出铁、锌、铜、锰、碘、硒的需要量。⑤非营养素指标。指为保证或改善饲料品质，提高动物生产性能，保证动物健康，提高饲料利用率而使用的饲料添加剂。传统“标准”不包括这类指标，随着动物营养和饲料科学研究不断深入，非营养性物质不断广泛地在饲料工业和动物生产中应用。NRC 第十一版《猪营养需要》(2012)已对部分非营养性添加物质的使用提出了指导意见。

7.1.3　饲养标准的表示方法

饲养标准表示方式大体包括以下几种。

1. *按单位饲粮中营养物质浓度表示*

饲养标准中一般按特定水分含量给出风干饲粮基础浓度，如 NRC《猪营养需要》(2012)版饲养标准中按 90%的干物质浓度给出营养指标定额；中国《猪营养需要》(2004)则按 88%干物质浓度给出营养指标定额。根据给定的干物质浓度，用相对单位浓度表示营养需要，对动物饲养、饲粮配合、饲料工业生产全价配合饲料十分方便。多数饲养标准都列出按这种方式表示的营养浓度。例如，我国肉脂型生长育肥猪的饲养标准推荐体重为 5～8 kg 仔猪饲粮中需要粗蛋白质 21%，消化能 13.8 MJ/kg，赖氨酸 1.34%，钙 0.86%，非植酸磷 0.42%。不同饲养标准，表示饲粮营养需要的方法基本相同，能量用“MJ/kg”或“Mcal/kg”表示，粗蛋白质、氨基酸、常量元素用百分数表示，维生素用国际单位“IU/kg”或“mg/kg”表示。

2. 按单个动物每天需要量表示

单个动物每天的需要量是结合单位饲粮中营养物质浓度和动物采食量计算所得的结果，明确给出每头动物每天对各种营养物质所需要的绝对数量。用这种方法表示动物的营养需要，对动物生产者估计饲料配制和饲喂量非常适用。多数猪、禽和反刍动物的饲养标准均以这种方式列出各种营养物质的确切需要量。例如，NRC《猪营养需要》(2012)版饲养标准中体重在25～50 kg阶段的生长猪，每天每头需要钙9.87 g，总磷8.47 g，赖氨酸14.8 g。

3. 按单位能量浓度表示

这种表示法列出了单位能量浓度推荐的营养物质组成，有利于衡量动物采食的营养物质是否平衡(我国2004版鸡的饲养标准采用了这种表示方法。例如，6周龄以前的生长鸡饲粮)。每兆焦ME需要CP 67 g(即蛋白质能量比)、蛋氨酸加胱氨酸2.07 g、赖氨酸2.43 g。

4. 按体重或代谢体重表示

此表示方法在析因法估计营养需要或动态调整营养需要中比较常用。按维持加生长或生产制定营养需要标准也采用这种表达方式。反刍动物饲养标准多采用这种方式表达营养需要，例如产奶母牛维持的粗蛋白质需要是4.6 $g/W^{0.75}$，钙、磷、食盐的维特需要分别是每100 kg体重6 g、4.5 g、3 g。

5. 按生产力表示

即动物生产单位产品(肉、奶、蛋等)所需要的营养物质数量，例如奶牛每产1千克标准奶需要CP 58 g。母猪带仔10～12头，每天需要DE 66.9 MJ。

7.1.4 饲养标准的基本特性

饲养标准是确切衡量动物对营养物质客观需求的尺度，是动物饲养的准则。它可使动物饲养者做到心中有数，不盲目饲养。按照饲养标准设计配方一般能取得较好的生产成绩。在应用饲养标准时，对饲养标准要正确理解，灵活应用。既要看到饲养标准的先进性和科学性，也要重视饲养标准的条件性和局限性。

1. 饲养标准的科学性和先进性

饲养标准或营养需要是以动物营养和饲料科学理论为依据，以最新科学研究和生产实践研究结果为依据，真实客观地反映了动物维持和生产对饲粮营养物质的客观需求，是理论与实践的结合，具有高度的科学性和广泛的实用性。饲养标准中所涉及的营养数据指标均是来源于大量可信度高的、规范的重复试验，对重复试验资料不多的部分营养指标，在“标准”或“需要”中均有说明，表明“标准”是实事求是、严密认真、科学工作的成果。

2. 饲养标准的权威性

而且饲养标准均是由有关权威机构定期或不定期颁布发行，体现了标准的权威性。饲养标准中的基础数据来源于营养学家和生产者大量生产研究成果的总结，所得到的数据资料须经过有关专家组严格审定，最后提交至权威部门进行颁布，体现了饲养标准较高的严谨性和权威性。

3. 饲养标准的可变化性

随着科学技术不断发展、动物生产水平不断提高，饲养标准或营养需要也需要不断更新以实现生产效率最大化。因此，饲养标准应当与时俱进。另一方面，饲养标准主要指导饲养者合理提供营养物质，饲养者必须结合动物的生理状态、饲养环境、生产水平等因素适当调整营养供给，灵活运用，才能保证经济高效饲养。总之，适当调整饲养标准的目的是使设定的营养定额尽可能满足动物对营养物质的客观需求。

4. 饲养标准的条件性和局限性

饲养标准中基础数据来源条件决定了标准的条件性，饲养标准中基础数据是根据特定的动物、环境条件、生理阶段或生理状态而获得的，因此数据的产生就具有条件性，这也决定了标准使用的局限性。实际生产条件变化多样性，如个体差异、不同的环境条件、不同的饲粮品质、不同的市场经济形势等因素都会不同程度地影响动物营养需要量。因此，饲养标准都只在一定条件下、一定范围内适用，不能无条件生搬硬套“标准”，应根据情况对“标准”中的营养定额酌情调整，才能避免其局限性，增强实用性。

7.1.5 饲养标准的应用

1. 应用饲养标准的基本原则

饲养标准是制定生产计划、组织饲料供给、设计饲粮配方、生产平衡饲粮、对动物实行标准化饲养管理的科学依据和技术指南。因此，应用任何一个饲养标准，要充分注意以下基本原则，以促进动物高效安全生产。

(1)选用合适的饲养标准　饲养标准都具有条件性和局限性，是特定的动物在一定生产阶段具体的营养定额。因此所选用的饲养标准要尽可能和目标动物保持一致，重点把握饲养标准所要求的条件与应用对象实际条件的差异，尽可能选择最适合应用对象的饲养标准。例如给我国地方黑猪做饲料配制，应考虑我国地方猪与外种猪的生产水平、生理代谢差异，要尽可能选用地方猪的饲养标准，若选用 NRC 猪的营养需要则不符合我国地方猪种的营养需要量。除了动物遗传特性以外，绝大多数情况下均可以通过合理设定保险系数，适当调整饲粮营养物质配比和营养水平，使饲养标准规定的营养定额符合应用对象的实际情况。

(2)灵活使用饲养标准　饲养标准规定的营养定额一般只对具有广泛或比较广泛的共同基础的动物饲养有应用价值，对共同基础小的动物饲养则只有指导意义。要使饲养标准规定的营养定额变得可行，必须根据不同的具体情况对营养定额进行适当调整。选用按营养需要原则制定的饲养标准，一般都要增加营养定额；选用按“营养供给量”原则制定的“标准”，营养定额增加的幅度一般比较小，甚至不增加；选用按“营养推荐量”原则制定的“标准”，营养定额可适当增加。

(3)饲养标准与效益的统一性　应用饲养标准规定的营养定额，不能只强调满足动物对营养物质的客观要求，而不考虑饲料生产成本。必须贯彻营养和效益(包括经济、社会和生态等效益)相统一的原则。饲养标准中规定的营养定额实际上显示了动物的营养平衡模式，按此模式向动物供给营养，可使动物有效利用饲料中的营养物质。在饲料或动物产品的市场价格变化的情况下，可以通过改变饲粮的营养浓度，不改变平衡，而达到既不浪费饲料中的营养物质又实现调节动物产品的量和质的目的，从而体现饲养标准与效益统一性原则。只有注意饲养标准的适合性和应用定额的灵活性，才能做到饲养标准与实际生产的统一，获得良好的结果。

2. 饲养标准的作用

(1)提高动物生产效率　饲养标准的科学性和先进性能确保动物摄入平衡且精准的各种营养物质，提高动物生产性能。饲养实践证明，在饲养标准指导下饲养动物，能显著提高生长速度,并提高动物产品产量。与传统的用经验饲养动物相比,生产效率和动物产品产量提高一倍以上。在现代化的动物生产中,生长肥育猪的饲养周期已经可以缩短到 160～180 d 以内。产蛋鸡的产蛋能力已基本接近产蛋的遗传生理极限。

(2)提高饲料资源利用效率　利用饲养标准指导饲养动物,不但合理满足了动物的营养需要,而且可显著节约饲料,减少浪费,进而提高饲料资源利用效率。

(3)提高科学养殖水平　饲养标准除了指导饲养者向动物合理供给营养,也帮助饲养者计划和组织饲料供给,科学决策发展规模,提高科学饲养动物的能力。

7.2　主要养殖动物饲养标准

7.2.1　猪饲养标准

1. 中国猪饲养标准

(1)《猪饲养标准》(NY/T 65—1987)　是我国于 1987 年颁布的第一个中国猪饲养标准,该标准将我国猪品种分为瘦肉型和肉脂型两个类型,瘦肉型猪分为 1～5 kg、5～10 kg、10～20 kg、20～60 kg 和 60～90 kg 五个生长阶段。标准中的粗蛋白质指标是国内饲养试验结果的总结,氨基酸指标给出了赖氨酸、蛋氨酸＋胱氨酸、精氨酸和异亮氨酸等 5 个氨基酸数据,维生素和矿物质基本参考了 NRC 数据。肉脂型猪分为 20～35 kg、35～60 kg、60～90 kg 三个生长阶段。1987 年版的猪饲养标准为我国当时养猪业的发展做出了重要的贡献。

(2)《猪饲养标准》(NY/T 65—2004)　《猪饲养标准》NY/T 65—1987 颁布后,经过 20 多年的发展,随着猪品种的改良及科技的进步,我国养猪业发生了翻天覆地的变化,急需制订出新的饲养标准。我国 1999 年成立了由中国农业大学牵头,四川农业大学、中国农科院畜牧研究所及广东省农科院畜牧研究所等单位参加的专家委员会,制订出了修订版的猪饲养标准,并于 2004 年 9 月 1 日发布,即《猪饲养标准》(NY/T 65—2004)。该版猪饲养标准也是分为瘦肉型和肉脂型两类,瘦肉型猪是指瘦肉占胴体体重的 56%以上,胴体膘厚2.4 cm以上,体长大于胸围 15 cm 以上。肉脂型猪指瘦肉占胴体体重的 56%以下,胴体膘厚 2.4 cm 以下,体长大于胸围 15 cm。将 1987 年版标准中的1～5 kg、5～10 kg、10～20 kg 三阶段改为 3～8 kg、8～20 kg 两个阶段。《猪饲养标准》(NY/T 65—2004)见表 7-1 至表 7-8。

表 7-1　瘦肉型生长肥育猪每千克饲粮养分含量(自由采食,88%干物质)

指标	体重/kg				
	3～8	8～20	20～35	35～60	60～90
平均体重/kg	5.50	14.00	27.50	47.50	75.00
日增重/(kg/d)	0.24	0.44	0.61	0.69	0.80
采食量/(kg/d)	0.30	0.74	1.43	1.90	2.50
饲料/增重(F/G)	1.25	1.59	2.34	2.75	3.13
消化能/(MJ/kg)	14.02	13.60	13.39	13.39	13.39

续表 7-1

指标	体重/kg				
	3～8	8～20	20～35	35～60	60～90
代谢能/(MJ/kg)	13.46	13.06	12.86	12.86	12.86
粗蛋白质/%	21	19	17.80	16.4	14.50
能量蛋白比/(kJ/%)	668	716	752	817	923
赖氨酸能量比/(g/MJ)	1.01	0.85	0.68	0.61	0.53
氨基酸/%					
赖氨酸	1.42	1.16	0.90	0.82	0.70
蛋氨酸	0.40	0.30	0.24	0.22	0.19
蛋氨酸+胱氨酸	0.81	0.66	0.51	0.48	0.40
苏氨酸	0.94	0.75	0.58	0.56	0.48
色氨酸	0.27	0.21	0.16	0.15	0.13
异亮氨酸	0.79	0.64	0.48	0.46	0.39
亮氨酸	1.42	1.13	0.85	0.78	0.63
精氨酸	0.56	0.46	0.35	0.30	0.21
缬氨酸	0.98	0.80	0.61	0.57	0.47
组氨酸	0.45	0.36	0.28	0.26	0.21
苯丙氨酸	0.85	0.69	0.52	0.48	0.40
苯丙氨酸+酪氨酸	1.33	1.07	0.82	0.77	0.64
矿物元素					
钙/%	0.88	0.74	0.62	0.55	0.49
总磷/%	0.74	0.58	0.53	0.48	0.43
非植酸磷/%	0.54	0.36	0.25	0.20	0.17
钠/%	0.25	0.15	0.12	0.10	0.10
氯/%	0.25	0.15	0.10	0.09	0.08
镁/%	0.04	0.04	0.04	0.04	0.04
钾/%	0.30	0.26	0.24	0.21	0.18
铜/(mg/kg)	6	6	4.50	4	3.50
碘/(mg/kg)	0.14	0.14	0.14	0.14	0.14
铁/(mg/kg)	105	105	70	60	50
锰/(mg/kg)	4	4	3	2	2
硒/(mg/kg)	0.30	0.30	0.30	0.25	0.25
锌/(mg/kg)	110	110	70	60	50
维生素和脂肪酸					
维生素 A/(IU/kg)	2 200	1 800	1 500	1 400	1 300
维生素 D_3/(IU/kg[g])	220	200	170	160	150
维生素 E /(IU/kg)	16	11	11	11	11
维生素 K /(mg/kg)	0.5	0.5	0.5	0.5	0.5

续表 7-1

指标	体重				kg
	3～8	8～20	20～35	35～60	60～90
维生素和脂肪酸					
硫胺素/(mg/kg)	1.5	1	1	1	1
核黄素/(mg/kg)	4	3.5	2.5	2	2
泛酸/(mg/kg)	12	10	8	7.5	7
烟酸/(mg/kg)	20	15	10	8.5	7.5
吡哆醇/(mg/kg)	2	1.5	1	1	1
生物素/(mg/kg)	0.08	0.05	0.05	0.05	0.05
叶酸/(mg/kg)	0.3	0.3	0.3	0.3	0.3
维生素 B_{12}/(μg/kg)	20	17.5	11	8	6
胆碱/(g/kg)	0.6	0.5	0.35	0.3	0.3
亚油酸/%	0.1	0.1	0.1	0.1	0.1

表 7-2 瘦肉型妊娠母猪每千克饲粮养分含量(88%干物质)

指标	妊娠前期			妊娠后期		
配种体重/kg	120～150	150～180	>180	120～150	150～180	>180
预期窝产仔窝	10	11	11	10	11	11
采食量/(kg/d)	2.1	2.14	2	2.6	2.8	3
消化能/(MJ/kg)	12.75	12.35	12.15	12.75	12.55	12.55
代谢能/(MJ/kg)	12.25	11.85	11.65	12.56	12.05	12.05
粗蛋白质/%	13	12	12	14	13	12
能量蛋白比/(kJ/%)	981	1 029	1 013	911	965	1 045
赖氨酸能量比/(g/MJ)	0.42	0.4	0.38	0.42	0.41	0.38
氨基酸						%
赖氨酸	0.53	0.49	0.46	0.53	0.51	0.48
蛋氨酸	0.14	0.13	0.12	0.14	0.13	0.12
蛋氨酸+胱氨酸	0.34	0.32	0.31	0.34	0.33	0.32
苏氨酸	0.4	0.39	0.37	0.4	0.4	0.38
色氨酸	0.1	0.09	0.09	0.1	0.09	0.09
异亮氨酸	0.29	0.28	0.26	0.29	0.29	0.27
亮氨酸	0.45	0.41	0.37	0.45	0.42	0.38
精氨酸	0.06	0.02	0	0.06	0.02	0
缬氨酸	0.35	0.32	0.3	0.35	0.33	0.31
组氨酸	0.17	0.16	0.15	0.17	0.17	0.16
苯丙氨酸	0.29	0.27	0.25	0.29	0.28	0.26
苯丙氨酸+酪氨酸	0.49	0.45	0.43	0.49	0.47	0.44

续表 7-2

指标	妊娠前期			妊娠后期		
配种体重/kg	120～150	150～180	>180	120～150	150～180	>180
预期窝产仔窝	10	11	11	10	11	11
矿物元素						
钙/%	0.68	0.68	0.68	0.68	0.68	0.68
总磷/%	0.54	0.54	0.54	0.54	0.54	0.54
非植酸磷/%	0.32	0.32	0.32	0.32	0.32	0.32
钠/%	0.14	0.14	0.14	0.14	0.14	0.14
氯/%	0.11	0.11	0.11	0.11	0.11	0.11
镁/%	0.04	0.04	0.04	0.04	0.04	0.04
钾/%	0.18	0.18	0.18	0.18	0.18	0.18
铜/(mg/kg)	5	5	5	5	5	5
碘/(mg/kg)	0.13	0.13	0.13	0.13	0.13	0.13
铁/(mg/kg)	75	75	75	75	75	75
锰/(mg/kg)	18	18	18	18	18	18
硒/(mg/kg)	0.14	0.14	0.14	0.14	0.14	0.14
锌/(mg/kg)	45	45	45	45	45	45
维生素和脂肪酸						
维生素 A/(IU/kg)	3 620	3 620	3 620	3 620	3 620	3 620
维生素 D_3/(IU/kg)	180	180	180	180	180	180
维生素 E/(IU/kg)	40	40	40	40	40	40
维生素 K/(mg/kg)	0.5	0.5	0.5	0.5	0.5	0.5
硫胺素/(mg/kg)	0.9	0.9	0.9	0.9	0.9	0.9
核黄素/(mg/kg)	3.4	3.4	3.4	3.4	3.4	3.4
泛酸/(mg/kg)	11	11	11	11	11	11
烟酸/(mg/kg)	9.05	9.05	9.05	9.05	9.05	9.05
吡哆醇/(mg/kg)	0.9	0.9	0.9	0.9	0.9	0.9
生物素/(mg/kg)	0.19	0.19	0.19	0.19	0.19	0.19
叶酸/(mg/kg)	1.2	1.2	1.2	1.2	1.2	1.2
维生素 B_{12}/(μg/kg)	14	14	14	14	14	14
胆碱/(g/kg)	1.15	1.15	1.15	1.15	1.15	1.15
亚油酸/%	0.1	0.1	0.1	0.1	0.1	0.1

表 7-3 瘦肉型泌乳母猪每千克饲粮养分含量(88%干物质)

指标	分娩体重/kg			
	140～180		180～204	
泌乳期体重变化/kg	0	−10	−7.5	−15
哺乳窝仔数/头	9	9	10	10
采食量/(kg/d)	5.25	4.65	5.65	5.2

续表 7-3

指标	分娩体重/kg			
	140～180		180～204	
泌乳期体重变化/kg	0	−10	−7.5	−15
哺乳窝仔数	9	9	10	10
消化能/(MJ/kg)	13.8	13.8	13.8	13.8
代谢能/(MJ/kg)	13.25	13.25	13.25	13.25
粗蛋白质/%	17.5	18	18	18.5
能量蛋白比/(kJ/%)	789	767	767	746
赖氨酸能量比/(g/MJ)	0.64	0.67	0.66	0.68
氨基酸				%
赖氨酸	0.88	0.93	0.91	0.94
蛋氨酸	0.22	0.24	0.23	0.24
蛋氨酸+胱氨酸	0.42	0.45	0.44	0.45
苏氨酸	0.56	0.59	0.58	0.6
色氨酸	0.16	0.17	0.17	0.18
异亮氨酸	0.49	0.52	0.51	0.53
亮氨酸	0.95	1.01	0.98	1.02
精氨酸	0.48	0.48	0.47	0.47
缬氨酸	0.74	0.79	0.77	0.81
组氨酸	0.34	0.36	0.35	0.37
苯丙氨酸	0.47	0.5	0.48	0.5
苯丙氨酸+酪氨酸	0.97	1.03	1	1.04
矿物元素				
钙/%	0.77	0.77	0.77	0.77
总磷/%	0.62	0.62	0.62	0.62
非植酸磷/%	0.36	0.36	0.36	0.36
钠/%	0.21	0.21	0.21	0.21
氯/%	0.16	0.16	0.16	0.16
镁/%	0.04	0.04	0.04	0.04
钾/%	0.21	0.21	0.21	0.21
铜/(mg/kg)	5	5	5	5
碘/(mg/kg)	0.14	0.14	0.14	0.14
铁/(mg/kg)	80	80	80	80
锰/(mg/kg)	20.5	20.5	20.5	20.5
硒/(mg/kg)	0.15	0.15	0.15	0.15
锌/(mg/kg)	51	51	51	51
维生素和脂肪酸				
维生素 A/(IU/kg)	2 050	2 050	2 050	2 050
维生素 D_3/(IU/kg)	205	205	205	205

续表 7-3

指标	分娩体重/kg			
	140～180		180～204	
泌乳期体重变化/kg	0	−10	−7.5	−15
哺乳窝仔数	9	9	10	10
维生素和脂肪酸				
维生素 E/(IU/kg)	45	45	45	45
维生素 K/(mg/kg)	0.5	0.5	0.5	0.5
硫胺素/(mg/kg)	1	1	1	1
核黄素/(mg/kg)	3.85	3.85	3.85	3.85
泛酸/(mg/kg)	12	12	12	12
烟酸/(mg/kg)	10.25	10.25	10.25	10.25
吡哆醇/(mg/kg)	1	1	1	1
生物素/(mg/kg)	0.21	0.21	0.21	0.21
叶酸/(mg/kg)	1.35	1.35	1.35	1.35
维生素 B_{12}/(μg/kg)	15	15	15	15
胆碱/(g/kg)	1	1	1	1
亚油酸/%	0.1	0.1	0.1	0.1

表 7-4 配种公猪每千克饲粮和每日每头养分需要量(88%干物质)

指标	需要量	
消化能/(MJ/kg)	12.95	
代谢能/(MJ/kg)	12.45	
消化能摄入量/(MJ/kg)	21.7	
代谢能摄入量/(MJ/kg)	20.85	
采食量/(kg/d)	2.2	
粗蛋白质/%	13.5	
能量蛋白比/(kJ/%)	959	
赖氨酸能量比/(g/MJ)	0.42	
	饲粮中含量/%	每日每头需要量/g
赖氨酸	0.55	12.1
蛋氨酸	0.15	3.31
蛋氨酸+胱氨酸	0.38	8.4
苏氨酸	0.46	10.1
色氨酸	0.11	2.4
异亮氨酸	0.32	7
亮氨酸	0.47	10.3
精氨酸	0	0
缬氨酸	0.36	7.9
组氨酸	0.17	3.7

续表 7-4

	饲粮中含量/%	每日每头需要量/g
苯丙氨酸	0.30	6.6
苯丙氨酸+酪氨酸	0.52	11.4
	矿物元素	
钙	0.70%	15.4 g
总磷	0.55%	12.1 g
非植酸磷	0.32%	7.04 g
钠	14%	3.08 g
氯	0.11%	2.42 g
镁	0.04%	0.88 g
钾	0.20%	4.4 g
铜	5 mg/kg	11 mg
碘	0.15 mg/kg	0.33 mg
铁	80 mg/kg	176 mg
锰	20 mg/kg	44 mg
硒	0.15 mg/kg	0.33 mg
锌	75 mg/kg	165 mg
	维生素和脂肪酸	
维生素 A	4 000 IU/kg	8 800 IU
维生素 D	220 IU/kg	485 IU
维生素 E	45 IU/kg	100 IU
维生素 K	0.5 mg/kg	1.10 mg
硫胺素	1 mg/kg	2.2 mg
核黄素	3.5 mg/kg	7.7 mg
泛酸	12 mg/kg	26.4 mg
烟酸	10 mg/kg	22 mg
吡哆醇	1 mg/kg	2.2 mg
生物素	0.2 mg/kg	0.44 mg
叶酸	1.3 mg/kg	2.86 mg
维生素 B_{12}	15 μg/kg	33 μg
胆碱	1.25 g/kg	2.75 g
亚油酸	0.10%	2.2 g

表 7-5 肉脂型生长育肥猪每千克饲粮养分含量(自由采食,88%干物质)

指标	体重/kg				
	5~8	8~15	15~30	30~60	60~90
日增重/(kg/d)	0.22	0.38	0.50	0.60	0.70
采食量/(kg/d)	0.4	0.87	1.36	2.02	2.94
饲料转化率/(F/G)	1.80	2.30	2.73	3.35	4.20
消化能/(MJ/kg)	13.8	13.6	12.95	12.95	12.95

续表 7-5

指标	体重/kg				
	5～8	8～15	15～30	30～60	60～90
粗蛋白质/%	21	18.20	16	14	13
能量蛋白比/(kJ/%)	657	747	810	925	996
赖氨酸能量比/(g/MJ)	0.97	0.77	0.66	0.53	0.46
氨基酸					%
赖氨酸	1.34	1.05	0.85	0.69	0.6
蛋氨酸＋胱氨酸	0.65	0.53	0.43	0.38	0.34
苏氨酸	0.77	0.62	0.5	0.45	0.39
色氨酸	0.19	0.15	0.12	0.11	0.11
异亮氨酸	0.73	0.59	0.47	0.43	0.37
矿物质元素					
钙/%	0.86	0.74	0.64	0.55	0.46
总磷/%	0.67	0.60	0.55	0.46	0.37
非植酸磷/%	0.42	0.32	0.29	0.21	0.14
钠/%	0.20	0.15	0.09	0.09	0.09
氯/%	0.20	0.15	0.07	0.07	0.07
镁/%	0.04	0.04	0.04	0.04	0.04
钾/%	0.29	0.26	0.24	0.21	0.16
铜/(mg/kg)	6	5.50	4.60	3.70	3
碘/(mg/kg)	0.13	0.13	0.13	0.13	0.13
铁/(mg/kg)	100	92	74	55	37
锰/(mg/kg)	4	3	3	2	2
硒/(mg/kg)	0.30	0.27	0.23	0.14	0.09
锌/(mg/kg)	100	90	75	55	45
维生素和脂肪酸					
维生素 A/(IU/kg)	2 100	2 000	1 600	1 200	1 200
维生素 D/(IU/kg)	210	200	180	140	140
维生素 E/(IU/kg)	15	15	10	10	10
维生素 K/(mg/kg)	0.50	0.50	0.50	0.50	0.50
硫胺素/(mg/kg)	1.5	1	1	1	1
核黄素/(mg/kg)	4	3.5	3	2	2
泛酸/(mg/kg)	12	10	8	7	6
烟酸/(mg/kg)	20	14	12	9	6.50
吡哆醇/(mg/kg)	2	1.5	1.5	1	1
生物素/(mg/kg)	0.08	0.05	0.05	0.05	0.05
叶酸/(mg/kg)	0.30	0.30	0.3	0.30	0.3
维生素 B_{12}/(μg/kg)	20	16.50	14.50	10	5
胆碱/(g/kg)	0.50	0.40	0.30	0.30	0.30
亚油酸/%	0.10	0.10	0.10	0.10	0.10

表 7-6 肉脂型妊娠、泌乳母猪每千克饲粮养分含量(88%干物质)

指标	妊娠母猪	泌乳母猪
采食量/(kg/d)	2.10	5.10
消化能/(MJ/kg)	11.70	13.60
粗蛋白质/%	13	17.50
能量蛋白比/(kJ/%)	900	777
赖氨酸能量比/(g/MJ)	0.37	0.58
氨基酸		%
赖氨酸	0.43	0.79
蛋氨酸+胱氨酸	0.30	0.40
苏氨酸	0.35	0.52
色氨酸	0.08	0.14
异亮氨酸	0.25	0.45
矿物元素		
钙/%	0.62	0.72
总磷/%	0.50	0.58
非植酸磷/%	0.30	0.34
钠/%	0.12	0.20
氯/%	0.10	0.16
镁/%	0.04	0.04
钾/%	0.16	0.20
铜/(mg/kg)	4	5
碘/(mg/kg)	0.12	0.14
铁/(mg/kg)	70	80
锰/(mg/kg)	16	20
硒/(mg/kg)	0.15	0.15
锌/(mg/kg)	50	50
维生素和脂肪酸		
维生素 A/(IU/kg)	3 600	2 000
维生素 D/(IU/kg)	180	200
维生素 E/(IU/kg)	36	44
维生素 K/(IU/kg)	0.40	0.50
硫胺素/(mg/kg)	1	1
核黄素/(mg/kg)	3.20	3.75
泛酸/(mg/kg)	10	12
烟酸/(mg/kg)	8	10
吡哆醇/(mg/kg)	1	1
生物素/(mg/kg)	0.16	0.20
叶酸/(mg/kg)	1.10	1.30
维生素 B_{12}/(μg/kg)	12	15
胆碱/(g/kg)	1	1
亚油酸/%	0.10	0.10

表 7-7　地方猪种后备母猪每千克饲粮中养分含量(88%干物质)

指标	体重/kg		
	10～20	20～40	40～70
日增重/(kg/d)	0.30	0.40	0.50
采食量/(kg/d)	0.63	1.08	1.65
饲料/增重/(F/G)	2.10	2.70	3.30
消化能/(MJ/kg)	12.97	12.55	12.15
粗蛋白质/%	18.30	16	14
能量蛋白比/(kJ/%)	721	784	868
赖氨酸能量比/(g/MJ)	0.77	0.70	0.48
氨基酸			%
赖氨酸	1	0.88	0.67
蛋氨酸+胱氨酸	0.50	0.44	0.36
苏氨酸	0.59	0.53	0.43
色氨酸	0.15	0.13	0.11
异亮氨酸	0.56	0.49	0.41
矿物质元素			%
钙	0.74	0.62	0.53
总磷	0.60	0.53	0.44
非植酸磷	0.37	0.28	0.20

表 7-8　肉脂型种公猪每千克饲粮养分含量(88%干物质)

指标	体重/kg		
	10～20	20～40	40～70
日增重/(kg/d)	0.35	0.45	0.5
采食量/(kg/d)	0.72	1.17	1.67
消化能/(MJ/kg)	12.97	12.55	12.55
粗蛋白/%	18.8	17.5	14.60
氨基酸			%
赖氨酸	1.05	0.92	0.73
蛋氨酸+胱氨酸	0.53	0.47	0.37
苏氨酸	0.62	0.55	0.47
色氨酸	0.16	0.13	0.12
异亮氨酸	0.59	0.52	0.45
矿物质元素			%
钙	0.74	0.64	0.55
总磷	0.60	0.55	0.46
非植酸磷	0.37	0.29	0.21

(3)中国仔猪和育肥猪团体标准　我国饲料工业发展迅速,近几年饲料产量全球第一,但饲料资源长期短缺,特别是蛋白饲料原料的进口依赖度接近 80%,成为制约我国饲料工业和养殖业发展的瓶颈。同时,饲料利用效率不高,不仅增加养殖动物代谢负担,而且导致养分消化不完全,大量排放,带来了比较突出的环境污染问题,长此以往将成为环境治理的

一大难题。为切实减少饲料原料特别是蛋白质饲料原料的消耗,有效破解养殖业的环境约束,建立可持续发展的产业体系,中国饲料工业协会联合国内动物营养领域专家及大型饲料企业,共同起草了《仔猪、生长育肥猪配合饲料》(T/CFIAS 001—2018)(表 7-9)、《蛋鸡、肉鸡配合饲料》(T/CFIAS 002—2018)两项团体标准。

表 7-9 《仔猪、生长育肥猪配合饲料》团体标准

项目	仔猪配合饲料		生长肥育猪配合饲料			
	3～10 kg	10～25 kg	25～50 kg	50～75 kg	75～100 kg	>100 kg
粗蛋白质/%	17～20	15～18	14～16	13～15	11～13	10～12.5
赖氨酸/%≥	1.4	1.2	0.98	0.87	0.75	0.65
蛋氨酸/%≥	0.39	0.34	0.27	0.24	0.21	0.18
苏氨酸/%≥	0.87	0.74	0.58	0.54	0.47	0.38
色氨酸/%≥	0.24	0.2	0.17	0.15	0.13	0.11
缬氨酸/%≥	0.9	0.77	0.63	0.56	0.48	0.42
粗纤维/%≤	5	6	8	8	10	10
粗灰分/%≤	7	7	8	8	9	9
钙/%	0.5～0.8	0.6～0.9	0.6～0.9	0.55～0.8	0.5～0.8	0.5～0.8
总磷/%	0.5～0.75	0.45～0.7	0.4～0.65	0.3～0.6	0.25～0.55	0.2～0.5
氯化钠/%	0.3～1	0.3～1	0.3～0.8	0.3～0.8	0.3～0.8	0.3～0.8

注:1. 总磷的含量已经考虑了植酸酶的使用。

2. 表中蛋氨酸的含量可以是蛋氨酸+蛋氨酸羟基类似物及其盐折算为蛋氨酸的含量,如使用蛋氨酸羟基类似物及其盐,应在产品标签中标注折算其蛋氨酸系数。

两项团体标准增设了粗蛋白质、总磷上限值,下调了部分指标的下限值,增加了限制性氨基酸种类,重新划分了动物生长阶段。新标准在全行业全面推行后,养殖业豆粕年消耗量降低约 1 100 万 t,带动减少大豆需求约 1 400 万 t,对于保障我国饲料和养殖业蛋白原料供给和提高利用效率,将发挥积极作用,有利于提升我国饲料工业水平,促进高质量发展。

2. 美国 NRC 猪饲养标准(2012)

NRC 1998 年出版第十版《猪营养需要》,时隔 14 年之后,于 2012 年出版了第十一版《猪营养需要》,也称 NRC 猪饲养标准(2012)。和 1998 版相比,新版 NRC 猪营养需要的变化一是生长猪阶段的划分,1998 年版的生猪从 3～5 kg 开始,到最后阶段的 80～120 kg;而 2012 版从 5～7 kg 开始,最后阶段延伸到了 100～135 kg,这样的变化更加符合生产实际。二是新版中未提供粗蛋白质水平,只有氨基酸水平。三是微量元素需要量发生变化,怀孕、哺乳母猪和种公猪微量元素需要量都大幅度增加。具体见表 7-10 至表 7-17。

表 7-10 生长猪自由采食情况下对日粮中钙、磷、氨基酸的需要量(90%干物质)

指标	体重/kg						
	5～7	7～11	11～25	25～50	50～75	75～100	100～135
净能/(kcal/kg)	2 448	2 448	2 412	2 475	2 475	2 475	2 475
有效消化能/(kcal/kg)	3 542	3 542	3 490	3 402	3 402	3 402	3 402
有效代谢能/(kcal/kg)	3 400	3 400	3 350	3 300	3 300	3 300	3 300

续表 7-10

指标	体重/kg						
	5～7	7～11	11～25	25～50	50～75	75～100	100～135
有效代谢能摄入量估测值/(kcal/d)	904	1 592	3 033	4 959	6 989	8 265	9 196
采食量＋消耗量估测值/(g/d)	280	493	953	1 582	2 229	2 636	2 933
体增重/(g/d)	210	335	585	758	900	917	867
体蛋白沉积/(g/d)	—	—	—	128	147	141	122
钙与磷							%
总钙	0.85	0.80	0.70	0.66	0.59	0.52	0.46
真可消化磷	0.45	0.40	0.33	0.31	0.27	0.24	0.21
表观可消化磷	0.41	0.36	0.29	0.26	0.23	0.21	0.18
总磷	0.70	0.65	0.60	0.56	0.52	0.47	0.43
以真回肠可消化氨基酸为基础							%
精氨酸	0.68	0.61	0.56	0.45	0.39	0.33	0.28
组氨酸	0.52	0.46	0.42	0.34	0.29	0.25	0.21
异亮氨酸	0.77	0.69	0.63	0.51	0.45	0.39	0.33
亮氨酸	1.50	1.35	1.23	0.99	0.85	0.74	0.62
赖氨酸	1.50	1.35	1.23	0.98	0.85	0.73	0.61
蛋氨酸	0.43	0.39	0.36	0.28	0.24	0.21	0.18
蛋氨酸＋胱氨酸	0.82	0.74	0.68	0.55	0.48	0.42	0.36
苯丙氨酸	0.88	0.79	0.72	0.59	0.51	0.44	0.37
苯丙氨酸＋酪氨酸	1.38	1.25	1.14	0.92	0.80	0.69	0.58
苏氨酸	0.88	0.79	0.73	0.59	0.52	0.46	0.40
色氨酸	0.25	0.22	0.20	0.17	0.15	0.13	0.11
缬氨酸	0.95	0.86	0.78	0.64	0.55	0.48	0.41
总氮	3.10	2.80	2.56	2.11	1.84	1.61	1.37
以表观回肠可消化氨基酸为基础							%
精氨酸	0.64	0.57	0.51	0.41	0.34	0.29	0.24
组氨酸	0.49	0.44	0.40	0.32	0.27	0.24	0.19
异亮氨酸	0.74	0.66	0.60	0.49	0.42	0.36	0.30
亮氨酸	1.45	1.30	1.18	0.94	0.81	0.69	0.57
赖氨酸	1.45	1.31	1.19	0.94	0.81	0.69	0.57
蛋氨酸	0.42	0.38	0.34	0.27	0.23	0.20	0.16
蛋氨酸＋胱氨酸	0.79	0.71	0.65	0.53	0.46	0.40	0.33
苯丙氨酸	0.85	0.76	0.69	0.56	0.48	0.41	0.34
苯丙氨酸＋酪氨酸	1.32	1.19	1.08	0.87	0.75	0.65	0.54
苏氨酸	0.81	0.73	0.67	0.54	0.47	0.41	0.35
色氨酸	0.23	0.21	0.19	0.16	0.13	0.12	0.10

续表 7-10

指标	体重/kg						
	5～7	7～11	11～25	25～50	50～75	75～100	100～135
以表观回肠可消化氨基酸为基础							%
缬氨酸	0.89	0.80	0.73	0.59	0.51	0.44	0.36
总氮	2.84	2.55	2.32	1.88	1.62	1.40	1.16
以总氨基酸为基础							%
精氨酸	0.75	0.68	0.62	0.50	0.44	0.38	0.32
组氨酸	0.58	0.53	0.48	0.39	0.34	0.30	0.25
异亮氨酸	0.88	0.79	0.73	0.59	0.52	0.45	0.39
亮氨酸	1.71	1.54	1.41	1.13	0.98	0.85	0.71
赖氨酸	1.70	1.53	1.40	1.12	0.97	0.84	0.71
蛋氨酸	0.49	0.44	0.40	0.32	0.28	0.25	0.21
蛋氨酸＋胱氨酸	0.96	0.87	0.79	0.65	0.57	0.50	0.43
苯丙氨酸	1.01	0.91	0.83	0.68	0.59	0.51	0.43
苯丙氨酸＋酪氨酸	1.60	1.44	1.32	1.08	0.94	0.82	0.70
苏氨酸	1.05	0.95	0.87	0.72	0.64	0.56	0.49
色氨酸	0.28	0.25	0.23	0.19	0.17	0.15	0.13
缬氨酸	1.10	1.00	0.91	0.75	0.65	0.57	0.49
总氮	3.63	3.29	3.02	2.51	2.20	1.94	1.67

表 7-11　生长阉猪、小母猪、未去势公猪自由采食情况下对日粮中钙、磷、氨基酸的需要量(90％干物质)

指标	体重/kg								
	50～75			75～100			100～135		
	阉猪	小母猪	未去势公猪	阉猪	小母猪	未去势公猪	阉猪	小母猪	未去势公猪
净能/(kcal/kg)	2 475	2 475	2 475	2 475	2 475	2 475	2 475	2 475	2 475
有效消化能/(kcal/kg)	3 402	3 402	3 402	3 402	3 402	3 402	3 402	3 402	3 402
有效代谢能/(kcal/kg)	3 300	3 300	3 300	3 300	3 300	3 300	3 300	3 300	3 300
有效代谢能摄入量估测值/(kcal/d)	7 282	6 658	6 466	8 603	7 913	7 657	9 495	8 910	8 633
采食量＋浪费量估测值/(g/d)	2 323	2 124	2 062	2 744	2 524	2 442	3 029	2 842	2 754
体增重/(g/d)	917	866	872	936	897	922	879	853	906
体蛋白沉积/(g/d)	145	145	150	139	144	156	119	126	148
钙与磷									%
总钙	0.56	0.61	0.64	0.50	0.56	0.61	0.43	0.49	0.57
真可消化磷	0.26	0.28	0.30	0.23	0.26	0.29	0.20	0.23	0.27

续表 7-11

指标	体重/kg								
	50～75			75～100			100～135		
	阉猪	小母猪	未去势公猪	阉猪	小母猪	未去势公猪	阉猪	小母猪	未去势公猪
钙与磷									%
表观可消化磷	0.22	0.24	0.25	0.19	0.22	0.24	0.17	0.19	0.23
总磷	0.50	0.53	0.55	0.45	0.49	0.53	0.41	0.45	0.50
以真回肠可消化氨基酸为基础									%
精氨酸	0.37	0.40	0.40	0.32	0.35	0.37	0.27	0.29	0.33
组氨酸	0.28	0.30	0.30	0.24	0.26	0.28	0.20	0.22	0.25
异亮氨酸	0.43	0.46	0.46	0.37	0.41	0.43	0.31	0.34	0.39
亮氨酸	0.82	0.88	0.89	0.70	0.78	0.83	0.59	0.65	0.74
赖氨酸	0.81	0.87	0.88	0.69	0.77	0.82	0.58	0.64	0.73
蛋氨酸	0.23	0.25	0.26	0.20	0.22	0.24	0.17	0.18	0.21
蛋氨酸＋胱氨酸	0.46	0.49	0.50	0.40	0.44	0.47	0.34	0.37	0.42
苯丙氨酸	0.49	0.52	0.53	0.42	0.46	0.49	0.35	0.39	0.44
苯丙氨酸＋酪氨酸	0.76	0.82	0.83	0.66	0.73	0.77	0.56	0.61	0.69
苏氨酸	0.50	0.53	0.54	0.44	0.48	0.51	0.38	0.42	0.46
色氨酸	0.14	0.15	0.15	0.12	0.13	0.14	0.10	0.11	0.13
缬氨酸	0.53	0.57	0.58	0.46	0.51	0.54	0.39	0.43	0.48
总氮	1.76	1.88	1.19	1.54	1.69	1.78	1.31	1.43	1.61
以表观回肠可消化氨基酸为基础									%
精氨酸	0.33	0.35	0.36	0.28	0.31	0.33	0.22	0.25	0.29
组氨酸	0.26	0.28	0.29	0.22	0.25	0.26	0.18	0.20	0.24
异亮氨酸	0.40	0.43	0.44	0.34	0.38	0.40	0.29	0.32	0.36
亮氨酸	0.77	0.83	0.84	0.66	0.73	0.78	0.54	0.60	0.70
赖氨酸	0.77	0.83	0.84	0.65	0.73	0.78	0.54	0.60	0.69
蛋氨酸	0.22	0.24	0.24	0.19	0.21	0.22	0.16	0.17	0.20
蛋氨酸＋胱氨酸	0.44	0.47	0.47	0.38	0.42	0.44	0.32	0.35	0.40
苯丙氨酸	0.46	0.49	0.50	0.39	0.44	0.46	0.33	0.36	0.41
苯丙氨酸＋酪氨酸	0.72	0.77	0.78	0.62	0.68	0.73	0.52	0.57	0.65
苏氨酸	0.45	0.48	0.49	0.39	0.43	0.45	0.33	0.36	0.41
色氨酸	0.13	0.14	0.14	0.11	0.12	0.13	0.09	0.10	0.12
缬氨酸	0.48	0.52	0.53	0.42	0.46	0.49	0.35	0.38	0.44
总氮	1.55	1.66	1.69	1.33	1.47	1.56	1.11	1.22	1.40
以总氨基酸为基础									%
精氨酸	0.42	0.45	0.46	0.37	0.40	0.42	0.31	0.34	0.38
组氨酸	0.32	0.35	0.35	0.28	0.31	0.33	0.24	0.26	0.30

续表 7-11

指标	体重/kg								
	50～75			75～100			100～135		
	阉猪	小母猪	未去势公猪	阉猪	小母猪	未去势公猪	阉猪	小母猪	未去势公猪
以总氨基酸为基础									%
异亮氨酸	0.50	0.53	0.54	0.43	0.48	0.50	0.37	0.40	0.45
亮氨酸	0.94	1.00	1.02	0.81	0.89	0.95	0.68	0.75	0.85
赖氨酸	0.93	0.99	1.01	0.80	0.89	0.94	0.67	0.74	0.85
蛋氨酸	0.27	0.29	0.29	0.23	0.26	0.27	0.20	0.22	0.25
蛋＋胱氨酸	0.55	0.58	0.59	0.48	0.53	0.55	0.41	0.45	0.50
苯丙氨酸	0.56	0.60	0.61	0.49	0.54	0.57	0.41	0.45	0.51
苯丙＋酪氨酸	0.90	0.96	0.98	0.79	0.86	0.91	0.67	0.73	0.83
苏氨酸	0.61	0.65	0.66	0.54	0.59	0.62	0.47	0.51	0.56
色氨酸	0.16	0.17	17.00	0.14	0.15	0.16	0.12	0.13	0.15
缬氨酸	0.63	0.67	0.68	0.55	0.60	0.63	0.47	0.51	0.57
总氮	2.12	2.25	2.28	1.86	2.03	2.13	1.60	1.74	1.94

表 7-12　不同体蛋白沉积量的不同体重的猪在自由采食情况下对日粮中钙、磷、氨基酸的需要量

（90%干物质）

指标	体重/kg								
	50～75			75～100			100～135		
平均蛋白沉积/(g/d)	115	135	155	115	135	155	115	135	155
净能/(kcal/kg)	2 475	2 475	2 475	2 475	2 475	2 475	2 475	2 475	2 475
有效消化能/(kcal/kg)	3 402	3 402	3 402	3 402	3 402	3 402	3 402	3 402	3 402
有效代谢能/(kcal/kg)	3 300	3 300	3 300	3 300	3 300	3 300	3 300	3 300	3 300
有效代谢能摄入量估测值/(kcal/d)	6 980	6 989	6 982	8 254	8 265	8 250	9 204	9 196	9 197
采食量＋浪费量估测值/(g/d)	2 226	2 229	2 227	2 633	2 636	2 632	2 936	2 633	2 934
体增重/(g/d)	817	900	982	842	917	994	804	867	930
体蛋白沉积/(g/d)	125	147	168	121	141	163	104	122	140
钙与磷									%
总钙	0.51	0.59	0.66	0.46	0.52	0.59	0.40	0.46	0.52
真可消化磷	0.24	0.27	0.31	0.21	0.24	0.28	0.19	0.12	0.24
表观可消化磷	0.20	0.23	0.26	0.18	0.21	0.23	0.15	0.18	0.20
总磷	0.47	0.52	0.56	0.43	0.47	0.52	0.39	0.43	0.46
以真回肠可消化氨基酸为基础									%
精氨酸	0.36	0.39	0.41	0.31	0.33	0.36	0.26	0.28	0.30
组氨酸	0.27	0.29	0.31	0.23	0.25	0.27	0.19	0.21	0.22

续表 7-12

指标	体重/kg								
	50～75			75～100			100～135		
以真回肠可消化氨基酸为基础									%
异亮氨酸	0.41	0.45	0.47	0.36	0.39	0.41	0.30	0.33	0.35
亮氨酸	0.79	0.85	0.91	0.68	0.74	0.79	0.57	0.62	0.66
赖氨酸	0.78	0.85	0.91	0.67	0.73	0.78	0.56	0.61	0.65
蛋氨酸	0.22	0.24	0.26	0.19	0.21	0.23	0.16	0.18	0.19
蛋氨酸＋胱氨酸	0.45	0.48	0.51	0.39	0.42	0.45	0.33	0.36	0.38
苯丙氨酸	0.47	0.51	0.54	0.41	0.44	0.47	0.34	0.37	0.39
苯丙氨酸＋酪氨酸	0.74	0.80	0.85	0.64	0.69	0.74	0.54	0.58	0.62
苏氨酸	0.49	0.52	0.55	0.43	0.46	0.49	0.38	0.40	0.42
色氨酸	0.14	0.15	0.16	0.12	0.13	0.14	0.10	0.11	0.12
缬氨酸	0.51	0.55	0.59	0.45	0.48	0.51	0.38	0.41	0.43
总氮	1.71	1.84	1.95	1.50	1.61	1.71	1.28	1.37	1.44
以表观回肠可消化氨基酸为基础									%
精氨酸	0.31	0.34	0.37	0.26	0.29	0.32	0.21	0.24	0.26
组氨酸	0.25	0.27	0.29	0.22	0.24	0.25	0.18	0.19	0.21
异亮氨酸	0.38	0.42	0.45	0.33	0.36	0.39	0.28	0.30	0.32
亮氨酸	0.74	0.81	0.87	0.64	0.69	0.75	0.53	0.57	0.62
赖氨酸	0.74	0.81	0.87	0.63	0.69	0.74	0.52	0.57	0.61
蛋氨酸	0.21	0.23	0.25	0.18	0.20	0.22	0.15	0.16	0.18
蛋氨酸＋胱氨酸	0.42	0.46	0.49	0.37	0.40	0.42	0.31	0.33	0.35
苯丙氨酸	0.44	0.48	0.51	0.38	0.41	0.44	0.32	0.34	0.37
苯丙氨酸＋酪氨酸	0.69	0.75	0.80	0.60	0.65	0.70	0.50	0.54	0.58
苏氨酸	0.44	0.47	0.50	0.38	0.41	0.43	0.33	0.35	0.37
色氨酸	0.12	0.13	0.14	0.11	0.12	0.12	0.09	0.10	0.10
缬氨酸	0.47	0.51	0.54	0.40	0.44	0.47	0.34	0.36	0.39
总氮	1.50	1.62	1.73	1.29	1.40	1.49	1.08	1.16	1.24
以总氨基酸为基础									%
精氨酸	0.41	0.44	0.47	0.35	0.38	0.41	0.30	0.32	0.34
组氨酸	0.31	0.34	0.36	0.27	0.30	0.32	0.23	0.25	0.27
异亮氨酸	0.48	0.52	0.55	0.42	0.45	0.48	0.36	0.39	0.41
亮氨酸	0.90	0.98	1.05	0.78	0.85	0.91	0.66	0.71	0.76
赖氨酸	0.89	0.97	1.04	0.78	0.84	0.90	0.65	0.71	0.76
蛋氨酸	0.26	0.28	0.30	0.23	0.25	0.26	0.19	0.21	0.22
蛋氨酸＋胱氨酸	0.53	0.57	0.61	0.47	0.50	0.53	0.40	0.43	0.45
苯丙氨酸	0.54	0.59	0.63	0.48	0.51	0.55	0.40	0.43	0.46
苯丙氨酸＋酪氨酸	0.87	0.94	1.00	0.77	0.82	0.88	0.65	0.70	0.74
苏氨酸	0.60	0.64	0.67	0.53	0.56	0.59	0.47	0.49	0.51
色氨酸	0.16	0.17	0.18	0.14	0.15	0.16	0.12	0.13	0.13
缬氨酸	0.61	0.65	0.69	0.53	0.57	0.61	0.46	0.49	0.52
总氮	2.05	2.20	2.33	1.82	1.94	2.05	1.57	1.67	1.75

表 7-13　生长猪自由采食情况下对日粮中矿物质、维生素、脂肪酸的需要量(90%干物质)

指标	体重/kg						
	5～7	7～11	11～25	25～50	50～75	75～100	100～135
净能/(kcal/kg)	2 448	2 448	2 412	2 475	2 475	2 475	2 475
有效消化能/(kcal/kg)	3 542	3 542	3 490	3 402	3 402	3 402	3 402
有效代谢能/(kcal/kg)	3 400	3 400	3 350	3 300	3 300	3 300	3 300
有效代谢能摄入量估测值/(kcal/d)	904	1 592	3 033	4 959	6 989	8 265	9 196
采食量+浪费量估测值/(g/d)	280	493	953	1 582	2 229	2 636	2 933
体增重/(g/d)	210	335	585	758	900	917	867
体蛋白沉积/(g/d)	—	—	—	128	147	141	122
矿物元素							
钠/%	0.40	0.35	0.28	0.10	0.10	0.10	0.10
氯/%	0.50	0.45	0.32	0.08	0.08	0.08	0.08
镁/%	0.04	0.04	0.04	0.04	0.04	0.04	0.04
钾/%	0.30	0.28	0.26	0.23	0.19	0.17	0.17
铜/(mg/kg)	6.00	6.00	5.00	4.00	3.50	3.00	3.00
碘/(mg/kg)	0.14	0.14	0.14	0.14	0.14	0.14	0.14
铁/(mg/kg)	100.00	100.00	100.00	60.00	50.00	40.00	40.00
锰/(mg/kg)	4.00	4.00	3.00	2.00	2.00	2.00	2.00
硒/(mg/kg)	0.30	0.30	0.25	0.20	0.15	0.15	0.15
锌/(mg/kg)	100	100	80	60	50	50	50
维生素、脂肪酸							
维生素 A/(IU/kg)	2 200	2 200	1 750	1 300	1 300	1 300	1 300
维生素 D/(IU/kg)	220	220	200	150	150	150	150
维生素 E/(IU/kg)	16	16	11	11	11	11	11
维生素 K/(mg/kg)	0.50	0.50	0.50	0.50	0.50	0.50	0.50
生物素/(mg/kg)	0.08	0.05	0.05	0.05	0.05	0.05	0.05
胆碱/(g/kg)	0.60	0.50	0.40	0.30	0.30	0.30	0.30
叶酸/(mg/kg)	0.30	0.30	0.30	0.30	0.30	0.30	0.30
可利用烟酸/(mg/kg)	30.00	30.00	30.00	30.00	30.00	30.00	30.00
泛酸/(mg/kg)	12.00	10.00	9.00	8.00	7.00	7.00	7.00
核黄素/(mg/kg)	4.00	3.50	3.00	2.50	2.00	2.00	2.00
维生素 B_1/(mg/kg)	1.50	1.00	1.00	1.00	1.00	1.00	1.00
维生素 B_6/(mg/kg)	7.00	7.00	3.00	1.00	1.00	1.00	1.00
维生素 B_{12}/(μg/kg)	20.00	17.50	15.00	10.00	5.00	5.00	5.00
亚油酸/%	0.10	0.10	0.10	0.10	0.10	0.10	0.10

表 7-14　妊娠母猪日粮中钙、磷、氨基酸的需要量(90%干物质)

指标	胎次(配种体重)/kg											
	1(140)		2(165)		3(185)		4+(205)					
妊娠期体增重/kg	65		60		52.5		45		40		45	
预期窝产仔数/头	12.5		13.5		13.5		13.5		13.5		15.5	
妊娠时间/d	<90	>90	<90	>90	<90	>90	<90	>90	<90	>90	<90	>90
净能/(kcal/kg)	2 518	2 518	2 518	2 518	2 518	2 518	2 518	2 518	2 518	2 518	2 518	2 518
有效消化能/(kcal/kg)	3 388	3 388	3 388	3 388	3 388	3 388	3 388	3 388	3 388	3 388	3 388	3 388
有效代谢能/(kcal/kg)	3 300	3 300	3 300	3 300	3 300	3 300	3 300	3 300	3 300	3 300	3 300	3 300
有效代谢能摄入量估测值/(kcal/d)	6 678	7 932	6 928	8 182	6 928	8 182	6 897	8 151	6 427	7 681	6 521	7 775
采食量+浪费量估测值/(g/d)	2 130	2 530	2 210	2 610	2 210	2 610	2 200	2 600	2 050	2 450	2 080	2 480
体增重/(g/d)	578	543	539	481	472	408	410	340	364	298	416	313
钙与磷												%
总钙	0.61	0.83	0.54	0.78	0.49	0.72	0.43	0.67	0.46	0.71	0.46	0.75
真可消化磷	0.27	0.36	0.24	0.34	0.21	0.31	0.19	0.29	0.20	0.31	0.20	0.33
表观可消化磷	0.23	0.31	0.20	0.29	0.18	0.27	0.16	0.25	0.17	0.26	0.17	0.28
总磷	0.49	0.62	0.45	0.58	0.41	0.55	0.38	0.52	0.40	0.54	0.40	0.56
以真回肠可消化氨基酸为基础												%
精氨酸	0.28	0.37	0.23	0.32	0.19	0.28	0.17	0.24	0.17	0.25	0.17	0.26
组氨酸	0.18	0.22	0.15	0.19	0.13	0.16	0.11	0.14	0.11	0.14	0.11	0.15
异亮氨酸	0.30	0.36	0.25	0.32	0.22	0.27	0.19	0.24	0.19	0.24	0.20	0.26
亮氨酸	0.47	0.65	0.40	0.57	0.35	0.51	0.30	0.45	0.31	0.47	0.32	0.49
赖氨酸	0.52	0.69	0.44	0.61	0.37	0.53	0.32	0.46	0.32	0.48	0.33	0.50
蛋氨酸	0.15	0.20	0.12	0.17	0.10	0.15	0.09	0.13	0.09	0.13	0.09	0.14
蛋氨酸+胱氨酸	0.34	0.45	0.29	0.40	0.26	0.36	0.23	0.33	0.23	0.33	0.24	0.35
苯丙氨酸	0.29	0.38	0.25	0.34	0.21	0.30	0.19	0.27	0.19	0.27	0.19	0.29
苯丙氨酸+酪氨酸	0.50	0.66	0.43	0.58	0.37	0.51	0.32	0.46	0.33	0.47	0.33	0.49
苏氨酸	0.37	0.48	0.33	0.43	0.29	0.39	0.27	0.36	0.27	0.36	0.28	0.38
色氨酸	0.09	0.13	0.08	0.12	0.07	0.11	0.07	0.10	0.07	0.10	0.07	0.11
缬氨酸	0.37	0.49	0.32	0.43	0.28	0.39	0.25	0.35	0.25	0.36	0.26	0.37
总氮	1.32	1.79	1.15	1.61	1.01	1.45	0.90	1.32	0.91	1.35	0.94	1.43
以表观回肠可消化氨基酸为基础												%
精氨酸	0.23	0.32	0.19	0.28	0.15	0.23	0.12	0.20	0.12	0.21	0.13	0.22
组氨酸	0.17	0.21	0.14	0.18	0.11	0.15	0.10	0.13	0.10	0.13	0.10	0.14
异亮氨酸	0.27	0.34	0.23	0.29	0.19	0.25	0.17	0.22	0.17	0.22	0.17	0.23
亮氨酸	0.43	0.60	0.36	0.53	0.30	0.46	0.26	0.41	0.27	0.42	0.28	0.45

续表 7-14

指标	胎次(配种体重)/kg											
	1(140)		2(165)		3(185)		4+(205)					
妊娠期体增重/kg	65		60		52.5		45		40		45	
预期窝产仔数/头	12.5		13.5		13.5		13.5		13.5		15.5	
妊娠时间/d	<90	>90	<90	>90	<90	>90	<90	>90	<90	>90	<90	>90
以表观回肠可消化氨基酸为基础												%
赖氨酸	0.49	0.66	0.40	0.57	0.34	0.49	0.29	0.43	0.29	0.44	0.30	0.47
蛋氨酸	0.14	0.19	0.11	0.16	0.09	0.14	0.08	0.12	0.08	0.12	0.08	0.13
蛋氨酸+胱氨酸	0.32	0.43	0.27	0.38	0.24	0.34	0.21	0.31	0.21	0.31	0.22	0.33
苯丙氨酸	0.26	0.35	0.22	0.31	0.19	0.27	0.16	0.24	0.16	0.25	0.17	0.26
苯丙氨酸+酪氨酸	0.46	0.62	0.39	0.54	0.33	0.47	0.29	0.42	0.29	0.43	0.30	0.45
苏氨酸	0.32	0.43	0.28	0.38	0.25	0.34	0.22	0.31	0.22	0.32	0.23	0.33
色氨酸	0.08	0.12	0.07	0.11	0.06	0.10	0.05	0.09	0.06	0.09	0.06	0.10
缬氨酸	0.33	0.44	0.28	0.39	0.24	0.34	0.21	0.31	0.21	0.31	0.22	0.33
总氮	1.12	1.58	0.95	1.41	0.82	1.25	0.72	1.12	0.73	1.15	0.72	1.23
以总氨基酸为基础												%
精氨酸	0.32	0.42	0.27	0.37	0.23	0.32	0.20	0.29	0.21	0.29	0.21	0.31
组氨酸	0.22	0.27	0.19	0.23	0.16	0.20	0.14	0.18	0.14	0.18	0.14	0.19
异亮氨酸	0.36	0.43	0.31	0.38	0.27	0.33	0.24	0.29	0.24	0.30	0.24	0.31
亮氨酸	0.55	0.75	0.47	0.66	0.41	0.59	0.36	0.53	0.36	0.54	0.37	0.57
赖氨酸	0.61	0.80	0.52	0.71	0.45	0.62	0.39	0.55	0.39	0.56	0.40	0.59
蛋氨酸	0.18	0.23	0.15	0.20	0.13	0.18	0.11	0.16	0.11	0.16	0.12	0.17
蛋氨酸+胱氨酸	0.41	0.54	0.36	0.48	0.32	0.44	0.29	0.40	0.29	0.41	0.30	0.43
苯丙氨酸	0.34	0.44	0.29	0.40	0.25	0.35	0.23	0.31	0.23	0.32	0.23	0.34
苯丙氨酸+酪氨酸	0.61	0.79	0.53	0.70	0.46	0.62	0.41	0.56	0.41	0.57	0.42	0.60
苏氨酸	0.46	0.58	0.41	0.53	0.37	0.48	0.34	0.44	0.34	0.45	0.35	0.47
色氨酸	0.11	0.15	0.10	0.14	0.09	0.13	0.08	0.12	0.08	0.12	0.08	0.13
缬氨酸	0.45	0.58	0.39	0.52	0.34	0.46	0.31	0.42	0.31	0.43	0.32	0.45
总氮	1.62	2.15	1.42	1.95	1.26	1.77	1.14	1.62	1.15	1.65	1.18	1.74

表 7-15　哺乳母猪日粮中钙、磷、氨基酸的需要量(90%干物质)

胎次	1			2+		
产后体重/kg	175	175	175	210	210	210
产仔数/头	11	11	11	11.5	11.5	11.5
哺乳时间/d	21	21	21	21	21	21
仔猪平均日增重/g	190	230	270	190	230	270
净能/(kcal/kg)	2 518	2 518	2 518	2 518	2 518	2 518
有效消化能/(kcal/kg)	3 388	3 388	3 388	3 388	3 388	3 388

续表 7-15

胎次	1			2+		
有效代谢能/(kcal/kg)	3 300	3 300	3 300	3 300	3 300	3 300
有效代谢能摄入量估测值/(kcal/d)	18.7	18.7	18.7	20.7	20.7	20.7
采食量+浪费量估测值/(g/d)	5.95	5.95	5.93	6.61	6.61	6.61
预期母猪体重变化/kg	1.5	−7.7	−17.4	3.7	−5.8	−15.9
钙与磷						%
总钙	0.63	0.71	0.80	0.60	0.68	0.76
真可消化磷	0.31	0.36	0.40	0.30	0.34	0.38
表观可消化磷	0.27	0.31	0.35	0.26	0.29	0.33
总磷	0.56	0.62	0.67	0.54	0.60	0.65
以真回肠可消化氨基酸为基础						%
精氨酸	0.43	0.44	0.46	0.42	0.43	0.45
组氨酸	0.30	0.32	0.34	0.29	0.31	0.33
异亮氨酸	0.41	0.45	0.49	0.40	0.43	0.47
亮氨酸	0.83	0.92	1.00	0.80	0.88	0.96
赖氨酸	0.75	0.81	0.87	0.72	0.78	0.84
蛋氨酸	0.20	0.21	0.23	0.19	0.21	0.22
蛋氨酸+胱氨酸	0.39	0.43	0.47	0.38	0.41	0.45
苯丙氨酸	0.41	0.44	0.48	0.39	0.42	0.46
苯丙氨酸+酪氨酸	0.83	0.91	0.99	0.80	0.87	0.95
苏氨酸	0.47	0.51	0.55	0.46	0.49	0.53
色氨酸	0.14	0.15	0.17	0.13	0.15	0.16
缬氨酸	0.64	0.69	0.74	0.61	0.66	0.71
总氮	1.62	1.73	1.86	1.56	1.67	1.79
以表观回肠可消化氨基酸为基础						%
精氨酸	0.39	0.40	0.41	0.38	0.39	0.40
组氨酸	0.28	0.30	0.33	0.27	0.29	0.31
异亮氨酸	0.39	0.42	0.46	0.37	0.41	0.44
亮氨酸	0.79	0.87	0.95	0.76	0.83	0.91
赖氨酸	0.71	0.77	0.83	0.68	0.74	0.80
蛋氨酸	0.19	0.20	0.22	0.18	0.20	0.21
蛋氨酸+胱氨酸	0.37	0.41	0.44	0.36	0.39	0.42
苯丙氨酸	0.38	0.41	0.45	0.36	0.40	0.43
苯丙氨酸+酪氨酸	0.78	0.86	0.95	0.75	0.83	0.90

续表 7-15

胎次	1			2+		
以表观回肠可消化氨基酸为基础						%
苏氨酸	0.42	0.46	0.50	0.41	0.44	0.48
色氨酸	0.13	0.14	0.16	0.12	0.14	0.15
缬氨酸	0.58	0.64	0.69	0.56	0.61	0.66
总氮	1.40	1.52	1.64	1.35	1.46	1.57
以总氨基酸为基础						%
精氨酸	0.48	0.50	0.51	0.47	0.48	0.50
组氨酸	0.35	0.37	0.40	0.34	0.36	0.38
异亮氨酸	0.49	0.52	0.56	0.47	0.50	0.54
亮氨酸	0.96	1.05	1.15	0.92	1.01	1.10
赖氨酸	0.86	0.93	1.00	0.83	0.90	0.96
蛋氨酸	0.23	0.25	0.27	0.23	0.24	0.26
蛋氨酸＋胱氨酸	0.47	0.51	0.55	0.46	0.49	0.53
苯丙氨酸	0.47	0.51	0.55	0.46	0.49	0.53
苯丙氨酸＋酪氨酸	0.98	1.07	1.16	0.94	1.03	1.12
苏氨酸	0.58	0.62	0.67	0.56	0.60	0.65
色氨酸	0.16	0.18	0.19	0.15	0.17	0.18
缬氨酸	0.75	0.81	0.87	0.72	0.78	0.84
总氮	1.95	2.08	2.22	1.89	2.01	2.15

表 7-16　妊娠母猪、哺乳母猪对日粮矿物元素、维生素和脂肪酸的需要量(90%干物质)

营养指标	妊娠母猪	哺乳母猪	营养指标	妊娠母猪	哺乳母猪
净能/(kcal/kg)	2 518	2 518	净能/(kcal/kg)	2 518	2 518
有效消化能/(kcal/kg)	3 388	3 388	有效消化能/(kcal/kg)	3 388	3 388
有效代谢能/(kcal/kg)	3 300	3 300	有效代谢能/(kcal/kg)	3 300	3 300
有效代谢能摄入量估测值/(kcal/d)	6 928	19 700	有效代谢能摄入量估测值/(kcal/d)	6 928	19 700
采食量＋消耗量估测值/(g/d)	2 210	6 280	采食量＋消耗量估测值/(g/d)	2 210	6 280
每千克日粮中矿物元素需要量			每日矿物元素需要量		
钠/%	0.15	0.20	钠/g	3.15	11.93
氯/%	0.12	0.16	氯/g	2.52	9.55
镁/%	0.06	0.06	镁/g	1.26	3.58

续表 7-16

营养指标	妊娠母猪	哺乳母猪	营养指标	妊娠母猪	哺乳母猪
每千克日粮中矿物元素需要量			每日矿物元素需要量		
钾/%	0.20	0.20	钾/g	4.20	11.93
铜/(mg/kg)	10.00	20.00	铜/mg	21.00	119.32
碘/(mg/kg)	0.14	0.14	碘/mg	0.29	0.84
铁/(mg/kg)	80.00	80.00	铁/mg	168.00	477.30
锰/(mg/kg)	25.00	25.00	锰/mg	52.49	149.15
硒/(mg/kg)	0.15	0.15	硒/mg	0.31	0.89
锌/(mg/kg)	100	100	锌/mg	210.00	596.60
维生素、脂肪酸需要量			每日维生素、脂肪酸需要量		
维生素 A/(IU/kg)	4 000	2 000	维生素 A/IU	8 398	11 932
维生素 D/(IU/kg)	800	800	维生素 D/IU	1 680	4 773
维生素 E/(IU/kg)	44	44	维生素 E/IU	92.40	262.50
维生素 K/(mg/kg)	0.50	0.50	维生素 K/mg	1.05	2.98
生物素/(mg/kg)	0.20	0.20	生物素/mg	0.42	1.19
胆碱/(g/kg)	1.25	1.00	胆碱/g	2.62	5.97
叶酸/(mg/kg)	1.30	1.30	叶酸/mg	2.73	7.76
可利用烟酸/(mg/kg)	10.00	10.00	可利用烟酸/mg	21.00	59.66
泛酸/(mg/kg)	12.00	12.00	泛酸/mg	25.19	71.59
核黄素/(mg/kg)	3.75	3.75	核黄素/mg	7.87	22.37
维生素 B_1/(mg/kg)	1.00	1.00	维生素 B_1/mg	2.10	5.97
维生素 B_6/(mg/kg)	1.00	1.00	维生素 B_6/mg	2.10	5.97
维生素 B_{12}/(μg/kg)	15.00	15.00	维生素 B_{12}/μg	31.49	89.49
亚油酸/%	0.10	0.10	亚油酸/g	2.10	6.00

表 7-17　配种公猪对日氨基酸、矿物元素、维生素和脂肪酸的需要量(90%干物质)

净能/(kcal/kg)	2 475	
有效消化能/(kcal/kg)	3 402	
有效代谢能/(kcal/kg)	3 300	
有效代谢能摄入量估测值/(kcal/d)	7 838	
采食量+消耗量估测值/(g/d)	2 500	
营养指标	每千克日粮中含量	每日需要量
以真回肠可消化氨基酸为基础		
精氨酸	0.20%	4.86 g
组氨酸	0.15%	3.46 g
异亮氨酸	0.31%	7.41 g
亮氨酸	0.33%	7.83 g
赖氨酸	0.51%	11.99 g

续表 7-17

营养指标	每千克日粮中含量	每日需要量
以真回肠可消化氨基酸为基础		
蛋氨酸	0.08%	1.96 g
蛋氨酸+胱氨酸	0.25%	5.98 g
苯丙氨酸	0.36%	8.50 g
苯丙氨酸+酪氨酸	0.58%	13.77 g
苏氨酸	0.22%	5.19 g
色氨酸	0.20%	4.82 g
缬氨酸	0.27%	6.25 g
总氮	1.14%	27.04 g
以表观回肠可消化氨基酸为基础		
精氨酸	0.16%	3.86 g
组氨酸	0.13%	3.16 g
异亮氨酸	0.29%	6.81 g
亮氨酸	0.29%	6.84 g
赖氨酸	0.47%	11.13 g
蛋氨酸	0.07%	1.72 g
蛋氨酸+胱氨酸	0.23%	5.55 g
苯丙氨酸	0.33%	7.86 g
苯丙氨酸+酪氨酸	0.54%	12.81 g
苏氨酸	0.17%	4.15 g
色氨酸	0.19%	4.52 g
缬氨酸	0.23%	5.58 g
总氮	0.94%	22.40 g
以总氨基酸为基础		
精氨酸	0.25%	5.83 g
组氨酸	0.18%	4.30 g
异亮氨酸	0.37%	8.81 g
亮氨酸	0.39%	9.20 g
赖氨酸	0.60%	14.25 g
蛋氨酸	0.11%	2.55 g
蛋氨酸+胱氨酸	0.31%	7.44 g
苯丙氨酸	0.42%	9.96 g
苯丙氨酸+酪氨酸	0.70%	16.55 g
苏氨酸	0.28%	6.70 g
色氨酸	0.23%	5.42 g
缬氨酸	0.34%	8.01 g
总氮	1.41%	33.48 g

续表 7-17

营养指标	每千克日粮中含量	每日需要量
	矿物元素需要量	
总钙	0.75%	17.81 g
真可消化磷	0.33%	7.84 g
表观可消化磷	0.31%	7.36 g
总磷	0.75%	17.81 g
钠	0.15%	3.56 g
氯	0.12%	2.85 g
镁	0.04%	0.95 g
钾	0.20%	4.75 g
铜	5.00 mg/kg	11.88 mg
碘	0.14 mg/kg	0.33 mg
铁	80.00 mg/kg	190.00 mg
锰	20.00 mg/kg	47.50 mg
硒	0.30 mg/kg	0.71 mg
锌	50.00 mg/kg	118.75 mg
	维生素需要量	
维生素 A	4 000 IU/kg	9 500 IU
维生素 D	200 IU/kg	475 IU
维生素 E	44.00 IU/kg	104.50 IU
维生素 K	0.50 mg/kg	1.19 mg
生物素	0.20 mg/kg	0.48 mg
胆碱	1.25 mg/kg	2.97 g
叶酸	1.30 mg/kg	3.09 mg
可利用烟酸	10.00 mg/kg	23.75 mg
泛酸	12.00 mg/kg	28.50 mg
核黄素	3.75 mg/kg	8.91 mg
维生素 B_1	1.00 mg/kg	2.38 mg
维生素 B_6	1.00 mg/kg	2.38 mg
维生素 B_{12}	15.00 μg/kg	35.63 μg
亚油酸	0.10%	2.38 g

7.2.2 家禽饲养标准

1. 鸡饲养标准

(1)中国鸡饲养标准　中国《鸡的饲养标准》(NY/T 33—1986)是我国第一个鸡饲养标准,而随着我国家禽生产和饲料工业的蓬勃发展,并逐步走向现代化和高效益的发展阶段,因而迫切需要代表最新营养研究水平和成果的《鸡的营养需要》的指导。以我国 1986 年以来在各营养素需要量方面的研究结果为主,并适当参考有关研究成果,同时考虑我国肉鸡和蛋鸡饲养业的生产实际情况，且氨基酸数据使用了理想氨基酸模型，制定出了我国鸡饲养标准(NY/T 33—2004)。该标准列出了我国蛋用鸡、肉用鸡、黄羽肉鸡的营养需要量，该标准中分别给出了蛋用鸡、肉用鸡和黄羽肉鸡在不同阶段对代谢能、粗蛋白质、必需氨基酸、常量矿物元素、微量元素、亚油酸和维生素的需要量，具体见表 7-18 至表 7-27。

表 7-18　生长蛋鸡及产蛋鸡营养需要量

营养指标	0～8 周龄	9～18 周龄	19 周龄 ～开产	开产～高峰期 (产蛋率>85%)	高峰后 (产蛋率>85%)	种鸡
代谢能/(MJ/kg)	11.91	11.70	11.50	11.29	10.87	11.29
粗蛋白质/%	19.0	15.5	17.0	16.5	15.5	18.0
蛋白能量比/(g/MJ)	15.95	13.25	14.78	14.61	14.26	15.94
蛋白能量比/(g/Mcal)	66.67	55.30	61.82	61.11	58.49	66.67
赖氨酸能量比/(g/MJ)	0.84	0.58	0.61	0.64	0.61	0.63
赖氨酸能量比/(g/Mcal)	3.51	2.43	2.55	2.67	2.54	2.63
氨基酸						%
赖氨酸	1.00	0.68	0.70	0.75	0.70	0.75
蛋氨酸	0.37	0.27	0.34	0.34	0.32	0.34
蛋氨酸+胱氨酸	0.74	0.55	0.64	0.65	0.56	0.65
苏氨酸	0.66	0.55	0.62	0.55	0.50	0.55
色氨酸	0.20	0.18	0.19	0.16	0.15	0.16
精氨酸	1.18	0.98	1.02	0.76	0.69	0.76
亮氨酸	1.27	1.01	1.07	1.02	0.98	1.02
异亮氨酸	0.71	0.59	0.60	0.72	0.66	0.72
苯丙氨酸	0.64	0.53	0.54	0.58	0.52	0.58
苯丙氨酸+酪氨酸	1.18	0.98	1.00	1.08	1.06	1.08
组氨酸	0.31	0.26	0.27	0.25	0.23	0.25
脯氨酸	0.50	0.34	0.44			
缬氨酸	0.73	0.60	0.62	0.59	0.54	0.59
甘氨酸+丝氨酸	0.82	0.68	0.71	0.57	0.48	0.57
可利用赖氨酸				0.66	0.60	
可利用蛋氨酸				0.32	0.30	
矿物质						
钙/%	0.90	0.80	2.00	3.5	3.5	3.5
总磷/%	0.70	0.60	0.55	0.6	0.6	0.6
非植酸磷/%	0.40	0.35	0.32	0.32	0.32	0.32
钠/%	0.15	0.15	0.15	0.15	0.15	0.15
氯/%	0.15	0.15	0.15	0.15	0.15	0.15
铁/(mg/kg)	80	60	60	60	60	60
铜/(mg/kg)	8	6	8	8	8	6
锰/(mg/kg)	60	40	60	60	60	60

续表 7-18

营养指标	0～8 周龄	9～18 周龄	19 周龄 ～开产	开产～高峰期 （产蛋率＞85％）	高峰后 （产蛋率＞85％）	种鸡
			矿物质			
锌/(mg/kg)	60	40	80	80	80	60
碘/(mg/kg)	0.35	0.35	0.35	0.35	0.35	0.35
硒/(mg/k)	0.30	0.30	0.30	0.30	0.30	0.30
			维生素及脂肪酸			
维生素 A/(IU/kg)	4 000	4 000	4 000	8 000	8 000	10 000
维生素 D/(IU/kg)	800	800	800	1 600	1 600	2 000
维生素 E/(IU/kg)	10	8	8	5	5	10
维生素 K/(mg/kg)	0.5	0.5	0.5	0.5	0.5	1.0
硫胺素/(mg/kg)	1.8	1.3	1.3	0.8	0.8	0.8
核黄素/(mg/kg)	3.6	1.8	2.2	2.5	2.5	3.8
泛酸/(mg/kg)	10	10	10	2.2	2.2	10
烟酸/(mg/kg)	30	11	11	20	20	30
吡哆醇/(mg/kg)	3	3	3	3	3	4.5
生物素/(mg/kg)	0.15	0.10	0.10	0.10	0.10	0.15
叶酸/(mg/kg)	0.55	0.25	0.25	0.25	0.25	0.35
维生素 B_{12}/(mg/kg)	0.010	0.003	0.004	0.004	0.004	0.004
胆碱/(mg/kg)	1 300	900	500	500	500	500
亚油酸/%	1	1	1	1	1	1

表 7-19　生长蛋鸡体重与耗料量　　g/只

周龄	周末体重	耗料量	累计耗料量
1	70	84	84
2	130	119	203
3	200	154	357
4	275	189	546
5	360	224	770
6	445	259	1 029
7	530	294	1 323
8	615	329	1 652
9	700	357	2 009
10	785	385	2 394
11	875	413	2 807
12	965	441	3 248
13	1 055	469	3 717
14	1 145	497	4 214
15	1 235	525	4 739

续表 7-19

周龄	周末体重	耗料量	累计耗料量
16	1 325	546	5 285
17	1 415	567	5 852
18	1 505	588	6 440
19	1 595	609	7 049
20	1 670	630	7 679

注：0～8 周龄为自由采食，9 周龄开始结合光照进行限饲。

表 7-20　肉用仔鸡营养需要量

营养指标	肉用仔鸡营养需要之一			肉用仔鸡营养需要之二		
	0～3 周龄	4～6 周龄	7 周龄	0～2 周龄	3～6 周龄	7 周龄
代谢能/(MJ/kg)	12.54	12.96	13.17	12.75	12.96	13.17
代谢能/(Mcal/kg)	3.00	3.10	3.15	3.05	3.10	3.15
粗蛋白质/%	21.5	20.0	18.0	22.0	20.0	17.0
蛋白能量比/(g/Mcal)	71.67	64.52	57.14	72.13	64.52	53.97
赖氨酸能量比/(g/Mcal)	3.83	3.23	2.76	3.93	3.23	2.60
氨基酸及脂肪酸						
赖氨酸/%	1.15	1.00	0.87	1.20	1.00	0.82
蛋氨酸/%	0.50	0.40	0.34	0.52	0.40	0.32
蛋氨酸+胱氨酸/%	0.91	0.76	0.65	0.92	0.76	0.63
苏氨酸/%	0.81	0.72	0.68	0.84	0.72	0.64
色氨酸/%	0.21	0.18	0.17	0.21	0.18	0.16
精氨酸/%	1.20	1.12	1.01	1.25	1.12	0.95
亮氨酸/%	1.26	1.05	0.94	1.32	1.05	0.89
异亮氨酸/%	0.81	0.75	0.63	0.84	0.75	0.59
苯丙氨酸/%	0.71	0.66	0.58	0.74	0.66	0.55
苯丙氨酸+酪氨酸/%	1.27	1.15	1.00	1.32	1.15	0.98
组氨酸/%	0.35	0.32	0.27	0.36	0.32	0.25
脯氨酸/%	0.58	0.54	0.47	0.60	0.54	0.44
缬氨酸/%	0.85	0.74	0.64	0.90	0.74	0.72
甘氨酸+丝氨酸/%	1.24	1.10	0.96	1.30	1.10	0.93
亚油酸/%	1	1	1	1	1	1
矿物质						
钙/%	1.0	0.9	0.8	1.05	0.95	0.80
总磷/%	0.68	0.65	0.60	0.68	0.65	0.60
非植酸磷/%	0.45	0.40	0.35	0.50	0.40	0.35
钠/%	0.20	0.15	0.15	0.20	0.15	0.15
氯/%	0.20	0.15	0.15	0.20	0.15	0.15
铁/(mg/kg)	100	80	80	120	80	80

续表 7-20

营养指标	肉用仔鸡营养需要之一			肉用仔鸡营养需要之二		
	0～3 周龄	4～6 周龄	7 周龄	0～2 周龄	3～6 周龄	7 周龄
矿物质						
铜/(mg/kg)	8	8	8	10	8	8
锰/(mg/kg)	120	100	80	120	100	80
锌/(mg/kg)	100	80	80	120	80	80
碘/(mg/kg)	0.70	0.70	0.70	0.70	0.70	0.70
硒/(mg/kg)	0.30	0.30	0.30	0.30	0.30	0.30
维生素						
维生素 A/(IU/kg)	8 000	6 000	2 700	10 000	6 000	2 700
维生素 D/(IU/kg)	1 000	750	400	2 000	1 000	400
维生素 E/(IU/kg)	20	10	10	30	10	10
维生素 K/(mg/kg)	0.5	0.5	0.5	1.0	0.5	0.5
硫胺素/(mg/kg)	2.0	2.0	2.0	2.0	2.0	2.0
核黄素/(mg/kg)	8	5	5	10	5	5
泛酸/(mg/kg)	10	10	10	10	10	10
烟酸/(mg/kg)	35	30	30	45	30	30
吡哆醇/(mg/kg)	3.5	3.0	3.0	4.0	3.0	3.0
生物素/(mg/kg)	0.18	0.15	0.10	0.20	0.15	0.10
叶酸/(mg/kg)	0.55	0.55	0.50	1.00	0.55	0.50
维生素 B_{12}/(mg/kg)	0.010	0.010	0.007	0.010	0.010	0.007
胆碱/(mg/kg)	1 300	1 000	750	1 500	1 200	750

表 7-21　肉用仔鸡体重与耗料量　　g/只

周龄	体重	耗料量	累计耗料量
1	126	113	113
2	317	273	386
3	558	473	859
4	900	643	1 502
5	1 309	867	2 369
6	1 696	954	3 323
7	2 117	1 164	4 487
8	2 457	1 079	5 566

表 7-22　肉用种鸡营养需要

营养指标	0～6 周龄	7～18 周龄	19 周龄～开产	开产～高峰期（>65%）	高峰后（<65%）
代谢能/(MJ/kg)	12.12	11.91	11.70	11.70	11.70
代谢能/(Mcal/kg)	2.90	2.85	2.80	2.80	2.80

续表 7-22

营养指标	0～6周龄	7～18周龄	19周龄～开产	开产～高峰期（＞65%）	高峰后（＜65%）
粗蛋白质/%	18.0	15.0	16.0	17.0	16.0
蛋白能量比/(g/Mcal)	62.07	52.63	57.14	60.71	57.14
赖氨酸能量比/(g/Mcal)	3.17	2.28	2.68	2.86	2.68
		氨基酸及脂肪酸			%
赖氨酸/%	0.92	0.65	0.75	0.80	0.75
蛋氨酸/%	0.34	0.30	0.32	0.34	0.30
蛋氨酸+胱氨酸/%	0.72	0.56	0.62	0.64	0.60
苏氨酸/%	0.52	0.48	0.50	0.55	0.50
色氨酸/%	0.20	0.17	0.16	0.17	0.16
精氨酸/%	0.90	0.75	0.90	0.90	0.88
亮氨酸/%	1.05	0.81	0.86	0.86	0.81
异亮氨酸/%	0.66	0.58	0.58	0.58	0.58
苯丙氨酸/%	0.52	0.39	0.42	0.51	0.48
苯丙氨酸+酪氨酸/%	1.00	0.77	0.82	0.85	0.80
组氨酸/%	0.26	0.21	0.22	0.24	0.21
脯氨酸/%	0.50	0.41	0.44	0.45	0.42
缬氨酸/%	0.62	0.47	0.50	0.66	0.51
甘氨酸+丝氨酸/%	0.70	0.53	0.56	0.57	0.54
亚油酸/%	1	1	1	1	1
		矿物质			
钙/%	1.00	0.90	2.0	3.3	3.5
总磷/%	0.68	0.63	0.65	0.68	0.65
非植酸磷/%	0.45	0.40	0.42	0.45	0.42
钠/%	0.18	0.18	0.18	0.18	0.18
氯/%	0.18	0.18	0.18	0.18	0.18
铁/(mg/kg)	60	60	80	80	80
铜/(mg/kg)	6	6	8	8	8
锰/(mg/kg)	80	80	100	100	100
锌/(mg/kg)	60	60	80	80	80
碘/(mg/kg)	0.70	0.70	1	1	1
硒/(mg/kg)	0.30	0.30	0.30	0.30	0.30
		维生素			
维生素A/(IU/kg)	8 000	6 000	9 000	12 000	12 000
维生素D/(IU/kg)	1 600	1 200	1 800	2 400	2 400
维生素E/(IU/kg)	20	10	10	30	30
维生素K/(mg/kg)	1.5	1.5	1.5	1.5	1.5
硫胺素/(mg/kg)	1.8	1.5	1.5	2.0	2.0

续表 7-22

营养指标	0～6 周龄	7～18 周龄	19 周龄～开产	开产～高峰期（>65%）	高峰后（<65%）
		维生素			
核黄素/(mg/kg)	8	6	6	9	9
泛酸/(mg/kg)	12	10	10	12	12
烟酸/(mg/kg)	30	20	20	35	35
吡哆醇/(mg/kg)	3	3	3	4.5	4.5
生物素/(mg/kg)	0.15	0.10	0.10	0.20	0.20
叶酸/(mg/kg)	1.0	0.5	0.5	1.2	1.2
维生素 B_{12}/(mg/kg)	0.010	0.006	0.008	0.012	0.012
胆碱/(mg/kg)	1 300	900	500	500	500

表 7-23　肉用种鸡体重与耗料量　　g/只

周龄	体重	耗料量	累计耗料量
1	90	100	100
2	185	168	268
3	340	231	499
4	430	266	765
5	520	287	1 052
6	610	301	1 353
7	700	322	1 675
8	795	336	2 011
9	890	357	2 368
10	985	378	2 746
11	1 080	406	3 152
12	1 180	434	3 586
13	1 280	462	4 048
14	1 380	497	4 545
15	1 480	518	5 063
16	1 595	553	5 616
17	1 710	588	6 204
18	1 840	630	6 834
19	1 970	658	7 492
20	2 100	707	8 199
21	2 250	749	8 948
22	2 400	798	9 746
23	2 550	847	10 593
24	2 710	896	11 489

续表 7-23

周龄	体重	耗料量	累计耗料量
25	2 870	952	12 441
29	3 477	1 190	13 631
33	3 603	1 169	14 800
43	3 608	1 141	15 941
58	3 782	1 064	17 005

表 7-24 黄羽肉鸡仔鸡营养需要量

营养指标	♀0～4 周 ♂ 0～3 周	♀5～8 周 ♂ 4～5 周	♀>8 周 ♂>5 周
代谢能/(MJ/kg)	12.12	12.54	12.96
代谢能/(Mcal/kg)	2.90	3.00	3.10
粗蛋白质/%	21.00	19.00	16.00
蛋白能量比/(g/Mcal)	72.41	63.33	51.61
赖氨酸能量比/(g/Mcal)	3.62	3.27	2.74
氨基酸及脂肪酸			%
赖氨酸	1.05	0.98	0.85
蛋氨酸	0.46	0.40	0.34
蛋+胱氨酸	0.85	0.72	0.65
苏氨酸	0.76	0.74	0.68
色氨酸	0.19	0.18	0.16
精氨酸	1.19	1.10	1.00
亮氨酸	1.15	1.09	0.93
异亮氨酸	0.76	0.73	0.62
苯丙氨酸	0.69	0.65	0.56
苯丙氨酸+酪氨酸	1.28	1.22	1.00
组氨酸	0.33	0.32	0.27
脯氨酸	0.57	0.55	0.46
缬氨酸	0.86	0.82	0.70
甘氨酸+丝氨酸	1.19	1.14	0.97
亚油酸	1	1	1
矿物质			
钙/%	1.00	0.90	0.80
总磷/%	0.68	0.65	0.60
非植酸磷/%	0.45	0.40	0.35
钠/%	0.15	0.15	0.15
氯/%	0.15	0.15	0.15
铁/(mg/kg)	80	80	80
铜/(mg/kg)	8	8	8
锰/(mg/kg)	80	80	80

续表 7-24

营养指标	♀0～4 周 ♂ 0～3 周	♀5～8 周 ♂ 4～5 周	♀>8 周 ♂>5 周
	矿物质		
锌/(mg/kg)	60	60	60
碘/(mg/kg)	0.35	0.35	0.35
硒/(mg/kg)	0.15	0.15	0.15
	维生素		
维生素 A/(IU/kg)	5 000	5 000	5 000
维生素 D/(IU/kg)	1 000	1 000	1 000
维生素 E/(IU/kg)	10	10	10
维生素 K/(mg/kg)	0.5	0.50	0.50
硫胺素/(mg/kg)	1.80	1.80	1.80
核黄素/(mg/kg)	3.60	3.60	3.00
泛酸/(mg/kg)	10	10	10
烟酸/(mg/kg)	35	30	25
吡哆醇/(mg/kg)	3.50	3.50	3
生物素/(mg/kg)	0.15	0.15	0.15
叶酸/(mg/kg)	0.55	0.55	0.55
维生素 B_{12}/(mg/kg)	0.010	0.010	0.010
胆碱/(mg/kg)	1 000	1 000	1 000

表 7-25 黄羽肉仔鸡体重及耗料量 g/只

周龄	周末体重		耗料量		累计耗料	
	公鸡	母鸡	公鸡	母鸡	公鸡	母鸡
1	88	89	76	70	76	70
2	199	175	201	130	277	200
3	320	253	269	142	546	342
4	492	378	371	266	917	608
5	631	493	516	295	1 433	903
6	870	622	632	358	2 065	1 261
7	1 274	751	751	359	2 816	1 620
8	1 560	949	719	479	3 535	2 099
9	1 814	1 137	836	534	4 371	2 633
10		1 254		540		3 173
11		1 380		549		3 722
12		1 548		514		4 236

表 7-26 黄羽肉鸡种鸡营养需要量

营养指标	0～6 周龄	7～18 周龄	19 周龄～开产	产蛋期
代谢能/(MJ/kg)	12.12	11.70	11.50	11.50

续表 7-26

营养指标	0～6 周龄	7～18 周龄	19 周龄～开产	产蛋期
代谢能/(Mcal/kg)	2.90	2.70	2.75	2.75
粗蛋白质/%	20.0	15.00	16.00	16.00
蛋白能量比/(g/Mcal)	16.50	12.82	13.91	13.91
赖氨酸能量比/(g/Mcal)	3.10	2.78	2.91	2.91
氨基酸及脂肪酸				%
赖氨酸	0.90	0.75	0.80	0.80
蛋氨酸	0.38	0.29	0.37	0.40
蛋＋胱氨酸	0.69	0.61	0.69	0.80
苏氨酸	0.58	0.52	0.55	0.56
色氨酸	0.18	0.16	0.17	0.17
精氨酸	0.99	0.87	0.90	0.95
亮氨酸	0.94	0.74	0.83	0.86
异亮氨酸	0.60	0.55	0.50	0.60
苯丙氨酸	0.51	0.48	0.50	0.51
苯丙＋酪氨酸	0.86	0.81	0.82	0.84
组氨酸	0.28	0.24	0.25	0.26
脯氨酸	0.43	0.39	0.40	0.42
缬氨酸	0.60	0.52	0.57	0.70
甘氨酸＋丝氨酸	0.77	0.69	0.75	0.78
亚油酸	1	1	1	1
矿物质				
钙/%	0.90	0.90	2.00	3.00
总磷/%	0.65	0.61	0.63	0.65
非植酸磷/%	0.40	0.36	0.38	0.41
钠/%	0.16	0.16	0.16	0.16
氯/%	0.16	0.16	0.16	0.16
铁/(mg/kg)	54	54	72	72
铜/(mg/kg)	5.4	5.4	7	7
锰/(mg/kg)	72	72	90	90
锌/(mg/kg)	54	54	72	72
碘/(mg/kg)	0.60	0.60	0.90	0.90
硒/(mg/kg)	0.27	0.27	0.27	0.27
维生素				
维生素 A/(IU/kg)	7 200	5 400	7 200	10 800
维生素 D/(IU/kg)	1 440	1 080	1 620	2 160
维生素 E/(IU/kg)	18	9	9	27

续表 7-26

营养指标	0～6 周龄	7～18 周龄	19 周龄～开产	产蛋期
		维生素		mg/kg
维生素 K	1.40	1.40	1.40	1.40
硫胺素	1.60	1.40	1.40	1.80
核黄素	7	5	5	8
泛酸	11	9	9	11
烟酸	27	18	18	32
吡哆醇	2.70	2.70	2.70	4.10
生物素	0.14	0.09	0.09	0.18
叶酸	1.00	0.50	0.50	1.20
维生素 B_{12}	0.009	0.005	0.007	0.010
胆碱	1 170	810	450	450

表 7-27　黄羽肉种鸡体重与耗料量(生长期和产蛋期)　g/只

周龄	周末体重	耗料量	累计耗料量
1	110	90	90
2	180	196	286
3	250	252	538
4	330	266	804
5	410	280	1 084
6	500	294	1 378
7	600	322	1 700
8	690	343	2 043
9	780	364	2 407
10	870	385	2 792
11	950	406	3 198
12	1 030	427	3 625
13	1 110	448	4 073
14	1 190	469	4 542
15	1 270	490	5 032
16	1 350	511	5 543
17	1 430	532	6 075
18	1 510	553	6 628
19	1 600	574	7 202
20	1 700	595	7 797
21	1 780	616	616
22	1 860	644	1 260
24	2 030	700	1 960

续表 7-27

周龄	周末体重	耗料量	累计耗料量
26	2 200	840	2 800
28	2 280	910	3 710
30	2 310	910	4 620
32	2 330	889	5 509
34	2 360	889	6 398
36	2 390	875	7 273
38	2 410	875	8 148
40	2 440	854	9 002
42	2 460	854	9 856
44	2 480	840	10 696
46	2 500	840	11 536
48	2 520	826	12 362
50	2 540	826	13 188
52	2 560	826	14 014
54	2 580	805	14 819
56	2 600	805	15 624
58	2 620	805	16 429
60	2 630	805	17 234
62	2 640	805	18 039
64	2 650	805	18 844
66	2 660	805	19 649

注:1～20 周龄为生长期;21～66 周龄为产蛋期。

(2)《蛋鸡、肉鸡配合饲料》(T/CFIAS 002—2018)　我国蛋鸡和黄羽肉鸡数量位居世界第一,白羽肉鸡位居世界第二,但产业发展导致的问题也越来越严峻。一方面,对饲料原料的需求大大超过了国内的供应能力,需要大量进口饲料原料,形成了我国养殖业发展对国际饲料资源市场的严重依赖。另一方面,养殖废弃物排放成为环境污染中的主要来源。

《蛋鸡、肉鸡配合饲料》团体标准由中国饲料工业协会批准发布,于 2018 年 11 月 1 日起实施。新标准在全行业全面推行后,养殖业豆粕年消耗量有望降低约 1 100 万 t,带动减少大豆需求约 1 400 万 t,对保障我国饲料和养殖业蛋白原料供给和提高利用效率发挥积极作用,有利于提升我国饲料工业水平,破解养殖业环境约束,建立可持续发展的产业体系。

团体标准的变化主要是:①设定了粗蛋白质上限值,增加了限制性氨基酸苏氨酸指标;②降低了总磷下限值,和上限值;③增加了我国特色养殖品种黄羽肉鸡的相关指标。具体见表 7-24,表 7-29。

2. 美国 NRC 鸡饲养标准(1994)

美国 NRC 1994 年修订了鸡的饲养标准,它是国际上最有影响的标准之一,具体见表 7-30至表 7-36。

表 7-28　蛋鸡、白羽肉鸡配合饲料主要营养成分指标

项目	蛋鸡[2]								白羽肉鸡			
	育雏期		育成期			开产前期	产蛋期		生长前期		生长中期	生长后期
	0～2 周龄	2～6 周龄	0～6 周龄	6～12 周龄	12～16 周龄	16 周龄～<5%产蛋率	高峰期	产蛋后期	0～10 日龄	10～21 日龄	21～35 日龄	>35 日龄
粗蛋白/%	19～22	17～19	18～20	15～17	14～16	16～17	15～17.50	13～15	21～23	20～22	18～21	16～19
赖氨酸/%≥	1.00	0.80	0.85	0.66	0.45	0.60	0.65	0.60	1.20	1.00	0.90	0.80
蛋氨酸/%≥	0.40	0.30	0.32	0.27	0.20	0.30	0.32	0.30	0.50	0.40	0.35	0.30
苏氨酸/%≥	0.65	0.50	0.55	0.45	0.30	0.40	0.45	0.40	0.80	0.68	0.62	0.55
粗纤维/%≤	5.00	6.00	6.00	8.00	8.00	7.00	7.00	7.00	5.00	7.00	7.00	7.00
粗灰分/%≤	8.00	8.00	8.00	9.00	10.00	13.00	15.00	15.00	8.00	8.00	8.00	8.00
钙/%	0.60～1.00	0.60～1.00	0.60～1.00	0.60～1.00	0.60～1.00	2.00～3.00	3.00～4.20	3.50～4.50	0.70～1.10	0.70～1.10	0.70～1.00	0.60～1.00
总磷[1]/%	0.40～0.70	0.40～0.70	0.40～0.70	0.35～0.75	0.30～0.75	0.35～0.60	0.35～0.60	0.30～0.50	0.50～0.75	0.45～0.75	0.40～0.70	0.35～0.65
氯化钠/%	0.30～0.80	0.30～0.80	0.30～0.80	0.30～0.80	0.30～0.80	0.30～0.80	0.30～0.80	0.30～0.80	0.30～0.80	0.30～0.80	0.30～0.80	0.30～0.80

注：[1] 总磷含量已经考虑了植酸酶的使用。注[2]：育雏期分为两个阶段的，选用 0～2 周龄、3～6 周龄指标。育雏期只有一个阶段的，选用 0～6 周龄指标。

表 7-29　黄羽肉鸡配合饲料主要营养成分指标

项目	快速型黄羽肉鸡			中速型黄羽肉鸡			慢速型黄羽肉鸡			
	0～21 日龄	21～42 日龄	＞42 日龄	0～30 日龄	30～60 日龄	＞60 日龄	0～30 日龄	30～60 日龄	60～90 日龄	＞90 日龄
粗蛋白/%	20～22	18～20	16～18	19～21	17～19	15～17	18～20.5	15～18	14～17	13～16
赖氨酸/%≥	1.00	0.90	0.80	0.95	0.85	0.75	0.90	0.75	0.70	0.65
蛋氨酸/%≥	0.40	0.35	0.30	0.36	0.32	0.28	0.32	0.30	0.28	0.26
苏氨酸/%≥	0.65	0.60	0.55	0.60	0.50	0.45	0.50	0.45	0.40	0.35
粗纤维/%≤	6.00	7.00	7.00	6.00	7.00	7.00	6.00	7.00	7.00	7.00
粗灰分/%≤	8.00	8.00	8.00	8.00	8.00	8.00	8.00	8.00	8.00	8.00
钙/%	0.80～1.20	0.70～1.20	0.60～1.20	0.80～1.10	0.70～1.10	0.60～1.00	0.80～1.10	0.60～1.10	0.50～1.00	0.50～1.00
总磷/%	0.45～0.75	0.40～0.70	0.40～0.70	0.45～0.75	0.40～0.70	0.40～0.70	0.45～0.75	0.40～0.70	0.40～0.70	0.30～0.60
氯化钠/%	0.30～0.80	0.30～0.80	0.30～0.80	0.30～0.80	0.30～0.80	0.30～0.80	0.30～0.80	0.30～0.80	0.30～0.80	0.30～0.80

注:总磷含量已经考虑了植酸酶的使用。

表 7-30　不同周龄蛋鸡饮水量　mL/(周/只)

周龄	肉仔鸡	白来航蛋用鸡	棕壳蛋蛋用鸡	周龄	肉仔鸡	白来航蛋用鸡	棕壳蛋蛋用鸡
1	225	200	200	11		—	—
2	480	300	400	12		1 000	1 100
3	725	—	—	13		—	—
4	1 000	500	700	14		1 100	1 100
5	1 250	—	—	15		—	—
6	1 500	700	800	16		1 200	1 200
7	1 750	—	—	17		—	—
8	2 000	800	900	18		1 300	1 300
9		—	—	19		—	—
10		900	1 000	20		1 600	1 500

注:饮水量与环境温度、日粮组成、生长速度、产蛋率和饲养设备有关,此表数为 20～25 ℃环境温度下测定值。

表 7-31　未成年来航鸡蛋用鸡日粮中营养成分需要量

营养成分	白壳蛋品系				棕壳蛋品系			
	0～6周	6～12周	12～18周	18周～产蛋	0～6周	6～12周	12～18周	18周～产蛋
代谢能/(MJ/kg)	11.92	11.92	12.13	12.13	11.72	11.72	11.92	11.92
粗蛋白质/%	18.00	16.00	15.00	17.00	17.00	15.00	4.00	16.00
精氨酸/%	1.00	0.83	0.67	0.75	0.94	0.78	0.62	0.72
甘氨酸+丝氨酸/%	0.70	0.58	0.47	0.53	0.66	0.54	0.44	0.50
组氨酸/%	0.26	0.22	0.17	0.20	0.25	0.21	0.16	0.18
异亮氨酸/%	0.60	0.50	0.40	0.45	0.57	0.47	0.37	0.42
亮氨酸/%	1.10	0.85	0.70	0.80	1.00	0.80	0.65	0.75
赖氨酸/%	0.85	0.60	0.45	0.52	0.80	0.56	0.42	0.49
蛋氨酸/%	0.30	0.25	0.20	0.22	0.28	0.23	0.19	0.21
蛋氨酸+胱氨酸/%	0.62	0.52	0.42	0.47	0.59	0.49	0.39	0.44
苯丙氨酸/%	0.54	0.45	0.36	0.40	0.51	0.42	0.34	0.38
苯丙氨酸+酪氨酸/%	1.00	0.83	0.67	0.75	0.94	0.78	0.63	0.70
苏氨酸/%	0.68	0.57	0.37	0.47	0.64	0.53	0.35	0.44
色氨酸/%	0.17	0.14	0.11	0.12	0.16	0.13	0.10	0.11
缬氨酸/%	0.62	0.52	0.41	0.46	0.59	0.49	0.38	0.43
亚油酸/%	1.00	1.00	1.00	1.00	1.00	1.00	1.00	1.00
钙/%	0.90	0.80	0.80	2.00	0.90	0.80	0.80	1.80
非植酸磷/%	0.40	0.35	0.30	0.32	0.40	0.35	0.30	0.35
钾/%	0.25	0.25	0.25	0.25	0.25	0.25	0.25	0.25
钠/%	0.15	0.15	0.15	0.15	0.15	0.15	0.15	0.15

续表 7-31

营养成分	白壳蛋品系				棕壳蛋品系			
	0～6周	6～12周	12～18周	18周～产蛋	0～6周	6～12周	12～18周	18周～产蛋
氯/%	0.15	0.12	0.12	0.15	0.12	0.11	0.11	0.11
镁/(mg/kg)	600	500	400	400	570	470	370	370
锰/(mg/kg)	60.00	30.00	30.00	30.00	56.00	28.00	28.00	28.00
锌/(mg/kg)	40.00	35.00	35.00	35.00	38.00	33.00	33.00	33.00
铁/(mg/kg)	80.00	60.00	60.00	60.00	75.00	56.00	56.00	56.00
铜/(mg/kg)	5.00	4.00	4.00	4.00	5.00	4.00	4.00	4.00
碘/(mg/kg)	0.35	0.35	0.35	0.35	0.33	0.33	0.33	0.33
硒/(mg/kg)	0.15	0.10	0.10	0.10	0.14	0.10	0.10	0.10
维生素 A/(IU/kg)	500	1 500	1 500	1 500	1 420	420	1 420	1 420
维生素 D_3/(IU/kg)	200	200	200	300	190	190	190	280
维生素 E/(IU/kg)	10.00	5.00	5.00	5.00	9.50	4.70	4.70	4.70
维生素 K/(mg/kg)	0.50	0.50	0.50	0.50	0.47	0.47	0.47	0.47
核黄素/(mg/kg)	3.60	1.80	1.80	2.20	3.40	1.70	1.70	1.70
泛酸/(mg/kg)	10.00	10.00	10.00	10.00	9.40	9.40	9.40	9.40
烟酸/(mg/kg)	27.00	11.00	11.00	11.00	26.00	10.30	10.30	10.30
维生素 B_{12}/(mg/kg)	0.01	0.00	0.00	0.00	0.01	0.00	0.00	0.00
胆碱/(mg/kg)	1 300	900	500	500	1 225	250	470	470
生物素/(mg/kg)	0.15	0.10	0.10	0.10	0.14	0.09	0.09	0.09
叶酸/(mg/kg)	0.55	0.25	0.25	0.25	0.52	0.23	0.23	0.23
维生素 B_1/(mg/kg)	1.00	1.00	1.00	0.80	1.00	1.00	0.80	0.80
吡哆醇/(mg/kg)	3.00	3.00	3.00	3.00	2.80	2.80	2.80	2.80
目标体重/g	450	980	980	1 475	500	1 100	500	1 600

表 7-32 来航产蛋鸡日粮中营养成分需要量(日粮中含干物质 90%)

营养成分	白壳蛋品系不同采食量时日粮中养分需要量			每日养分需要量		
				白壳蛋种母鸡	白壳商品蛋鸡	褐壳商品蛋鸡
采食量/g	80	100	120	100	100	110
代谢能/(MJ/kg)	12.13	12.13	12.13	12.13	12.13	12.13
粗蛋白质/%	18.80	15	12.50	15 000	5 000	16 500
精氨酸/%	0.88	0.7	0.58	700	700	770
组氨酸/%	0.21	0.17	0.14	170	170	190
异亮氨酸/%	0.81	0.65	0.54	650	650	715
亮氨酸/%	1.03	0.82	0.68	820	820	900
赖氨酸/%	0.86	0.69	0.58	690	690	760

续表 7-32

营养成分	白壳蛋品系不同采食量时日粮中养分需要量			每日养分需要量		
				白壳蛋种母鸡	白壳商品蛋鸡	褐壳商品蛋鸡
蛋氨酸/%	0.38	0.30	0.25	300	300	330
蛋氨酸+胱氨酸/%	0.73	0.58	0.48	580	580	645
苯丙氨酸/%	0.59	0.47	0.39	470	470	520
苯丙氨酸+酪氨酸/%	1.04	0.83	0.69	830	830	910
苏氨酸/%	0.59	0.47	0.39	470	470	520
色氨酸/%	0.20	0.16	0.13	160	160	175
缬氨酸/%	0.88	0.70	0.58	700	700	770
亚油酸/%	1.25	1	0.83	1 000	1 000	1 100
采食量/g	80	100	120	100	100	110
钙/%	4.06	3.25	2.71	3 250	3 250	3 600
氯/%	0.16	0.13	0.11	130	130	145
非植酸磷/%	0.31	0.25	0.21	250	250	75
钠/%	0.19	0.15	0.13	150	150	165
钾/%	0.19	0.15	0.13	150	150	165
镁/(mg/kg)	625	500	420	50	50	55
碘/(mg/kg)	0.044	0.035	0.029	0.01	0.004	0.004
铁/(mg/kg)	56	45	38	6	4.50	5
锰/(mg/kg)	25	20	17	2	2	2.20
硒/(mg/kg)	0.08	0.06	0.05	0.006	0.006	0.006
锌/(mg/kg)	44	35	29	4.50	3.50	3.90
维生素 A/(IU/kg)	3 750	3 000	2 500	300	300	330
维生素 D_3/(IU/kg)	375	300	250	30	30	33
维生素 E/(IU/kg)	6	5	4	1	0.50	0.55
维生素 K/(mg/kg)	0.60	0.50	0.40	0.10	0.05	0.055
维生素 B_{12}/(mg/kg)	0.004	0.004	0.004	0.008	0.000 4	0.000 4
生物素/(mg/kg)	0.13	0.10	0.08	0.01	0.01	0.011
胆碱/(mg/kg)	1 310	1 050	875	105	105	115
叶酸/(mg/kg)	0.31	0.25	0.21	0.035	0.025	0.028
烟酸/(mg/kg)	12.50	10	8.30	1	1	1.10
泛酸/(mg/kg)	2.50	2	1.70	0.70	0.20	0.22
吡哆醇/(mg/kg)	3.10	2.50	2.10	0.45	0.25	0.28
核黄素/(mg/kg)	3.10	2.50	2.10	0.36	0.25	0.28
维生素 B_1/(mg/kg)	0.88	0.70	6	0.07	0.07	0.08
产蛋率/%	90	90	90	90	90	90

表 7-33　未成年来航鸡体重目标和耗料量

周龄	白壳蛋品系		棕壳蛋品系	
	体重/g	耗料量/(g/周)	体重/g	耗料量/(g/周)
0	35	50	37	70
2	100	140	120	160
4	260	260	325	280
6	450	340	500	350
8	660	360	750	380
10	750	380	900	400
12	980	400	1 100	420
14	1 100	420	1 240	450
16	1 220	430	1 380	470
18	1 375	450	1 500	500
20	1 450	500	1 600	550

表 7-34　不同体重和产蛋率的产蛋鸡每天代谢能需要量

体重/kg	产蛋率/%					
	0	50	60	70	80	90
1.00	0.54	0.80	0.86	0.91	0.96	1.01
1.50	0.74	1.00	1.05	1.10	1.15	1.21
2.00	0.91	1.17	1.22	1.28	1.33	1.38
2.50	1.08	1.34	1.39	1.45	1.50	1.55
3.00	1.24	1.50	1.55	1.60	1.65	1.71

表 7-35　肉鸡仔鸡体重、耗料量和能量摄入量

周龄	体重/g		每周耗料量/g		累计耗料量/g		每周代谢能摄入量/(MJ/只)		累计代谢能摄入量/(MJ/只)	
	公	母	公	母	公	母	公	母	公	母
1	152	144	135	131	135	131	1.81	1.75	1.81	1.75
2	376	344	390	373	425	404	3.88	3.66	5.69	5.41
3	686	617	487	444	912	848	6.52	5.95	12.21	11.36
4	1 085	965	704	642	1 616	1 940	9.44	8.60	21.65	19.96
5	1 576	1 344	960	738	2 576	2 228	12.67	10.54	34.51	30.50
6	2 088	1 741	1 141	1 001	3 717	3 229	15.28	12.74	49.79	43.24
7	2 590	2 134	1 281	1 081	4 998	4 310	17.16	14.47	66.95	57.71
8	3 077	2 506	1 432	1 165	6 420	5 475	19.18	15.60	86.14	73.31
9	3 551	2 843	1 557	1 246	9 007	6 721	21.13	16.68	100.73	89.99

注：鸡采食营养平衡代谢能为 13.39 MJ/kg。

表 7-36 肉鸡仔鸡日粮中营养成分需要量(90%干物质)

营养指标	0～3 周龄	3～6 周龄	6～8 周龄
代谢能/(MJ/kg)	13.39	13.39	13.39
粗蛋白质/%	23.00	20.0	18.00
精氨酸/%	1.25	1.10	1.00
甘氨酸+丝氨酸/%	1.25	1.14	0.97
组氨酸/%	0.35	0.32	0.27
异亮氨酸/%	0.80	0.73	0.62
亮氨酸/%	1.20	1.09	0.93
赖氨酸/%	1.10	1.00	0.85
蛋氨酸+胱氨酸/%	0.90	0.72	0.60
苯丙氨酸/%	0.72	0.65	0.56
脯氨酸/%	0.60	0.55	0.46
苏氨酸/%	0.80	0.74	0.68
色氨酸/%	0.20	0.18	0.16
缬氨酸/%	0.90	0.82	0.20
亚油酸/%	1.00	1.00	1.00
钙/%	1.00	0.90	0.80
非植酸磷/%	0.45	0.35	0.30
钠/%	0.20	0.15	0.12
氯/%	0.20	0.15	0.12
镁/%	0.60	0.60	0.60
铁/(mg/kg)	80	80	80
铜/(mg/kg)	8.00	8.00	8.00
锰/(mg/kg)	60.00	60.00	60.00
锌/(mg/kg)	40.00	40.00	40.00
碘/(mg/kg)	0.15	0.15	0.15
硒/(mg/kg)	0.15	0.15	0.15
维生素 A/(IU/kg)	1 500	1 500	1 500
维生素 D_3/(IU/kg)	200	200	200
维生素 E/(IU/kg)	10	10	10
维生素 K/(mg/kg)	1.40	1.40	1.40
硫胺素/(mg/kg)	1.80	1.80	1.80
核黄素/(mg/kg)	3.60	3.60	3.00
泛酸/(mg/kg)	10	10	10
烟酸/(mg/kg)	27	18	18
吡哆醇/(mg/kg)	3.50	3.50	3.00
生物素/(mg/kg)	0.15	0.15	0.12
叶酸/(mg/kg)	0.55	0.55	0.50
维生素 B_{12}/(mg/kg)	0.01	0.01	0.01
胆碱/(mg/kg)	1 300	1 000	750

7.2.3 牛饲养标准

1. 奶牛饲养标准

(1)中国奶牛饲养标准　中国奶牛饲养标准(NY/T 34—2004)由中华人民共和国农业部于 2004 年 8 月 25 日颁布,9 月 1 日实施。

我国 1986 年首次制定了奶牛饲养标准,当时采用的是粗蛋白质体系,2004 年新版本中重点修订了蛋白质体系,将粗蛋白质体系更换为较系统的小肠可消化蛋白质营养新体系,同时也保留了粗蛋白质的参数。在 2004 版标准中,包括成年母牛维持的营养需要,每产 1 千克奶的营养需要、母牛妊娠最后四个月的营养需要、生长母牛的营养需要、生长公牛的营养需要以及种公牛的营养需要等,具体见表 7-37 至表 7-42。

表 7-37　成年母牛维持的营养需要

体重/kg	日粮干物质/kg	奶牛能量单位/NND	产奶净能/Mcal	产奶净能/MJ	可消化粗蛋白质/g	小肠可消化粗蛋白质/g	钙/g	磷/g	胡萝卜素/mg	维生素A/IU
350	5.02	9.17	6.88	28.79	243	202	21	16	63	25 000
400	5.55	10.13	7.60	31.80	268	224	24	18	75	30 000
450	6.06	11.07	8.30	34.73	293	244	27	20	85	34 000
500	6.56	11.97	8.98	37.57	317	264	30	22	95	38 000
550	7.04	12.88	9.65	40.38	341	284	33	25	105	42 000
600	7.52	13.73	10.30	43.10	364	303	36	27	115	46 000
650	7.98	14.59	10.94	45.77	386	322	39	30	123	49 000
700	8.44	15.43	11.57	48.41	408	340	42	32	133	53 000
750	8.89	16.24	12.18	50.96	430	358	45	34	143	57 000

注:第一个泌乳期的维持需要在上表的基础上增加 20%,第二个泌乳期增加 10%;若第一个泌乳期年龄和体重过小,应按生产牛的需要计算实际增重的营养需要;放牧运动时,须在上表基础上增加能量需要量,按正文中的说明计算;在环境温度低的情况下,维持能量消耗增加,须在上表基础上增加需要量;泌乳期间,每增重 1 千克体重需增加 8 NND 和 325 g 可消化粗蛋白质,每减重 1 千克体重需扣除 6.56 NND 和 250 g 可消化粗蛋白质。

表 7-38　每产 1 千克奶的营养需要

乳脂率/%	日粮干物质/kg	奶牛能量单位/NND	产奶净能/Mcal	产奶净能/MJ	可消化粗蛋白质/g	小肠可消化粗蛋白质/g	钙/g	磷/g	胡萝卜素/mg	维生素A/IU
2.50	0.31～0.35	0.80	0.60	2.51	49	42	3.60	2.40	1.05	420
3.00	0.34～0.38	0.87	0.65	2.72	51	44	3.90	2.60	1.13	452
3.50	0.37～0.41	0.93	0.70	2.93	53	46	4.20	2.80	1.22	486
4.00	0.40～0.45	1.00	0.75	3.14	55	47	4.50	3.00	1.26	502

续表 7-38

乳脂率/%	日粮干物质/kg	奶牛能量单位/NND	产奶净能/Mcal	产奶净能/MJ	可消化粗蛋白质/g	小肠可消化粗蛋白质/g	钙/g	磷/g	胡萝卜素/mg	维生素A/IU
4.50	0.43～0.49	1.06	0.80	3.35	57	49	4.80	3.20	1.39	556
5.00	0.46～0.52	1.13	0.84	3.52	59	51	5.10	3.40	1.46	584
5.50	0.49～0.55	1.19	0.89	3.72	61	53	5.40	3.60	1.55	619

表 7-39　母牛妊娠最后四个月的营养需要

体重/kg	怀孕月份	日粮干物质/kg	奶牛能量单位/(NND)	产奶净能/MJ	粗蛋白质/g	可消化粗蛋白质/g	小肠可消化蛋白质/g	钙/g	磷/g	胡萝卜素/mg	维生素A/kIU
350	6	5.78	10.51	32.97	451	293	245	27	18	67	27
	7	6.28	11.44	35.90	518	327	275	31	20		
	8	7.23	13.17	41.34	629	375	317	37	22		
	9	8.70	15.84	49.54	777	437	370	45	25		
400	6	6.30	11.47	35.99	489	318	267	30	20	76	30
	7	6.81	12.40	38.92	557	352	297	34	22		
	8	7.76	14.13	44.36	668	400	339	40	24		
	9	9.22	16.80	52.72	815	462	392	48	27		
450	6	6.81	12.4	38.92	528	343	287	33	22	86	34
	7	7.32	13.33	41.84	595	377	317	37	24		
	8	8.27	15.07	47.28	706	425	359	43	26		
	9	9.73	17.73	55.65	854	487	412	51	29		
500	6	7.31	13.32	41.8	565	367	307	36	25	95	38
	7	7.82	14.25	44.73	632	401	337	40	27		
	8	8.78	15.99	50.17	743	449	379	46	29		
	9	10.24	18.65	58.54	891	511	432	54	32		
550	6	7.80	14.2	44.56	602	391	327	39	27	105	42
	7	8.31	15.13	47.49	669	425	357	43	29		
	8	9.26	16.87	52.93	780	473	399	49	31		
	9	10.72	19.53	61.30	928	535	452	57	34		
600	6	8.27	15.07	47.28	637	414	346	42	29	114	46
	7	8.78	16	50.21	705	448	376	46	31		
	8	9.73	17.73	55.65	815	496	418	52	33		
	9	11.20	20.40	64.02	963	558	471	60	36		
650	6	8.74	15.92	49.96	671	436	365	45	31	124	50
	7	9.25	16.85	52.89	738	470	395	49	33		
	8	10.21	18.59	58.33	849	518	437	55	35		
	9	11.67	21.25	66.70	997	580	490	63	38		

续表 7-39

体重/kg	怀孕月份	日粮干物质/kg	奶牛能量单位/(NND)	产奶净能/MJ	粗蛋白质/g	可消化粗蛋白质/g	小肠可消化蛋白质/g	钙/g	磷/g	胡萝卜素/mg	维生素A/kIU
700	6	9.22	16.76	52.60	705	458	383	48	34	133	53
	7	9.71	17.69	55.53	772	492	413	52	36		
	8	10.67	19.43	60.97	883	540	455	58	38		
	9	12.13	22.09	69.33	1 031	602	508	66	41		
750	6	9.65	17.57	55.15	738	480	401	51	36	143	57
	7	10.16	18.51	58.08	806	514	431	55	38		
	8	11.11	20.24	63.52	917	562	473	61	40		
	9	12.58	22.91	71.89	1 065	624	526	69	43		

注：怀孕牛干奶期间按上表计算营养需要；怀孕期间如未干奶，除按上表计算营养需要外，还应增加产奶的营养需要。

表 7-40　生长母牛的营养需要

体重/kg	日增重/g	日粮干物质/kg	奶牛能量单位/NND	产奶净能/Mcal	产奶净能/MJ	可消化蛋白质/g	小肠可消化蛋白质/g	钙/g	磷/g	胡萝卜素/mg	维生素A/kIU
40	0		2.20	1.65	6.90	41	—	2	2	4.00	1.60
	200		2.67	2.00	8.37	92	—	6	4	4.10	1.60
	300		2.93	2.20	9.21	117	—	8	5	4.20	1.70
	400		2.23	2.42	10.13	141	—	11	6	4.30	1.70
	500		3.52	2.64	11.05	164	—	12	7	4.40	1.80
	600		3.84	2.86	12.05	188	—	14	8	4.50	1.80
	700		4.19	3.14	13.14	210	—	16	10	4.60	1.80
	800		4.56	3.42	14.31	231	—	18	11	4.70	1.90
50	0		2.56	1.92	8.04	49	—	3	3	5.00	2.00
	300		3.32	2.49	10.42	124	—	9	5	5.30	2.10
	400		3.60	2.70	11.30	148	—	11	6	5.40	2.20
	500		3.92	2.94	12.31	172	—	13	8	5.50	2.20
	600		4.24	3.18	13.31	194	—	15	9	5.60	2.20
	700		4.60	3.45	14.44	216	—	17	10	5.70	2.30
	800		4.99	3.74	15.65	238	—	19	11	5.80	2.30
60	0		2.89	2.17	9.08	56	—	4	3	6.00	2.40
	300		3.67	2.75	11.51	131	—	10	5	6.30	2.50
	400		3.96	2.97	12.43	154	—	12	6	6.40	2.60
	500		4.28	3.21	13.44	178	—	14	8	6.50	2.60
	600		4.63	3.47	14.52	199	—	16	9	6.60	2.60

续表 7-40

体重/kg	日增重/g	日粮干物质/kg	奶牛能量单位/NND	产奶净能/Mcal	产奶净能/MJ	可消化蛋白质/g	小肠可消化蛋白质/g	钙/g	磷/g	胡萝卜素/mg	维生素A/kIU
60	700		4.99	3.74	15.65	221	—	18	10	6.7	2.7
	800		5.37	4.03	16.87	243	—	20	11	6.8	2.7
70	0	1.22	3.21	2.41	10.09	63	—	4	4	7.0	2.8
	300	1.67	4.01	3.01	12.60	142	—	10	6	7.9	3.2
	400	1.85	4.32	3.24	13.56	168	—	12	7	8.1	3.2
	500	2.03	4.64	3.48	14.56	193	—	14	8	8.3	3.3
	600	2.21	4.99	3.74	15.65	215	—	16	10	8.4	3.4
	700	2.39	5.36	4.02	16.82	239	—	18	11	8.5	3.4
	800	3.61	5.76	4.32	18.08	262	—	20	12	8.6	3.4
80	0	1.35	3.51	2.63	11.01	70	—	5	4	8.0	3.2
	300	1.80	1.80	3.24	13.56	149	—	11	6	9.0	3.6
	400	1.98	4.64	3.48	14.57	174	—	13	7	9.1	3.6
	500	2.16	4.96	3.72	15.57	198	—	15	8	9.2	3.7
	600	2.34	5.32	3.99	16.70	222	—	17	10	9.3	3.7
	700	2.57	5.71	4.28	17.91	245	—	19	11	9.4	3.8
	800	2.79	6.12	4.59	19.21	268	—	21	12	9.5	3.8
90	0	1.45	3.80	2.85	11.93	76	—	6	5	9.0	3.6
	300	1.84	4.64	3.48	14.57	154	—	12	7	9.5	3.8
	400	2.12	4.96	3.72	15.57	179	—	14	8	9.7	3.9
	500	2.30	5.29	3.97	16.62	203	—	16	9	9.9	4.0
	600	2.48	5.65	4.24	17.75	226	—	18	11	10.1	4.0
	700	2.70	6.06	4.54	19.00	249	—	20	12	10.3	4.1
	800	2.93	6.48	4.86	20.34	272	—	22	13	10.5	4.2
100	0	1.62	4.08	3.06	12.81	82	—	6	5	10.0	4.0
	300	2.07	4.93	3.70	15.49	173	—	13	7	10.5	4.2
	400	2.25	5.27	3.95	16.53	202	—	14	8	10.7	4.3
	500	2.43	5.61	4.21	17.62	231	—	16	9	11.0	4.4
	600	2.66	5.99	4.49	18.79	258	—	18	11	11.2	4.4
	700	2.84	6.39	4.79	20.05	285	—	20	12	11.4	4.5
	800	3.11	6.81	5.11	21.39	311	—	22	13	11.6	4.6
125	0	1.89	4.73	3.55	14.86	97	82	8	6	12.5	5.0
	300	2.39	5.64	4.23	17.70	186	164	14	7	13.0	5.2
	400	2.57	5.96	4.47	18.71	215	190	16	8	13.2	5.3
	500	2.79	6.35	4.76	19.92	243	215	18	10	13.4	5.4

续表 7-40

体重/kg	日增重/g	日粮干物质/kg	奶牛能量单位/NND	产奶净能/Mcal	产奶净能/MJ	可消化蛋白质/g	小肠可消化蛋白质/g	钙/g	磷/g	胡萝卜素/mg	维生素A/kIU
125	600	3.02	6.75	5.06	21.18	268	239	20	11	13.6	5.4
	700	3.24	7.17	5.38	22.51	295	264	22	12	13.8	5.5
	800	3.51	7.63	5.72	23.94	322	288	24	13	14.0	5.6
	900	3.74	8.12	6.09	25.48	347	311	26	14	14.2	5.7
	1 000	4.05	8.67	6.50	27.20	370	332	28	16	14.4	5.8
150	0	2.21	5.35	4.01	16.78	111	94	9	8	15.0	6.0
	300	2.70	6.31	4.73	19.80	202	175	15	9	15.7	6.3
	400	2.88	6.67	5.00	20.92	226	200	17	10	16.0	6.4
	500	3.11	7.05	5.29	22.14	254	225	19	11	16.3	6.5
	600	3.33	7.47	5.60	23.44	279	248	21	12	16.6	6.6
	700	3.60	7.92	5.94	24.86	305	272	23	13	17.0	6.8
	800	3.83	8.40	6.30	26.36	331	296	25	14	17.3	6.9
	900	4.10	8.92	6.69	28.00	356	319	27	16	17.6	7.0
	1 000	4.41	9.49	7.12	29.80	378	339	29	17	18.0	7.2
175	0	2.48	5.93	4.45	18.62	125	106	11	9	17.5	7.0
	300	3.02	7.05	5.29	22.14	210	184	17	10	18.2	7.3
	400	3.20	7.48	5.61	23.48	238	210	19	11	18.5	7.4
	500	3.42	7.95	5.96	24.94	266	235	22	12	18.8	7.5
	600	3.65	8.43	6.32	26.45	290	257	23	13	19.1	7.6
	700	3.92	8.96	6.72	28.12	316	281	25	14	19.4	7.8
	800	4.19	9.53	7.15	29.92	341	304	27	15	19.7	7.9
	900	4.50	10.15	7.61	31.85	365	326	29	16	20.0	8.0
	1 000	4.82	10.81	8.11	33.94	387	346	31	17	20.3	8.1
200	0	2.70	6.48	4.86	20.34	160	133	12	10	20.0	8.0
	300	3.29	7.65	5.74	24.02	244	210	18	11	21.0	8.4
	400	3.51	8.11	6.08	25.44	271	235	20	12	21.5	8.6
	500	3.74	8.59	6.44	26.95	297	259	22	13	22.0	8.8
	600	3.96	9.11	6.83	28.58	322	282	24	14	22.5	9.0
	700	4.23	9.67	7.25	30.34	347	305	26	15	23.0	9.2
	800	4.55	10.25	7.69	32.18	372	327	28	16	23.5	9.4
	900	4.86	10.91	8.18	34.23	396	349	30	17	24.0	9.6
	1 000	5.18	11.60	8.70	36.41	417	368	32	18	24.5	9.8
250	0	3.20	7.53	5.65	23.64	189	157	15	13	25.0	10.0
	300	3.83	8.83	6.62	27.70	270	231	21	14	26.5	10.6

续表 7-40

体重/kg	日增重/g	日粮干物质/kg	奶牛能量单位/NND	产奶净能/Mcal	产奶净能/MJ	可消化蛋白质/g	小肠可消化蛋白质/g	钙/g	磷/g	胡萝卜素/mg	维生素A/kIU
	400	4.05	9.31	6.98	29.21	296	255	23	15	27.0	10.8
	500	4.32	9.83	7.37	30.84	323	279	25	16	27.5	11.0
	600	4.59	10.40	7.80	32.64	345	300	27	17	28.0	11.2
250	700	4.86	11.01	8.26	34.56	370	323	29	18	28.5	11.4
	800	5.18	11.65	8.74	36.57	394	345	31	19	29.0	11.6
	900	5.54	12.37	9.28	38.83	417	365	33	20	29.5	11.8
	1 000	5.90	13.13	9.83	41.13	437	385	35	21	30.0	12.0
	0	3.69	8.51	6.38	26.70	216	180	18	15	30.0	12.0
	300	4.37	10.08	7.56	31.64	295	253	24	16	31.5	12.6
	400	4.59	10.68	8.01	33.52	321	276	26	17	32.0	12.8
	500	4.91	11.31	8.48	35.49	346	299	28	18	32.5	13.0
300	600	5.18	11.99	8.99	37.62	368	320	30	19	33.0	13.2
	700	5.49	12.72	9.54	39.92	392	342	32	20	33.5	13.4
	800	5.85	13.51	10.13	42.39	415	362	34	21	34.0	13.6
	900	6.21	14.36	10.77	45.07	438	383	36	22	34.5	13.8
	1 000	6.62	15.29	11.47	48.00	458	402	38	23	35.0	14.0
	0	4.14	9.43	7.07	29.59	243	202	21	18	35.0	14.0
	300	4.86	11.11	8.33	34.86	321	273	27	19	36.8	14.7
	400	5.13	11.76	8.82	36.91	345	296	29	20	37.4	15.0
	500	5.45	12.44	9.33	39.04	369	318	31	21	38.0	15.2
350	600	5.76	13.17	9.88	41.34	392	338	33	22	38.6	15.4
	700	6.08	13.96	10.47	43.81	415	360	35	23	39.2	15.7
	800	6.39	14.83	11.12	46.53	442	381	37	24	39.8	15.9
	900	6.84	15.75	11.81	49.42	460	401	39	25	40.4	16.1
	1 000	7.29	16.75	12.56	52.56	480	419	41	26	41.0	16.4
	0	4.55	10.32	7.74	32.39	268	224	24	20	40.0	16.0
	300	5.36	12.28	9.21	38.54	344	294	30	21	42.0	16.8
	400	5.63	13.03	9.77	40.88	368	316	32	22	43.0	17,2
	500	5.94	13.81	10.36	43.35	393	338	34	23	44.0	17.6
400	600	6.30	14.65	10.99	45.99	415	359	36	24	45,0	18.0
	700	6.66	15.57	11.68	48.87	438	380	38	25	46.0	18.4
	800	7.07	16.56	12.42	51.97	460	400	40	26	47.0	18.8
	900	7.47	17.64	13.24	55.40	482	420	42	27	48.0	19.2
	1 000	7.97	18.80	14.10	59.00	501	437	44	28	49.0	19.6

续表 7-40

体重/kg	日增重/g	日粮干物质/kg	奶牛能量单位/NND	产奶净能/Mcal	产奶净能/MJ	可消化蛋白质/g	小肠可消化蛋白质/g	钙/g	磷/g	胡萝卜素/mg	维生素A/kIU
	0	5.00	11.16	8.37	35.03	293	244	27	23	45.0	18.0
	300	5.80	13.25	9.94	41.59	368	313	33	24	48.0	19.2
	400	6.10	14.04	10.53	44.06	393	335	35	25	49.0	19.6
	500	6.50	14.88	11.16	46.70	417	355	37	26	50.0	20.0
450	600	6.80	15.80	11.85	49.59	439	377	39	27	51.0	20.4
	700	7.20	16.79	12.58	52.64	461	398	41	28	52.0	20.8
	800	7.70	17.84	13.38	55.99	484	419	43	29	53.0	21.2
	900	8.10	18.99	14.24	59.59	505	439	45	30	54.0	21.6
	1 000	8.60	20.23	15.17	63.48	524	456	47	31	55.0	22.0
	0	5.40	11.97	8.98	37.58	317	264	30	25	50.0	20.0
	300	6.30	14.37	10.78	45.11	392	333	36	26	53.0	21.2
	400	6.60	15.27	11.45	47.91	417	355	38	27	54.0	21.6
	500	7.00	16.24	12.18	50.97	441	377	40	28	55.0	22.0
500	600	7.30	17.27	12.95	54.19	463	397	42	29	56.0	22.4
	700	7.80	18.39	13.79	57.70	485	418	44	30	57.0	22.8
	800	8.20	19.61	14.71	61.55	507	438	46	31	58.0	23.2
	900	8.70	20.91	15.68	65.61	529	458	48	32	59.0	23.6
	1 000	9.30	22.33	16.75	70.09	548	476	50	33	60.0	24.0
	0	5.80	12.77	9.58	40.09	341	284	33	28	55.0	22.0
	300	6.80	15.31	11.48	48.04	417	354	39	29	58.0	23.0
	400	7.10	16.27	12.20	51.05	441	376	30	30	59.0	23.6
	500	7.50	17.29	12.97	54.27	465	397	31	31	60.0	24.0
550	600	7.90	18.40	13.80	57.74	487	418	45	32	61.0	24.4
	700	8.30	19.57	14.68	61.43	510	439	47	33	62.0	24.8
	800	8.80	20.85	15.64	65.44	533	460	49	34	63.0	25.2
	900	9.30	22.25	16.69	69.84	554	480	51	35	64.0	25.6
	1 000	9.90	23.76	17.82	74.56	573	496	53	36	65.0	26.0
	0	6.20	13.53	10.15	42.47	364	303	36	30	60.0	24.0
	300	7.20	16.39	12.29	51.43	441	374	42	31	66.0	26.4
	400	7.60	17.48	13.11	54.86	465	396	44	32	67.0	26.8
	500	8.00	18.64	13.98	58.50	489	418	46	33	68.0	27.2
600	600	8.40	19.88	14.91	62.39	512	439	48	34	69.0	27.6
	700	8.90	21.23	15.92	66.61	535	459	50	35	70.0	28.0
	800	9.40	22.67	17.00	71.13	557	480	52	36	71.0	28.4
	900	9.90	24.24	18.18	76.07	580	501	54	37	72.0	28.8
	1 000	10.50	25.93	19.45	81.38	599	518	56	38	73.0	29.2

表 7-41　生长公牛的营养需要

体重/kg	日增重/g	日粮干物质/kg	奶牛能量单位/NND	产奶净能/Mcal	产奶净能/MJ	可消化粗蛋白质/g	小肠可消化蛋白质/g	钙/g	磷/g	胡萝卜素/mg	维生素A/kIU
40	0	—	2.20	1.65	6.91	41	—	2	2	4.0	1.6
	200	—	2.63	1.97	8.25	92	—	6	4	4.1	1.6
	300	—	2.87	2.15	9.00	117	—	8	5	4.2	1.7
	400	—	3.12	2.34	9.80	141	—	11	6	4.3	1.7
	500	—	3.39	2.54	10.63	164	—	12	7	4.4	1.8
	600	—	3.68	2.76	11.55	188	—	14	8	4.5	1.8
	700	—	3.99	2.99	12.52	210	—	16	10	4.6	1.8
	800	—	4.32	3.24	13.56	231	—	18	11	4.7	1.9
50	0	—	2.56	1.92	8.04	49	—	3	3	5.0	2.0
	300	—	3.24	2.43	10.17	124	—	9	5	5.3	2.1
	400	—	3.51	2.63	11.01	148	—	11	6	5.4	2.2
	500	—	3.77	2.83	11.85	172	—	13	8	5.5	2.2
	600	—	4.08	3.06	12.81	194	—	15	9	5.6	2.2
	700	—	4.40	3.30	13.81	216	—	17	10	5.7	2.3
	800	—	4.73	3.55	14.86	238	—	19	11	5.8	2.3
60	0	—	2.89	2.17	9.08	56	—	4	4	7.0	2.8
	300	—	3.60	2.70	11.30	131	—	10	6	7.9	3.2
	400	—	3.85	2.89	12.10	154	—	12	7	8.1	3.2
	500	—	4.15	3.11	13.02	178	—	14	8	8.3	3.3
	600	—	4.45	3.34	13.98	199	—	16	10	8.4	3.4
	700	—	4.77	3.58	14.98	221	—	18	11	8.5	3.4
	800	—	5.13	3.85	16.11	243	—	20	12	8.6	3.4
70	0	1.2	3.21	2.41	10.09	63	—	4	4	7.0	3.2
	300	1.6	3.93	2.95	12.35	142	—	10	6	7.9	3.6
	400	1.8	4.20	3.15	13.18	168	—	12	7	8.1	3.6
	500	1.9	4.49	3.37	14.11	193	—	14	8	8.3	3.7
	600	2.1	4.81	3.61	15.11	215	—	16	10	8.4	3.7
	700	2.3	5.15	3.86	16.16	239	—	18	11	8.5	3.8
	800	2.5	5.51	4.13	17.28	262	—	20	12	8.6	3.8
80	0	1.4	3.51	2.63	11.01	70	—	5	4	8.0	3.2
	300	1.8	4.24	3.18	13.31	149	—	11	6	9.0	3.6
	400	1.9	4.52	3.39	14.19	174	—	13	7	9.1	3.6
	500	2.1	4.81	3.61	15.11	198	—	15	8	9.2	3.7
	600	2.3	5.13	3.85	16.11	222	—	17	9	9.3	3.7

续表 7-41

体重/kg	日增重/g	日粮干物质/kg	奶牛能量单位/NND	产奶净能/Mcal	产奶净能/MJ	可消化粗蛋白质/g	小肠可消化蛋白质/g	钙/g	磷/g	胡萝卜素/mg	维生素A/kIU
80	700	2.4	5.48	4.11	17.20	245	—	19	11	9.4	3.8
	800	2.7	5.85	4.39	18.37	268	—	21	12	9.5	3.8
90	0	1.5	3.80	2.85	11.93	76	—	6	5	9.0	3.6
	300	1.9	4.56	3.42	14.31	154	—	12	7	9.5	3.8
	400	2.1	4.84	3.63	15,19	179	—	14	8	9.7	3.9
	500	2.2	5.15	3.86	16.16	203	—	16	9	9.9	4.0
	600	2.4	5.47	4.10	17.16	226	—	18	11	10.1	4.0
	700	2.6	5.83	4.37	18.29	249	—	20	12	10.3	4.1
	800	2.8	6.20	4.65	19.46	272	—	22	13	10.5	4.2
100	0	1.6	4.08	3.06	12.81	82	—	6	5	10.0	4.0
	300	2.0	4.85	3.64	15.23	173	—	13	7	10.5	4.2
	400	2.2	5.15	3.86	16.16	202	—	14	8	10.7	4.3
	500	2.3	5.45	4.09	17.12	231	—	16	9	11.0	4.4
	600	2.5	5.79	4.34	18.16	258	—	18	11	11.2	4.4
	700	2.7	6.16	4.62	19.34	285	—	20	12	11.4	4.5
	800	2.9	6.55	4.91	20.55	311	—	22	13	11.6	4.6
125	0	1.9	4.73	3.55	14.86	97	82	8	6	12.5	5.0
	300	2.3	5.55	4.16	17.41	186	164	14	7	13.0	5,2
	400	2.5	5.87	4.40	18.41	215	190	16	8	13.2	5.3
	500	2.7	6.19	4.64	19.42	243	215	18	10	13.4	5.4
	600	2.9	6.55	4.91	20.55	268	239	20	11	13.6	5.4
	700	3.1	6.93	5.20	21.76	295	264	22	12	13.8	5.5
	800	3.3	7.33	5.50	23.02	322	288	24	13	14.0	5.6
	900	3.6	7.79	5.84	24.44	347	311	26	14	14.2	5.7
	1 000	3.8	8,28	6.21	25.99	370	332	28	16	14.4	5.8
150	0	2.2	5.35	4.01	16.78	111	94	9	8	15.0	6.0
	300	2.7	6.21	4.66	19.50	202	175	15	9	15.7	6.3
	400	2.8	6.53	4.90	20.51	226	200	17	10	16.0	6.4
	500	3.0	6.88	5.16	21.59	254	225	19	11	16.3	6.5
	600	3.2	7.25	5.44	22.77	279	248	21	12	16.6	6,6
	700	3.4	7.67	5.75	24.06	305	272	23	13	17.0	6.8
	800	3.7	8.09	6.07	25.40	331	296	25	14	17.3	6.9
	900	3.9	8.56	6.42	26.87	356	319	27	16	17.6	7.0
	1 000	4.2	9.08	6.81	28.50	378	339	29	17	18.0	7.2

续表 7-41

体重/kg	日增重/g	日粮干物质/kg	奶牛能量单位/NND	产奶净能/Mcal	产奶净能/MJ	可消化粗蛋白质/g	小肠可消化蛋白质/g	钙/g	磷/g	胡萝卜素/mg	维生素A/kIU
175	0	2.5	5.93	4.45	18.62	125	106	11	9	17.5	7.0
	300	2.9	6.95	5.21	21.80	210	184	17	10	18.2	7.3
	400	3.2	7.32	5.49	22.98	238	210	19	11	18.5	7.4
	500	3.6	7.75	5.81	24.31	266	235	22	12	18.8	7.5
	600	3.8	8.17	6.13	25.65	290	257	23	13	19.1	7.6
	700	3.8	8.65	6.49	27.16	316	281	25	14	19.4	7.7
	800	4.0	9.17	6.88	28.79	341	304	27	15	19.7	7.8
	900	4.3	9.72	7.29	30.51	365	326	29	16	20.0	7.9
	1 000	4.6	10.32	7.74	32.39	387	346	31	17	20.3	8.0
200	0	2.7	6.48	4.86	20.34	160	133	12	10	20.0	8.1
	300	3.2	7.53	5.65	23.64	244	210	18	11	21.0	8.4
	400	3.4	7.95	5.96	24.94	271	235	20	12	21.5	8.6
	500	3.6	8.37	6.28	26.28	297	259	22	13	22.0	8.8
	600	3.8	8.84	6.63	27.74	322	282	24	14	22.5	9.0
	700	4.1	9.35	7.01	29.33	347	305	26	15	23.0	9.2
	800	4.4	9.88	7.41	31.01	372	327	28	16	23.5	9.4
	900	4.6	10.47	7.85	32.85	396	349	30	17	24.0	9.6
	1 000	5.0	11.09	8.32	34.82	417	368	32	18	24.5	9.8
250	0	3.2	7.53	5.65	23.64	189	157	15	13	25.0	10.0
	300	3.8	8.69	6.52	27.28	270	231	21	14	26.5	10.6
	400	4.0	9.13	6.85	28.67	296	255	23	15	27.0	10.8
	500	4.2	9.60	7.20	30.13	323	279	25	16	27.5	11.0
	600	4.5	10.12	7.59	31.76	345	300	27	17	28.0	11.2
	700	4.7	10.67	8.00	33,48	370	323	29	18	28.5	11.4
	800	5.0	11.24	8.43	35.28	394	345	31	19	29.0	11.6
	900	5.3	11.89	8.92	37.33	417	366	33	20	29.5	11.8
	1 000	5.6	12.57	9.43	39.46	437	385	35	21	30.0	12.0
300	0	3.7	8.51	6.38	26.70	216	180	18	15	30.0	12.0
	300	4.3	9.92	7.44	31.13	295	253	24	16	31.5	12.6
	400	4.5	10.47	7.85	32.85	321	276	26	17	32.0	12.8
	500	4.8	11.03	8.27	34.61	346	299	28	18	32.5	13.0
	600	5.0	11.64	8.73	36.53	368	320	30	19	33.0	13.2
	700	5.3	12.29	9.22	38.85	392	342	32	20	33.5	13.4
	800	5.6	13.01	9.76	40.84	415	362	34	21	34.0	13.6

续表 7-41

体重/kg	日增重/g	日粮干物质/kg	奶牛能量单位/NND	产奶净能/Mcal	产奶净能/MJ	可消化粗蛋白质/g	小肠可消化蛋白质/g	钙/g	磷/g	胡萝卜素/mg	维生素A/kIU
300	900	5.9	13.77	10.33	43.23	438	383	36	22	34.5	13.8
	1 000	6.3	14.61	10.96	45.86	458	402	38	23	35.0	14.0
350	0	4.1	9.43	7.07	29.59	243	202	21	18	35.0	14.0
	300	4.8	10.93	8.20	34.31	321	273	27	19	36.8	14.7
	400	5.0	11.53	8.65	36.20	345	296	29	20	37.4	15.0
	500	5.3	12.13	9.10	38.08	369	318	31	21	38.0	15.2
	600	5.6	12.80	9.60	40.17	392	338	33	22	38.6	15.4
	700	5.9	13.51	10.13	42,39	415	360	35	23	39.2	15.7
	800	6.2	14.29	10.72	44.86	442	381	37	24	39.8	15.9
	900	6.6	15.12	11.34	47.45	460	401	39	25	40.4	16.1
	1 000	7.0	16.01	12.01	50.25	480	419	41	26	41.0	16.4
400	0	4.5	10.32	7.74	32.39	268	224	24	20	40.0	16.0
	300	5.3	12.08	9.05	37.91	344	294	30	21	42.0	16.8
	400	5.5	12.76	9.57	40.05	368	316	32	22	43.0	17.2
	500	5.8	13.47	10.10	42.26	393	338	34	23	44.0	17.6
	600	6.1	14.23	10.67	44.65	415	359	36	24	45.0	18.0
	700	6.4	15.05	11.29	47.24	438	380	38	25	46.0	18.4
	800	6.8	15.93	11.95	50.00	460	400	40	26	47.0	18.8
	900	7.2	16.91	12.68	53.06	482	420	42	27	48.0	19.2
	1 000	7.6	17.95	13.46	56.32	501	437	44	28	49.0	19.6
450	0	5.0	11.16	8.37	35.03	293	244	27	23	45.0	18.0
	300	5.7	13.04	9.78	40.92	368	313	33	24	48.0	19.2
	400	6.0	13.75	10.31	43.14	393	335	35	25	49.0	19.6
	500	6.3	14.51	10.88	45.53	417	355	37	26	50.0	20.0
	600	6.7	15.33	11.50	48.10	439	377	39	27	51.0	20.4
	700	7.0	16.21	12.16	50.88	461	398	41	28	52.0	20.8
	800	7.4	17.17	12.88	53.89	484	419	43	29	53.0	21.2
	900	7.8	18.20	13.65	57.12	505	439	45	30	54.0	21.6
	1 000	8.2	19.32	14.49	60.63	524	456	47	31	55.0	22.0
500	0	5.4	11.97	8.93	37.58	317	264	30	25	50.0	20.0
	300	6.2	14.13	10.60	44.36	392	333	36	26	53.0	21.2
	400	6.5	14.93	11.20	46.87	417	355	38	27	54.0	21.6
	500	6.8	15.81	11.86	49.63	441	377	40	28	55.0	22.0
	600	7.1	16.73	12.55	52.51	463	397	42	29	56.0	22.4

续表 7-41

体重/kg	日增重/g	日粮干物质/kg	奶牛能量单位/NND	产奶净能/Mcal	产奶净能/MJ	可消化粗蛋白质/g	小肠可消化蛋白质/g	钙/g	磷/g	胡萝卜素/mg	维生素A/kIU
500	700	7.6	17.75	13.31	55.69	485	418	44	30	57.0	22.8
	800	8.0	18.85	14.14	59.17	507	438	46	31	58.0	23.2
	900	8.4	20.01	15.01	62.81	529	458	48	32	59.0	23.6
	1 000	8.9	21.29	15.97	66.82	548	476	50	33	60.0	24.0
550	0	5.8	12.77	9.58	40.09	341	284	33	28	55.0	22.0
	300	6.7	15.04	11.28	47.20	417	354	39	29	58.0	23.0
	400	6.9	15.92	11.94	49.96	441	376	41	30	59.0	23.6
	500	7.3	16.84	12.63	52.85	465	397	43	31	60.0	24.0
	600	7.7	17.84	13.38	55.99	487	418	45	32	61.0	24.4
	700	8.1	18.89	14.17	59.29	510	439	47	33	62.0	24.8
	800	8.5	20.04	15.03	62.89	533	460	49	34	63.0	25.2
	900	8.9	21.31	15.98	66.87	554	480	51	35	64.0	25.6
	1 000	9.5	22.67	17.00	71.13	573	496	53	36	65.0	26.0
600	0	6.2	13.53	10.15	42.47	364	303	36	30	60.0	24.0
	300	7.1	16.11	12.08	50.55	441	374	42	31	66.0	26.4
	400	7.4	17.08	12.81	53.60	465	396	44	32	67.0	26.8
	500	7.8	18.13	13.60	56.91	489	418	46	33	68.0	27.2
	600	8.2	19.24	14.43	60.38	512	439	48	34	69.0	27.6
	700	8.6	20.45	15.34	64.19	535	459	50	35	70.0	28.0
	800	9.0	21.76	16.32	68.29	557	480	52	36	71.0	28.4
	900	9.5	23.17	17.38	72.72	580	501	54	37	72.0	28.8
	1 000	10.1	24.69	18.52	77.49	599	518	56	38	73.0	29.2

表 7-42　种公牛的营养需要

体重/kg	日粮干物质/kg	奶牛能量单位/NND	产奶净能/Mcal	产奶净能/MJ	可消化粗蛋白质/g	钙/g	磷/g	胡萝卜素/mg	维生素A/kIU
500	7.99	13.40	10.05	42.05	423	32	24	53	21
600	9.17	15.36	11.52	48.20	485	36	27	64	26
700	10.29	17.24	12.93	54.10	544	41	31	74	30
800	11.37	19.05	14.29	59.79	602	45	34	85	34
900	12.42	20.81	15.61	65.32	657	49	37	95	38
1 000	13.44	22.52	16.89	70.64	711	53	40	106	42
1 100	14.44	24.26	18.15	75.94	764	57	43	117	47
1 200	15.42	25.83	19.37	81.05	816	61	46	127	51
1 300	16.37	27.49	20.57	86.07	866	65	49	138	55
1 400	17.31	28.99	21.74	90.97	916	69	52	148	59

(2)美国 NRC 奶牛饲养标准(2001) 美国 NRC(2001)奶牛饲养标准是美国 NRC 奶牛营养需要量第六次修订版,汇集了当时奶牛营养学研究的最新成果,补充了奶牛干物质摄取量、饲料能量的评价、代谢蛋白质(metabolic protein,MP)和氨基酸需要量的部分内容,具体见表 7-43 至表 7-49。

表 7-43 泌乳奶牛日粮总 NDF、粗饲料 NDF、ADF 和非纤维碳水化合物(NFC)的推荐量

日粮干物质中 NDF		日粮干物质中 ADF	
粗料中 NDF	全部 NDF	ADF	NFC
19	25	17	44
18	27	18	42
17	29	19	40
16	31	20	38
15	33	21	36

注:假设饲料长度适中,粉碎的干玉米是淀粉的来源,NFC=100-(NDF+CP+Fat+EE),所有分析都以干物质为标准。所有的分析值均以干物质为基础。

NDF 为中性洗涤纤维;ADF 为酸性洗涤纤维;NFC 指非纤维性碳水化合物。

表 7-44 干奶牛和泌乳牛对 MP 的营养需求指南

维持体重/kg	MP 营养需求/(g/d)
400	390
450	404
500	410
550	418
600	423
650	427
妊娠:妊娠 220 日龄后开始添加胚胎的维持需要	
泌乳乳中蛋白质/%	240 g+2 g/d>220 g/kg 奶产量
2.8	42
3.0	45
3.2	48
3.4	51
3.6	54

注:MP 为代谢蛋白质;MP=瘤胃微生物蛋白(MCP)+过瘤胃蛋白(RVP)+内源性蛋白(ECP)。

表 7-45 680 kg 干奶牛或泌乳奶牛日粮中蛋白质需求指南

	DM 采食量/(kg/d)	CP/(%DM)	RUP/(%DM)
早期泌乳(泌乳天数<30 d)			
产奶量/(kg/d)			

续表 7-45

	DM 采食量/(kg/d)	CP/%DM	RUP/%DM
20	12.4	16.6	5.3
30	14.5	18.8	7.7
40	16.7	20.3	9.3
泌乳中期(泌乳天数>90 d)			
产奶量/(kg/d)			
25	20.3	13.9	4.0
35	23.6	15.1	4.7
45	26.9	15.9	5.8
55	30.2	16.6	6.8
干奶牛(妊娠 240 日龄)		11.0	2.5

注:RUP 为过瘤胃蛋白。

表 7-46　泌乳奶牛对矿物元素的需要

矿物质	吸收矿物质需求量/(g/d) (绝对需要量,与采食量有关)	总的日粮推荐量 /(%DM)
钙	76	0.65
磷	68	0.38
镁	9	0.25
钾	255	1.10
钠	53	0.20
氯	66	0.27
硫	53	0.20
	mg/d	日粮/(mg/kg)
钴	3	0.1
铜	11	10.0
碘	10	0.6
铁	45	17.0
锰	3	15.1
硒	8	0.3
锌	209	52.8

注:每天吸收需要量:650 kg 奶牛,采食 26.5 kg 的 DMI 每天产 45 kg 牛奶,乳脂率为 3.5%;日粮营养需求中,矿物质吸收率如下:钴 100%,铜 4%,碘 85%,铁 10%,锰 0.75%,硒 100%,锌 15%。

表 7-47　3 岁生长荷斯坦奶牛的营养需要

月龄	6 月龄	12 月龄	12 月龄	20 月龄
体重/kg	202.50	292.50	292.50	476.70
DMI/(kg/d)	5.26	6.99	7.81	12.12

续表 7-47

月龄	6 月龄	12 月龄	12 月龄	20 月龄
ME/(Mcal/d)	10.80	17.00	25.20	22.40
MP/(g/d)	418	567	590	690
目标增重/(g/d)	640	949	949	685
ME 允许增重/(kg/d)	0.83	0.84	0.93	1.05
MP 允许增重/(kg/d)	0.70	0.88	0.89	1.57
		日粮原料		
窖藏半干草饲料(kg DM/d)	3.67	3.81	4.27	9.76
玉米青贮(kg DM/d)	1.50	3.13	3.50	2.41
大豆粕 CP44%(kg DM/d)	0.11	—	—	—
磷酸氢钙 18%P/g	4.50	9.00	9.00	4.50
		日粮成分		
MP/%	8.20	7.80	7.80	7.80
RDP/%	4.90	12.60	12.60	15.70
RUP/%	3.90	3.40	3.40	3.60
CP/%	18.8	16.0	16.00	19.30
ME/(Mcal/kg)	1.04	1.04	1.04	1.01
Ca/%	1.05	0.89	0.89	1.15
提供吸收的/g	18	22	25	44
需要吸收的/g	12	16	16	15
P/%	0.35	0.33	0.33	0.34
提供吸收的/g	12	23	26	27
需要吸收的/g	9	13	13	15

注：荷斯坦奶牛舍温度为−6.67 ℃，风速为 15 mph，体表潮湿不清洁。

MCP 为瘤胃微生物蛋白；RCP 为瘤胃降解蛋白；RUP 为过瘤胃蛋白。

表 7-48 饲喂液态、固态及液态和固态相结合饲料的犊牛对 ME 和 ADP 的营养需要

犊牛重/kg	每日增重/kg	DM 采食量/kg	ME/(Mcal/d)	ADP/(kg/d)
		仅饲喂牛奶或代乳品		
24.75	0.405	0.184	2.0	0.112 5
39.60	0.405	0.245	2.6	0.117 0
49.50	0.405	0.286	3.0	0.117 0
		饲喂牛奶/代乳品和幼畜开始料		
39.6	0.585	0.368	3.4	0.126
49.5	0.585	0.429	3.9	0.130
59.4	0.585	0.470	4.3	0.135

续表 7-48

犊牛重/kg	每日增重/kg	DM 采食量/kg	ME/(Mcal/d)	ADP/(kg/d)
仅饲喂幼畜开始料				
59.4	0.675	0.776	5.3	0.238 5
79.2	0.675	0.899	6.2	0.252 0
99.0	0.675	1.083	7.0	0.261 0

注:ADP 为表观可消化蛋白质。

表 7-49　犊牛 ME 的维持需要与外界温度变化的关系

温度 ℃	0～3 w 犊牛	>3 w 犊牛
	ME 增加幅度/%	ME 增加幅度/%
10	27	0
5	40	13
0	54	27
−5	68	40
−10	86	54
−15	94	68
−20	108	81
−25	121	94
−30	134	107

2. 肉牛饲养标准

(1)中国肉牛饲养标准　中国肉牛饲养标准(NY/T 815—2004)由中国农业科学院畜牧研究所、中国农业大学等单位专家起草,由中华人民共和国农业部于 2004 年颁布实施。本标准规定了肉牛对饲粮干物质采食量、净能、小肠可消化粗蛋白质、矿物元素及维生素需要量标准。具体见表 7-50 至表 7-55。

表 7-50　生长肥育牛的每日营养需要量

LBW /kg	ADG /(kg/d)	DMI /(kg/d)	NEm /(MJ/d)	NEg /(MJ/d)	RND	NEmf /(MJ/d)	CP /(g/d)	IDCPm /(g/d)	IDCPg /(g/d)	IDCP /(g/d)	钙 /(g/d)	磷 /(g/d)
150	0	2.66	13.8	0.00	1.46	11.76	236	158	0	158	5	5
	0.3	3.29	13.8	1.24	1.87	15.10	377	158	103	261	14	8
	0.4	3.49	13.8	1.71	1.97	15.90	421	158	136	294	17	9
	0.5	3.70	13.8	2.22	2.07	16.74	465	158	169	328	19	10
	0.6	3.91	13.8	2.76	2.19	17.66	507	158	202	360	22	11
	0.7	4.12	13.8	3.34	2.30	18.58	548	158	235	393	25	12
	0.8	4.33	13.8	3.97	2.45	19.75	589	158	267	425	28	13
	0.9	4.54	13.8	4.64	2.61	21.05	627	158	298	457	31	14
	1.0	4.75	13.8	5.38	2.80	22.64	665	158	329	487	34	15

续表 7-50

LBW /kg	ADG /(kg/d)	DMI /(kg/d)	NEm /(MJ/d)	NEg /(MJ/d)	RND	NEmf /(MJ/d)	CP /(g/d)	IDCPm /(g/d)	IDCPg /(g/d)	IDCP /(g/d)	钙 /(g/d)	磷 /(g/d)
150	1.1	4.95	15.49	6.18	3.02	20.35	704	158	360	518	37	16
	1.2	5.16	13.8	7.06	3.25	26.28	739	158	389	547	40	16
175	0	2.98	15.49	0.00	1.63	13.18	265	178	0	178	6	6
	0.3	3.63	15.49	1.45	1.99	16.90	403	178	104	281	14	9
	0.4	3.85	15.49	2.00	2.20	17.78	447	178	138	315	17	9
	0.5	4.07	15.49	2.59	2.32	18.70	489	178	171	349	20	10
	0.6	4.29	15.49	3.22	2.44	19.71	530	178	204	382	23	11
	0.7	4.51	15.49	3.89	2.57	20.75	571	178	237	414	26	12
	0.8	4.72	15.49	4.63	2.79	22.05	609	178	269	446	28	13
	0.9	4.94	15.49	5.42	2.91	23.47	650	178	300	478	31	14
	1.0	5.16	15.49	6.28	3.12	25.23	686	178	331	508	34	15
	1.1	5.38	15.49	7.22	3.37	27.20	724	178	361	538	37	16
	1.2	5.59	17.12	8.24	3.63	29.29	759	178	390	567	40	17
200	0	3.30	17.12	0.00	1.80	14.56	293	196	0	196	7	7
	0.3	3.98	17.12	1.66	2.32	18.70	428	196	105	301	15	9
	0.4	4.21	17.12	2.28	2.43	19.62	472	196	139	336	17	10
	0.5	4.44	17.12	2.95	2.56	20.67	514	196	173	369	20	11
	0.6	4.66	17.12	3.67	2.69	21.76	555	196	206	403	23	12
	0.7	4.89	17.12	4.45	2.83	22.47	593	196	239	435	26	13
	0.8	5.12	17.12	5.29	3.01	24.31	631	196	271	467	28	14
	0.9	5.34	17.12	6.19	3.21	25.90	669	196	302	499	31	15
	1.0	5.57	17.12	7.17	3.45	27.82	708	196	333	529	34	16
	1.1	5.80	17.12	8.25	3.71	29.96	743	196	362	558	37	17
	1.2	6.03	17.12	9.42	4.00	32.30	778	196	391	587	40	17
225	0	3.60	18.71	0.00	1.87	15.10	320	214	0	214	7	7
	0.3	4.31	18.71	1.86	2.56	20.71	452	214	107	321	15	10
	0.4	4.55	18.71	2.57	2.69	21.76	494	214	141	356	18	11
	0.5	4.78	18.71	3.32	2.83	22.89	535	214	175	390	20	12
	0.6	5.02	18.71	4.13	2.98	24.10	576	214	209	423	23	13
	0.7	5.26	18.71	5.01	3.14	25.36	614	214	241	456	26	14
	0.8	5.49	18.71	5.95	3.33	26.90	652	214	273	488	29	14
	0.9	5.73	18.71	6.97	3.55	28.66	691	214	304	519	31	15
	1.0	5.96	18.71	8.07	3.81	30.79	726	214	335	549	34	16
	1.1	6.20	18.71	9.29	4.10	33.10	761	214	364	578	37	17
	1.2	6.44	18.71	10.59	4.42	35.69	796	214	391	606	39	18

续表 7-50

LBW /kg	ADG /(kg/d)	DMI /(kg/d)	NEm /(MJ/d)	NEg /(MJ/d)	RND	NEmf /(MJ/d)	CP /(g/d)	IDCPm /(g/d)	IDCPg /(g/d)	IDCP /(g/d)	钙 /(g/d)	磷 /(g/d)
250	0	3.90	20.24	0.00	2.20	17.78	346	232	0	232	8	8
	0.3	4.64	20.24	2.07	2.81	22.72	475	232	108	340	16	11
	0.4	4.88	20.24	2.85	2.95	23.85	517	232	143	375	18	12
	0.5	5.13	20.24	3.69	3.11	25.10	558	232	177	409	21	12
	0.6	5.37	20.24	4.59	3.27	26.44	599	232	211	443	23	13
	0.7	5.62	20.24	5.56	3.45	27.82	637	232	244	475.9	26	14
	0.8	5.87	20.24	6.61	3.65	29.50	672	232	276	507.8	29	15
	0.9	6.11	20.24	7.74	3.89	31.38	711	232	307	538.8	31	16
	1.0	6.36	20.24	8.97	4.18	33.72	746	232	337	568.6	34	17
	1.1	6.60	20.24	10.31	4.49	36.28	781	232	365	597.2	36	18
	1.2	6.85	20.24	11.77	4.84	39.06	814	232	392	624.3	39	18
275	0	4.19	21.74	0.00	2.40	19.37	372	249	0	249.2	9	9
	0.3	4.96	21.74	2.28	3.07	24.77	501	249	110	359	16	12
	0.4	5.21	21.74	3.14	3.22	25.98	543	249	145	394.4	19	12
	0.5	5.47	21.74	4.06	3.39	27.36	581	249	180	429	21	13
	0.6	5.72	21.74	5.05	3.57	28.79	619	249	214	462.8	24	14
	0.7	5.98	21.74	6.12	3.75	30.29	657	249	247	495.8	26	15
	0.8	6.23	21.74	7.27	3.98	32.13	696	249	278	527.7	29	16
	0.9	6.49	21.74	8.51	4.23	34.18	731	249	309	558.5	31	16
	1.0	6.74	21.74	9.86	4.55	36.74	766	249	339	588	34	17
	1.1	7.00	21.74	11.34	4.89	39.50	798	249	367	616	36	18
	1.2	7.25	21.74	12.95	5.60	42.51	834	249	393	642.4	39	19
300	0	4.46	23.21	0.00	2.60	21.00	397	266	0	266	10	10
	0.3	5.26	23.21	2.48	3.32	26.78	523	266	112	377.6	17	12
	0.4	5.53	23.21	3.42	3.48	28.12	565	266	147	413.4	19	13
	0.5	5.79	23.21	4.43	3.66	29.58	603	266	182	448.4	21	14
	0.6	6.06	23.21	5.51	3.86	31.13	641	266	216	482.4	24	15
	0.7	6.32	23.21	6.67	4.06	32.76	679	266	249	515.5	26	15
	0.8	6.58	23.21	7.93	4.31	34.77	715	266	281	547.4	29	16
	0.9	6.85	23.21	9.29	4.58	36.99	750	266	312	578	31	17
	1.0	7.11	23.21	10.76	4.92	39.71	785	266	341	607.1	34	18
	1.1	7.38	23.21	12.37	5.29	42.68	818	266	369	634.6	36	19
	1.2	7.64	23.21	14.12	5.69	45.98	850	266	394	660.3	38	19

续表 7-50

LBW /kg	ADG /(kg/d)	DMI /(kg/d)	NEm /(MJ/d)	NEg /(MJ/d)	RND	NEmf /(MJ/d)	CP /(g/d)	IDCPm /(g/d)	IDCPg /(g/d)	IDCP /(g/d)	钙 /(g/d)	磷 /(g/d)
325	0	4.75	24.65	0.00	2.78	22.43	421	282	0	282.4	11	11
	0.3	5.57	24.65	2.69	3.54	28.58	547	282	114	396	17	13
	0.4	5.84	24.65	3.71	3.72	30.04	586	282	150	432.3	19	14
	0.5	6.12	24.65	4.80	3.91	31.59	624	282	185	467.6	22	14
	0.6	6.39	24.65	5.97	4.12	33.26	662	282	219	501.9	24	15
	0.7	6.66	24.65	7.23	4.36	35.02	700	282	253	535.1	26	16
	0.8	6.94	24.65	8.59	4.60	37.15	736	282	284	566.9	29	17
	0.9	7.21	24.65	10.06	4.90	39.54	771	282	315	597.3	31	18
	1.0	7.49	24.65	11.66	5.25	42.43	803	282	344	626.1	33	18
	1.1	7.76	24.65	13.40	5.65	45.61	839	282	371	653	36	19
	1.2	8.03	24.65	15.30	6.08	49.12	868	282	395	677.8	38	20
350	0	5.02	26.06	0.00	2.95	23.85	445	299	0	298.6	12	12
	0.3	5.87	26.06	2.90	3.76	30.38	569	299	122	420.6	18	14
	0.4	6.15	26.06	3.99	3.95	31.92	607	299	161	459.4	20	14
	0.5	6.43	26.06	5.17	4.16	33.60	645	299	199	497.1	22	15
	0.6	6.72	26.06	6.43	4.38	35.40	683	299	235	533.6	24	16
	0.7	7.00	26.06	7.79	4.61	37.24	719	299	270	568.7	27	17
	0.8	7.28	26.06	9.25	4.89	39.50	757	299	304	602.3	29	17
	0.9	7.57	26.06	10.83	5.21	42.05	789	299	336	634.1	31	18
	1.0	7.85	26.06	12.55	5.59	45.15	824	299	365	664	33	19
	1.1	8.13	26.06	14.43	6.01	48.53	857	299	393	691.7	36	20
	1.2	8.41	26.06	16.48	6.47	52.26	889	299	418	716.9	28	20
375	0	5.28	27.44	0.00	3.13	25.27	469	314	0	314.4	12	12
	0.3	6.16	27.44	3.10	3.99	32.22	593	314	119	433.5	18	14
	0.4	6.45	27.44	4.28	4.19	33.85	631	314	157	471.2	20	15
	0.5	6.74	27.44	5.54	4.41	35.61	669	314	193	507.7	22	16
	0.6	7.03	27.44	6.89	4.65	37.53	704	314	228	542.9	25	17
	0.7	7.32	27.44	8.34	4.89	39.50	743	314	262	576.6	27	17
	0.8	7.62	27.44	9.91	5.19	41.88	778	314	294	608.7	29	18
	0.9	7.91	27.44	11.61	5.52	44.60	810	314	324	638.9	31	19
	1.0	8.20	27.44	13.45	5.93	47.87	845	314	353	667.1	33	19
	1.1	8.49	27.44	15.46	6.26	50.54	878	314	378	692.9	35	20
	1.2	8.79	27.44	17.65	6.75	54.48	907	314	402	716	38	20

续表 7-50

LBW /kg	ADG /(kg/d)	DMI /(kg/d)	NEm /(MJ/d)	NEg /(MJ/d)	RND	NEmf /(MJ/d)	CP /(g/d)	IDCPm /(g/d)	IDCPg /(g/d)	IDCP /(g/d)	钙 /(g/d)	磷 /(g/d)
400	0	5.55	28.80	0.00	3.31	26.74	492	330	0	330.0	13	13
	0.3	6.45	28.80	3.31	4.22	34.06	613	330	116	446.2	19	15
	0.4	6.76	28.80	4.56	4.43	35.77	651	330	153	482.7	21	16
	0.5	7.06	28.80	5.91	4.66	37.66	689	330	188	518.0	23	17
	0.6	7.36	28.80	7.35	4.91	39.66	727	330	222	551.9	25	17
	0.7	7.66	28.80	8.90	5.17	41.76	763	330	254	584.3	27	18
	0.8	7.96	28.80	10.57	5.49	44.31	798	330	285	614.8	29	19
	0.9	8.26	28.80	12.38	5.64	47.15	830	330	313	643.5	31	19
	1.0	8.56	28.80	14.35	6.27	50.63	866	330	340	669.9	33	20
	1.1	8.87	28.80	16.49	6.74	54.43	895	330	364	693.8	35	21
	1.2	9.17	28.80	18.83	7.26	58.66	927	330	385	714.8	37	21
425	0	5.80	30.14	0.00	3.48	28.08	515	345	0	345.4	14	14
	0.3	6.73	30.14	3.52	4.43	35.77	636	345	113	458.6	19	16
	0.4	7.04	30.14	4.85	4.65	37.57	674	345	194	494.0	21	17
	0.5	7.35	30.14	6.28	4.90	39.54	712	345	183	528.1	23	17
	0.6	7.66	30.14	7.81	5.16	41.67	747	345	215	560.7	25	18
	0.7	7.97	30.14	9.45	5.44	43.89	783	345	246	591.7	27	18
	0.8	8.29	30.14	11.23	5.77	46.57	818	345	275	620.8	29	19
	0.9	8.60	30.14	13.15	6.14	49.58	850	345	302	647.8	31	20
	1.0	8.91	30.14	15.24	6.59	53.22	886	345	327	672.4	33	20
	1.1	9.22	30.14	17.52	7.09	57.24	918	345	349	694.4	35	21
	1.2	9.53	30.14	20.01	7.64	61.67	947	345	368	713.3	37	22
450	0	6.06	31.46	0.00	3.63	29.33	538	361	0	360.5	15	15
	0.3	7.02	31.45	3.72	4.63	37.41	659	361	110	470.7	20	17
	0.4	7.34	31.46	5.14	4.87	39.33	697	361	145	505.1	21	17
	0.5	7.66	31.46	6.65	5.12	41.38	732	361	177	538.0	23	18
	0.6	7.89	31.46	8.27	5.40	43.60	770	361	209	569.3	25	19
	0.7	8.30	31.46	10.01	5.69	45.94	806	361	238	598.9	27	19
	0.8	8.62	31.46	11.89	6.03	48.74	841	361	266	626.5	29	20
	0.9	8.94	31.46	13.93	6.43	51.92	873	361	291	651.8	31	20
	1.0	9.26	31.46	16.14	6.90	55.77	906	361	314	674.7	33	21
	1.1	9.58	31.46	18.55	7.42	59.96	938	361	334	694.8	35	22
	1.2	9.90	31.46	21.18	8.00	64.00	967	361	351	711.7	37	22

续表 7-50

LBW /kg	ADG /(kg/d)	DMI /(kg/d)	NEm /(MJ/d)	NEg /(MJ/d)	RND	NEmf /(MJ/d)	CP /(g/d)	IDCPm /(g/d)	IDCPg /(g/d)	IDCP /(g/d)	钙 /(g/d)	磷 /(g/d)
	0	6.31	32.76	0	3.79	30.63	560	375	0	375.4	16	16
	0.3	7.30	32.76	3.93	4.84	39.08	681	375	107	482.7	20	17
	0.4	7.63	32.76	5.42	5.09	41.09	719	375	140	515.9	22	18
	0.5	7.96	32.76	7.01	5.35	43.26	754	375	172	547.6	24	19
	0.6	8.29	32.76	8.73	5.64	45.61	789	375	202	577.7	25	19
475	0.7	8.61	32.76	10.57	5.94	48.03	825	375	230	605.8	27	20
	0.8	8.94	32.76	12.55	6.31	51.00	860	375	257	631.9	29	20
	0.9	9.27	32.76	14.70	6.72	54.31	892	375	280	655.7	31	21
	1.0	9.60	32.76	17.04	7.22	58.32	928	375	301	676.9	33	21
	1.1	9.93	32.76	19.58	7.77	62.76	957	375	320	695.0	35	22
	1.2	10.26	32.76	22.36	8.37	67.61	989	375	334	709.8	36	23
	0	6.56	34.05	0	3.95	31.92	582	390	0	390.2	16	16
	0.3	7.58	34.05	4.14	5.04	40.71	700	390	104	494.5	20	18
	0.4	7.91	34.05	5.71	5.30	42.84	738	390	136	526.6	22	19
	0.5	8.25	34.05	7.38	5.58	45.10	776	390	167	557.1	24	19
	0.6	8.59	34.05	9.18	5.88	47.53	811	390	196	585.8	26	20
500	0.7	8.93	34.05	11.12	6.20	50.08	847	390	222	612.6	27	20
	0.8	8.27	34.05	13.21	6.58	53.18	882	390	247	637.2	29	21
	0.9	9.61	34.05	15.48	7.01	56.65	912	390	269	659.4	31	21
	1.0	9.94	34.05	17.93	7.53	60.88	947	390	289	678.8	33	22
	1.1	10.28	34.05	20.61	8.10	65.48	979	390	305	695.0	34	23
	1.2	10.62	34.05	23.54	8.73	70.54	1 011	390	318	707.7	36	23

注：NEm 为维持净能；NEg 为增重净能；RND 为瘤胃降解氮；NEmf 为综合净能；IDCP 为小肠可消化粗蛋白质需要量；IDCPm 为维持小肠可消化粗蛋白质需要量；IDCPg 为增重小肠可消化粗蛋白质需要量。

表 7-51　生长母牛的每日营养需要量

LBW /kg	ADG /(kg/d)	DMI /(kg/d)	NEm /(MJ/d)	NEg /(MJ/d)	RND	NEmf /(MJ/d)	CP /(g/d)	IDCPm /(mg/d)	IDCPg /(g/d)	IDCP /(g/d)	钙 /(g/d)	磷 /(g/d)
	0	2.66	13.8	0	1.46	11.76	236	158	0	158	5	5
	0.3	3.29	13.8	1.37	1.90	15.31	377	158	101	259	13	8
150	0.4	3.49	13.8	1.88	2.00	16.15	421	158	134	293	16	9
	0.5	3.70	13.8	2.44	2.11	17.07	465	158	167	325	19	10
	0.6	3.91	13.8	3.03	2.24	18.07	507	158	200	358	22	11

续表 7-51

LBW /kg	ADG /(kg /d)	DMI /(kg /d)	NEm /(MJ /d)	NEg /(MJ /d)	RND	NEmf /(MJ /d)	CP /(g /d)	IDCPm /(mg /d)	IDCPg /(g /d)	IDCP /(g /d)	钙 /(g /d)	磷 /(g /d)
150	0.7	4.12	13.8	3.67	2.36	19.08	548	158	231	390	25	11
	0.8	4.33	13.8	4.36	2.52	20.33	589	158	263	421	28	12
	0.9	4.54	13.8	5.11	2.69	21.76	627	158	294	452	31	13
	1.0	4.75	13.8	5.92	2.91	23.47	665	158	324	482	34	14
175	0	2.98	15.49	0	1.63	13.18	265	178	0	178	6	6
	0.3	3.63	15.49	1.59	2.12	17.15	403	178	102	280	14	8
	0.4	3.85	15.49	2.20	2.24	18.07	447	178	136	313	17	9
	0.5	4.07	15.49	2.84	2.37	19.12	489	178	169	346	19	10
	0.6	4.29	15.49	3.54	2.50	20.21	530	178	201	378	22	11
	0.7	4.51	15.49	4.28	2.64	21.34	571	178	233	410	25	12
	0.8	4.72	15.49	5.09	2.81	22.72	609	178	264	442	28	13
	0.9	4.94	15.49	5.96	3.01	24.31	650	178	295	472	30	14
	1.0	5.16	15.49	6.91	3.24	26.19	686	178	324	502	33	15
200	0	3.30	17.12	0.00	1.80	14.56	293	196	0	196	7	7
	0.3	3.98	17.12	1.82	2.34	18.92	428	196	103	300	14	9
	0.4	4.21	17.12	2.51	2.47	19.46	472	196	137	333	17	10
	0.5	4.44	17.12	3.25	2.61	21.09	514	196	170	366	19	11
	0.6	4.66	17.12	4.04	2.76	22.30	555	196	202	399	22	12
	0.7	4.89	17.12	4.89	2.92	23.43	593	196	234	431	25	13
	0.8	5.12	17.12	5.82	3.10	25.06	631	196	265	462	28	14
	0.9	5.34	17.12	6.81	3.32	26.78	669	196	296	492	30	14
	1.0	5.57	17.12	7.89	3.58	28.87	708	196	325	521	33	15
225	0	3.60	18.71	0	1.87	15.10	320	214	0	214	7	7
	0.3	4.31	18.71	2.05	2.60	20.71	452	214	105	319	15	10
	0.4	4.55	18.71	2.82	2.74	21.76	494	214	138	353	17	11
	0.5	4.78	18.71	3.66	2.89	22.89	535	214	172	386	20	12
	0.6	5.02	18.71	4.55	3.06	24.10	576	214	204	418	23	12
	0.7	5.26	18.71	5.51	3.22	25.36	614	214	236	450	25	13
	0.8	5.49	18.71	6.54	3.44	26.90	652	214	267	481	28	14
	0.9	5.73	18.71	7.66	3.67	29.62	691	214	297	511	30	15
	1.0	5.96	18.71	8.88	3.95	31.92	726	214	326	540	33	16
250	0	3.90	20.24	0	2.20	17.78	346	232	0	232	8	8
	0.3	4.64	20.24	2.28	2.84	22.97	475	232	106	338	15	11
	0.4	4.88	20.24	3.14	3.00	24.23	517	232	140	372	18	11

续表 7-51

LBW /kg	ADG /(kg/d)	DMI /(kg/d)	NEm /(MJ/d)	NEg /(MJ/d)	RND	NEmf /(MJ/d)	CP /(g/d)	IDCPm /(mg/d)	IDCPg /(g/d)	IDCP /(g/d)	钙 /(g/d)	磷 /(g/d)
250	0.5	5.13	20.24	4.06	3.17	25.01	558	232	173	405	20	12
	0.6	5.37	20.24	5.05	3.35	27.03	599	232	206	438	23	13
	0.7	5.62	20.24	6.12	3.53	28.53	637	232	237	469	25	14
	0.8	5.87	20.24	7.27	3.76	30.38	672	232	268	500	28	15
	0.9	6.11	20.24	8.51	4.02	32.47	711	232	398	530	30	15
	1.0	6.36	20.24	9.86	4.33	34.98	746	232	326	558	33	17
275	0	4.19	21.74	0	2.40	19.37	372	249	0	249	9	9
	0.3	4.96	21.74	2.50	3.10	25.06	501	249	107	356	16	11
	0.4	5.21	21.74	3.45	3.27	26.04	543	249	141	391	18	12
	0.5	5.47	21.74	4.47	3.45	27.87	581	249	175	424	20	13
	0.6	5.72	21.74	5.56	3.65	29.46	619	249	208	457	23	14
	0.7	5.98	21.74	6.73	3.85	31.09	657	249	239	488	25	14
	0.8	6.23	21.74	7.99	4.10	33.10	696	249	270	519	28	15
	0.9	6.49	21.74	9.36	4.38	35.35	731	249	299	548	30	16
	1.0	6.74	21.74	10.85	4.72	38.07	766	249	327	576	32	17
300	0	4.46	23.21	0	2.60	21.00	397	266	0	266	10	10
	0.3	5.26	23.21	2.73	3.35	27.07	523	266	109	375	16	12
	0.4	5.53	23.21	3.77	3.54	28.58	565	266	143	409	18	13
	0.5	5.79	23.21	4.87	3.74	30.17	603	266	177	443	21	14
	0.6	6.06	23.21	6.06	3.95	31.88	641	266	210	476	23	14
	0.7	6.32	23.21	7.34	4.17	33.64	679	266	241	507	25	15
	0.8	6.58	23.21	8.72	4.44	35.82	715	266	271	537	28	16
	0.9	6.85	23.21	10.21	4.74	38.24	750	266	300	566	30	17
	1.0	7.11	23.21	11.84	5.10	41.17	785	266	328	594	32	17
325	0	4.75	24.65	0.00	2.78	22.43	421	282	0	282	11	11
	0.3	5.57	24.65	2.96	3.59	28.95	547	282	110	393	17	13
	0.4	5.84	24.65	4.08	3.78	30.54	586	282	145	427	19	14
	0.5	6.12	24.65	5.28	3.99	32.22	624	282	179	461	21	14
	0.6	6.39	24.65	6.57	4.22	34.06	662	282	212	494	23	15
	0.7	6.66	24.65	7.95	4.46	35.98	700	282	243	526	25	16
	0.8	6.94	24.65	9.45	4.74	38.28	736	282	273	556	28	16
	0.9	7.21	24.65	11.07	5.06	40.88	771	282	302	584	30	17
	1.0	7.49	24.65	12.82	5.45	44.02	803	282	329	611	32	18

续表 7-51

LBW /kg	ADG /(kg /d)	DMI /(kg /d)	NEm /(MJ /d)	NEg /(MJ /d)	RND	NEmf /(MJ /d)	CP /(g /d)	IDCPm /(mg /d)	IDCPg /(g /d)	IDCP /(g /d)	钙 /(g /d)	磷 /(g /d)
	0	5.02	26.06	0	2.95	23.85	445	299	0	299	12	12
	0.3	5.87	26.06	3.19	3.81	30.75	569	299	118	416	17	14
	0.4	6.15	26.06	4.39	4.02	32.47	607	299	155	454	19	14
	0.5	6.43	26.06	5.69	4.24	34.27	645	299	191	490	21	15
350	0.6	6.72	26.06	7.07	4.49	36.23	683	299	226	524	23	16
	0.7	7.00	26.06	8.56	4.74	38.24	719	299	259	558	25	16
	0.8	7.28	26.06	10.17	5.04	40.71	757	299	290	589	28	17
	0.9	7.57	26.06	11.92	5.38	43.47	789	299	320	619	30	18
	1.0	7.85	26.06	13.81	5.80	46.82	824	299	348	646	32	18
	0	5.28	27.44	0.00	3.13	25.27	469.00	314	0	314	12	12
	0.3	6.16	27.44	3.41	4.04	4.80	3.91	31.59	115	429	18	14
	0.4	6.45	27.44	4.71	4.26	5.97	4.12	33.26	151	465	20	15
	0.5	6.74	27.44	6.09	4.50	7.23	4.36	35.02	185	500	22	16
375	0.6	7.03	27.44	7.58	4.76	8.59	4.60	37.15	219	533	24	17
	0.7	7.32	27.44	9.18	5.03	10.06	4.90	39.54	250	565	26	17
	0.8	7.62	27.44	10.90	5.35	11.66	5.25	42.43	280	595	28	18
	0.9	7.91	27.44	12.77	5.71	0.00	2.95	23.85	308	622	30	19
	1.0	8.20	27.44	14.79	6.15	2.90	3.76	30.38	333	648	32	19
	0	5.55	28.80	0.00	3.31	26.74	492	330	0	330	13	13
	0.3	6.45	28.80	3.64	4.26	34.43	613	330	111	441	18	15
	0.4	6.76	28.80	5.02	4.50	36.36	651	330	146	476	20	16
	0.5	7.06	28.80	6.50	4.76	38.41	689	330	180	510	22	16
400	0.6	7.36	28.80	8.08	5.03	40.58	727	330	211	541	24	17
	0.7	7.66	28.80	9.79	5.31	42.89	763	330	242	572	26	17
	0.8	7.96	28.80	11.63	5.65	45.65	798	330	270	600	28	18
	0.9	8.26	28.80	13.62	6.04	48.74	830	330	296	626	29	19
	1.0	8.56	28.80	15.78	6.50	52.51	866	330	319	649	31	19
	0	6.06	31.46	0.00	3.89	31.46	537	361	0	361	12	12
	0.3	7.02	31.45	4.10	4.40	35.56	625	361	105	465	18	14
	0.4	7.34	31.46	5.65	4.59	37.11	653	361	137	498	20	15
450	0.5	7.65	31.46	7.31	4.80	38.77	681	361	168	528	22	16
	0.6	7.97	31.46	9.09	5.02	40.55	708	361	197	557	24	17
	0.7	8.29	31.46	11.01	5.26	42.47	734	361	224	585	26	17
	0.8	8.61	31.46	13.08	5.51	44.54	759	361	249	609	28	18

续表 7-51

LBW /kg	ADG /(kg /d)	DMI /(kg /d)	NEm /(MJ /d)	NEg /(MJ /d)	RND	NEmf /(MJ /d)	CP /(g /d)	IDCPm /(mg /d)	IDCPg /(g /d)	IDCP /(g /d)	钙 /(g /d)	磷 /(g /d)
450	0.9	8.93	31.46	15.32	5.79	46.78	784	361	271	632	30	19
	1.0	9.25	31.46	17.75	6.09	49.21	808	361	291	652	32	19
500	0	6.56	34.05	0.00	4.21	34.05	582	390	0	390	13	13
	0.3	7.57	34.05	4.55	4.78	38.60	662	390	98	498	18	15
	0.4	7.91	34.05	6.28	4.99	40.32	687	390	128	518	20	16
	0.5	8.25	34.05	8.12	5.22	42.17	712	390	156	547	22	16
	0.6	8.58	34.05	10.10	5.46	44.15	736	390	183	573	24	17
	0.7	8.92	34.05	12.23	5.73	46.28	760	390	207	597	26	17
	0.8	9.26	34.05	14.53	6.01	48.58	783	390	228	618	28	18
	0.9	9.60	34.05	17.02	6.32	51.07	805	390	247	637	29	19
	1.0	9.93	34.05	19.72	6.65	53.77	827	390	263	653	31	19

表 7-52 妊娠母牛的每日营养需要量

LBW /kg	妊娠月份	DMI /(kg /d)	NEm /(MJ /d)	NEc /(MJ /d)	RND	NEmf /(MJ /d)	CP /(g /d)	IDCPm /(g /d)	IDCPc /(g/ d)	IDCP /(g /d)	钙 /(g /d)	磷 /(g /d)
300	6	6.32	23.21	4.32	2.80	22.60	409	266	28	294	14	12
	7	6.43	23.31	7.36	3.11	25.12	477	266	49	315	16	12
	8	6.60	23.31	11.17	3.50	28.26	587	266	85	351	18	13
	9	6.77	23.31	15.77	3.97	32.05	735	266	141	407	20	13
350	6	6.86	26.06	4.63	3.12	25.19	449	299	30	328	16	13
	7	6.98	26.06	7.88	3.45	28.87	517	299	53	351	18	14
	8	7.15	26.06	11.97	3.87	31.24	627	299	91	389	20	15
	9	7.32	26.06	16.89	3.37	35.30	775	299	151	450	22	15
400	6	7.39	28.80	4.94	3.43	27.69	488	330	32	362	18	15
	7	7.51	28.80	8.40	3.78	30.56	556	330	56	386	20	16
	8	7.68	28.80	12.76	4.23	34.13	666	330	97	427	22	16
	9	7.84	28.80	18.01	4.76	38.47	814	330	161	491	24	17
450	6	7.90	31.46	5.24	3.73	30.12	526	361	34	394	20	17
	7	8.02	31.46	8.92	4.11	33.15	594	361	60	420	22	17
	8	8.19	31.46	13.55	4.58	36.99	704	361	103	463	24	18
	9	8.36	31.46	19.13	5.15	41.58	852	361	171	532	27	18
500	6	8.40	34.05	5.55	4.03	32.51	563	390	36	426	22	19
	7	8.52	34.05	9.45	4.43	35.72	631	390	63	453	24	19
	8	8.69	34.05	14.35	4.92	39.76	741	390	109	499	26	20
	9	8.86	34.05	20.25	5.53	44.62	889	390	181	571	29	21

续表 7-52

LBW /kg	妊娠月份	DMI /(kg/d)	NEm /(MJ/d)	NEc /(MJ/d)	RND	NEmf /(MJ/d)	CP /(g/d)	IDCPm /(g/d)	IDCPc /(g/d)	IDCP /(g/d)	钙 /(g/d)	磷 /(g/d)
550	6	8.89	36.57	5.86	4.31	34.83	599	419	37	457	24	20
	7	9.00	36.57	9.97	4.73	38.23	667	419	67	486	26	21
	8	9.17	36.57	15.14	5.26	42.47	777	419	115	534	29	22
	9	9.34	36.57	31.37	5.90	47.62	925	419	191	610	31	23

表 7-53 哺乳母牛的每日营养需要量

体重 /kg	FCM /(kg/d)	DMI /(kg/d)	NEm /(MJ/d)	NEl /(MJ/d)	RND	NEmf /(MJ/d)	CP /(g/d)	IDCPm /(g/d)	IDCPL /(g/d)	IDCP /(g/d)	钙 /(g/d)	磷 /(g/d)
300	0	4.47	23.21	0	3.50	28.31	332	266	0	266	10	10
	3	5.82	23.21	9.41	4.92	39.79	587	266	142	408	24	14
	4	6.27	23.21	12.55	5.40	43.61	672	266	190	456	29	15
	5	6.72	23.21	15.69	5.87	47.44	757	266	237	503	34	17
	6	7.17	23.21	18.83	6.34	51.27	842	266	285	551	39	18
	7	7.62	23.21	21.97	6.82	55.09	927	266	332	598	44	19
	8	8.07	23.21	25.10	7.29	58.92	1 012	266	379	645	48	21
	9	8.52	23.21	28.24	7.77	62.75	1 097	266	427	693	53	22
	10	8.97	23.21	31.38	8.24	66.57	1 182	266	474	740	58	23
350	0	5.02	26.06	0	3.93	31.78	372	299	0	299	12	12
	3	6.37	26.06	9.41	5.35	43.26	627	299	142	441	27	16
	4	6.82	26.06	12.55	5.83	47.08	712	299	190	488	32	17
	5	7.27	26.06	15.69	6.30	5.91	797	299	237	536	37	19
	6	7.72	26.06	18.83	6.77	54.74	882	299	285	583	42	20
	7	8.17	26.06	21.97	7.25	58.56	967	299	332	631	46	21
	8	8.62	26.06	25.10	7.72	62.39	1 052	299	379	678	51	23
	9	9.07	26.06	28.25	8.20	66.22	1 137	299	427	725	56	24
	10	9.52	26.06	31.38	8.67	70.04	1 222	299	474	773	61	25
400	0	5.55	28.80	0	4.35	35.12	411	330	0	330	13	13
	3	6.90	28.80	9.41	5.77	46.60	666	330	142	472	28	17
	4	7.35	28.80	12.55	6.24	50.43	751	330	190	520	33	18
	5	7.80	28.80	15.69	6.71	54.26	836	330	237	567	38	20
	6	8.25	28.80	18.83	7.19	58.08	921	330	285	615	43	21
	7	8.70	28.80	21.97	7.66	61.91	1 006	330	332	662	47	22
	8	9.15	28.80	25.10	8.14	65.74	1 091	330	379	709	52	24

续表 7-53

体重/kg	FCM/(kg/d)	DMI/(kg/d)	NEm/(MJ/d)	NEl/(MJ/d)	RND	NEmf/(MJ/d)	CP/(g/d)	IDCPm/(g/d)	IDCPL/(g/d)	IDCP/(g/d)	钙/(g/d)	磷/(g/d)
400	9	9.60	28.80	28.24	8.61	69.56	1 176	330	427	757	57	25
	10	10.05	28.80	31.38	9.08	73.39	1 261	330	474	804	62	26
450	0	6.06	31.46	0	5.75	38.37	449	361	0	361	15	15
	3	7.41	31.46	9.41	6.17	49.85	704	361	142	503	30	19
	4	7.86	31.46	12.55	6.64	53.67	789	361	190	550	35	20
	5	8.31	31.46	15.69	7.12	57.50	874	361	237	598	40	22
	6	8.76	31.46	18.83	7.59	61.33	959	361	285	645	45	23
	7	9.21	31.46	21.97	8.06	65.15	1 044	361	332	693	49	24
	8	9.66	31.46	25.10	8.54	68.98	1 129	361	379	740	54	26
	9	10.11	31.46	28.24	9.01	72.81	1 214	361	427	787	59	27
	10	10.56	31.46	31.38	9.48	76.63	1 299	361	474	835	64	28
500	0	6.56	34.05	0	5.14	41.52	486	390	0	390	16	16
	3	7.91	34.05	9.41	6.56	53.00	741	390	142	332	31	20
	4	8.36	34.05	12.55	7.03	56.83	826	390	190	580	36	21
	5	8.81	34.05	15.69	7.51	60.66	911	390	237	627	41	23
	6	9.26	34.05	18.83	7.98	64.48	996	390	285	675	46	24
	7	9.71	34.05	21.97	8.45	68.31	1 081	390	332	722	50	25
	8	10.16	34.05	25.10	8.93	72.14	1 166	390	379	770	55	27
	9	10.61	34.05	28.24	9.40	75.96	1 251	390	427	817	60	28
	10	11.06	34.05	31.38	9.87	79.79	1 336	390	474	864	65	29
550	0	7.04	36.57	0	5.52	44.60	522	419	0	419	18	18
	3	8.38	36.57	9.41	6.94	56.08	777	419	142	561	32	22
	4	8.84	36.57	12.55	7.41	59.91	862	419	190	609	37	23
	5	9.29	36.57	15.69	7.89	63.73	947	419	237	656	42	25
	6	9.74	36.57	18.83	8.36	67.56	1 032	419	285	704	47	26
	7	10.19	36.57	21.97	8.83	71.39	1 117	419	332	751	52	27
	8	10.64	36.57	25.10	9.31	75.21	1 202	419	379	799	56	29
	9	11.09	36.57	28.24	9.78	79.04	1 287	419	427	846	61	30
	10	11.54	36.57	31.38	10.26	82.87	1 372	419	474	893	66	31

表 7-54　哺乳母牛每千克 4%标准乳中的营养含量

干物质/g	肉牛能量单位/RND	综合净能/MJ	脂肪/g	粗蛋白质/g	钙/g	磷/g
450	0.32	2.57	40	85	2.46	1.12

表 7-55　不同生理阶段的肉牛对日粮微量矿物元素需要量　mg/kg

微量元素	生长和育肥牛	妊娠母牛	泌乳早期母牛	最大耐受浓度
钴	0.10	0.10	0.10	10
铜	10.00	10.00	10.00	100
碘	0.50	0.50	0.50	50
铁	50.00	50.00	50.00	1 000
锰	20.00	40.00	40.00	1 000
硒	0.10	0.10	0.10	2
锌	30.00	30.00	30.00	500

(2)美国 NRC(2016)肉牛饲养标准。美国国家科学院-工程院-医学科学院组织编撰的《肉牛营养需要》(第 8 次修订版)于 2016 年正式出版。(该标准总结了过去 16 年来肉牛营养研究的最新成果。)2018 年中国农业大学肉牛研究中心孟庆翔等主译出版,具体见表 7-56 至表 7-59。

表 7-56　生长肥育牛日营养需要量[成年绝食体重(550 kg)]

维持	绝食体重					kg
	250	300	350	400	450	500
NEm/(Mcal/d)	4.8	5.6	6.2	6.9	7.5	8.1
MP/(g/d)	239.0	274	307	340.0	371.0	402.0
Ca/(g/d)	7.7	9.2	10.8	12.3	13.9	15.4
P/(g/d)	5.9	7.1	8.2	9.4	10.6	11.8
生长(ADG)	增重所需 NEg					Mcal/d
0.4 kg/d	1.2	1.3	1.5	1.6	1.8	1.9
0.8 kg/d	2.5	2.8	3.2	3.5	3.8	4.1
1.2 kg/d	3.8	4.4	5	5.5	6.0	6.5
1.6 kg/d	5.3	6.1	6.8	7.5	8.2	8.9
2 kg/d	6.7	7.7	8.7	9.6	10.5	11.3
	增重所需 MP					g/d
0.4 kg/d	149	139	129	120	111	102
0.8 kg/d	288	267	246	226	207	188
1.2 kg/d	423	390	358	326	296	267
1.6 kg/d	556	510	466	423	381	341
2 kg/d	636	672	571	516	463	412
	增重所需 Ca					g/d
0.4 kg/d	10.4	9.7	9.0	8.4	7.7	7.1
0.8 kg/d	20.1	18.6	17.2	15.8	14.4	13.1
1.2 kg/d	29.6	27.2	25.0	22.8	20.7	18.6
1.6 kg/d	38.9	35.6	32.5	29.5	26.6	23.8
2 kg/d	48.0	43.8	39.9	36.1	32.4	28.8

续表 7-56

维持	绝食体重					kg
	250	300	350	400	450	500
	增重所需 P					g/d
0.4 kg/d	4.2	3.9	3.6	3.4	3.1	2.9
0.8 kg/d	8.1	7.5	6.9	6.4	5.8	5.3
1.2 kg/d	12.0	11.0	10.1	9.2	8.4	7.5
1.6 kg/d	15.7	14.4	13.1	11.9	10.8	9.6
2 kg/d	19.4	17.7	16.1	14.6	13.1	11.6

表 7-57　种公牛日营养需要量[成年绝食体重(900 kg)]

维持	绝食体重					kg
	300	400	500	600	700	800
NEm/(Mcal/d)	6.4	7.9	9.4	10.7	12.1	13.3
MP/(g/d)	274.0	340.0	402.0	461.0	517.0	572.0
Ca/(g/d)	9.2	12.3	15.4	18.5	21.6	24.6
P/(g/d)	7.1	9.4	11.8	14.1	16.5	18.8
生长(ADG)	增重所需 NEg					Mcal/d
0.4 kg/d	0.9	1.1	1.3	1.5	1.7	1.9
0.8 kg/d	2.0	2.4	2.9	3.3	3.5	4.1
1.2 kg/d	3.1	3.8	4.5	5.1	5.8	6.4
1.6 kg/d	4.2	5.2	6.1	7.0	7.8	8.7
2 kg/d	5.3	6.6	7.8	9.0	10.1	11.1
	增重所需 MP					g/d
0.4 kg/d	163	150	138	126	115	104
0.8 kg/d	319	291	264	239	215	192
1.2 kg/d	471	427	386	347	310	273
1.6 kg/d	622	561	505	451	400	350
2 kg/d	770	693	621	553	487	423
	增重所需 Ca					g/d
0.4 kg/d	11.4	10.5	9.6	8.8	8.0	7.3
0.8 kg/d	22.3	20.3	18.5	16.7	15.0	13.4
1.2 kg/d	32.9	29.9	27.0	24.2	21.6	19.1
1.6 kg/d	43.4	39.2	35.3	31.5	27.9	24.5
2 kg/d	53.8	48.4	43.4	38.6	34.0	29.6
	增重所需 P					g/d
0.4 kg/d	4.6	4.2	3.9	3.6	3.2	2.9
0.8 kg/d	9.0	8.2	7.5	6.8	6.1	5.4
1.2 kg/d	13.3	12.1	10.9	9.8	8.7	7.7
1.6 kg/d	17.5	15.8	14.2	12.7	11.3	9.9
2 kg/d	21.7	19.6	17.5	15.6	13.7	11.9

表 7-58 后备青年母牛日营养需要量[成年绝食体重 550 kg,犊牛初生重 40 kg]

项目	妊娠月数								
	1	2	3	4	5	6	7	8	9
NEm 需要量									Mcal/d
维持	6.0	6.3	6.5	6.6	6.8	6.9	7.1	7.2	7.4
生长	2.1	2.3	2.3	2.4	2.4	2.5	2.5	2.5	2.4
妊娠	0	0.1	0.2	0.4	0.7	1.4	2.4	3.9	6.2
总计	8.1	8.7	9.0	9.4	9.9	10.8	12.0	13.6	16.0
MP 需要量									g/d
维持	295	310	318	326	334	342	350	357	365
生长	130	129	127	126	124	123	123	123	125
妊娠	2	4	7	14	27	50	88	151	251
总计	427	443	452	466	485	515	561	631	741
Ca 需要量									g/d
维持	10.2	10.9	11.3	11.7	12.0	12.4	12.8	13.2	13.6
生长	9.1	9.0	8.9	8.8	8.7	8.6	8.6	8.6	8.7
妊娠	0	0	0	0	0	0	12.2	12.2	12.2
总计	19.3	19.9	20.2	20.5	20.7	21.0	33.6	34.0	34.5
P 需要量									g/d
维持	7.8	8.3	8.6	8.9	9.2	9.5	9.8	10.1	10.4
生长	3.7	3.6	3.6	3.5	3.5	3.5	3.5	3.5	3.5
妊娠	0	0	0	0	0	0	5.0	5.0	5.0
总计	11.5	11.9	12.2	12.4	12.7	13.0	18.2	18.6	18.9
平均日增重 ADG									kg/d
生长	0.402	0.402	0.402	0.402	0.402	0.402	0.402	0.402	0.402
妊娠	0.028	0.048	0.077	0.122	0.188	0.280	0.405	0.568	0.773
总计	0.430	0.450	0.479	0.524	0.590	0.682	0.807	0.970	1.175
体重									kg
绝食体重	342	354	367	379	391	403	416	428	440
妊娠子宫重	1	3	4	7	12	19	29	44	64
总计	343	357	371	386	403	422	445	472	504

表 7-59 泌乳母牛日营养需要量

成年绝食体重	550 kg		泌乳高峰	8 kg/d		乳脂率	4.0%				
犊牛初生重	40 kg		相对乳产量	5 kg/d		乳蛋白率	3.4%				
	产犊后月数										
	1	2	3	4	5	6	7	8	9	10	11	12
NEm 需要量											Mcal/d
维持	10.5	10.5	10.5	10.5	10.5	10.5	10.5	10.5	10.5	10.5	10.5	10.5

续表 7-59

	产犊后月数											
	1	2	3	4	5	6	7	8	9	10	11	12
	NEm 需要量											Mcal/d
妊娠	0	0	0	0	0.1	0.2	0.4	0.7	1.4	2.4	4.0	6.2
泌乳	4.8	5.7	5.2	4.1	3.1	2.2	1.6	1.1	0.7	0.5	0.3	0.2
总计	15.3	16.2	15.7	14.7	13.7	12.9	12.4	12.3	12.6	13.4	14.8	16.9
	MP 需要量											g/d
维持	432	432	432	432	432	432	432	432	432	432	432	432
妊娠	0	0	1	2	3	7	14	27	50	88	152	251
泌乳	349	418	376	301	226	163	114	78	53	35	23	15
总计	781	850	809	735	661	601	560	537	535	555	607	698
	Ca 需要量											g/d
维持	16.9	16.9	16.9	16.9	16.9	16.9	16.9	16.9	16.9	16.9	16.9	16.9
妊娠	0	0	0	0	0	0	0	0	0	12.2	12.2	12.2
泌乳	16.4	19.7	17.7	14.2	10.6	7.6	5.4	3.7	2.5	1.7	1.1	0.7
总计	33.3	36.6	34.6	31.1	27.5	24.5	22.3	20.6	19.4	30.8	30.2	29.8
	P 需要量											g/d
维持	12.9	12.9	12.9	12.9	12.9	12.9	12.9	12.9	12.9	12.9	12.9	12.9
妊娠	0	0	0	0	0	0	0	0	0	5.0	5.0	5.0
泌乳	9.3	11.2	10.1	8.0	6.0	4.3	3.0	2.1	1.4	0.9	0.6	0.4
总计	22.2	24.1	23.0	20.9	18.9	17.2	15.9	25.0	14.3	18.8	18.5	18.3
	产奶量及妊娠子宫增重											kg/d
产奶	6.7	8.0	7.2	5.8	4.3	3.1	2.2	1.5	1.0	0.7	0.4	0.3
妊娠	0	0	0.016	0.028	0.047	0.078	0.122	0.187	0.281	0.404	0.571	0.773
	体重											kg
绝食体重	550	550	550	550	550	550	550	550	550	550	550	550
妊娠子宫重	0	0	1	2	3	5	7	12	19	29	44	64
总计	550	550	551	552	553	555	557	562	569	579	594	614

7.2.4 羊饲养标准

中国肉羊饲养标准(NY/T 816—2004)由中国农业科学院畜牧研究所及内蒙古畜牧科学院联合起草制定。主要是制定了肉用绵羊和山羊对日粮干物质采食量、消化能、代谢能、粗蛋白质、维生素、矿物质等每日需要量值,主要适用于以产肉为主,产毛、绒为辅而饲养的绵羊和肉羊品种。而随着我国养羊业生产性能的提高及科研发展,我国中国农业科学院畜牧研究所、内蒙古自治区农牧业科学院、河北农业大学等 6 家科研院所起草制定了中国肉羊营养需要量(NY/T 816—2021),以替代肉羊饲养标准(NY/T 816—2004)。与 2004 版肉羊饲养标准相比，2021 版的标准名称改为“肉羊营养需要量”，新标准修改了肉用绵羊和肉用山羊的营养需要量，增加了净能、可消化蛋白质、代谢蛋白质、净蛋白质、中性洗涤纤维、酸性洗涤纤维等术语和定义。删除了粗蛋白质术语和定义。具体见表 7-60 至表 7-66。

表 7-60 肉用绵羊哺乳羔羊营养需要量

体重 /kg	日增重 /(g/d)	干物质采食量 /(kg/d)	代谢能 /(MJ/d)	净能 /(MJ/d)	粗蛋白质 /(g/d)	代谢蛋白质 /(g/d)	净蛋白质 /(g/d)	钙 /(g/d)	磷 /(g/d)
6	100	0.16	2.0	0.8	33	26	20	1.5	0.8
	200	0.19	2.3	1.0	38	31	23	1.7	1.0
8	100	0.27	3.2	1.4	54	43	32	2.4	1.3
	200	0.32	3.8	1.6	64	51	38	2.9	1.6
	300	0.35	4.2	1.8	71	56	42	3.2	1.8
10	100	0.39	4.7	2.0	79	63	47	3.5	2.0
	200	0.46	5.5	2.3	92	74	55	4.2	2.3
	300	0.51	6.2	2.6	103	82	62	4.6	2.6
12	100	0.53	6.2	2.6	103	83	62	4.6	2.6
	200	0.63	7.3	3.1	121	97	73	5.5	3.0
	300	0.69	8.1	3.4	135	108	81	6.1	3.4

表 7-61 肉用绵羊生长育肥公羊营养需要量

体重 /kg	日增重 /(g/d)	干物质采食量 /(kg/d)	代谢能 /(MJ/d)	净能 /(MJ/d)	粗蛋白质 /(g/d)	代谢蛋白质 /(g/d)	净蛋白质 /(g/d)	中性洗涤纤维 /(kg/d)	钙 /(g/d)	磷 /(g/d)
20	100	0.71	5.6	3.3	99	43	29	0.21	6.4	3.6
	200	0.85	4.4	4.4	119	61	41	0.26	7.7	4.3
	300	0.95	10.5	5.5	133	79	53	0.29	8.6	4.8
	350	1.06	11.7	6.0	148	88	60	0.32	9.5	5.3
25	100	0.80	6.5	3.8	112	47	31	0.24	7.2	4.0
	200	0.94	9.2	5.0	132	65	44	0.28	8.5	4.7
	300	1.03	11.9	6.2	144	83	56	0.31	9.3	5.2
	350	1.17	13.3	6.9	157	92	62	0.35	10.5	5.9
30	100	1.02	7.4	4.3	143	51	34	0.31	9.2	5.1
	200	1.21	10.3	5.6	169	69	46	0.36	10.9	6.1
	300	1.29	13.3	7.0	181	87	59	0.39	11.6	6.5
	350	1.48	14.7	7.6	207	96	65	0.44	13.3	7.4
35	100	1.12	8.1	4.9	157	55	37	0.34	10.1	5.6
	200	1.31	10.9	6.1	183	73	49	0.39	11.8	6.6
	300	1.38	13.7	7.4	193	90	61	0.41	12.4	6.9
	350	1.50	15.1	8.1	224	99	67	0.48	13.6	8.0

续表 7-61

体重/kg	日增重/(g/d)	干物质采食量/(kg/d)	代谢能/(MJ/d)	净能/(MJ/d)	粗蛋白质/(g/d)	代谢蛋白质/(g/d)	净蛋白质/(g/d)	中性洗涤纤维/(kg/d)	钙/(g/d)	磷/(g/d)
40	100	1.22	8.7	5.4	159	78	39	0.43	11.0	6.1
	200	1.41	11.3	6.6	183	97	54	0.49	12.7	7.1
	300	1.48	13.9	7.8	192	117	68	0.52	13.3	7.4
	350	1.62	15.2	8.5	224	136	73	0.60	14.5	8.6
45	100	1.33	9.4	5.8	173	83	41	0.47	12.0	6.7
	200	1.51	12.1	7.1	196	103	56	0.53	13.6	7.6
	300	1.57	14.9	8.4	204	132	70	0.55	14.1	7.9
	350	1.70	16.3	9.0	221	141	77	0.65	15.4	9.3
50	100	1.43	10.0	6.3	186	88	44	0.50	12.9	7.2
	200	1.61	12.9	7.6	209	107	58	0.56	14.5	8.1
	300	1.66	15.8	8.9	216	131	72	0.58	14.9	8.3
	350	1.76	17.3	9.6	230	146	80	0.69	16.0	9.9
55	100	1.53	12.2	5.1	199	103	78	0.54	13.8	7.7
	200	1.94	15.5	6.5	252	131	98	0.68	17.5	9.7
	300	2.09	16.7	7.0	272	141	106	0.73	18.8	10.5
	350	2.43	19.4	8.2	316	164	123	0.85	21.9	12.2
60	100	1.63	11.8	7.5	212	101	50	0.57	14.7	8.2
	200	1.82	15.0	8.9	238	110	65	0.72	16.5	9.3
	300	1.91	18.1	10.3	248	139	78	0.77	17.2	10.0
	350	2.05	19.8	11.0	265	155	88	0.91	18.6	11.2

表 7-62　肉用绵羊生长育肥母羊营养需要量

体重/kg	日增重/(g/d)	干物质采食量/(kg/d)	代谢能/(MJ/d)	净能/(MJ/d)	粗蛋白质/(g/d)	代谢蛋白质/(g/d)	净蛋白质/(g/d)	中性洗涤纤维/(kg/d)	钙/(g/d)	磷/(g/d)
20	100	0.62	6.0	3.3	86	40	78	0.19	6.1	3.4
	200	0.74	8.7	4.5	104	57	40	0.22	7.3	4.0
	300	0.85	11.4	5.7	116	76	52	0.25	8.4	4.6
	350	0.92	12.7	6.3	129	84	58	0.28	9.1	5.0
25	100	0.70	6.9	3.8	97	44	30	0.21	6.9	3.8
	200	0.82	9.8	5.1	114	60	42	0.25	8.1	4.5
	300	0.93	12.7	6.4	131	80	54	0.27	9.2	5.1
	350	0.99	14.2	7.1	140	88	59	0.31	9.8	5.4

续表 7-62

体重/kg	日增重/(g/d)	干物质采食量/(kg/d)	代谢能/(MJ/d)	净能/(MJ/d)	粗蛋白质/(g/d)	代谢蛋白质/(g/d)	净蛋白质/(g/d)	中性洗涤纤维/(kg/d)	钙/(g/d)	磷/(g/d)
30	100	0.80	7.6	4.3	108	48	33	0.27	7.9	4.4
	200	0.92	10.8	5.7	126	65	44	0.32	9.1	5.0
	300	1.03	14.0	7.1	144	84	55	0.34	10.1	5.6
	350	1.09	15.5	7.8	152	92	61	0.39	11.6	5.9
35	100	0.91	8.5	5.1	120	52	35	0.29	9.0	5.0
	200	1.04	11.6	6.4	137	69	46	0.34	10.3	5.7
	300	1.17	14.7	7.8	155	87	57	0.36	11.6	6.4
	350	1.24	16.0	8.5	165	95	62	0.42	12.3	6.8
40	100	1.01	9.5	6.0	133	75	39	0.37	10.0	5.5
	200	1.13	12.5	7.4	150	93	50	0.43	11.2	6.2
	300	1.26	15.4	8.8	167	114	60	0.45	12.5	6.9
	350	1.34	16.9	9.4	176	122	65	0.52	13.3	7.3
45	100	1.12	10.5	6.5	145	80	41	0.40	11.1	6.1
	200	1.24	13.4	7.9	161	99	53	0.46	12.3	6.8
	300	1.35	16.3	9.3	178	119	65	0.48	13.4	7.4
	350	1.42	17.8	9.9	188	127	69	0.56	14.1	7.7
50	100	1.24	11.6	6.9	158	85	44	0.44	12.3	6.8
	200	1.36	14.5	8.4	174	103	56	0.49	13.5	7.4
	300	1.48	17.6	9.9	190	123	68	0.51	14.7	8.1
	350	1.55	19.0	10.6	197	131	73	0.60	15.3	8.4
55	100	1.35	12.5	7.4	173	92	48	0.47	13.4	7.4
	200	1.47	15.4	9.0	190	110	61	0.59	14.6	8.0
	300	1.59	18.4	10.5	206	129	73	0.64	15.7	8.7
	350	1.66	20.0	11.3	215	136	79	0.74	16.4	9.0
60	100	1.48	13.4	8.0	184	98	52	0.50	14.7	8.1
	200	1.61	16.5	9.5	200	116	64	0.62	15.9	8.8
	300	1.73	19.4	11	217	136	76	0.67	17.1	9.4
	350	1.80	20.9	11.8	228	144	81	0.79	17.8	9.8

表 7-63　肉用绵羊妊娠母羊营养需要量

妊娠阶段	日增重/(g/d)	干物质采食量/(kg/d)			代谢能/(MJ/d)			粗蛋白质/(g/d)			代谢蛋白质/(g/d)			钙/(g/d)			磷/(g/d)		
		单羔	双羔	三羔	单羔	双羔	三羔	单羔	双羔	三羔	单羔	双羔	三羔	单羔	双羔	三羔	单羔	双羔	三羔
前期	40	1.16	1.31	1.46	9.3	10.5	11.7	151	170	190	106	119	133	10.4	11.8	13.1	7.0	7.9	8.8
	50	1.31	1.51	1.65	10.5	12.1	13.2	170	196	215	119	137	150	11.8	13.6	14.9	7.9	9.1	9.9
	60	1.46	1.69	1.82	11.7	13.5	14.6	190	220	237	133	154	166	13.1	15.2	16.4	8.8	10.1	10.9
	70	1.61	1.84	2.00	12.9	14.7	16.0	209	239	260	147	167	182	14.5	16.6	18.0	9.7	11.0	12.0
	80	1.75	2.00	2.17	14.0	16.0	17.4	228	260	282	159	182	197	15.8	18.0	19.5	10.5	12.0	13.0
	90	1.91	2.18	2.37	15.3	17.4	19.0	248	283	308	174	198	216	17.2	19.6	21.3	11.5	13.1	14.2
后期	40	1.45	1.82	2.11	11.6	14.6	16.9	189	237	274	132	166	192	13.1	16.4	19.0	8.7	10.9	12.7
	50	1.63	2.06	2.36	13.0	16.5	18.9	212	268	307	148	187	215	14.7	18.5	21.2	9.8	12.4	14.2
	60	1.80	2.29	2.59	14.4	18.3	20.7	234	298	337	164	208	236	16.2	20.6	23.3	10.8	13.7	15.5
	70	1.98	2.49	2.83	15.8	19.9	22.6	257	324	368	180	227	258	17.8	22.4	25.5	11.9	14.9	17.0
	80	2.15	2.68	3.05	17.2	21.4	24.4	280	348	397	196	244	278	19.4	24.1	27.5	12.9	16.1	18.3
	90	2.34	2.92	3.32	18.7	23.4	26.6	304	380	432	213	266	302	21.1	26.3	29.9	14.0	17.5	19.9

注：妊娠的第 1～90 天为前期、第 91～150 天为后期。

表 7-64　肉用绵羊泌乳母羊营养需要量

泌乳阶段	日增重/(g/d)	干物质采食量/(kg/d)			代谢能/(MJ/d)			粗蛋白质/(g/d)			代谢蛋白质/(g/d)			钙/(g/d)			磷/(g/d)		
		单羔	双羔	三羔	单羔	双羔	三羔	单羔	双羔	三羔	单羔	双羔	三羔	单羔	双羔	三羔	单羔	双羔	三羔
前期	40	1.36	1.75	2.04	10.9	14.0	16.4	177	228	265	124	159	186	12.3	15.8	18.4	8.2	10.5	12.2
	50	1.58	2.01	2.35	12.5	16.1	18.8	205	262	306	143	183	214	14.2	18.1	21.2	9.5	12.1	14.1
	60	1.77	2.25	2.61	14.2	18.0	20.9	230	293	340	161	205	238	15.9	20.3	23.5	10.6	13.5	15.7
	70	1.96	2.48	2.86	15.7	19.8	22.9	255	322	372	178	225	260	17.6	22.3	25.8	11.8	14.9	17.2
	80	2.13	2.69	3.11	17.1	21.5	24.8	277	349	404	194	245	283	19.2	24.2	28.0	12.8	16.1	18.7

续表 7-64

泌乳阶段	日增重/(g/d)	干物质采食量/(kg/d)			代谢能/(MJ/d)			粗蛋白质/(g/d)			代谢蛋白质/(g/d)			钙/(g/d)			磷/(g/d)		
		单羔	双羔	三羔	单羔	双羔	三羔	单羔	双羔	三羔	单羔	双羔	三羔	单羔	双羔	三羔	单羔	双羔	三羔
中期	40	1.20	1.50	1.71	9.6	12.0	13.7	156	195	223	109	137	156	10.8	13.5	15.4	7.2	9.0	10.3
	50	1.40	1.72	1.97	11.2	13.8	15.7	182	224	256	127	157	179	12.6	15.5	17.7	8.4	10.3	11.8
	60	1.58	1.94	2.20	12.6	15.5	17.6	205	252	286	144	177	200	14.2	17.5	19.8	9.5	11.6	13.2
	70	1.75	2.14	2.42	14.0	17.1	19.4	228	278	315	159	195	220	15.8	19.3	21.8	10.5	12.8	14.5
	80	1.91	2.33	2.63	15.3	18.6	21.0	248	303	342	174	212	239	17.2	21.0	23.7	11.5	14.0	15.8
后期	40	1.09	1.38	1.62	8.7	11.0	13.0	142	179	211	99	126	148	9.8	12.4	14.6	6.5	8.3	9.7
	50	1.26	1.60	1.83	10.0	12.8	14.7	164	208	238	115	146	167	11.3	14.4	16.5	7.6	9.6	11.0
	60	1.43	1.80	2.06	11.4	14.4	16.5	186	234	268	130	164	187	12.9	16.2	18.5	8.6	10.8	12.4
	70	1.61	2.00	2.29	12.8	16.0	18.3	209	260	298	147	182	208	14.5	18.0	20.6	9.7	12.0	13.7
	80	1.76	2.19	2.50	14.1	17.5	20.0	229	285	325	160	199	228	15.8	19.7	22.5	10.6	13.1	15.0

表 7-65 肉用绵羊种公羊营养需要量

体重/kg	干物质采食量/(kg/d)		代谢能/(MJ/d)		粗蛋白质/(g/d)		代谢蛋白质/(g/d)		中性洗涤纤维/(kg/d)		钙/(g/d)		磷/(g/d)	
	配种期	非配种期	配种期	非配种期	配种期	非配种期	配种期	非配种期	配种期	非配种期	配种期	非配种期	配种期	非配种期
75	1.48	1.64	11.9	13.0	207	246	145	172	0.52	0.57	13.3	14.8	8.9	9.8
100	1.77	1.95	14.2	15.6	248	293	173	205	0.62	0.68	15.9	17.6	10.6	11.7
125	2.09	2.30	16.7	18.4	293	345	205	242	0.73	0.81	18.8	20.7	12.5	13.8
150	2.40	2.64	19.2	21.1	336	396	235	277	0.84	0.92	21.6	23.8	14.4	15.8
175	2.71	2.95	21.7	23.6	379	443	266	310	0.95	1.03	24.4	26.6	16.3	17.7
200	2.98	3.27	23.8	26.2	417	491	292	343	1.04	1.14	26.8	29.4	17.9	19.6

表 7-66 肉用绵羊矿物质和维生素营养需要量

矿物质和维生素	哺乳羔羊	生长育肥羊	妊娠母羊	泌乳母羊	种用公羊
	6～18 kg	20～60 kg	40～90 kg	40～80 kg	75～200 kg
钠/(g/d)	0.1～0.4	0.40～1.5	0.7～1.6	0.8～1.2	0.7～1.0
钾/(g/d)	0.8～3.6	4～10.1	6.30～11.5	7.0～12.5	7.0～14.1
氯/(g/d)	0.2～0.5	0.5～1.6	0.6～1.8	0.8～1.4	0.8～1.50
镁/(g/d)	0.30～0.80	0.60～2.30	1.00～2.50	1.4～3.50	1.80～3.70
铜/(mg/d)	0.9～3.0	6.0～33.0	9.0～35.0	9.00～36.0	12.0～38.0
铁/(mg/d)	10.0～29.0	30.0～88.0	38.0～88.0	44.0～97.0	45.0～120.0
锰/(mg/d)	4.0～12.0	22.0～53.0	30.0～58.0	16.0～39.0	18.0～75.0
锌/(mg/d)	5.0～20.0	33.0～81.0	36.0～88.0	40.0～93.0	55.0～100.0
碘/(mg/d)	0.1～0.4	0.30～1.7	0.9～1.8	1.0～1.9	1.0～2.0
维生素 A/(IU/d)	2 000～6 000	6 600～14 500	6 600～12 000	6 800～12 500	6 200～22 500
维生素 D/(IU/d)	50～1 200	1 200～2 600	900～2 000	1 200～2 400	1 100～4 500
维生素 E/(IU/d)	30～60	60～160	90～210	120～210	160～270

《中国肉羊营养需要》(NY/T 86—2021)中列出了肉用山羊的营养需要，具体见表 7-67 至表 7-72。

表 7-67 肉用山羊哺乳羔羊营养需要量

体重/kg	日增重/(g/d)	干物质采食量/(kg/d)	代谢能/(MJ/d)	净能/(MJ/d)	粗蛋白质/(g/d)	代谢蛋白质/(g/d)	净蛋白质/(g/d)	钙/(g/d)	磷/(g/d)
2	50	0.08	1.0	0.4	16	13	10	0.7	0.4
4	50	0.14	1.7	0.7	29	23	17	1.3	0.7
	100	0.16	1.9	0.8	32	26	19	1.4	0.8
6	50	0.17	2.1	0.9	35	28	21	1.6	0.9
	100	0.19	2.3	1.0	38	31	23	1.7	1.0
8	50	0.23	2.8	1.2	46	37	28	2.1	1.2
	100	0.25	2.9	1.2	49	39	29	2.2	1.2
	150	0.26	3.1	1.3	52	41	31	2.3	1.3
	200	0.27	3.3	1.4	55	44	33	2.5	1.4
10	50	0.35	4.2	0.8	70	56	42	3.2	1.8
	100	0.37	4.5	0.9	74	60	45	3.3	1.9
	150	0.39	4.7	2.0	79	63	47	3.5	2.0
	200	0.41	5.0	2.1	83	66	50	3.7	2.1

续表 7-67

体重/kg	日增重/(g/d)	干物质采食量/(kg/d)	代谢能/(MJ/d)	净能/(MJ/d)	粗蛋白质/(g/d)	代谢蛋白质/(g/d)	净蛋白质/(g/d)	钙/(g/d)	磷/(g/d)
12	50	0.47	5.6	2.4	95	77	57	4.2	2.4
	100	0.50	6.0	2.6	100	81	59	4.5	2.5
	150	0.53	6.4	2.8	104	83	62	4.7	2.6
	200	0.55	6.7	2.9	111	89	66	5.0	2.8
14	50	0.59	6.9	3.1	119	95	72	5.3	3.0
	100	0.63	7.4	3.3	128	102	76	5.6	3.1
	150	0.66	7.9	3.4	132	106	79	5.9	3.3
	200	0.69	8.4	3.6	138	110	83	6.3	3.5

表 7-68 肉用山羊生长育肥营养需要量

体重/kg	日增重/(g/d)	干物质采食量/(kg/d)	代谢能/(MJ/d)	净能/(MJ/d)	粗蛋白质/(g/d)	代谢蛋白质/(g/d)	净蛋白质/(g/d)	中性洗涤纤维/(kg/d)	钙/(g/d)	磷/(g/d)
15	50	0.61	4.9	2.0	85	44	33	0.18	5.5	3.1
	100	0.75	6.0	2.5	105	55	41	0.23	6.8	3.8
	150	0.76	6.1	2.6	106	55	41	0.23	6.8	3.8
	200	0.76	6.1	2.6	106	55	41	0.23	6.8	3.8
	250	0.79	6.3	2.7	111	58	43	0.24	7.1	4.0
20	50	0.72	5.8	2.4	101	52	39	0.22	6.5	3.6
	100	0.82	6.6	2.8	115	60	45	0.25	7.4	4.1
	150	0.9	7.2	3.0	126	66	49	0.27	8.1	4.5
	200	0.92	7.4	3.1	129	67	50	0.28	8.3	4.6
	250	0.95	7.6	3.2	133	69	52	0.29	8.6	4.8
25	50	0.83	6.6	2.8	116	60	45	0.25	7.5	4.2
	100	0.97	7.8	3.3	136	71	53	0.29	8.7	4.9
	150	0.99	7.9	3.3	139	72	54	0.30	8.9	5.0
	200	1.01	8.1	3.4	141	74	55	0.30	9.1	5.1
	250	1.12	9.0	3.8	157	82	61	0.34	10.1	5.6
30	50	0.93	7.4	3.1	130	68	51	0.28	8.4	4.7
	100	1.07	8.6	3.6	150	78	58	0.32	9.6	5.4
	150	1.22	9.8	4.1	171	89	67	0.37	11.0	6.1
	200	1.28	10.2	4.3	179	93	70	0.38	11.5	6.4
	250	1.34	10.7	4.5	188	98	73	0.40	12.1	6.7

续表 7-68

体重/kg	日增重/(g/d)	干物质采食量/(kg/d)	代谢能/(MJ/d)	净能/(MJ/d)	粗蛋白质/(g/d)	代谢蛋白质/(g/d)	净蛋白质/(g/d)	中性洗涤纤维/(kg/d)	钙/(g/d)	磷/(g/d)
35	50	1.02	8.2	3.4	143	74	56	0.31	9.2	5.1
	100	1.17	9.4	3.9	164	85	64	0.35	10.5	5.9
	150	1.31	10.5	4.4	183	95	72	0.39	11.8	6.6
	200	1.37	11.0	4.6	192	100	75	0.41	12.3	6.9
	250	1.42	11.4	4.8	199	103	78	0.43	12.8	7.1
40	50	1.19	9.5	4.0	155	80	60	0.42	10.7	6.0
	100	1.26	10.1	4.2	164	85	64	0.44	11.3	6.3
	150	1.41	11.3	4.7	183	95	71	0.49	12.7	7.1
	200	1.55	12.4	5.2	202	105	79	0.54	14.0	7.8
	250	1.59	12.7	5.3	207	107	81	0.56	14.3	8.0
45	50	1.29	10.3	4.3	168	87	65	0.45	11.6	6.5
	100	1.35	10.8	4.5	176	91	68	0.47	12.2	6.8
	150	1.50	12.0	5.0	195	101	76	0.53	13.5	7.5
	200	1.64	13.1	5.5	213	111	83	0.57	14.8	8.2
	250	1.78	14.2	6.0	231	120	90	0.62	16.0	8.9
50	50	1.39	11.0	4.6	179	93	70	0.48	12.4	6.9
	100	1.53	12.2	5.1	199	103	78	0.54	13.8	7.7
	150	1.58	12.6	5.3	205	107	80	0.55	14.2	7.9
	200	1.73	13.8	5.8	225	117	88	0.61	15.6	8.7
	250	1.87	15.0	6.3	243	126	95	0.65	16.8	9.4

表 7-69 肉用山羊种公羊营养需要量

体重/kg	干物质采食量/(kg/d)		代谢能/(MJ/d)		粗蛋白质/(g/d)		代谢蛋白质/(g/d)		中性洗涤纤维/(kg/d)		钙/(g/d)		磷/(g/d)	
	非配种期	配种期	非配种期	配种期	非配种期	配种期	非配种期	配种期	非配种期	配种期	非配种期	配种期	非配种期	配种期
50	1.14	1.26	9.1	10.0	160	189	112	132	0.40	0.44	10.3	11.3	6.8	7.6
75	1.55	1.70	12.4	13.6	217	255	152	179	0.54	0.60	14.0	15.3	9.3	10.2
100	1.92	2.11	15.4	16.9	269	317	188	222	0.67	0.74	17.3	19.0	11.5	12.7
125	2.27	2.50	18.2	20.0	318	375	222	263	0.79	0.88	20.4	22.5	13.6	15.0
150	2.60	2.86	20.8	22.9	364	429	255	300	0.91	1.00	23.4	25.7	15.6	17.2

表 7-70 肉用山羊矿物质和维生素营养需要量

矿物质和维生素	羔羊	生长育肥羊	妊娠母羊	泌乳母羊	种用公羊
	2～14 kg	15～50 kg	30～80 kg	30～70 kg	50～150 kg
钠/(g/d)	0.08～0.47	0.28～1.54	0.59～1.51	0.95～1.72	1.03～1.88
钾/(g/d)	0.48～2.46	2.30～8.00	4.40～10.20	7.00～11.80	7.14～11.90
氯/(g/d)	0.06～0.51	0.41～1.88	0.85～1.92	1.24～5.80	2.22～2.75
镁/(g/d)	0.30～0.80	0.60～2.30	1.00～2.50	1.40～3.50	1.80～3.70
铜/(mg/d)	0.64～3.40	3.6～12.00	7.20～19.20	7.20～16.80	12.00～36.00
铁/(mg/d)	0.20～7.20	9.00～40.00	22.0～48.0	12.00～39.00	30.00～90.00
锰/(mg/d)	0.60～9.70	4.00～33.00	11.00～57.00	14.00～28.00	14.40～27.00
锌/(mg/d)	0.40～9.80	2.00～36.00	14.00～78.00	38.00～71.00	16.40～30.00
碘/(mg/d)	0.07～0.26	0.25～0.79	0.46～1.11	1.00～1.61	0.71～1.10
维生素 A/(IU/d)	700～4 600	5 000～16 500	3 100～9 000	5 300～10 600	5 700～11 300
维生素 D/(IU/d)	11～467	84～550	168～549	381～1 096	308～830
维生素 E/(IU/d)	20～140	150～400	159～336	168～336	292～420

表 7-71　肉用山羊妊娠母羊营养需要量

妊娠阶段	日增重/(g/d)	干物质采食量/(kg/d)			代谢能/(MJ/d)			粗蛋白质/(g/d)			代谢蛋白质/(g/d)			钙/(g/d)			磷/(g/d)		
		单羔	双羔	三羔	单羔	双羔	三羔	单羔	双羔	三羔	单羔	双羔	三羔	单羔	双羔	三羔	单羔	双羔	三羔
前期	30	0.81	1.88	0.92	6.5	7.0	7.3	105	114	120	74	80	84	7.3	7.9	8.3	4.9	5.3	5.5
	40	0.99	1.07	1.12	8.0	8.6	9.0	129	139	146	90	97	102	8.9	9.6	10.1	5.9	6.4	6.7
	50	1.16	1.25	1.31	9.3	10.0	10.5	151	163	170	106	114	119	10.4	11.3	11.8	7.0	7.5	7.9
	60	1.33	1.43	1.48	10.6	11.4	11.9	173	186	192	121	130	135	12.0	12.9	13.3	8.0	8.6	8.9
	70	1.48	1.59	1.65	11.9	12.7	13.2	192	207	215	135	145	150	13.3	14.3	14.9	8.9	9.5	9.9
	80	1.63	1.75	1.82	13.1	14.0	14.6	212	228	237	148	159	166	14.7	15.8	16.4	9.8	10.5	10.9
后期	30	1.06	1.20	1.29	8.5	9.7	10.3	138	156	168	97	109	117	9.6	10.8	11.6	6.4	7.2	7.7
	40	1.29	1.45	1.56	10.3	11.6	12.5	167	189	203	117	132	142	11.6	13.1	14.0	7.7	8.7	9.4
	50	1.49	1.68	1.79	11.9	13.4	14.3	194	218	232	136	152	162	13.4	15.1	16.1	8.9	10.1	10.7
	60	1.68	1.90	2.01	13.4	15.2	16.2	218	247	262	153	173	183	15.1	17.1	18.1	10.1	11.4	12.1
	70	1.87	2.10	2.24	15.0	16.8	17.9	243	273	291	170	191	204	16.8	18.9	20.1	11.2	12.6	13.4
	80	2.04	2.32	2.45	16.4	18.5	19.6	265	302	319	186	211	223	18.4	20.9	22.1	12.2	13.9	14.7

注:妊娠的第 1～90 天为前期、第 91～150 天为后期。

表 7-72　肉用山羊泌乳母羊营养需要量

泌乳阶段	日增重/(g/d)	干物质采食量/(kg/d)			代谢能/(MJ/d)			粗蛋白质/(g/d)			代谢蛋白质/(g/d)			钙/(g/d)			磷/(g/d)		
		单羔	双羔	三羔	单羔	双羔	三羔	单羔	双羔	三羔	单羔	双羔	三羔	单羔	双羔	三羔	单羔	双羔	三羔
前期	30	0.95	1.09	1.14	7.6	8.7	9.1	124	142	148	86	99	104	8.6	9.8	10.3	5.7	6.5	6.8
	40	1.17	1.32	1.39	9.4	10.6	11.1	152	172	181	106	120	126	10.5	11.9	12.5	7.0	7.9	8.3
	50	1.36	1.54	1.61	10.9	12.3	12.9	177	200	209	124	140	147	12.2	13.9	14.5	8.2	9.2	9.7
	60	1.55	1.75	1.83	12.4	14.0	14.6	202	228	238	141	159	167	14.0	15.8	16.5	9.3	10.5	11.0
	70	1.73	1.93	2.03	13.8	15.4	16.2	225	251	264	157	176	185	15.6	17.4	18.3	10.4	11.6	12.2
中期	30	0.92	1.17	1.32	7.4	9.4	10.6	120	152	172	84	106	120	8.3	10.5	11.9	5.5	7.0	7.9
	40	1.19	1.42	1.60	9.5	11.4	12.8	155	185	208	108	129	146	10.7	12.8	14.4	7.1	8.5	9.6
	50	1.39	1.65	1.85	11.1	13.2	14.8	181	215	241	126	150	168	12.5	14.9	16.7	8.3	9.9	11.1
	60	1.58	1.87	2.09	12.6	15.0	16.7	205	243	272	144	170	190	14.2	16.8	18.8	9.5	11.2	12.5
	70	1.76	2.08	2.31	14.1	16.6	18.5	229	270	300	160	189	210	15.8	18.7	20.8	10.6	12.5	13.9
后期	30	0.89	1.05	1.18	7.1	8.4	9.4	116	137	153	81	96	107	8.0	9.5	10.6	5.3	6.3	7.1
	40	1.08	1.27	1.42	8.7	10.1	11.4	140	165	185	98	116	129	9.7	11.4	12.8	6.5	7.6	8.5
	50	1.27	1.48	1.66	10.2	11.8	13.3	165	192	216	116	135	151	11.4	13.3	14.9	7.6	8.9	10.0
	60	1.44	1.67	1.87	11.5	13.4	14.9	187	217	243	131	152	170	13.0	15.0	16.8	8.6	10.0	11.2
	70	1.61	1.86	2.08	12.9	14.9	16.6	209	242	270	147	169	189	14.5	16.7	18.7	9.7	11.2	12.5

注:哺乳的第 1～30 天为前期、第 31～60 天为中期、第 61～90 天为后期。

思考题

1. 什么是饲养标准？饲养标准包括哪些内容？如何合理利用饲养标准？
2. 按动物种类简述当前我国实际生产中参考的主要饲养标准包括哪些。

附　　录

附录 1　中国饲料成分及营养价值表

附表 1-1　饲料描述及常规成分

序号	中国饲料号 CFN	饲料名称 feed name	饲料描述 description	干物质 DM/%	粗蛋白质 CP/%	粗脂肪 EE/%	粗纤维 CF/%	无氮浸出物 NFE /%	粗灰分 Ash/%	中洗纤维 NDF /%	酸洗纤维 ADF /%	淀粉 Starch /%	钙 Ca/%	总磷 P%	有效磷 P/%
1	4-07-0278	玉米 corn grain	成熟,高蛋白,优质	88.0	9.0	3.5	2.8	71.5	1.2	9.1	3.3	61.7	0.01	0.31	0.09
2	4-07-0288	玉米 corn grain	成熟,高赖氨酸,优质	86.0	8.5	5.3	2.6	68.3	1.3	9.4	3.5	59.0	0.16	0.25	0.05
3	4-07-0279	玉米 corn grain	成熟,GB 1353—2018,1 级	86.0	8.7	3.6	1.6	70.7	1.4	9.3	2.7	65.4	0.02	0.27	0.05
4	4-07-0280	玉米 corn grain	成熟,GB 1353—2018,2 级	86.0	8.0	3.6	2.3	71.8	1.2	9.9	3.1	63.5	0.02	0.27	0.05
5	4-07-0272	高粱 sorghum grain	成熟,GB 8231—2007	88.0	8.7	3.4	1.4	70.7	1.8	17.4	8.0	68.0	0.13	0.36	0.09
6	4-07-0270	小麦 wheat grain	混合小麦,成熟 GB 1351—2008,2 级	88.0	13.4	1.7	1.9	69.1	1.9	13.3	3.9	54.6	0.17	0.41	0.21
7	4-07-0274	大麦(裸) naked barley grain	裸大麦,成熟 GB/T 11760—2021,2 级	87.0	13.0	2.1	2.0	67.7	2.2	10.0	2.2	50.2	0.04	0.39	0.12
8	4-07-0277	大麦(皮) barley grain	皮大麦,成熟 NY/T 118—2021,1 级	87.0	11.0	1.7	4.8	67.1	2.4	18.4	6.8	52.2	0.09	0.33	0.10
9	4-07-0281	黑麦 rye	籽粒,进口	88.0	9.5	1.5	2.2	73.0	1.8	12.3	4.6	56.5	0.05	0.30	0.14
10	4-07-0273	稻谷 paddy	成熟,晒干 NY/T,2 级	86.0	7.8	1.6	8.2	63.8	4.6	27.4	13.7	63.0	0.03	0.36	0.15
11	4-07-0276	糙米 rough rice	除去外壳的大米,GB/T 18810—2002,1 级	87.0	8.8	2.0	0.7	74.2	1.3	1.6	0.8	47.8	0.03	0.35	0.13
12	4-07-0275	碎米 broken rice	加工精米后的副产品,GB/T 5503—2009,1 级	88.0	10.4	2.2	1.1	72.7	1.6	0.8	0.6	51.6	0.06	0.35	0.12
13	4-07-0479	粟(谷子) millet grain	合格,带壳,成熟	86.5	9.7	2.3	6.8	65.0	2.7	15.2	13.3	63.2	0.12	0.30	0.09
14	4-04-0067	木薯干 cassava tuber flake	木薯干片,晒干,NY/T 120—2014,合格	87.0	2.5	0.7	2.5	79.4	1.9	8.4	6.4	71.6	0.27	0.09	0.03
15	4-04-0068	甘薯干 sweet potato tuber flake	甘薯干片,晒干,NY/T 121—1989,合格	87.0	4.0	0.8	2.8	76.4	3.0	8.1	4.1	64.5	0.19	0.02	—
16	4-08-0104	次粉 wheat middling and red dog	黑面,黄粉,下面 NY/T 211—1992,1 级	88.0	15.4	2.2	1.5	67.1	1.5	18.7	4.3	37.8	0.08	0.48	0.17

续附表 1-1

序号	中国饲料号 CFN	饲料名称 feed name	饲料描述 description	干物质 DM/%	粗蛋白质 CP/%	粗脂肪 EE/%	粗纤维 CF/%	无氮浸出物 NFE /%	粗灰分 Ash/%	中洗纤维 NDF /%	酸洗纤维 ADF /%	淀粉 Starch /%	钙 Ca/%	总磷 P%	有效磷 P/%
17	4-08-0105	次粉 wheat middling and red dog	黑面，黄粉，下面 NY/T 211—1992，2 级	87.0	13.6	2.1	2.8	66.7	1.8	31.9	10.5	36.7	0.08	0.48	0.17
18	4-08-0069	小麦麸 wheat bran	传统制粉工艺，NY/T 119—2021，1 级	87.0	15.7	3.9	6.5	56.0	4.9	37.0	13.0	22.6	0.11	0.92	0.32
19	4-08-0070	小麦麸 wheat bran	传统制粉工艺，NY/T 119—2021，2 级	87.0	14.3	4.0	6.8	57.1	4.8	41.3	11.9	19.8	0.10	0.93	0.33
20	4-08-0041	米糠 rice bran	新鲜，不脱脂，NY/T，2 级	90.0	14.5	15.5	6.8	45.6	7.6	20.3	11.6	27.4	0.05	2.37	0.35
21	4-10-0025	米糠饼 rice bran meal(exp.)	未脱脂，机榨，NY/T，1 级	90.0	15.0	9.2	7.6	49.3	8.9	28.3	11.9	30.9	0.14	1.73	0.25
22	4-10-0018	米糠粕 rice bran meal(sol.)	浸提或预压浸提，NY/T，1 级	87.0	15.1	2.0	7.5	53.6	8.8	23.3	10.9	25.0	0.15	1.82	0.25
23	5-09-0127	大豆 soybean	黄大豆，成熟，GB 1352—2009，2 级	87.0	35.5	17.3	4.3	25.7	4.2	7.9	7.3	2.6	0.27	0.48	0.12
24	5-09-0128	全脂大豆 full-fat soybean	微粒化，GB/T 20411—2006	88.0	35.5	18.7	4.6	25.2	4.0	11.0	6.4	6.7	0.32	0.40	0.10
25	5-10-0241	大豆饼 soybean meal(exp.)	机榨，NY/T 130—1989，2 级	89.0	41.8	5.8	4.8	30.7	5.9	18.1	15.5	3.6	0.31	0.50	0.13
26	5-10-0103	去皮大豆粕 soybean meal(sol.)	去皮浸提或预压浸提　NY/T 1 级	89.0	47.9	1.5	3.3	29.7	4.9	8.8	5.3	1.8	0.34	0.65	0.24
27	5-10-0102	大豆粕 soybean meal(sol.)	浸提或预压浸提 GB/T 19541—2017	89.0	44.2	1.9	5.9	28.3	6.1	13.6	9.6	3.5	0.33	0.62	0.16
28	5-10-0118	棉籽饼 cottonseed meal(exp.)	机榨 NY/T 129—1989 2 级	88.0	36.3	7.4	12.5	26.1	5.7	32.1	22.9	3.0	0.21	0.83	0.21
29	5-10-0119	棉籽粕 cottonseed meal(sol.)	浸提 GB 21264—2007 1 级	90.0	47.0	0.5	10.2	26.3	6.0	22.5	15.3	1.5	0.25	1.10	0.28
30	5-10-0117	棉籽粕 cottonseed meal(sol.)	浸提 GB 21264—2007 2 级	90.0	43.5	0.5	10.5	28.9	6.6	28.4	19.4	1.8	0.28	1.04	0.26
31	5-10-0220	棉籽蛋白 cottonseed protein	脱酚，低温一次浸出，分步萃取	92.0	51.1	1.0	6.9	27.3	5.7	20.0	13.7	0.9	0.29	0.89	0.22
32	5-10-0183	菜籽饼 rapeseed meal(exp.)	机榨 NY/T 125—1989，2 级	88.0	35.7	7.4	11.4	26.3	7.2	33.3	26.0	3.8	0.59	0.96	0.20
33	5-10-0121	菜籽粕 rapeseed meal(sol.)	浸提 GB/T 23736—2009，2 级	88.0	38.6	1.4	11.8	28.9	7.3	20.7	16.8	6.1	0.65	1.02	0.25
34	5-10-0116	花生仁饼 peanut meal(exp.)	机榨 NY/T 132—2019，2 级	88.0	44.7	7.2	5.9	25.1	5.1	14.0	8.7	6.6	0.25	0.53	0.16
35	5-10-0115	花生仁粕 peanut meal(sol.)	浸提 NY/T 133—1989，2 级	88.0	47.8	1.4	6.2	27.2	5.4	15.5	11.7	6.7	0.27	0.56	0.17
36	1-10-0031	向日葵仁饼 sunflower meal(exp.)	壳仁比 35：65 NY/T 128—1989，3 级	88.0	29.0	2.9	20.4	31.0	4.7	41.4	29.6	2.0	0.24	0.87	0.22

续附表 1-1

序号	中国饲料号 CFN	饲料名称 feed name	饲料描述 description	干物质 DM/%	粗蛋白质 CP/%	粗脂肪 EE/%	粗纤维 CF/%	无氮浸出物 NFE /%	粗灰分 Ash/%	中洗纤维 NDF /%	酸洗纤维 ADF /%	淀粉 Starch /%	钙 Ca/%	总磷 P%	有效磷 P/%
37	5-10-0242	向日葵仁粕 sunflower meal(sol.)	壳仁比 16∶84 NY/T 127—1989,2 级	88.0	36.5	1.0	10.5	34.4	5.6	14.9	13.6	6.2	0.27	1.13	0.29
38	5-10-0243	向日葵仁粕 sunflower meal(sol.)	壳仁比 24∶76 NY/T 127—1989T,2 级	88.0	33.6	1.0	14.8	38.8	5.3	32.8	23.5	4.4	0.26	1.03	0.26
39	5-10-0119	亚麻仁饼 linseed meal(exp.)	机榨 NY/T 216—1992,2 级	88.0	32.2	7.8	7.8	34.0	6.2	29.7	27.1	11.4	0.39	0.88	0.22
40	5-10-0120	亚麻仁粕 linseed meal(sol.)	浸提或预压浸提 NY/T 217—1992,2 级	88.0	34.8	1.8	8.2	36.6	6.6	21.6	14.4	13.0	0.42	0.95	0.24
41	5-10-0246	芝麻饼 sesame meal(exp.)	机榨,CP40%	92.0	39.2	10.3	7.2	24.9	10.4	18.0	13.2	1.8	2.24	1.19	0.31
42	5-11-0001	玉米蛋白粉 corn gluten meal	去胚芽、淀粉后的面筋部分 NY/T 685—2003,1 级	90.1	63.5	5.4	1.0	19.2	1.0	8.7	4.6	17.2	0.07	0.44	0.16
43	5-11-0002	玉米蛋白粉 corn gluten meal	同上,中等蛋白质产品,CP50% NY/T 685—2003,2 级	88.0	56.3	4.7	1.3	23.4	2.3	8.2	5.1	16.1	0.04	0.44	0.15
44	5-11-0008	玉米蛋白粉 corn gluten meal	同上,中等蛋白质产品,CP40% NY/T 685—2003,3 级	89.9	44.3	6.0	1.6	37.1	0.9	29.1	8.2	20.6	0.12	0.50	0.31
45	5-11-0003	玉米蛋白饲料 corn gluten feed	玉米去胚芽、淀粉后的含皮残渣	88.0	18.3	7.5	7.8	47.0	5.4	33.6	10.5	21.5	0.15	0.70	0.17
46	4-10-0026	玉米胚芽饼 corn germ meal(exp.)	玉米湿磨后的胚芽,机榨	90.0	16.7	9.6	6.3	50.8	6.6	28.5	7.4	13.5	0.04	0.50	0.15
47	4-10-0244	玉米胚芽粕 corn germ meal(sol.)	玉米湿磨后的胚芽,浸提	90.0	20.8	2.0	6.5	54.8	5.9	38.2	10.7	14.2	0.06	0.50	0.15
48	5-11-0007	含可溶物干酒糟(distiller dried grains solubles,DDGS)	玉米酒精糟及可溶物,脱水	89.2	27.5	10.1	6.6	39.9	5.1	38.3	12.5	4.2	0.06	0.71	0.48
49	5-11-0009	蚕豆粉浆蛋白粉 broad bean gluten meal	蚕豆去皮制粉丝后的浆液,脱水	88.0	66.3	4.7	4.1	10.3	2.6	13.7	9.7	—		0.59	0.18
50	5-11-0004	麦芽根 barley malt sprouts	大麦芽副产品,干燥	89.7	28.3	1.4	12.5	41.4	6.1	40.0	15.1	7.2	0.22	0.73	0.18
51	5-13-0044	鱼粉(CP67%) fish meal	进口 GB/T 19164—2021,特级	92.4	67.0	8.4	0.2	0.4	16.4				4.56	2.88	2.88

续附表 1-1

序号	中国饲料号 CFN	饲料名称 feed name	饲料描述 description	干物质 DM/%	粗蛋白质 CP/%	粗脂肪 EE/%	粗纤维 CF/%	无氮浸出物 NFE /%	粗灰分 Ash/%	中洗纤维 NDF /%	酸洗纤维 ADF /%	淀粉 Starch /%	钙 Ca/%	总磷 P%	有效磷 P/%
52	5-13-0046	鱼粉(CP60.2%) fish meal	沿海产的海鱼粉脱脂,12 样平均值	90.0	60.2	4.9	0.5	11.6	12.8				4.04	2.90	2.90
53	5-13-0077	鱼粉(CP53.5%) fish meal	沿海产的海鱼粉,脱脂,11 样平均值	90.0	53.5	10.0	0.8	4.9	20.8				5.88	3.20	3.20
54	5-13-0036	血粉 blood meal	鲜猪血喷雾干燥,国产	88.0	82.8	0.4		1.6	3.2				0.29	0.31	0.29
55	5-13-0037	羽毛粉 feather meal	纯净羽毛,水解,国产	88.0	77.9	2.2	0.7	1.4	5.8				0.20	0.68	0.61
56	5-13-0038	皮革粉 leather meal	废牛皮,水解,国产	88.0	74.7	0.8	1.6		10.9				4.40	0.15	0.13
57	5-13-0047	肉骨粉 meat and bone meal	屠宰下脚,带骨干燥粉碎	93.0	50.0	8.5	2.8		31.7				9.20	4.70	4.37
58	5-13-0048	肉粉 meat meal	脱脂,国产	94.0	54.0	12.0	1.4	4.3	22.3				7.69	3.88	3.61
59	1-05-0074	苜蓿草粉(CP19%) alfalfa meal	一茬盛花期烘干 NY/T 140—2002 1 级	87.0	19.1	2.3	22.7	35.3	7.6	36.7	25.0	6.1	1.40	0.51	0.51
60	1-05-0075	苜蓿草粉(CP17%) alfalfa meal	一茬盛花期烘干 NY/T 140—2002 2 级	87.0	17.2	2.6	25.6	33.3	8.3	39.0	28.6	3.4	1.52	0.22	0.22
61	1-05-0076	苜蓿草粉(CP14%~15%) alfalfa meal	NY/T 140—2002,3 级	87.0	14.3	2.1	29.8	33.8	10.1	36.8	29.0	3.5	1.34	0.19	0.19
62	5-11-0005	啤酒糟 brewers dried grain	大麦酿造副产品	88.0	24.3	5.3	13.4	40.8	4.2	39.4	24.6	11.5	0.32	0.42	0.14
63	7-15-0001	啤酒酵母 brewers dried yeast	啤酒酵母菌粉,QB/T 1940—1994	91.7	52.4	0.4	0.6	33.6	4.7	6.1	1.8	1.0	0.16	1.02	0.46
64	4-13-0075	乳清粉 whey,dehydrated	乳清,脱水,乳糖含量 73%	97.2	11.5	0.8	0.1	76.8	8.0				0.62	0.69	0.52
65	5-01-0162	酪蛋白 casein	脱水,来源于牛奶	91.7	89.0	0.2		0.4	2.1				0.20	0.68	0.67
66	5-14-0503	明胶 gelatin	食用	90.0	88.6	0.5		0.59	0.31				0.49		
67	4-06-0076	牛奶乳糖 milk lactose	进口,含乳糖 80%以上	96.0	3.5	0.5		82.0	10.0				0.52	0.62	0.62
68	4-06-0077	乳糖 lactose	食用	96.0	0.3			95.7							
69	4-06-0078	葡萄糖 glucose	食用	90.0	0.3			89.7							
70	4-06-0079	蔗糖 sucrose	食用	99.0				98.5	0.5				0.04		

续附表 1-1

序号	中国饲料号 CFN	饲料名称 feed name	饲料描述 description	干物质 DM/%	粗蛋白质 CP/%	粗脂肪 EE/%	粗纤维 CF/%	无氮浸出物 NFE /%	粗灰分 Ash/%	中洗纤维 NDF /%	酸洗纤维 ADF /%	淀粉 Starch /%	钙 Ca/%	总磷 P%	有效磷 P/%
71	4-02-0889	玉米淀粉 corn starch	食用	99.0	0.3	0.2		98.5				98.0		0.03	0.01
72	4-17-0001	牛脂 beef tallow		99.0		98.0*		0.5	0.5						
73	4-17-0002	猪油 lard		99.0		98.0*		0.5	0.5						
74	4-17-0003	家禽脂肪 poultry fat		99.0		98.0*		0.5	0.5						
75	4-17-0004	鱼油 fish oil		99.0		98.0*		0.5	0.5						
76	4-17-0005	菜籽油 rapeseed oil		99.0		98.0*		0.5	0.5						
77	4-17-0006	椰子油 coconut oil		99.0		98.0*		0.5	0.5						
78	4-07-0007	玉米油 corn oil		99.0		98.0*		0.5	0.5						
79	4-17-0008	棉籽油 cottonseed oil		99.0		98.0*		0.5	0.5						
80	4-17-0009	棕榈油 palm oil		99.0		98.0*		0.5	0.5						
81	4-17-0010	花生油 peanuts oil		99.0		98.0*		0.5	0.5						
82	4-17-0011	芝麻油 sesame oil		99.0		98.0*		0.5	0.5						
83	4-17-0012	大豆油 soybean oil	粗制	99.0		98.0*		0.5	0.5						
84	4-17-0013	葵花油 sunflower oil		99.0		98.0*		0.5	0.5						

* ①代表典型值(下同);②“ * ”空的数据项代表为“0”(下同);③从表 1～表 12 所示所有数据,无特别说明者,均表示为饲喂状态的含量数据。

附表 1-2　有效能

序号	中国饲料号 CFN	饲料名称 feed name	干物质 DM%	粗蛋白质 CP/%	猪消化能 DE (Mcal/kg)	猪消化能 DE (MJ/kg)	猪代谢能 ME (Mcal/kg)	猪代谢能 ME (MJ/kg)	猪净能 NE (Mcal/kg)	猪净能 NE (MJ/kg)	鸡代谢能 AME (Mcal/kg)	鸡代谢能 AME (MJ/kg)	肉牛维持净能 NEm (Mcal/kg)	肉牛维持净能 NEm (MJ/kg)	肉牛增重净能 NEg (Mcal/kg)	肉牛增重净能 NEg (MJ/kg)	奶牛产奶净能 NEl (Mcal/kg)	奶牛产奶净能 NEl (MJ/kg)	羊消化能 DE (Mcal/kg)	羊消化能 DE (MJ/kg)
1	4-07-0278	玉米 corn grain	86.0	9.4	3.44	14.39	3.24	13.57	2.66	11.14	3.18	13.31	2.20	9.19	1.68	7.02	1.83	7.66	3.40	14.23
2	4-07-0288	玉米 corn grain	86.0	8.5	3.45	14.43	3.25	13.60	2.67	11.17	3.25	13.60	2.24	9.39	1.72	7.21	1.84	7.70	3.41	14.27
3	4-07-0279	玉米 corn grain	86.0	8.7	3.41	14.27	3.21	13.43	2.64	11.04	3.24	13.56	2.21	9.25	1.69	7.09	1.84	7.70	3.41	14.27
4	4-07-0280	玉米 corn grain	86.0	8.0	3.42	14.33	3.34	13.98	2.66	11.14	3.22	13.47	2.19	9.16	1.67	7.00	1.83	7.66	3.38	14.14
5	4-07-0272	高粱 sorghum grain	86.0	9.0	3.15	13.18	2.97	12.43	2.44	10.20	2.94	12.30	1.86	7.80	1.30	5.44	1.59	6.65	3.12	13.05
6	4-07-0270	小麦 wheat grain	88.0	13.4	3.39	14.18	3.16	13.22	2.54	10.64	3.04	12.72	2.09	8.73	1.55	6.46	1.75	7.32	3.40	14.23
7	4-07-0274	大麦(裸) naked barley grain	87.0	13.0	3.24	13.56	3.03	12.68	2.43	10.17	2.68	11.21	1.99	8.31	1.43	5.99	1.68	7.03	3.21	13.43
8	4-07-0277	大麦(皮) barley grain	87.0	11.0	3.02	12.64	2.83	11.84	2.27	9.48	2.70	11.30	1.90	7.95	1.35	5.64	1.62	6.78	3.16	13.22
9	4-07-0281	黑麦 rye	88.0	11.0	3.31	13.85	3.10	12.97	2.50	10.46	2.69	11.25	1.98	8.27	1.42	5.95	1.68	7.03	3.39	14.18
10	4-07-0273	稻谷 paddy	86.0	7.8	2.69	11.25	2.54	10.63	1.91	7.99	2.63	11.00	1.80	7.54	1.28	5.33	1.53	6.40	3.02	12.64
11	4-07-0276	糙米 rough rice	87.0	8.8	3.44	14.39	3.24	13.57	2.68	11.21	3.36	14.06	2.22	9.28	1.71	7.16	1.84	7.70	3.41	14.27
12	4-07-0275	碎米 broken rice	88.0	10.4	3.60	15.06	3.38	14.14	2.64	11.05	3.40	14.23	2.40	10.05	1.92	8.03	1.97	8.24	3.43	14.35
13	4-07-0479	粟(谷子) millet grain	86.5	9.7	3.09	12.93	2.91	12.18	2.32	9.71	2.84	11.88	1.97	8.25	1.43	6.00	1.67	6.99	3.00	12.55
14	4-04-0067	木薯干 cassava tuber flake	87.0	2.5	3.13	13.10	2.97	12.43	2.51	10.50	2.96	12.38	1.67	6.99	1.12	4.70	1.43	5.98	2.99	12.51
15	4-04-0068	甘薯干 sweet potato tuber flake	87.0	4.0	2.82	11.80	2.68	11.21	2.26	9.46	2.34	9.79	1.85	7.76	1.33	5.57	1.57	6.57	3.27	13.68
16	4-08-0104	次粉 wheat middling and reddog	88.0	15.4	3.27	13.68	3.04	12.72	2.27	9.50	3.05	12.76	2.41	10.10	1.92	8.02	1.99	8.32	3.32	13.89
17	4-08-0105	次粉 wheat middling and reddog	87.0	13.6	3.21	13.43	2.99	12.51	2.23	9.33	2.99	12.51	2.37	9.92	1.88	7.87	1.95	8.16	3.25	13.60

续附表 1-2

序号	中国饲料号 CFN	饲料名称 feed name	干物质 DM%	粗蛋白质 CP/%	猪消化能 DE		猪代谢能 ME		猪净能 NE		鸡代谢能 AME		肉牛维持净能 NEm		肉牛增重净能 NEg		奶牛产奶净能 NEl		羊消化能 DE	
					(Mcal/kg)	(MJ/kg)	(Mcal/kg)	(MJ/kg)	(Mcal/kg)	(MJ/kg)	(Mcal/kg)	(MJ/kg)	(Mcal/kg)	(MJ/kg)	(Mcal/kg)	(MJ/kg)	(Mcal/kg)	(MJ/kg)	(Mcal/kg)	(MJ/kg)
18	4-08-0069	小麦麸 wheat bran	87.0	15.7	2.24	9.37	2.08	8.70	1.52	6.36	1.36	5.69	1.67	7.01	1.09	4.55	1.46	6.11	2.91	12.18
19	4-08-0070	小麦麸 wheat bran	87.0	14.3	2.23	9.33	2.07	8.66	1.52	6.36	1.35	5.65	1.66	6.95	1.07	4.50	1.45	6.08	2.89	12.10
20	4-08-0041	米糠 rice bran	87.0	12.8	3.02	12.64	2.82	11.80	2.22	9.29	2.68	11.21	2.05	8.58	1.40	5.85	1.78	7.45	3.29	13.77
21	4-10-0025	米糠饼 rice bran meal(exp.)	88.0	14.7	2.99	12.51	2.78	11.63	2.12	8.87	2.43	10.17	1.72	7.20	1.11	4.65	1.50	6.28	2.85	11.92
22	4-10-0018	米糠粕 rice bran meal(sol.)	87.0	15.1	2.76	11.55	2.57	10.75	1.96	8.20	1.98	8.28	1.45	6.06	0.90	3.75	1.26	5.27	2.39	10.00
23	5-09-0127	大豆 soybean	87.0	35.5	3.97	16.61	3.53	14.77	2.72	11.38	3.24	13.56	2.16	9.03	1.42	5.93	1.90	7.95	3.91	16.36
24	5-09-0128	全脂大豆 full-fat soybean	88.0	35.5	4.24	17.74	3.77	15.77	2.76	11.55	3.48	14.55	2.20	9.19	1.44	6.01	1.94	8.12	3.99	16.99
25	5-10-0241	大豆饼 soybean meal(exp.)	89.0	41.8	3.44	14.39	3.01	12.59	2.01	8.41	2.52	10.54	2.02	8.44	1.36	5.67	1.75	7.32	3.37	14.10
26	5-10-0103	去皮大豆粕 soybean meal(sol.)	89.0	47.9	3.60	15.06	3.11	13.01	2.09	8.74	2.53	10.58	2.07	8.68	1.45	6.06	1.78	7.45	3.42	14.31
27	5-10-0102	大豆粕 soybean meal(sol.)	89.0	44.2	3.37	14.26	2.97	12.43	2.02	8.45	2.39	10.00	2.08	8.71	1.48	6.20	1.78	7.45	3.41	14.27
28	5-10-0118	棉籽饼 cottonseed meal(exp.)	88.0	36.3	2.37	9.92	2.10	8.79	1.33	5.56	2.16	9.04	1.79	7.51	1.13	4.72	1.58	6.61	3.16	13.22
29	5-10-0119	棉籽粕 cottonseed meal(sol.)	90.0	47.0	2.25	9.41	1.95	8.28	1.37	5.73	1.86	7.78	1.78	7.44	1.13	4.73	1.56	6.53	3.12	13.05
30	5-10-0117	棉籽粕 cottonseed meal(sol.)	90.0	43.5	2.31	9.68	2.01	8.43	1.41	5.90	2.03	8.49	1.76	7.35	1.12	4.69	1.54	6.44	2.98	12.47
31	5-10-0220	棉籽蛋白 cottonseed protein	92.0	51.1	2.45	10.25	2.13	8.91	1.49	6.23	2.16	9.04	1.87	7.82	1.20	5.02	1.82	7.61	3.16	13.22
32	5-10-0183	菜籽饼 rapeseed meal(exp.)	88.0	35.7	2.88	12.05	2.56	10.71	1.78	7.45	1.95	8.16	1.59	6.64	0.93	3.90	1.42	5.94	3.14	13.14
33	5-10-0121	菜籽粕 rapeseed meal(sol.)	88.0	38.6	2.53	10.59	2.23	9.33	1.47	6.15	1.77	7.41	1.57	6.56	0.95	3.98	1.39	5.82	2.88	12.05
34	5-10-0116	花生仁饼 peanut meal (exp.)	88.0	44.7	3.08	12.89	2.68	11.21	1.88	7.87	2.78	11.63	2.37	9.91	1.73	7.22	2.02	8.45	3.44	14.39
35	5-10-0115	花生仁粕 peanut meal(sol.)	88.0	47.8	2.97	12.43	2.56	10.71	1.67	6.99	2.60	10.88	2.10	8.80	1.48	6.20	1.80	7.53	3.24	13.56
36	5-10-0031	向日葵仁饼 sunflower meal(exp.)	88.0	29.0	1.89	7.91	1.70	7.11	1.00	4.18	1.59	6.65	1.43	5.99	0.82	3.41	1.28	5.36	2.10	8.79
37	5-10-0242	向日葵仁粕 sunflower meal(sol.)	88.0	36.5	2.78	11.63	2.46	10.29	1.33	5.56	2.32	9.71	1.75	7.33	1.14	4.76	1.53	6.40	2.54	10.63

续附表 1-2

序号	中国饲料号 CFN	饲料名称 feed name	干物质 DM%	粗蛋白质 CP/%	猪消化能 DE		猪代谢能 ME		猪净能 NE		鸡代谢能 AME		肉牛维持净能 NEm		肉牛增重净能 NEg		奶牛产奶净能 NEl		羊消化能 DE	
					(Mcal/kg)	(MJ/kg)	(Mcal/kg)	(MJ/kg)	(Mcal/kg)	(MJ/kg)	(Mcal/kg)	(MJ/kg)	(Mcal/kg)	(MJ/kg)	(Mcal/kg)	(MJ/kg)	(Mcal/kg)	(MJ/kg)	(Mcal/kg)	(MJ/kg)
38	5-10-0243	向日葵仁粕 sunflower meal(sol.)	88.0	33.6	2.49	10.42	2.22	9.29	1.19	4.98	2.03	8.49	1.58	6.60	0.93	3.90	1.41	5.90	2.04	8.54
39	5-10-0119	亚麻仁饼 linseed meal(exp.)	88.0	32.2	2.90	12.13	2.60	10.88	1.74	7.28	2.34	9.79	1.90	7.96	1.25	5.23	1.66	6.95	3.20	13.39
40	5-10-0120	亚麻仁粕 linseed meal(sol.)	88.0	34.8	2.37	9.92	2.11	8.83	1.40	5.86	1.90	7.95	1.78	7.44	1.17	4.89	1.54	6.44	2.99	12.51
41	5-10-0246	芝麻饼 sesame meal(exp.)	92.0	39.2	3.20	13.39	2.82	11.80	1.89	7.91	2.14	8.95	1.92	8.02	1.23	5.13	1.69	7.07	3.51	14.69
42	5-11-0001	玉米蛋白粉 corn gluten meal	90.1	63.5	3.60	15.06	3.00	12.55	2.16	9.04	3.88	16.23	2.32	9.71	1.58	6.61	2.02	8.45	4.39	18.37
43	5-11-0002	玉米蛋白粉 corn gluten meal	88.0	56.3	3.73	15.61	3.19	13.35	2.24	9.37	3.41	14.27	2.14	8.96	1.40	5.85	1.89	7.91	3.56	14.90
44	5-11-0008	玉米蛋白粉 corn gluten meal	89.9	44.3	3.59	15.02	3.13	13.10	2.15	9.00	3.18	13.31	1.93	8.08	1.26	5.26	1.74	7.28	3.28	13.73
45	5-11-0003	玉米蛋白饲料 corn gluten feed	88.0	19.3	2.48	10.38	2.28	9.54	1.69	7.07	2.02	8.45	2.00	8.36	1.36	5.69	1.70	7.11	3.20	13.39
46	4-10-0026	玉米胚芽饼 corn germ meal(exp.)	90.0	16.7	3.51	14.69	3.25	13.60	2.21	9.25	2.24	9.37	2.06	8.62	1.40	5.86	1.75	7.32	3.29	13.77
47	4-10-0244	玉米胚芽粕 corn germ meal(sol.)	90.0	20.8	3.28	13.72	3.01	12.59	2.07	8.66	2.07	8.66	1.87	7.83	1.27	5.33	1.60	6.69	3.01	12.60
48	5-11-0007	玉米 DDGS(distiller dried grains-with solubles)	89.2	27.5	3.43	14.35	3.10	12.97	2.25	9.41	2.20	9.20	1.86	7.78	1.57	6.58	2.14	8.97	3.50	14.64
49	5-11-0009	蚕豆粉浆蛋白粉 broad bean gluten meal	88.0	66.3	3.23	13.51	2.69	11.25	1.87	7.82	3.47	14.52	2.16	9.03	1.47	6.16	1.92	8.03	3.61	15.11
50	5-11-0004	麦芽根 barley malt sprouts	89.7	28.3	2.31	9.67	2.09	8.74	1.25	5.23	1.41	5.90	1.60	6.69	1.02	4.29	1.43	5.98	2.73	11.42
51	5-13-0044	鱼粉(CP67%) fish meal	92.4	67.0	3.22	13.47	2.67	11.16	1.93	8.08	3.10	12.97	1.72	7.20	1.10	4.60	2.33	9.75	3.09	12.93
52	5-13-0046	鱼粉(CP60.2%) fish meal	90.0	60.2	3.00	12.55	2.52	10.54	1.80	7.53	2.82	11.80	1.86	7.77	1.19	4.98	1.63	6.82	3.07	12.85
53	5-13-0077	鱼粉(CP53.5%) fish meal	90.0	53.5	3.09	12.93	2.63	11.00	1.85	7.74	2.90	12.13	1.85	7.72	1.21	5.05	1.61	6.74	3.14	13.14
54	5-13-0036	血粉 blood meal	88.0	82.8	2.73	11.42	2.16	9.04	1.42	5.94	2.46	10.29	1.45	6.08	0.75	3.13	1.34	5.61	2.40	10.04
55	5-13-0037	羽毛粉 feather meal	88.0	77.9	2.77	11.59	2.22	9.29	1.43	5.98	2.73	11.42	1.46	6.10	0.76	3.19	1.34	5.61	2.54	10.63
56	5-13-0038	皮革粉 leather meal	88.0	74.7	2.75	11.51	2.23	9.33	1.32	5.52	1.48	6.19	0.67	2.81	0.37	1.55	0.74	3.10	2.64	11.05

续附表 1-2

序号	中国饲料号 CFN	饲料名称 feed name	干物质 DM%	粗蛋白质 CP/%	猪消化能 DE		猪代谢能 ME		猪净能 NE		鸡代谢能 AME		肉牛维持净能 NEm		肉牛增重净能 NEg		奶牛产奶净能 NEl		羊消化能 DE	
					(Mcal/kg)	(MJ/kg)	(Mcal/kg)	(MJ/kg)	(Mcal/kg)	(MJ/kg)	(Mcal/kg)	(MJ/kg)	(Mcal/kg)	(MJ/kg)	(Mcal/kg)	(MJ/kg)	(Mcal/kg)	(MJ/kg)	(Mcal/kg)	(MJ/kg)
57	5-13-0047	肉骨粉 meat and bone meal	93.0	50.0	2.83	11.84	2.43	10.17	1.61	6.74	2.38	9.96	1.65	6.91	1.08	4.53	1.43	5.98	2.77	11.59
58	5-13-0048	肉粉 meat meal	94.0	54.0	2.70	11.30	2.30	9.62	1.54	6.44	2.20	9.20	1.66	6.95	1.05	4.39	1.34	5.61	2.52	10.55
59	1-05-0074	苜蓿草粉(CP19%) alfalfa meal	87.0	19.1	1.66	6.95	1.53	6.40	0.81	3.39	0.97	4.06	1.29	5.40	0.73	3.04	1.15	4.81	2.36	9.87
60	1-05-0075	苜蓿草粉(CP17%) alfalfa meal	87.0	17.2	1.46	6.11	1.35	5.65	0.70	2.93	0.87	3.64	1.29	5.38	0.73	3.05	1.14	4.77	2.29	9.58
61	1-05-0076	苜蓿草粉(CP14%) alfalfa meal	87.0	14.3	1.49	6.23	1.39	5.82	0.69	2.89	0.84	3.51	1.11	4.66	0.57	2.40	1.00	4.18	1.87	7.83
62	5-11-0005	啤酒糟 brewers dried grain	88.0	24.3	2.25	9.41	2.05	8.58	1.24	5.19	2.37	9.92	1.56	6.55	0.93	3.90	1.39	5.82	2.58	10.80
63	7-15-0001	啤酒酵母 brewers dried yeast	91.7	52.4	3.54	14.81	3.02	12.64	1.95	8.16	2.52	10.54	1.90	7.93	1.22	5.10	1.67	6.99	3.21	13.43
64	4-13-0075	乳清粉 whey, dehydrated	91.7	11.5	3.49	14.60	3.42	14.31	2.70	11.29	2.73	11.42	2.05	8.56	1.53	6.39	1.72	7.20	3.43	14.35
65	5-01-0162	酪蛋白 casein	97.2	88.9	4.13	17.28	3.53	14.77	2.09	8.74	4.13	17.28	3.14	13.14	2.36	9.88	2.31	9.67	4.28	17.90
66	5-14-0503	明胶 gelatin	90.0	88.6	2.80	11.72	2.19	9.16	1.43	5.98	2.36	9.87	1.80	7.53	1.36	5.70	1.56	6.53	3.36	14.06
67	4-06-0076	牛奶乳糖 milk lactose	96.0	3.5	3.37	14.10	3.21	13.43	2.79	11.67	2.69	11.25	2.32	9.72	1.85	7.76	1.91	7.99	3.48	14.56
68	4-06-0077	乳糖 lactose	96.0	0.3	3.53	14.77	3.39	14.18	2.93	12.26	2.70	11.30	2.31	9.67	1.84	7.70	2.06	8.62	3.92	16.41
69	4-06-0078	葡萄糖 glucose	90.0	0.3	3.36	14.06	3.22	13.47	2.79	11.67	3.08	12.89	2.66	11.13	2.13	8.92	1.76	7.36	3.28	13.73
70	4-06-0079	蔗糖 sucrose	99.0		3.80	15.90	3.65	15.27	3.15	13.18	3.90	16.32	3.37	14.10	2.69	11.26	2.06	8.62	4.02	16.82
71	4-02-0889	玉米淀粉 corn starch	99.0	0.3	4.00	16.74	3.84	16.07	3.28	13.72	3.16	13.22	2.73	11.43	2.20	9.12	1.87	7.82	3.50	14.65
72	4-17-0001	牛油 beef tallow	99.0		8.00	33.47	7.68	32.13	7.19	30.08	7.78	32.55	4.76	19.90	3.52	14.73	4.23	17.70	7.62	31.86
73	4-17-0002	猪油 lard	99.0		8.29	34.69	7.96	33.30	7.39	30.92	9.11	38.11	5.60	23.43	4.15	17.37	4.86	20.34	8.51	35.60
74	4-17-0003	家禽脂肪 poultry fat	99.0		8.52	35.65	8.18	34.23	7.55	31.59	9.36	39.16	5.47	22.89	4.10	17.00	4.96	20.76	8.68	36.30
75	4-17-0004	鱼油 fish oil	99.0		8.44	35.31	8.10	33.89	7.50	31.38	8.45	35.35	9.55	39.92	5.26	21.20	4.64	19.40	8.36	34.95

续附表 1-2

序号	中国饲料号 CFN	饲料名称 feed name	干物质 DM%	粗蛋白质 CP/%	猪消化能 DE		猪代谢能 ME		猪净能 NE		鸡代谢能 AME		肉牛维持净能 NEm		肉牛增重净能 NEg		奶牛产奶净能 NEl		羊消化能 DE	
					(Mcal/kg)	(MJ/kg)	(Mcal/kg)	(MJ/kg)	(Mcal/kg)	(MJ/kg)	(Mcal/kg)	(MJ/kg)	(Mcal/kg)	(MJ/kg)	(Mcal/kg)	(MJ/kg)	(Mcal/kg)	(MJ/kg)	(Mcal/kg)	(MJ/kg)
76	4-17-0005	菜籽油 rapeseed oil	99.0		8.76	36.65	8.41	35.19	7.72	32.32	9.21	38.53	10.14	42.30	5.68	23.77	5.01	20.97	8.92	37.33
77	4-17-0006	玉米油 corn oil	99.0		8.75	36.61	8.40	35.15	7.71	32.29	9.66	40.42	10.44	43.64	5.75	24.10	5.26	22.01	9.42	39.42
78	4-17-0007	椰子油 coconut oil	99.0		8.40	35.11	8.06	33.69	7.47	31.27	8.81	36.83	9.78	40.92	5.58	23.35	4.79	20.05	8.63	36.11
79	4-17-0008	棉籽油 cottonseed oil	99.0		8.60	35.98	8.26	34.43	7.61	31.86	9.05	37.87	10.20	42.68	5.72	23.94	4.92	20.06	8.91	37.25
80	4-17-0009	棕榈油 palm oil	99.0		8.01	33.51	7.69	32.17	7.20	30.30	5.80	24.27	6.56	27.45	3.94	16.50	3.16	13.23	5.76	24.10
81	4-17-0010	花生油 peanuts oil	99.0		8.73	36.53	8.38	35.06	7.70	32.24	9.36	39.16	10.50	43.89	5.57	23.31	5.09	21.30	9.17	38.33
82	4-17-0011	芝麻油 sesame oil	99.0		8.75	36.61	8.40	35.15	7.72	32.30	8.48	35.48	9.60	40.14	5.20	21.76	4.61	19.29	8.35	34.91
83	4-17-0012	大豆油 soybean oil	99.0		8.75	36.61	8.40	35.15	7.72	32.23	8.37	35.02	9.38	39.21	5.44	22.76	4.55	19.04	8.29	34.69
84	4-17-0013	葵花油 sunflower oil	99.0		8.76	36.65	8.41	35.19	7.73	32.32	9.66	40.42	10.44	43.64	5.43	22.72	5.26	22.01	9.47	39.63

注：* 猪饲料净能是按修订说明中列出的公式(1)计算得到的，奶牛的产奶净能为 3 倍维持饲喂水平的数值。

附表 1-3　饲料中氨基酸含量

序号	中国饲料号 CFN	饲料名称 feed name	干物质 DM/%	粗蛋白质 CP/%	精氨酸 Arg/%	组氨酸 His/%	异亮氨酸 Ile/%	亮氨酸 Leu/%	赖氨酸 Lys/%	蛋氨酸 Met/%	胱氨酸 Cys/%	苯丙氨酸 Phe/%	酪氨酸 Tyr/%	苏氨酸 Thr/%	色氨酸 Trp/%	缬氨酸 Val/%
1	4-07-0278	玉米 corn grain	86.0	9.4	0.38	0.23	0.26	1.03	0.26	0.19	0.22	0.43	0.34	0.31	0.08	0.40
2	4-07-0288	玉米 corn grain	86.0	8.5	0.50	0.29	0.27	0.74	0.36	0.15	0.18	0.37	0.28	0.30	0.08	0.46
3	4-07-0279	玉米 corn grain	86.0	8.7	0.39	0.21	0.25	0.93	0.24	0.18	0.20	0.41	0.33	0.30	0.07	0.38
4	4-07-0280	玉米 corn grain	86.0	8.0	0.37	0.23	0.27	0.96	0.24	0.17	0.17	0.37	0.31	0.29	0.06	0.35
5	4-07-0272	高粱 sorghum grain	88.0	8.7	0.33	0.20	0.34	1.08	0.21	0.15	0.15	0.41	—	0.28	0.09	0.42
6	4-07-0270	小麦 wheat grain	88.0	13.4	0.62	0.30	0.46	0.89	0.35	0.21	0.30	0.61	0.37	0.38	0.15	0.56
7	4-07-0274	大麦(裸) naked barley grain	87.0	13.0	0.64	0.16	0.43	0.87	0.44	0.14	0.25	0.68	0.40	0.43	0.16	0.63
8	4-07-0277	大麦(皮) barley grain	87.0	11.0	0.65	0.24	0.52	0.91	0.42	0.18	0.18	0.59	0.35	0.41	0.12	0.64
9	4-07-0281	黑麦 rye	88.0	9.50	0.48	0.22	0.30	0.58	0.35	0.15	0.21	0.42	0.26	0.31	0.10	0.43
10	4-07-0273	稻谷 paddy	86.0	7.8	0.57	0.15	0.32	0.58	0.29	0.19	0.16	0.40	0.37	0.25	0.10	0.47
11	4-07-0276	糙米 rough rice	87.0	8.8	0.65	0.17	0.30	0.61	0.32	0.20	0.14	0.35	0.31	0.28	0.12	0.49
12	4-07-0275	碎米 broken rice	88.0	10.4	0.78	0.27	0.39	0.74	0.42	0.22	0.17	0.49	0.39	0.38	0.12	0.57
13	4-07-0479	粟(谷子) millet grain	86.5	9.7	0.30	0.20	0.36	1.15	0.15	0.25	0.20	0.49	0.26	0.35	0.17	0.42
14	4-04-0067	木薯干 cassava tuber flake	87.0	2.5	0.40	0.05	0.11	0.15	0.13	0.05	0.04	0.10	0.04	0.10	0.03	0.13
15	4-04-0068	甘薯干 sweet potato tuber flake	87.0	4.0	0.16	0.08	0.17	0.26	0.16	0.06	0.08	0.19	0.13	0.18	0.05	0.27
16	4-08-0104	次粉 wheat middling and reddog	88.0	15.4	0.86	0.41	0.55	1.06	0.59	0.23	0.37	0.66	0.46	0.50	0.21	0.72
17	4-08-0105	次粉 wheat middling and reddog	87.0	13.6	0.85	0.33	0.48	0.98	0.52	0.16	0.33	0.63	0.45	0.50	0.18	0.68

续附表 1-3

序号	中国饲料号 CFN	饲料名称 feed name	干物质 DM/%	粗蛋白质 CP/%	精氨酸 Arg/%	组氨酸 His/%	异亮氨酸 Ile/%	亮氨酸 Leu/%	赖氨酸 Lys/%	蛋氨酸 Met/%	胱氨酸 Cys/%	苯丙氨酸 Phe/%	酪氨酸 Tyr/%	苏氨酸 Thr/%	色氨酸 Trp/%	缬氨酸 Val/%
18	4-08-0069	小麦麸 wheat bran	87.0	15.7	1.00	0.41	0.51	0.96	0.63	0.23	0.32	0.62	0.43	0.50	0.25	0.71
19	4-08-0070	小麦麸 wheat bran	87.0	14.3	0.88	0.37	0.46	0.88	0.56	0.22	0.31	0.57	0.34	0.45	0.18	0.65
20	4-08-0041	米糠 rice bran	87.0	14.5	1.20	0.44	0.71	1.13	0.84	0.28	0.21	0.71	0.56	0.54	0.16	0.91
21	4-10-0025	米糠饼 rice bran meal(exp.)	88.0	15.0	1.19	0.43	0.72	1.06	0.66	0.26	0.30	0.76	0.51	0.53	0.15	0.99
22	4-10-0018	米糠粕 rice bran meal(sol.)	87.0	15.1	1.28	0.46	0.78	1.30	0.72	0.28	0.32	0.82	0.55	0.57	0.17	1.07
23	5-09-0127	大豆 soybeans	87.0	35.5	2.57	0.59	1.28	2.72	2.20	0.56	0.70	1.42	0.64	1.41	0.45	1.50
24	5-09-0128	全脂大豆 full-fat soybeans	88.0	35.5	2.62	0.95	1.63	2.64	2.20	0.53	0.57	1.77	1.25	1.43	0.45	1.69
25	5-10-0241	大豆饼 soybean meal(exp.)	89.0	41.8	2.53	1.10	1.57	2.75	2.43	0.60	0.62	1.79	1.53	1.44	0.64	1.70
26	5-10-0103	去皮大豆粕 soybean meal(sol.)	89.0	47.9	3.43	1.22	2.10	3.57	2.99	0.68	0.73	2.33	1.57	1.85	0.65	2.26
27	5-10-0102	大豆粕 soybean meal(sol.)	89.0	44.2	3.38	1.17	1.99	3.35	2.68	0.59	0.65	2.21	1.47	1.71	0.57	2.09
28	5-10-0118	棉籽饼 cottonseed meal(exp.)	88.0	36.3	3.94	0.90	1.16	2.07	1.40	0.41	0.70	1.88	0.95	1.14	0.39	1.51
29	5-10-0119	棉籽粕 cottonseed meal(sol.)	88.0	47.0	5.44	1.28	1.41	2.60	2.13	0.65	0.75	2.47	1.46	1.43	0.57	1.98
30	5-10-0117	棉籽粕 cottonseed meal(sol.)	90.0	43.5	4.65	1.19	1.29	2.47	1.97	0.58	0.68	2.28	1.05	1.25	0.51	1.91
31	5-10-0220	棉籽蛋白 cottonseed protein	92.0	51.1	6.08	1.58	1.72	3.13	2.26	0.86	1.04	2.94	1.42	1.60		2.48
32	5-10-0183	菜籽饼 rapeseed meal(exp.)	88.0	35.7	1.82	0.83	1.24	2.26	1.33	0.60	0.82	1.35	0.92	1.40	0.42	1.62
33	5-10-0121	菜籽粕 rapeseed meal(sol.)	88.0	38.6	1.83	0.86	1.29	2.34	1.30	0.63	0.87	1.45	0.97	1.49	0.43	1.74
34	5-10-0116	花生仁饼 peanut meal(exp.)	88.0	44.7	4.60	0.83	1.18	2.36	1.32	0.39	0.38	1.81	1.31	1.05	0.42	1.28
35	5-10-0115	花生仁粕 peanut meal(sol.)	88.0	47.8	4.88	0.88	1.25	2.50	1.40	0.41	0.40	1.92	1.39	1.11	0.45	1.36
36	5-10-0031	向日葵仁饼 sunflower meal(exp.)	88.0	29.0	2.44	0.62	1.19	1.76	0.96	0.59	0.43	1.21	0.77	0.98	0.28	1.35

续附表 1-3

序号	中国饲料号 CFN	饲料名称 feed name	干物质 DM/%	粗蛋白质 CP/%	精氨酸 Arg/%	组氨酸 His/%	异亮氨酸 Ile/%	亮氨酸 Leu/%	赖氨酸 Lys/%	蛋氨酸 Met/%	胱氨酸 Cys/%	苯丙氨酸 Phe/%	酪氨酸 Tyr/%	苏氨酸 Thr/%	色氨酸 Trp/%	缬氨酸 Val/%
37	5-10-0242	向日葵仁粕 sunflower meal(sol.)	88. 0	36. 5	3. 17	0. 81	1. 51	2. 25	1. 22	0. 72	0. 62	1. 56	0. 99	1. 25	0. 47	1. 72
38	5-10-0243	向日葵仁粕 sunflower meal(sol.)	88. 0	33. 6	2. 89	0. 74	1. 39	2. 07	1. 13	0. 69	0. 50	1. 43	0. 91	1. 14	0. 37	1. 58
39	5-10-0119	亚麻仁饼 linseed meal(exp.)	88. 0	32. 2	2. 35	0. 51	1. 15	1. 62	0. 73	0. 46	0. 48	1. 32	0. 50	1. 00	0. 48	1. 44
40	5-10-0120	亚麻仁粕 linseed meal(sol.)	88. 0	34. 8	3. 59	0. 64	1. 33	1. 85	1. 16	0. 55	0. 55	1. 51	0. 93	1. 10	0. 70	1. 51
41	5-10-0246	芝麻饼 sesame meal(exp.)	92. 0	39. 2	2. 38	0. 81	1. 42	2. 52	0. 82	0. 82	0. 75	1. 68	1. 02	1. 29	0. 49	1. 84
42	5-11-0001	玉米蛋白粉 corn gluten meal	90. 1	63. 5	2. 01	1. 23	2. 92	10. 50	1. 10	1. 60	0. 99	3. 94	3. 19	2. 11	0. 36	2. 94
43	5-11-0002	玉米蛋白粉 corn gluten meal	88. 0	56. 3	1. 73	1. 17	2. 21	8. 91	0. 92	1. 38	1. 00	3. 38	3. 04	1. 88	0. 28	2. 58
44	5-11-0008	玉米蛋白粉 corn gluten meal	89. 9	44. 3	1. 31	0. 78	1. 63	7. 08	0. 71	1. 04	0. 65	2. 61	2. 03	1. 38	—	1. 84
45	5-11-0003	玉米蛋白饲料 corn gluten feed	88. 0	18. 3	0. 74	0. 54	0. 54	1. 57	0. 55	0. 30	0. 39	0. 62	0. 50	0. 66	0. 08	0. 87
46	4-10-0026	玉米胚芽饼 corn germ meal(exp.)	90. 0	16. 7	1. 16	0. 45	0. 53	1. 25	0. 70	0. 31	0. 47	0. 64	0. 54	0. 64	0. 16	0. 91
47	4-10-0244	玉米胚芽粕 corn germ meal(sol.)	90. 0	20. 8	1. 51	0. 62	0. 77	1. 54	0. 75	0. 21	0. 28	0. 93	0. 66	0. 68	0. 18	1. 66
48	5-11-0007	玉米 DDGS(distiller dried grains with solubles)	89. 2	27. 5	1. 12	0. 75	0. 97	3. 13	0. 71	0. 57	0. 54	1. 28	1. 09	0. 99	0. 20	1. 32
49	5-11-0009	蚕豆粉浆蛋白粉 broadbeanglutenmeal	88. 0	66. 3	5. 96	1. 66	2. 90	5. 88	4. 44	0. 60	0. 57	3. 34	2. 21	2. 31	—	3. 20
50	5-11-0004	麦芽根 barley malt sprouts	89. 7	28. 3	1. 22	0. 54	1. 08	1. 58	1. 30	0. 37	0. 26	0. 85	0. 67	0. 96	0. 42	1. 44
51	5-13-0044	鱼粉(CP67%) fish meal	92. 4	67. 0	3. 93	2. 01	2. 61	4. 94	4. 97	1. 86	0. 60	2. 61	1. 97	2. 74	0. 77	3. 11
52	5-13-0046	鱼粉(CP60. 2%) fish meal	90. 0	60. 2	3. 57	1. 71	2. 68	4. 80	4. 72	1. 64	0. 52	2. 35	1. 96	2. 57	0. 70	3. 17
53	5-13-0077	鱼粉(CP53. 5%) fish meal	90. 0	53. 5	3. 24	1. 29	2. 30	4. 30	3. 87	1. 39	0. 49	2. 22	1. 70	2. 51	0. 60	2. 77
54	5-13-0036	血粉 blood meal	88. 0	82. 8	2. 99	4. 40	0. 75	8. 38	6. 67	0. 74	0. 98	5. 23	2. 55	2. 86	1. 11	6. 08

续附表 1-3

序号	中国饲料号 CFN	饲料名称 feed name	干物质 DM/%	粗蛋白质 CP/%	精氨酸 Arg/%	组氨酸 His/%	异亮氨酸 Ile/%	亮氨酸 Leu/%	赖氨酸 Lys/%	蛋氨酸 Met/%	胱氨酸 Cys/%	苯丙氨酸 Phe/%	酪氨酸 Tyr/%	苏氨酸 Thr/%	色氨酸 Trp/%	缬氨酸 Val/%
55	5-13-0037	羽毛粉 feather meal	88.0	77.9	5.30	0.58	4.21	6.78	1.65	0.59	2.93	3.57	1.79	3.51	0.40	6.05
56	5-13-0038	皮革粉 leather meal	88.0	74.7	4.45	0.40	1.06	2.53	2.18	0.80	0.16	1.56	0.63	0.71	0.50	1.91
57	5-13-0047	肉骨粉 meat and bone meal	93.0	50.0	3.35	0.96	1.70	3.20	2.60	0.67	0.33	1.70	1.26	1.63	0.26	2.25
58	5-13-0048	肉粉 meat meal	94.0	54.0	3.60	1.14	1.60	3.84	3.07	0.80	0.60	2.17	1.40	1.97	0.35	2.66
59	1-05-0074	苜蓿草粉(CP19%) alfalfa meal	87.0	19.1	0.78	0.39	0.68	1.20	0.82	0.21	0.22	0.82	0.58	0.74	0.43	0.91
60	1-05-0075	苜蓿草粉(CP17%) alfalfa meal	87.0	17.2	0.74	0.32	0.66	1.10	0.81	0.20	0.16	0.81	0.54	0.69	0.37	0.85
61	1-05-0076	苜蓿草粉(CP14%～15%) alfalfa meal	87.0	14.3	0.61	0.19	0.58	1.00	0.60	0.18	0.15	0.59	0.38	0.45	0.24	0.58
62	5-11-0005	啤酒糟 brewers dried grain	88.0	24.3	0.98	0.51	1.18	1.08	0.72	0.52	0.35	2.35	1.17	0.81	0.28	1.66
63	7-15-0001	啤酒酵母 brewers dried yeast	91.7	52.4	2.67	1.11	2.85	4.76	3.38	0.83	0.50	4.07	0.12	2.33	0.21	3.40
64	4-13-0075	乳清粉 whey,dehydrated	97.2	11.5	0.26	0.21	0.64	1.11	0.88	0.17	0.26	0.35	0.27	0.71	0.20	0.61
65	5-01-0162	酪蛋白 casein	91.7	88.9	3.13	2.57	4.49	8.24	6.87	2.52	0.45	4.49	4.87	3.77	1.33	5.81
66	5-14-0503	明胶 gelatin	90.0	88.6	6.60	0.66	1.42	2.91	3.62	0.76	0.12	1.74	0.43	1.82	0.05	2.26
67	4-06-0076	牛奶乳糖 milk lactose	96.0	3.5	0.25	0.09	0.09	0.16	0.14	0.03	0.04	0.09	0.02	0.09	0.09	0.09

附表 1-4　矿物质及维生素含量

序号	中国饲料号 CFN	饲料名称 feed name	钠 Na /%	氯 Cl /%	镁 Mg /%	钾 K /%	铁 Fe (Mg/kg)	铜 Cu (Mg/kg)	锰 Mn (Mg/kg)	锌 Zn (Mg/kg)	硒 Se (Mg/kg)	胡萝卜素 (Mg/kg)	维生素 E (Mg/kg)	维生素 B_1 (Mg/kg)	维生素 B_2 (Mg/kg)	泛酸 (Mg/kg)	烟酸 (Mg/kg)	生物素 (Mg/kg)	叶酸 (Mg/kg)	胆碱 (Mg/kg)	B_6 (Mg/kg)	B_{12} (μg/kg)	亚油酸 /%
1	4-07-0278	玉米 corn grain	0.01	0.04	0.11	0.29	36	3.4	5.8	21.1	0.04	2	22.0	3.5	1.1	5.0	24.0	0.06	0.15	620	10.0		2.20
2	4-07-0272	高粱 sorghum grain	0.03	0.09	0.15	0.34	87	7.6	17.1	20.1	0.05		7.0	3.0	1.3	12.4	41.0	0.26	0.20	668	5.2		1.13
3	4-07-0270	小麦 wheat grain	0.06	0.07	0.11	0.50	88	7.9	45.9	29.7	0.05	0.4	13.0	4.6	1.3	11.9	51.0	0.11	0.36	1040	3.7		0.59
4	4-07-0274	大麦(裸) naked barley grain	0.04		0.11	0.60	100	7.0	18.0	30.0	0.16		48.0	4.1	1.4		87.0				19.3		
5	4-07-0277	大麦(皮) barley grain	0.02	0.15	0.14	0.56	87	5.6	17.5	23.6	0.06	4.1	20.0	4.5	1.8	8.0	55.0	0.15	0.07	990	4.0		0.83
6	4-07-0281	黑麦 rye	0.02	0.04	0.12	0.42	117	7.0	53.0	35.0	0.40		15.0	3.6	1.5	8.0	16.0	0.06	0.60	440	2.6		0.76
7	4-07-0273	稻谷 paddy	0.04	0.07	0.07	0.34	40	3.5	20.0	8.0	0.04		16.0	3.1	1.2	3.7	34.0	0.08	0.45	900	28.0		0.28
8	4-07-0276	糙米 rough rice	0.04	0.06	0.14	0.34	78	3.3	21.0	10.0	0.07		13.5	2.8	1.1	11.0	30.0	0.08	0.40	1014	0.04		
9	4-07-0275	碎米 broken rice	0.07	0.08	0.11	0.13	62	8.8	47.5	36.4	0.06		14.0	1.4	0.7	8.0	30.0	0.08	0.20	800	28.0		
10	4-07-0479	粟(谷子) millet grain	0.04	0.14	0.16	0.43	270	24.5	22.5	15.9	0.08	1.2	36.3	6.6	1.6	7.4	53.0		15.00	790			0.84
11	4-04-0067	木薯干 cassava tuber flake	0.03		0.11	0.78	150	4.2	6.0	14.0	0.04			1.7	0.8	1.0	3.0				1.00		0.10
12	4-04-0068	甘薯干 sweet potato tuber flake	0.16		0.08	0.36	107	6.1	10.0	9.0	0.07												
13	4-08-0104	次粉 wheat middling and reddog	0.60	0.04	0.41	0.60	140	11.6	94.2	73.0	0.07	3.0	20.0	16.5	1.8	15.6	72.0	0.33	0.76	1187	9.0		1.74
14	4-08-0105	次粉 wheat middling and reddog	0.60	0.04	0.41	0.60	140	11.6	94.2	73.0	0.07	3.0	20.0	16.5	1.8	15.6	72.0	0.33	0.76	1187	9.0		1.74
15	4-08-0069	小麦麸 wheat bran	0.07	0.07	0.52	1.19	170	13.8	104.3	96.5	0.07	1.0	14.0	8.0	4.6	31.0		0.36	0.63	980	7.0		1.70
16	4-08-0070	小麦麸 wheat bran	0.07	0.07	0.47	1.19	157	16.5	80.6	104.7	0.05	1.0	14.0	8.0	4.6	31.0	186.0	0.36	0.63	980	7.0		1.70

续附表 1-4

序号	中国饲料号 CFN	饲料名称 feed name	钠 Na /%	氯 Cl /%	镁 Mg /%	钾 K /%	铁 Fe (Mg/kg)	铜 Cu (Mg/kg)	锰 Mn (Mg/kg)	锌 Zn (Mg/kg)	硒 Se (Mg/kg)	胡萝卜素 (Mg/kg)	维生素 E (Mg/kg)	维生素 B_1 (Mg/kg)	维生素 B_2 (Mg/kg)	泛酸 (Mg/kg)	烟酸 (Mg/kg)	生物素 (Mg/kg)	叶酸 (Mg/kg)	胆碱 (Mg/kg)	B_6 (Mg/kg)	B_{12} (μg/kg)	亚油酸 /%
17	4-08-0041	米糠 rice bran	0.07	0.07	0.90	1.73	304	7.1	175.9	50.3	0.09		60.0	22.5	2.5	23.0	293.0	0.42	2.20	1135	14.0		3.57
18	4-10-0025	米糠饼 rice bran meal(exp.)	0.08		1.26	1.80	400	8.7	211.6	56.4	0.09		11.0	24.0	2.9	94.9	689.0	0.70	0.88	1700	54.0	40.0	
19	4-10-0018	米糠粕 rice bran meal(sol.)	0.09	0.10		1.80	432	9.4	228.4	60.9	0.10												
20	5-09-0127	大豆 soybeans	0.02	0.03	0.28	1.70	111	18.1	21.5	40.7	0.06		40.0	12.3	2.9	17.4	24.0	0.42	2.00	3200	12.0	0.0	8.00
21	5-09-0128	全脂大豆 full-fat soybeans	0.02	0.03	0.28	1.70	111	18.1	21.5	40.7	0.06		40.0	12.3	2.9	17.4	24.0	0.42	4.00	3200	12.00	0.0	8.00
22	5-10-0241	大豆饼 soybean meal(exp.)	0.02	0.02	0.25	1.77	187	19.8	32.0	43.4	0.04		6.6	1.7	4.4	13.8	37.0	0.32	0.45	2673	10.00	0.0	
23	5-10-0103	去皮大豆粕 soybean meal(sol.)	0.03	0.05	0.28	2.05	185	24.0	38.2	46.4	0.10	0.2	3.1	4.6	3.0	16.4	30.7	0.33	0.81	2858	6.10	0.0	0.51
24	5-10-0102	大豆粕 soybean meal(sol.)	0.03	0.05	0.28	1.72	185	24.0	28.0	46.4	0.06	0.2	3.1	4.6	3.0	16.4	30.7	0.33	0.81	2858	6.10	0.0	0.51
25	5-10-0118	棉籽饼 cottonseed meal(exp.)	0.04	0.14	0.52	1.20	266	11.6	17.8	44.9	0.11	0.2	16.0	6.4	5.1	10.0	38.0	0.53	1.65	2753	5.30	0.0	2.47
26	5-10-0119	棉籽粕 cottonseed meal(sol.)	0.04	0.04	0.40	1.16	263	14.0	18.7	55.5	0.15	0.2	15.0	7.0	5.5	12.0	40.0	0.30	2.51	2933	5.10	0.0	1.51
27	5-10-0117	棉籽粕 cottonseed meal(sol.)	0.04	0.04	0.40	1.16	263	14.0	18.7	55.5	0.15	0.2	15.0	7.0	5.5	12.0	40.0	0.30	2.51	2933	5.10	0.0	1.51
28	5-10-0183	菜籽饼 rapeseed meal(exp.)	0.02			1.34	687	7.2	78.1	59.2	0.29												
29	5-10-0121	菜籽粕 rapeseed meal(sol.)	0.09	0.11	0.51	1.40	653	7.1	82.2	67.5	0.16		54.0	5.2	3.7	9.5	160.0	0.98	0.95	6700	7.20	0.0	0.42
30	5-10-0116	花生仁饼 peanut meal(exp.)	0.04	0.03	0.33	1.14	347	23.7	36.7	52.5	0.06		3.0	7.1	5.2	47.0	166.0	0.33	0.40	1655	10.00	0.0	1.43
31	5-10-0115	花生仁粕 peanut meal(sol.)	0.07	0.03	0.31	1.23	368	25.1	38.9	55.7	0.06		3.0	5.7	11.0	53.0	173.0	0.39	0.39	1854	10.00	0.0	0.24
32	1-10-0031	向日葵仁饼 sunflower meal(exp.)	0.02	0.01	0.75	1.17	424	45.6	41.5	62.1	0.09		0.9		18.0	4.0	86.0	1.40	0.40	800			
33	5-10-0242	向日葵仁粕 sunflower meal(sol.)	0.20	0.01	0.75	1.00	226	32.8	34.5	82.7	0.06		0.7	4.6	2.3	39.0	22.0	1.70	1.60	3260	17.20		
34	5-10-0243	向日葵仁粕 sunflower meal(sol.)	0.20	0.10	0.68	1.23	310	35.0	35.0	80.0	0.08			3.0	3.0	29.9	14.0	1.40	1.14	3100	11.10		0.98

续附表 1-4

序号	中国饲料号 CFN	饲料名称 feed name	钠 Na /%	氯 Cl /%	镁 Mg /%	钾 K /%	铁 Fe (Mg/kg)	铜 Cu (Mg/kg)	锰 Mn (Mg/kg)	锌 Zn (Mg/kg)	硒 Se (Mg/kg)	胡萝卜素 (Mg/kg)	维生素 E (Mg/kg)	维生素 B_1 (Mg/kg)	维生素 B_2 (Mg/kg)	泛酸 (Mg/kg)	烟酸 (Mg/kg)	生物素 (Mg/kg)	叶酸 (Mg/kg)	胆碱 (Mg/kg)	B_6 (Mg/kg)	B_{12} (μg/kg)	亚油酸 /%
35	5-10-0119	亚麻仁饼 linseed meal(exp.)	0.09	0.04	0.58	1.25	204	27.0	40.3	36.0	0.18		7.7	2.6	4.1	16.5	37.4	0.36	2.90	1672	6.10		1.07
36	5-10-0120	亚麻仁粕 linseed meal(sol.)	0.14	0.05	0.56	1.38	219	25.5	43.3	38.7	0.18	0.2	5.8	7.5	3.2	14.7	33.0	0.41	0.34	1512	6.00	200.0	0.36
37	5-10-0246	芝麻饼 sesame meal(exp.)	0.04	0.05	0.50	1.39	1780	50.4	32.0	2.4	0.21	0.2	0.3	2.8	3.6	6.0	30.0	2.40	—	1536	12.50	0.0	1.90
38	5-11-0001	玉米蛋白粉 corn gluten meal	0.01	0.05	0.08	0.30	230	1.9	5.9	19.2	0.02	44.0	25.5	0.3	2.2	3.0	55.0	0.15	0.20	330	6.90	50.0	1.17
39	5-11-0002	玉米蛋白粉 corn gluten meal	0.02			0.35	332	10.0	78.0	49.0													
40	5-11-0008	玉米蛋白粉 corn gluten meal	0.02	0.08	0.05	0.40	400	28.0	7.0		1.00	16.0	19.9	0.2	1.5	9.6	54.5	0.15	0.22	330			
41	5-11-0003	玉米蛋白饲料 corn gluten feed	0.12	0.22	0.42	1.30	282	10.7	77.1	59.2	0.23	8.0	14.8	2.0	2.4	17.8	75.5	0.22	0.28	1700	13.00	250.0	1.43
42	4-10-0026	玉米胚芽饼 corn germ meal(exp.)	0.01	0.12	0.10	0.30	99	12.8	19.0	108.1		2.0	87.0		3.7	3.3	42.0			1936			1.47
43	4-10-0244	玉米胚芽粕 corn germ meal	0.01		0.16	0.69	214	7.7	23.3	126.6	0.33	2.0	80.8	1.1	4.0	4.4	37.7	0.22	0.20	2000			1.47
44	5-11-0007	DDGS(distillerdriedgrains with solubles)	0.24	0.17	0.91	0.28	98	5.4	15.2	52.3		3.5	40.0	3.5	8.6	11.0	75.0	0.30	0.88	2637	2.28	10.0	2.15
45	5-11-0009	蚕豆粉浆蛋白粉 broad bean gluten-meal	0.01			0.06		22.0	16.0														
46	5-11-0004	麦芽根 barley malt sprouts	0.06	0.59	0.16	2.18	198	5.3	67.8	42.4	0.60		4.2	0.7	1.5	8.6	43.3		0.20	1548			0.46
47	5-13-0044	鱼粉(CP67%) fish meal	1.04	0.71	0.23	0.74	337	8.4	11	102	2.70		5.0	2.8	5.8	9.3	82	1.30	0.90	5600	2.3	210	0.20
48	5-13-0046	鱼粉(CP60.2%) fish meal	0.97	0.61	0.16	1.10	80	8.0	10.0	80.0	1.50		7.0	0.5	4.9	9.0	55.0	0.20	0.30	3056	4.00	104.0	0.12
49	5-13-0077	鱼粉(CP53.5%) fish meal	1.15	0.61	0.16	0.94	292	8.0	9.7	88.0	1.94		5.6	0.4	8.8	8.8	65.0			3000		143.0	
50	5-13-0036	血粉 blood meal	0.31	0.27	0.16	0.90	2100	8.0	2.3	14.0	0.70		1.0	0.4	1.6	1.2	23.0	0.09	0.11	800	4.40	50.0	0.10

续附表 1-4

序号	中国饲料号 CFN	饲料名称 feed name	钠 Na /%	氯 Cl /%	镁 Mg /%	钾 K /%	铁 Fe (Mg/kg)	铜 Cu (Mg/kg)	锰 Mn (Mg/kg)	锌 Zn (Mg/kg)	硒 Se (Mg/kg)	胡萝卜素 (Mg/kg)	维生素 E (Mg/kg)	维生素 B_1 (Mg/kg)	维生素 B_2 (Mg/kg)	泛酸 (Mg/kg)	烟酸 (Mg/kg)	生物素 (Mg/kg)	叶酸 (Mg/kg)	胆碱 (Mg/kg)	B_6 (Mg/kg)	B_{12} (μg/kg)	亚油酸 /%
51	5-13-0037	羽毛粉 feather meal	0.31	0.26	0.20	0.18	73	6.8	8.8	53.8	0.80		7.3	0.1	2.0	10.0	27.0	0.04	0.20	880	3.00	71.0	0.83
52	5-13-0038	皮革粉 leather meal					131	11.1	25.2	89.8													
53	5-13-0047	肉骨粉 meat and bone meal	0.73	0.75	1.13	1.40	500	1.5	12.3	90.0	0.25		0.8	0.2	5.2	4.4	59.4	0.14	0.60	2000	4.60	100.0	0.72
54	5-13-0048	肉粉 meat meal	0.80	0.97	0.35	0.57	440	10.0	10.0	94.0	0.37		1.2	0.6	4.7	5.0	57.0	0.08	0.50	2077	2.40	80.0	0.80
55	1-05-0074	苜蓿草粉(CP19%) alfalfa meal	0.09	0.38	0.30	2.08	372	9.1	30.7	17.1	0.46	94.6	144.0	5.8	15.5	34.0	40.0	0.35	4.36	1419	8.00		0.44
56	1-05-0075	苜蓿草粉(CP17%) alfalfa meal	0.17	0.46	0.36	2.40	361	9.7	30.7	21.0	0.46	94.6	125.0	3.4	13.6	29.0	38.0	0.30	4.20	1401	6.50		0.35
57	1-05-0076	苜蓿草粉(CP14% ~ 15%) alfalfa meal	0.11	0.46	0.36	2.22	437	9.1	33.2	22.6	0.48	63.0	98.0	3.0	10.6	20.8	41.8	0.25	1.54	1548			
58	5-11-0005	啤酒糟 brewers dried grain	0.25	0.12	0.19	0.08	274	20.1	35.6	104.0	0.41	0.20	27.0	0.6	1.5	8.6	43.0	0.24	0.24	1723	0.70		2.94
59	7-15-0001	啤酒酵母 brewers dried yeast	0.10	0.12	0.23	1.70	248	61.0	22.3	86.7	1.00		2.2	91.8	37.0	109.0	448.0	0.63	9.90	3984	42.80	999.9	0.04
60	4-13-0075	乳清粉 whey,dehydrated	0.94	1.40	0.13	1.96	57	6.6	3.0	9.90	0.12		0.3	4.0	4.1	47.0	10.0	0.27	0.85	1820	4.00	23	0.01
61	5-01-0162	酪蛋白 casein	0.01	0.04	0.01	0.01	14	4.0	4.0	30.0	0.16			0.4	1.5	2.7	1.0	0.04	0.51	205	0.40		
62	5-14-0503	明胶 gelatin			0.05																		
63	4-06-0076	牛奶乳糖 milk lactose			0.15	2.40																	

附表 1-5　猪用饲料蛋白质及氨基酸标准回肠消化率(参考)＊

序号	饲料名称 feed name	干物质 DM /%	粗蛋白质 CP/%	精氨酸 /Arg /%	组氨酸 His /%	异亮氨酸 Ile/%	亮氨酸 Leu /%	赖氨酸 Lys /%	蛋氨酸 Met /%	胱氨酸 Cys /%	苯丙氨酸 Phe/%	酪氨酸 Tyr /%	苏氨酸 Thr /%	色氨酸 Trp /%	缬氨酸 Val /%
1	玉米 corn grain	86.0	80	89	87	86	89	75	87	83	87	79	80	77	85
2	膨化玉米 extrude corn	90.0	87	88	81	78	71	84	93	77	75	82	61	69	73
3	高粱 sorghum grain,单宁含量≤0.2%	86.0	77	81	74	41	96	67	79	63	95	69	76	74	94
4	高粱 sorghum grain,0.5%≤单宁含量≤1.0%	87.9	69	70	66	45	96	62	79	62	99	70	76	74	96
5	小麦 wheat grain(硬质)	87.0	88	91	88	89	89	82	88	89	90	88	84	88	88
6	大麦 barley grain	87.0	79	85	81	79	81	75	82	82	81	78	76	82	80
7	黑麦 rye	88.0	83	79	79	78	79	76	81	82	72	76	74	76	77
8	糙米 rough rice	87.0	90	89	84	81	83	77	85	73	84	86	76	77	78
9	粟(谷子) millet grain	86.5	88	89	90	89	91	83	75	88	91	86	86	97	87
10	次粉 wheat middling and red dog	88.0	76	91	84	79	80	78	82	76	84	83	73	81	81
11	小麦麸 wheat bran	87.0	78	90	76	75	73	73	72	77	83	56	64	73	79
12	米糠 rice bran	87.0	60	89	87	69	70	78	77	68	73	81	71	73	69
13	米糠粕 defatted rice bran	90.2	83	75	75	75	75	78	74	63	69	86	76	73	—
14	全脂大豆 soybeans,full-fat	88.0	79	87	81	78	78	81	80	76	79	81	76	82	77
15	大豆浓缩蛋白 soybean protein concentrate	92.0	89	95	91	91	91	91	92	79	90	93	86	88	90
16	大豆粕 soybean meal(sol.)	89.0	85	92	86	88	86	88	89	84	87	86	83	90	84
17	发酵大豆粕 fermented soybean meal	90.5	85	93	90	89	90	90	91	87	90	90	85	86	89
18	棉籽粕 cottonseed meal(sol.)	88.0	77	88	74	70	73	63	73	76	81	76	68	71	73

续附表 1-5

序号	饲料名称 feed name	干物质 DM /%	粗蛋白质 CP/%	精氨酸 /Arg /%	组氨酸 His /%	异亮氨酸 Ile/%	亮氨酸 Leu /%	赖氨酸 Lys /%	蛋氨酸 Met /%	胱氨酸 Cys /%	苯丙氨酸 Phe/%	酪氨酸 Tyr /%	苏氨酸 Thr /%	色氨酸 Trp /%	缬氨酸 Val /%
19	菜籽饼 rapeseed meal(exp.)	88.0	75	83	78	78	78	71	83	76	80	74	70	73	73
20	菜籽粕 rapeseed meal(sol.)	88.0	74	85	78	76	78	74	85	74	77	77	70	71	74
21	花生仁粕 peanut meal(exp. .)	88.0	87	93	81	81	81	76	83	81	88	92	74	76	78
22	花生仁粕 peanut meal(sol.)	88.0	87	93	81	81	81	76	83	81	88	92	74	76	78
23	向日葵仁粕 sunflower meal(sol.)	88.0	83	93	83	82	82	80	90	80	86	88	80	84	79
24	芝麻粕 sesame meal(sol.)	92.0	91	96	84	87	92	85	92	92	93	91	90	85	89
25	玉米蛋白粉 corn gluten meal	90.1	75	91	87	93	96	81	93	88	94	94	87	77	91
26	玉米蛋白饲料 corn gluten feed	88.0	65	86	75	80	85	66	82	62	85	84	71	66	77
27	玉米胚芽粕 corn germ meal(sol.)	90.0	71	83	78	75	78	62	80	63	81	79	70	66	73
28	玉米 dDG Corn DDG	90.0	76	83	84	83	86	78	89	81	87	80	78	71	81
29	玉米 dDGS Corn DDGS	89.2	74	81	78	76	84	61	82	73	81	81	71	71	75
30	鱼粉(CP67%)fish meal	92.4	85	86	84	83	83	86	87	64	82	74	81	76	83
31	血粉 blood meal	88.0	89	92	91	73	93	93	88	86	92	88	87	91	92
32	羽毛粉 feather meal	88.0	68	81	56	76	77	56	73	73	79	79	71	63	75
33	肉骨粉 meat and bone meal	93.0	72	83	71	73	76	73	84	56	79	68	69	62	76
34	肉粉 meat meal	94.0	76	84	75	78	77	78	82	62	79	78	74	76	76
35	苜蓿草粉(CP17%) alfalfa meal	87.0	37	74	59	68	71	56	71	37	70	66	63	46	64
36	啤酒糟 brewers dried grain	88.0	85	93	83	87	86	80	87	76	90	93	80	81	36
37	乳清粉 whey,dehydrated	94.0	100	98	96	96	98	97	98	93	98	97	90	97	37
38	酪蛋白 casein	91.0	100	99	99	96	99	99	99	92	99	99	96	98	38

注：* 数据参考来源为：NRC(2012)，INRA(2004)，AMINO Dat5.0(2016)等。

附表 1-6　鸡用饲料标准回肠氨基酸消化率(参考)

序号	饲料名称 feed name	精氨酸 Arg/%	组氨酸 His/%	异亮氨酸 Ile/%	亮氨酸 Leu/%	赖氨酸 Lys/%	蛋氨酸 Met/%	胱氨酸 Cys/%	苯丙氨酸 Phe/%	苏氨酸 Thr/%	色氨酸 Trp/%	缬氨酸 Val/%
1	玉米,普通 corn grain,common	89	97	98	93	91	95	89	93	89	83	95
2	玉米,高蛋白 corn grain,high protein	89	97	98	93	91	95	89	93	89	83	95
3	高粱 sorghum grain	88	84	90	88	90	89	79	89	83	87	87
4	小麦 wheat grain	86	90	94	91	86	91	91	91	88	86	91
5	大麦 barley	80	81	85	83	84	92	88	81	75	69	82
6	黑麦 rye	84	73	81	85	80	79	84	82	78	81	81
7	稻米 paddy	91	90	85	86	80	92	88	81	75	69	82
8	谷子 millet grain	78	86	88	93	78	88	80	90	80	85	86
9	次粉 wheat middling and reddog	81	82	84	82	82	85	78	81	77	79	80
10	小麦麸 wheat bran	82	81	79	80	73	80	74	84	74	82	77
11	米糠 rice bran	86	84	75	75	77	78	73	74	72	76	76
12	全脂大豆 full-fat soybean	86	87	85	84	86	87	69	84	83	83	85
13	大豆粕 soybean meal(sol.)	92	90	87	88	89	90	79	89	83	89	90
14	棉籽粕 cottonseed meal(sol.)	88	81	71	73	65	72	74	81	68	80	74
15	菜籽粕 rapeseed meal(sol.)	87	85	79	82	80	84	77	83	73	81	79
16	花生仁粕 peanut meal(sol.)	91	87	89	90	76	86	79	99	85	87	89
17	向日葵仁粕 sunflower meal(sol.)	93	88	89	88	87	92	80	90	82	87	87
18	玉米蛋白粉 corn gluten meal	89	88	89	93	80	91	82	91	83	66	87
19	玉米蛋白饲料 corn gluten feed	88	83	82	89	72	85	67	87	76	86	84
20	玉米胚芽粕 corn germ meal(sol.)	91	85	87	88	81	84	64	88	79	85	87
21	鱼粉 fish meal	85	82	86	86	87	87	63	84	82	78	84
22	血粉 blood meal	87	84	78	90	86	91	76	88	88	—	88
23	羽毛粉 feather meal	70	59	74	69	57	65	48	72	56	45	70
24	肉骨粉 meat and bone meal	76	70	69	70	68	71	28	70	62	55	69
25	酵母 yeast	91	84	86	83	87	83	68	86	81	84	83

注:数据参考为 EVONIK Industries AminoDat 5.0(2016)。

附表 1-7　常用矿物质饲料中矿物元素的含量(以饲喂状态为基础)

序号	中国饲料号(CFN)	饲料名称 feed name	化学分子式 chemical formular	钙(Ca)[a] /%	磷(P) /%	磷利用率[b]	钠(Na) /%	氯(Cl) /%	钾(K) /%	镁(Mg) /%	硫(S) /%	铁(Fe) %	锰(Mn) %
01	6-14-0001	碳酸钙,饲料级轻质 calcium carbonate	$CaCO_3$	38.42	0.02		0.08	0.02	0.08	1.610	0.08	0.06	0.02
02	6-14-0002	磷酸氢钙,无水 calcium phosphate(dibasic),anhydrous	$CaHPO_4$	29.60	22.77	95～100	0.18	0.47	0.15	0.800	0.80	0.79	0.14
03	6-14-0003	磷酸氢钙,2 个结晶水 calcium phosphate(dibasic),dehydrate	$CaHPO_4 \cdot 2H_2O$	23.29	18.00	95～100							
04	6-14-0004	磷酸二氢钙 calcium phosphate(monobasic)monohydrate	$Ca(H_2PO_4)_2 \cdot H_2O$	15.90	24.58	100	0.20		0.16	0.900	0.80	0.75	0.01
05	6-14-0005	磷酸三钙(磷酸钙) calcium phosphate(tribasic)	$Ca_3(PO_4)_2$	38.76	20.0								
06	6-14-0006	石粉 c、石灰石、方解石等 limestone、calcite etc.		35.84	0.01		0.06	0.02	0.11	2.060	0.04	0.35	0.02
07	6-14-0007	骨粉,脱脂 bone meal,		29.80	12.50	80～90	0.04		0.20	0.300	2.40		0.03
08	6-14-0008	贝壳粉 shell meal		32～35									
09	6-14-0009	蛋壳粉 egg shell meal		30～40	0.1～0.4								
10	6-14-0010	磷酸氢铵 ammonium phosphate(dibasic)	$(NH_4)_2HPO_4$	0.35	23.48	100	0.20		0.16	0.750	1.50	0.41	0.01
11	6-14-0011	磷酸二氢铵 ammonium phosphate(monobasic)	$NH_4H_2PO_4$		26.93	100							
12	6-14-0012	磷酸氢二钠 sodium phosphate(dibasic)	Na_2HPO_4	0.09	21.82	100	31.04						
13	6-14-0013	磷酸二氢钠 sodium phosphate(monobasic)	NaH_2PO_4		25.81	100	19.17	0.02	0.01	0.010			
14	6-14-0014	碳酸钠 sodium carbonate	Na_2CO_3				43.30						
15	6-14-0015	碳酸氢钠 sodium bicarbonate	$NaHCO_3$	0.01			27.00		0.01				
16	6-14-0016	氯化钠 sodium chloride	$NaCl$	0.30			39.50	59.00		0.005	0.20	0.01	

续附表 1-7

序号	中国饲料号(CFN)	饲料名称 feed name	化学分子式 chemical formular	钙(Ca)[a] /%	磷(P) /%	磷利用率[b]	钠(Na) /%	氯(Cl) /%	钾(K) /%	镁(Mg) /%	硫(S) /%	铁(Fe) %	锰(Mn) %
17	6-14-0017	氯化镁 magnesium chloride hexahydrate	$MgCl_2 \cdot 6H_2O$							11.950			
18	6-14-0018	碳酸镁 magnesium carbonate	$MgCO_3 \cdot Mg(OH)_2$	0.02						34.000			0.01
19	6-14-0019	氧化镁 magnesium oxide	MgO	1.69					0.02	55.000	0.10	1.06	
20	6-14-0020	硫酸镁,7 个结晶水 magnesium sulfate heptahydrate	$MgSO_4 \cdot 7H_2O$	0.02				0.01		9.860	13.01		
21	6-14-0021	氯化钾 potassium chloride	KCl	0.05			1.00	47.56	52.44	0.230	0.32	0.06	0.001
22	6-14-0022	硫酸钾 potassium sulfate	K_2SO_4	0.15			0.09	1.50	44.87	0.600	18.40	0.07	0.001

注:①数据来源:《中国饲料学》(2000,张子仪主编),《猪营养需要》(NRC,2012)。②饲料中使用的矿物质添加剂一般不是化学纯化合物,其组成成分的变异较大。如果能得到,一般应采用原料供给商的分析结果。例如饲料级的磷酸氢钙原料中往往含有一些磷酸二氢钙,而磷酸二氢钙中含有一些磷酸氢钙。a 在大多数来源的磷酸氢钙、磷酸二氢钙、磷酸三钙、脱氟磷酸钙、碳酸钙、硫酸钙和方解石石粉中,估计钙的生物学利用率为 90%～100%,在高镁含量的石粉或白云石石粉中钙的生物学效价较低,为 50%～80%;b 生物学效价估计值通常以相当于磷酸氢钠或磷酸氢钙中的磷的生物学效价表示;c 大多数方解石石粉中含有 38%或高于表中所示的钙和低于表中所示的镁。

附表 1-8 无机来源的微量元素和估测的生物学利用率[a]

	微量元素与来源[b]	化学式	元素含量[c]/%	相对生物学利用率[d]/%
铁(Fe)				
	一水硫酸亚铁 Ferrous sulfate(monohydrate)	$FeSO_4 \cdot H_2O$	33.0	100
	七水硫酸亚铁 Ferrous sulfate(heptahydrate)	$FeSO_4 \cdot 7H_2O$	20.1	100
	碳酸亚铁 Ferrous carbonate	$FeCO_3$	48.3	15～80
	三氧化二铁 Ferric oxide	Fe_2O_3	70.0	0
	六水氯化铁 Ferric chloride(hexahydrate)	$FeCl_3 \cdot 6H_2O$	20.7	40～100
	氧化亚铁 Ferrous oxide	FeO	77.8	—
铜(Cu)				
	五水硫酸铜 Cupric sulfate(pentahydrate)	$CuSO_4 \cdot 5H_2O$	25.6	100
	碱式氯化铜 Cupric chloride, tribasic	$Cu_2(OH)_3Cl$	59.7	100
	氧化铜 Cupric oxide	CuO	80.0	0～10
	无水硫酸铜 Cupric sulfate(anhydrous)	$CuSO_4$	39.9	100
锰(Mn)				
	一水硫酸锰 Manganous sulfate(monohydrate)	$MnSO_4 \cdot H_2O$	32.5	100
	氧化锰 Manganous oxide	MnO	77.5	70
	二氧化锰 Manganous dioxide	MnO_2	63.2	35～95
	碳酸锰 Manganous carbonate	$MnCO_3$	47.8	30～100
锌(Zn)				
	一水硫酸锌 Zinc sulfate(monohydrate)	$ZnSO_4 \cdot H_2O$	36.3	100
	氧化锌 Zinc oxide	ZnO	80.2	50～80
	七水硫酸锌 Zinc sulfate(heptahydrate)	$ZnSO_4 \cdot 7H_2O$	22.6	100

续附表 1-8

	微量元素与来源[b]	化学式	元素含量[c]/%	相对生物学利用率[d]/%
	碳酸锌 Zinc carbonate	$ZnCO_3$	52.0	100
	氯化锌 Zinc chloride	$ZnCl_2$	47.8	100
碘(I)				
	碘酸钙 Calcium iodate	$Ca(IO_3)_2$	65.1	100
	碘化钾 Potassium iodide	KI	76.5	100
	碘酸钾 Potassium iodate	KIO_3	59.3	—
	碘化铜 Cupric iodide	CuI	66.5	100
硒(Se)				
	亚硒酸钠 Sodium selenite	Na_2SeO_3	45.7	100
	十水硒酸钠 Sodium selenite(decahydrate)	$Na_2SeO_4 \cdot 10H_2O$	21.4	100
钴(Co)				
	六水氯化钴 Cobalt dichloride(hexahydrate)	$CoCl_2 \cdot 6H_2O$	24.8	100
	七水硫酸钴 Cobalt sulfate(heptahydrate)	$CoSO_4 \cdot 7H_2O$	21.0	100
	一水硫酸钴 Cobalt sulfate(monohydrate)	$CoSO_4 \cdot H_2O$	34.1	100
	一水氯化钴 Cobalt dichloride(monohydrate)	$CoCl_2 \cdot H_2O$	39.9	100

注:表中数据来源于《中国饲料学》(2000,张子仪主编)及《猪营养需要》(NRC,1998,2012)中相关数据。a 列于每种微量元素下的第一种元素来源通常作为标准,其他来源与其相比较估算相对生物学利用率;b 斜体字表示较少使用的微量元素来源;c 按化合物分子式计算的主元素含量,不考虑化合物的纯度;d"—"表示没有可用数据。

附表 1-9　牛、羊常用粗饲料(青绿、青贮及粗饲料)的典型养分(干基)[1]

序号	饲料原料	DM %	NEm[2] (MJ/kg)	NEm[2] (Mcal/kg)	NEg[2] (MJ/kg)	NEg[2] (Mcal/kg)	NEL[2] (MJ/kg)	NEL[2] (Mcal/kg)	CP /%	UIP /% CP	CF /%	ADF /%	NDF /%	eNDF /% NDF	EE /%	ASH /%	Ca /%	P /%	K /%	Cl /%	S /%	Zn (mg/kg)
1	全棉籽 cotton seed	91	8.83	2.11	6.02	1.44	8.16	1.95	23	38	29	39	47	100	17.8	4	0.14	0.64	1.1	0.06	0.24	34
2	棉籽壳 cottonseed shell	90	4.14	0.99	0.29	0.07	4.06	0.97	5	45	48	68	87	100	1.9	3	0.15	0.08	1.1	0.02	0.05	10
3	大豆秸秆 soybean straw	88	3.97	0.95	0.00	0.00	3.68	0.88	5	—	44	54	70	100	1.4	6	1.59	0.06	0.6	—	0.26	—
4	大豆壳 soybean hull	90	7.57	1.81	4.81	1.15	7.28	1.74	13	28	38	46	62	28	2.6	5	0.55	0.17	1.4	0.02	0.12	38
5	向日葵壳 sunflower shell	90	3.89	0.93	0.00	0.00	3.51	0.84	4	65	52	63	73	90	2.2	3	0.00	0.11	0.2	—	0.19	200
6	花生壳 peanut shell	91	3.31	0.79	0.00	0.00	1.67	0.4	7	—	63	65	74	98	1.5	5	0.20	0.07	0.9	—	—	—
7	苜蓿块 alfalfa block	91	5.27	1.26	2.30	0.55	5.27	1.26	18	30	29	36	46	40	2	11	1.30	0.23	1.9	0.37	0.33	20
8	鲜苜蓿 fresh alfalfa	24	5.73	1.37	2.85	0.68	5.61	1.34	19	18	27	34	46	41	3	9	1.35	0.27	2.6	0.40	0.29	18
9	苜蓿干草,初花期 alfalfa hay, initial flowering	90	5.44	1.30	2.59	0.62	5.44	1.3	19	20	28	35	45	92	2.5	8	1.41	0.26	2.5	0.38	0.28	22
10	苜蓿干草,中花期 alfalfa hay, mid flowering	89	5.36	1.28	2.38	0.57	5.36	1.28	17	23	30	36	47	92	2.3	9	1.40	0.24	2.0	0.38	0.27	24
11	苜蓿干草,盛花期 alfalfa hay, full flowering period	88	4.98	1.19	1.84	0.44	4.98	1.19	16	25	34	40	52	92	2	8	1.20	0.23	1.7	0.37	0.25	23
12	苜蓿干草,成熟期 alfalfa hay, maturity	88	4.60	1.10	1.09	0.26	4.52	1.08	13	30	38	45	59	92	1.3	8	1.18	0.19	1.5	0.35	0.21	23
13	苜蓿青贮 alfalfa silage	30	5.06	1.21	1.92	0.46	5.06	1.21	18	19	28	37	49	82	3	9	1.40	0.29	2.6	0.41	0.29	26
14	苜蓿叶粉 alfalfa leaf powder	89	6.53	1.56	3.97	0.95	6.44	1.54	28	15	15	25	34	35	2.7	15	2.88	0.34	2.2	—	0.32	39
15	苜蓿茎 alfalfa stem	89	4.35	1.04	0.63	0.15	4.23	1.01	11	44	44	51	68	100	1.3	6	0.90	0.18	2.5	—	—	—
16	带穗玉米秸秆 corn straw with ears	80	6.07	1.45	3.39	0.81	6.07	1.45	9	45	25	29	48	100	2.4	7	0.50	0.25	0.9	0.20	0.14	—
17	玉米秸秆,成熟期 corn straw, maturity	80	5.15	1.23	2.13	0.51	5.15	1.23	5	30	35	44	70	100	1.3	7	0.35	0.19	1.1	0.30	0.14	22

续附表 1-9

序号	饲料原料	DM %	NEm²		NEg²		NEL²		CP /%	UIP /% CP	CF /%	ADF /%	NDF /%	eNDF /% NDF	EE /%	ASH /%	Ca /%	P /%	K /%	Cl /%	S /%	Zn (mg /kg)
			(MJ /kg)	(Mcal /kg)	(MJ /kg)	(Mcal /kg)	(MJ /kg)	(Mcal /kg)														
18	玉米青贮,乳化期 corn silage, emulsification period	26	6.07	1.45	3.39	0.81	6.07	1.45	8	18	26	32	54	60	2.8	6	0.40	0.27	1.6	—	0.11	20
19	玉米青贮,成熟期 corn silage, maturity	34	6.90	1.65	4.35	1.04	6.82	1.63	8	28	21	27	46	70	3.1	5	0.28	0.23	1.1	0.20	0.12	22
20	甜玉米青贮 sweet corn silage	24	6.07	1.45	3.39	0.81	6.07	1.45	11	—	20	32	57	60	5.0	5	0.24	0.26	1.2	0.17	0.16	39
21	玉米和玉米芯粉 corn and corncob flour	87	8.20	1.96	5.44	1.30	7.82	1.87	9	52	9	10	26	56	3.7	2	0.06	0.28	0.5	0.05	0.13	16
22	玉米芯 corncob	90	4.44	1.06	0.84	0.20	4.35	1.04	3	70	36	39	88	56	0.5	2	0.12	0.04	0.8	—	0.40	5
23	大麦干草 barley hay	90	5.27	1.26	2.30	0.55	5.27	1.26	9	—	28	37	65	98	2.1	8	0.30	0.28	1.6	—	0.19	25
24	大麦青贮,成熟期 barley silage, maturity	35	5.36	1.28	2.38	0.57	5.36	1.28	12	25	30	34	50	61	3.5	9	0.30	0.20	1.5	—	0.15	25
25	大麦秸秆 barley straw	90	4.06	0.97	0.00	0.00	3.89	0.93	4	70	42	52	78	100	1.9	7	0.33	0.08	2.1	0.67	0.16	7
26	小麦干草 wheat hay	90	5.27	1.26	2.30	0.55	5.27	1.26	9	25	29	38	66	98	2.0	8	0.21	0.22	1.4	0.50	0.19	23
27	小麦青贮 wheat silage	33	5.44	1.30	2.59	0.62	5.44	1.30	12	21	28	37	62	61	3.2	8	0.40	0.28	2.1	0.50	0.21	27
28	小麦秸秆 wheat stalk	91	3.97	0.95	0.00	0.00	3.68	0.88	3	60	43	58	81	98	1.8	8	0.16	0.05	1.3	0.32	0.17	6
29	氨化麦秸 ammoniated wheat straw	85	4.60	1.10	1.09	0.26	4.52	1.08	9	25	40	55	76	98	1.5	9	0.15	0.05	1.3	0.30	0.16	6
30	黑麦干草 rye hay	90	5.36	1.28	2.38	0.57	5.36	1.28	10	30	33	38	65	98	3.3	8	0.45	0.30	2.2	—	0.18	27
31	黑麦草青贮 ryegrass silage	32	5.44	1.30	2.59	0.62	5.44	1.30	14	25	22	37	59	61	3.3	8	0.43	0.38	2.9	0.73	0.23	29
32	黑麦秸秆 rye straw	89	4.06	0.97	0.08	0.02	3.97	0.95	4	—	44	55	71	100	1.5	6	0.24	0.09	1.0	0.24	0.11	
33	燕麦干草 avena sativa	90	4.98	1.19	1.84	0.44	4.98	1.19	10	25	31	39	63	98	2.3	8	0.40	0.27	1.6	0.42	0.21	28
34	燕麦青贮 oat silage	35	5.52	1.32	2.76	0.66	5.52	1.32	12	21	31	39	59	61	3.2	10	0.34	0.30	2.4	0.50	0.25	27
35	燕麦秸秆 oat straw	91	4.44	1.06	0.84	0.20	4.35	1.04	4	40	41	48	73	98	2.3	8	0.24	0.07	2.4	0.78	0.22	6
36	燕麦壳 oat shell	93	3.89	0.93	0.00	0.00	3.51	0.84	4	25	32	40	75	90	1.5	7	0.16	0.15	0.6	0.08	0.14	31

续附表 1-9

序号	饲料原料	DM %	NEm² (MJ/kg)	NEm² (Mcal/kg)	NEg² (MJ/kg)	NEg² (Mcal/kg)	NEL² (MJ/kg)	NEL² (Mcal/kg)	CP /%	UIP /% CP	CF /%	ADF /%	NDF /%	eNDF /% NDF	EE /%	ASH /%	Ca /%	P /%	K /%	Cl /%	S /%	Zn (mg/kg)
37	高粱干草 sorghum hay	87	5.06	1.21	1.92	0.46	5.06	1.21	5	—	33	41	65	100	1.9	10	0.49	0.12	1.2	—	—	—
38	高粱青贮 sorghum silage	32	5.44	1.30	2.59	0.62	5.44	1.30	9	25	27	38	59	70	2.7	6	0.48	0.21	1.7	0.45	0.11	30
39	干甜菜渣 dry beet residue	91	7.28	1.74	4.60	1.10	7.11	1.70	11	44	21	21	41	33	0.7	6	0.65	0.08	1.4	0.40	0.22	22
40	胡萝卜碎渣 carrot residue	14	5.82	1.39	3.05	0.73	5.82	1.39	6	—	19	23	40	0	7.8	9	—	—	—	—	—	—
41	鲜胡萝卜 fresh carrot	12	8.28	1.98	5.52	1.32	7.91	1.89	10	—	9	11	20	0	1.4	10	0.60	0.30	2.4	0.5	0.17	
42	胡萝卜缨/叶 carrot tassel/leaf	16	7.11	1.70	4.44	1.06	6.90	1.65	13	—	18	23	45	41	3.8	15	1.94	0.19	1.9	—	—	—
43	牧草青贮 forage silage	30	5.73	1.37	2.85	0.68	5.61	1.34	11	24	32	39	60	61	3.4	8	0.70	0.24	2.1	—	0.22	29
44	草地干草 grassland hay	90	4.60	1.10	1.09	0.26	4.52	1.08	7	23	33	44	70	98	2.5	9	0.61	0.18	1.6	—	0.17	24
45	羊草 leymus chinensis	91	4.60	1.10	1.09	0.26	4.52	1.08	7	37	34	47	67	98	2.0	8	0.40	0.15	1.1	0.06	0.06	34
46	稻草 straw	91	3.89	0.93	0.00	0.00	3.51	0.84	4	—	40	55	72	100	1.4	12	0.25	0.08	1.1	—	0.11	—
47	氨化稻草 ammoniated rice straw	87	4.14	0.99	0.29	0.07	4.06	0.97	9	—	39	53	68	100	1.3	12	0.25	0.08	1.1	—	0.11	—
48	甘蔗渣 bagasse	91	3.60	0.86	0.00	0.00	3.14	0.75	1	—	49	59	86	100	0.7	3	0.90	0.29	0.5	—	0.10	—
49	菊芋茎秆，产地，廊坊 rusalem artichoke stem，Langfang	96	4.31	1.03	2.10	0.50	6.13	1.46	7	—	51	48	58	100	0.94	10	0.64	0.16	—	—	—	—
50	菊芋叶粉，产地，廊坊 erusalem artichoke leaf powder，Langfang	92	6.67	1.59	1.83	0.44	5.62	1.34	19	—	23	22	45	0	3.64	17	0.76	0.25	—	—	—	—
51	菊芋全株，产地，廊坊 rusalem artichoke，whole plant，Langfang	95	5.98	1.43	2.05	0.49	5.59	1.33	10	—	31	40	53	63	2.1	12	0.98	0.45	—	—	—	—

注：1. DM—原样干物质含量；TDN—总可消化养分；NEm—维持净能；NEg—增重净能；NEl—泌乳净能；CP—粗蛋白质；UIP—粗蛋白质中的过瘤胃蛋白比例；CF—粗纤维；ADF—酸性洗涤纤维；NDF—中性洗涤纤维；eNDF—有效 NDF；EE—粗脂肪；ASH—粗灰分；Ca—钙；P—磷；K—钾；Cl—氯；S—硫；Zn—锌。表中数据除 DM 外，其他均以干物质为基础的含量。

2. 有关通过化学成分预测饲料能值（NEm，NEg，NEl）的计算公式：(1) %TDN = 1.15 × CP% + 1.75 × EE% + 0.45 × CF% + 0.0085 × NDF%^{2} + 0.25 × NFE% − 3.4；(2) NEL(MJ/kg) = 0.1025 × TDN% − 0.502；(3) DE(MJ/kg) = 0.209 × CP% + 0.322 × EE% + 0.084 × CF% + 0.002 × NFE%^{2} + 0.046 × NFE% − 0.627；(4) NEm(MJ/kg) = 0.655 × DE(MJl/kg) − 0.351；(5) NEg(MJ/kg) = 0.815 × DE(MJ/kg) − 0.0497 × DE2(MJ/kg) − 1.187。

附表 1-10　鸭用饲料能值的参考值[①]（饲喂状态）

序号	饲料名称 feed name	干物质 DM/%	粗蛋白质 CP/%	AME		AMEn		TME		TMEn	
				(Mcal/kg)	(MJ/kg)	(Mcal/kg)	(MJ/kg)	(Mcal/kg)	(MJ/kg)	(Mcal/kg)	(MJ/kg)
	谷物类										
1	普通玉米 corn	87.0	7.0	3.11	13.01	3.10	12.97	3.31	13.85	3.27	13.68
2	低植酸玉米 low-phytin corn	89.1	8.6	3.41	14.27	3.39	14.18	4.05	16.95	3.85	16.11
3	高油玉米 high-oil corn	88.8	9.0	3.56	14.90	3.50	14.64	4.20	17.57	3.96	16.57
4	大麦 barley	88.0	11.0	2.62	10.96	2.52	10.52	2.97	12.43	2.86	11.97
5	脱壳燕麦 oats dehulled	87.8	10.9	3.56	14.90	3.48	14.56	3.76	15.73	3.64	15.23
6	珍珠黍 pearl millet	89.9	13.1	3.39	14.18	3.35	14.02	3.61	15.10	3.48	14.56
7	稻米 rice	90.3	10.1	3.42	14.31	3.41	14.27	3.74	15.65	3.61	15.10
8	黑麦 rye	89.2	10.7	2.63	11.00	2.52	10.54	2.95	12.34	2.85	11.92
9	高粱 sorghum	87.0	8.6	3.09	12.93	3.09	12.93	3.42	14.31	3.39	14.18
10	黑小麦 triticale	90.2	11.6	2.80	11.72	2.76	11.55	3.17	13.26	3.07	12.84
11	小麦 wheat	87.2	13.1	3.26	13.64	3.14	13.14	3.46	14.48	3.30	13.81
	粕及其副产品类 neal and byproducts										
12	大麦粗粉 barley meal	89.8	10.7	3.73	15.61	3.76	15.73	4.13	17.28	3.9	16.32
13	小麦麸 wheat middling	89.1	15.7	2.34	9.79	2.28	9.54	2.79	11.67	2.59	10.84
14	小麦次粉 wheat red dog	86.1	16.6	2.39	10.00	2.52	10.54	3.12	13.05	2.9	12.13
15	菜籽粕 canola meal	90.5	33.1	2.18	9.12	2.19	9.16	2.76	11.55	2.44	10.21
16	玉米蛋白粉 corn gluten meal	92.3	53.9	4.04	16.90	3.7	15.48	4.37	18.28	3.93	16.44
17	低植酸大豆粕 low-phytin soybean meal	92.4	52.9	3.02	12.64	2.58	10.79	3.54	14.81	2.96	12.38
18	普通大豆粕(未去皮) soybean meal	89.9	45.2	2.86	11.97			3.49	14.61		
19	肉骨粉 meat and bone meal	92.1	49.7	1.78	7.45	1.77	7.41	1.96	8.20		
20	鱼粉 fish meal	90.0	67.5	3.68	15.40			4.05	16.95		

注：数据来源为①Olayiwola Adeola(2006)；侯水生、赵峰(2011—2019).

附表 1-11　部分饲料中的脂肪酸含量(参考)

序号	中国饲料号 CFN	饲料名称 feed name	干物质 DM/%	粗蛋白质 CP/%	粗脂肪 EE/%	月桂酸 C12∶0 /%TFA	豆蔻酸 C14∶0 /%TFA	棕榈酸 C16∶0 /%TFA	棕榈油酸 C16∶1 /%TFA	硬脂酸 C18∶0 /%TFA	油酸 C18∶1 /%TFA	亚油酸 C18∶2 /%TFA	亚麻酸 C18∶3 /%TFA	总脂肪酸 TFA /%EE
1	4-07-0279	玉米 corn grain	86.0	8.7	3.6		0.1	11.1	0.4	1.8	26.9	56.5	1.0	84.6
2	4-07-0272	高粱 sorghum grain	86.0	9.0	3.4		0.2	13.5	3.2	2.3	33.3	33.8	2.6	89.5
3	4-07-0270	小麦 wheat grain	87.0	13.4	1.7		0.1	17.8	0.4	0.8	15.2	56.4	5.9	75.2
4	4-07-0277	大麦(皮) barley grain	87.0	11.0	1.7		1.2	22.2		1.5	12.0	55.4	5.6	75.3
5	4-07-0275	碎米 broken rice	88.0	10.4	2.2	0.1	0.7	18.1	0.3	1.9	40.2	35.9	1.5	90.6
6	4-04-0067	木薯干 cassava tuber flake	87.0	2.5	0.7	3.9	1.7	31.9	0.7	2.9	35.2	16.7	7.6	79.1
7	4-04-0068	甘薯干 sweet potato tuber flake	87.0	4.0	0.8			28.0		2.9	5.3	53.6	9.7	69.4
8	4-08-0105	次粉 wheat middling and reddog	87.0	13.6	2.1		0.1	17.8	0.4	0.8	15.2	56.4	5.9	79.2
9	4-08-0070	小麦麸 wheat bran	87.0	14.3	4.0		0.1	17.8	0.4	0.8	15.2	56.4	5.9	79.9
10	4-08-0041	米糠 rice bran	87.0	12.8	16.5	0.1	0.7	18.1	0.3	1.9	40.2	35.9	1.5	77.2
11	5-09-0128	全脂大豆 full-fat soybean	88.0	35.5	18.7		0.1	10.5	0.2	3.8	21.7	53.1	7.4	94.4
12	5-10-0102	大豆粕 soybean meal(sol.)	89.0	44.2	1.9		0.1	10.5	0.2	3.8	21.7	53.1	7.4	76.0
13	5-10-0117	棉籽粕 cottonseed meal(sol.)	90.0	43.5	0.5	0.5	0.9	23.0	0.9	2.4	17.2	52.3	0.2	74.9
14	5-10-0121	菜籽粕 rapeseed meal(sol.)	88.0	38.6	1.4		0.1	4.2	0.4	1.8	58.0	20.5	9.8	79.4
15	5-10-0115	花生仁粕 peanut meal(sol.)	88.0	47.8	1.4		0.1	10.2	0.5	2.4	46.8	29.8	0.8	73.7
16	5-10-0120	亚麻仁粕 linseed meal(sol.)	88.0	34.8	1.8		0.1	6.4	0.1	3.4	18.7	14.7	54.2	74.5
17	5-11-0001	玉米蛋白粉 corn gluten meal	90.1	63.5	5.4		0.1	11.1	0.4	1.8	26.9	56.5	1.0	80.5

续附表 1-11

序号	中国饲料号 CFN	饲料名称 feed name	干物质 DM/%	粗蛋白质 CP/%	粗脂肪 EE/%	月桂酸 C12∶0 /%TFA	豆蔻酸 C14∶0 /%TFA	棕榈酸 C16∶0 /%TFA	棕榈油酸 C16∶1 /%TFA	硬脂酸 C18∶0 /%TFA	油酸 C18∶1 /%TFA	亚油酸 C18∶2 /%TFA	亚麻酸 C18∶3 /%TFA	总脂肪酸 TFA /%EE
18	5-13-0044	鱼粉 fish meal	90.0	67.0	5.6		6.0	17.8	7.2	3.6	12.3	2.1	1.9	73.6
19	5-13-0037	羽毛粉 feather meal	88.0	77.9	2.2		2.0	34.8	6.2	13.8	39.9	3.3		47.8
20	5-13-0047	肉骨粉 meat and bone meal	93.0	50.0	8.5	0.2	2.7	27.5	3.7	19.2	40.7	3.6	0.9	68.2
21	5-13-0048	肉粉 meat meal	94.0	54.0	12	0.2	2.7	27.5	3.7	19.2	40.7	3.6	0.9	68.3
22	1-05-0074	苜蓿草粉 alfalfa meal	87.0	19.1	2.3	2.0	1.9	25.6	1.4	3.8	4.4	19.3	37.0	48.0
23	4-13-0075	乳清粉 whey, dehydrated	94.0	12.0	0.7	1.2	10.2	32.1	3.3	9.6	24.7	2.5	0.9	92.6
24	4-17-0001	牛脂 beef tallow	99.0		98.0	0.1	3.0	24.4	3.8	17.9	41.6	1.1	0.5	88.0
25	4-17-0002	猪油 lard	99.0		98.0	0.2	1.3	23.8	2.7	13.5	41.2	10.2	1.0	88.0
26	4-17-0003	家禽脂肪 poultry fat	99.0		98.0	0.1	1.1	21.0	5.0	7.1	41.7	20.6	1.6	88.0
27	4-17-0005	菜籽油 rapeseed oil	99.0		98.0	0.1	0.1	4.4	0.3	2.1	57.3	19.0	7.6	88.0
28	4-17-0006	椰子油 coconut oil	99.0		98.0	46.4	17.7	8.9	0.4	3.0	6.5	1.8	0.1	88.0
29	4-07-0007	玉米油 corn oil	99.0		98.0			11.1		1.6	26.9	58.9	1.1	88.0
30	4-17-0008	棉籽油 cottonseed oil	99.0		98.0		0.8	26.0	0.6	3.0	20.2	48.9	0.1	88.0
31	4-17-0009	棕榈油 palm oil	99.0		98.0	0.3	0.6	43.0	0.2	4.4	37.1	9.9	0.3	88.0
32	4-17-0010	花生油 peanuts oil	99.0		98.0			13.1	0.4	1.9	27.4	54.7	1.5	88.0
33	4-17-0012	大豆油 soybean oil	99.0		98.0	0.1	0.1	10.8	0.1	3.9	22.8	53.7	8.2	88.0
34	4-17-0013	葵花油 sunflower oi	99.0		98.0			7.3	0.1	10.6	43.4	35.5	0.8	88.0

注：数据参考来源为 INRA(2004)，CNPCS6.0(2008)，NRC(1994，1998，2012)等。

附录 2　饲料添加剂品种目录

附表 2-1　饲料添加剂品种目录(农业部公告第 2045 号)

类别	通用名称	适用范围
氨基酸、氨基酸盐及其类似物	*L*-赖氨酸、液体 *L*-赖氨酸(*L*-赖氨酸含量不低于 50%)、*L*-赖氨酸盐酸盐、*L*-赖氨酸硫酸盐及其发酵副产物(产自谷氨酸棒杆菌、乳糖发酵短杆菌,*L*-赖氨酸含量不低于 51%)、*DL*-蛋氨酸、*L*-苏氨酸、*L*-色氨酸、*L*-精氨酸、*L*-精氨酸盐酸盐、甘氨酸、*L*-酪氨酸、*L*-丙氨酸、天(门)冬氨酸、*L*-亮氨酸、异亮氨酸、*L*-脯氨酸、苯丙氨酸、丝氨酸、*L*-半胱氨酸、*L*-组氨酸、谷氨酸、谷氨酰胺、缬氨酸、胱氨酸、牛磺酸	养殖动物
	半胱胺盐酸盐	畜禽
	蛋氨酸羟基类似物、蛋氨酸羟基类似物钙盐	猪、鸡、牛和水产养殖动物
	N-羟甲基蛋氨酸钙	反刍动物
	α-环丙氨酸	鸡
维生素及类维生素	维生素 A、维生素 A 乙酸酯、维生素 A 棕榈酸酯、*β*-胡萝卜素、盐酸硫胺(维生素 B_1)、硝酸硫胺(维生素 B_1)、核黄素(维生素 B_2)、盐酸吡哆醇(维生素 B_6)、氰钴胺(维生素 B_{12})、*L*-抗坏血酸(维生素 C)、*L*-抗坏血酸钙、*L*-抗坏血酸钠、*L*-抗坏血酸-2-磷酸酯、*L*-抗坏血酸-6-棕榈酸酯、维生素 D_2、维生素 D_3、天然维生素 E、*DL*-*α*-生育酚、*DL*-*α*-生育酚乙酸酯、亚硫酸氢钠甲萘醌(维生素 K_3)、二甲基嘧啶醇亚硫酸甲萘醌、亚硫酸氢烟酰胺甲萘醌、烟酸、烟酰胺、*D*-泛醇、*D*-泛酸钙、*DL*-泛酸钙、叶酸、*D*-生物素、氯化胆碱、肌醇、*L*-肉碱、*L*-肉碱盐酸盐、甜菜碱、甜菜碱盐酸盐	养殖动物
	25-羟基胆钙化醇(25-羟基维生素 D_3)	猪、家禽
	L-肉碱酒石酸盐	宠物
矿物元素及其络(螯)合物[1]	氯化钠、硫酸钠、磷酸二氢钠、磷酸氢二钠、磷酸二氢钾、磷酸氢二钾、轻质碳酸钙、氯化钙、磷酸氢钙、磷酸二氢钙、磷酸三钙、乳酸钙、葡萄糖酸钙、硫酸镁、氧化镁、氯化镁、柠檬酸亚铁、富马酸亚铁、乳酸亚铁、硫酸亚铁、氯化亚铁、氯化铁、碳酸亚铁、氯化铜、硫酸铜、碱式氯化铜、氧化锌、氯化锌、碳酸锌、硫酸锌、乙酸锌、碱式氯化锌、氯化锰、氧化锰、硫酸锰、碳酸锰、磷酸氢锰、碘化钾、碘化钠、碘酸钾、碘酸钙、氯化钴、乙酸钴、硫酸钴、亚硒酸钠、钼酸钠、蛋氨酸铜络(螯)合物、蛋氨酸铁络(螯)合物、蛋氨酸锰络(螯)合物、蛋氨酸锌络(螯)合物、赖氨酸铜络(螯)合物、赖氨酸锌络(螯)合物、甘氨酸铜络(螯)合物、甘氨酸铁络(螯)合物、酵母铜、酵母铁、酵母锰、酵母硒、氨基酸铜络合物(氨基酸来源于水解植物蛋白)、氨基酸铁络合物(氨基酸来源于水解植物蛋白)、氨基酸锰络合物(氨基酸来源于水解植物蛋白)、氨基酸锌络合物(氨基酸来源于水解植物蛋白)	养殖动物
	蛋白铜、蛋白铁、蛋白锌、蛋白锰	养殖动物(反刍动物除外)
	羟基蛋氨酸类似物络(螯)合锌、羟基蛋氨酸类似物络(螯)合锰、羟基蛋氨酸类似物络(螯)合铜	奶牛、肉牛、家禽和猪

续附表 2-1

类别	通用名称	适用范围
矿物元素及其络(螯)合物[1]	烟酸铬、酵母铬、蛋氨酸铬、吡啶甲酸铬	猪
	丙酸铬、甘氨酸锌	猪
	丙酸锌	猪、牛和家禽
	硫酸钾、三氧化二铁、氧化铜	反刍动物
	碳酸钴	反刍动物、猫、狗
	稀土(铈和镧)壳糖胺螯合盐	畜禽、鱼和虾
	乳酸锌(α-羟基丙酸锌)	生长育肥猪、家禽
酶制剂[2]	淀粉酶(产自黑曲霉、解淀粉芽孢杆菌、地衣芽孢杆菌、枯草芽孢杆菌、长柄木霉[3]、米曲霉、大麦芽、酸解支链淀粉芽孢杆菌)	青贮玉米、玉米、玉米蛋白粉、豆粕、小麦、次粉、大麦、高粱、燕麦、豌豆、木薯、小米、大米
	α-半乳糖苷酶(产自黑曲霉)	豆粕
	纤维素酶(产自长柄木霉[3]、黑曲霉、孤独腐质霉、绳状青霉)	玉米、大麦、小麦、麦麸、黑麦、高粱
	β-葡聚糖酶(产自黑曲霉、枯草芽孢杆菌、长柄木霉[3]、绳状青霉、解淀粉芽孢杆菌、棘孢曲霉)	小麦、大麦、菜籽粕、小麦副产物、去壳燕麦、黑麦、黑小麦、高粱
	葡萄糖氧化酶(产自特异青霉、黑曲霉)	葡萄糖
	脂肪酶(产自黑曲霉、米曲霉)	动物或植物源性油脂或脂肪
	麦芽糖酶(产自枯草芽孢杆菌)	麦芽糖
	β-甘露聚糖酶(产自迟缓芽孢杆菌、黑曲霉、长柄木霉[3])	玉米、豆粕、椰子粕
	果胶酶(产自黑曲霉、棘孢曲霉)	玉米、小麦
	植酸酶(产自黑曲霉、米曲霉、长柄木霉[3]、毕赤酵母)	玉米、豆粕等含有植酸的植物籽实及其加工副产品类饲料原料
	蛋白酶(产自黑曲霉、米曲霉、枯草芽孢杆菌、长柄木霉[3])	植物和动物蛋白
	角蛋白酶(产自地衣芽孢杆菌)	植物和动物蛋白
	木聚糖酶(产自米曲霉、孤独腐质霉、长柄木霉[3]、枯草芽孢杆菌、绳状青霉、黑曲霉、毕赤酵母)	玉米、大麦、黑麦、小麦、高粱、黑小麦、燕麦

续附表 2-1

类别	通用名称	适用范围
微生物	地衣芽孢杆菌、枯草芽孢杆菌、两歧双歧杆菌、粪肠球菌、屎肠球菌、乳酸肠球菌、嗜酸乳杆菌、干酪乳杆菌、德式乳杆菌乳酸亚种(原名:乳酸乳杆菌)、植物乳杆菌、乳酸片球菌、戊糖片球菌、产朊假丝酵母、酿酒酵母、沼泽红假单胞菌、婴儿双歧杆菌、长双歧杆菌、短双歧杆菌、青春双歧杆菌、嗜热链球菌、罗伊氏乳杆菌、动物双歧杆菌、黑曲霉、米曲霉、迟缓芽孢杆菌、短小芽孢杆菌、纤维二糖乳杆菌、发酵乳杆菌、德氏乳杆菌保加利亚亚种(原名:保加利亚乳杆菌)	养殖动物
	产丙酸丙酸杆菌、布氏乳杆菌	青贮饲料、牛饲料
	副干酪乳杆菌	青贮饲料
	凝结芽孢杆菌	肉鸡、生长育肥猪和水产养殖动物
	侧孢短芽孢杆菌(原名:侧孢芽孢杆菌)	肉鸡、肉鸭、猪、虾
非蛋白氮	尿素、碳酸氢铵、硫酸铵、液氨、磷酸二氢铵、磷酸氢二铵、异丁叉二脲、磷酸脲、氯化铵、氨水	反刍动物
抗氧化剂	乙氧基喹啉、丁基羟基茴香醚(BHA)、二丁基羟基甲苯(BHT)、没食子酸丙酯、特丁基对苯二酚(TBHQ)、茶多酚、维生素 E、*L*-抗坏血酸-6-棕榈酸酯	养殖动物
	迷迭香提取物	宠物
防腐剂、防霉剂和酸度调节剂	甲酸、甲酸铵、甲酸钙、乙酸、双乙酸钠、丙酸、丙酸铵、丙酸钠、丙酸钙、丁酸、丁酸钠、乳酸、苯甲酸、苯甲酸钠、山梨酸、山梨酸钠、山梨酸钾、富马酸、柠檬酸、柠檬酸钾、柠檬酸钠、柠檬酸钙、酒石酸、苹果酸、磷酸、氢氧化钠、碳酸氢钠、氯化钾、碳酸钠	养殖动物
	乙酸钙	畜禽
	焦磷酸钠、三聚磷酸钠、六偏磷酸钠、焦亚硫酸钠、焦磷酸一氢三钠	宠物
	二甲酸钾	猪
	氯化铵	反刍动物
	亚硫酸钠	青贮饲料
着色剂	β-胡萝卜素、辣椒红、β-阿朴-8′-胡萝卜素醛、β-阿朴-8′-胡萝卜素酸乙酯、β-胡萝卜素-4,4-二酮(斑蝥黄)	家禽
	天然叶黄素(源自万寿菊)	家禽、水产养殖动物
	虾青素、红法夫酵母	水产养殖动物、观赏鱼
	柠檬黄、日落黄、诱惑红、胭脂红、靛蓝、二氧化钛、焦糖色(亚硫酸铵法)、赤藓红	宠物
	苋菜红、亮蓝	宠物和观赏鱼

续附表 2-1

<table>
<tr><th>类别</th><th colspan="2">通用名称</th><th>适用范围</th></tr>
<tr><td rowspan="4">调味和诱食物质[4]</td><td rowspan="2">甜味物质</td><td>糖精、糖精钙、新甲基橙皮苷二氢查耳酮</td><td>猪</td></tr>
<tr><td>糖精钠、山梨糖醇</td><td rowspan="3">养殖动物</td></tr>
<tr><td>香味物质</td><td>食品用香料[5]、牛至香酚</td></tr>
<tr><td>其他</td><td>谷氨酸钠、5′-肌苷酸二钠、5′-鸟苷酸二钠、大蒜素</td></tr>
<tr><td rowspan="4">黏结剂、抗结块剂、稳定剂和乳化剂</td><td colspan="2">α-淀粉、三氧化二铝、可食脂肪酸钙盐、可食用脂肪酸单/双甘油酯、硅酸钙、硅铝酸钠、硫酸钙、硬脂酸钙、甘油脂肪酸酯、聚丙烯酸树脂Ⅱ、山梨醇酐单硬脂酸酯、聚氧乙烯 20 山梨醇酐单油酸酯、丙二醇、二氧化硅、卵磷脂、海藻酸钠、海藻酸钾、海藻酸铵、琼脂、瓜尔胶、阿拉伯树胶、黄原胶、甘露糖醇、木质素磺酸盐、羧甲基纤维素钠、聚丙烯酸钠、山梨醇酐脂肪酸酯、蔗糖脂肪酸酯、焦磷酸二钠、单硬脂酸甘油酯、聚乙二醇 400、磷脂、聚乙二醇甘油蓖麻酸酯</td><td>养殖动物</td></tr>
<tr><td colspan="2">丙三醇</td><td>猪、鸡和鱼</td></tr>
<tr><td colspan="2">硬脂酸</td><td>猪、牛和家禽</td></tr>
<tr><td colspan="2">卡拉胶、决明胶、刺槐豆胶、果胶、微晶纤维素</td><td>宠物</td></tr>
<tr><td rowspan="7">多糖和寡糖</td><td colspan="2">低聚木糖(木寡糖)</td><td>鸡、猪、水产养殖动物</td></tr>
<tr><td colspan="2">低聚壳聚糖</td><td>猪、鸡和水产养殖动物</td></tr>
<tr><td colspan="2">半乳甘露寡糖</td><td>猪、肉鸡、兔和水产养殖动物</td></tr>
<tr><td colspan="2">果寡糖、甘露寡糖、低聚半乳糖</td><td>养殖动物</td></tr>
<tr><td colspan="2">壳寡糖(寡聚 β-(1-4)-2-氨基-2-脱氧-D-葡萄糖)(n=2～10)</td><td>猪、鸡、肉鸭、虹鳟鱼</td></tr>
<tr><td colspan="2">β-1,3-D-葡聚糖(源自酿酒酵母)</td><td>水产养殖动物</td></tr>
<tr><td colspan="2">N,O-羧甲基壳聚糖</td><td>猪、鸡</td></tr>
<tr><td rowspan="7">其他</td><td colspan="2">天然类固醇萨洒皂角苷(源自丝兰)、天然三萜烯皂角苷(源自可来雅皂角树)、二十二碳六烯酸(DHA)</td><td>养殖动物</td></tr>
<tr><td colspan="2">糖萜素(源自山茶籽饼)</td><td>猪和家禽</td></tr>
<tr><td colspan="2">乙酰氧肟酸</td><td>反刍动物</td></tr>
<tr><td colspan="2">苜蓿提取物(有效成分为苜蓿多糖、苜蓿黄酮、苜蓿皂苷)</td><td>仔猪、生长育肥猪、肉鸡</td></tr>
<tr><td colspan="2">杜仲叶提取物(有效成分为绿原酸、杜仲多糖、杜仲黄酮)</td><td>生长育肥猪、鱼、虾</td></tr>
<tr><td colspan="2">淫羊藿提取物(有效成分为淫羊藿苷)</td><td>鸡、猪、绵羊、奶牛</td></tr>
<tr><td colspan="2">共轭亚油酸</td><td>仔猪、蛋鸡</td></tr>
</table>

续附表 2-1

类别	通用名称	适用范围
其他	4,7-二羟基异黄酮(大豆黄酮)	猪、产蛋家禽
	地顶孢霉培养物	猪、鸡
	紫苏籽提取物(有效成分为 α-亚油酸、亚麻酸、黄酮)	猪、肉鸡和鱼
	硫酸软骨素	猫、狗
	植物甾醇(源于大豆油/菜籽油,有效成分为 β-谷甾醇、菜油甾醇、豆甾醇)	家禽、生长育肥猪

注:1. 所列物质包括无水和结晶水形态;
2. 酶制剂的适用范围为典型底物,仅作为推荐,并不包括所有可用底物;
3. 目录中所列长柄木霉亦可称为长枝木霉或李氏木霉;
4. 以一种或多种调味物质或诱食物质添加载体等复配而成的产品可称为调味剂或诱食剂,其中:以一种或多种甜味物质添加载体等复配而成的产品可称为甜味剂;以一种或多种香味物质添加载体等复配而成的产品可称为香味剂;
5. 食品用香料见《食品安全国家标准、食品添加剂使用卫生标准》(GB 2760)中食品用香料名单。

附录3 饲料生产企业许可条件

（农业部公告第1849号）

一 总 则

第一条 为加强饲料生产许可管理，保障饲料质量安全，根据《饲料和饲料添加剂管理条例》《饲料和饲料添加剂生产许可管理办法》，制定本条件。

第二条 设立添加剂预混合饲料、浓缩饲料、配合饲料和精料补充料生产企业，应当符合本条件。

二 机构与人员

第三条 企业应当设立技术、生产、质量、销售、采购等管理机构。技术、生产、质量机构应当配备专职负责人，并不得互相兼任。

第四条 技术机构负责人应当具备畜牧、兽医、水产等相关专业大专以上学历或中级以上技术职称，熟悉饲料法规、动物营养、产品配方设计等专业知识，并通过现场考核。

第五条 生产机构负责人应当具备畜牧、兽医、水产、食品、机械、化工与制药等相关专业大专以上学历或中级以上技术职称，熟悉饲料法规、饲料加工技术与设备、生产过程控制、生产管理等专业知识，并通过现场考核。

第六条 质量机构负责人应当具备畜牧、兽医、水产、食品、化工与制药、生物科学等相关专业大专以上学历或中级以上技术职称，熟悉饲料法规、原料与产品质量控制、原料与产品检验、产品质量管理等专业知识，并通过现场考核。

第七条 销售和采购机构负责人应当熟悉饲料法规，并通过现场考核。

第八条 企业应当配备2名以上专职饲料检验化验员。饲料检验化验员应当取得农业部职业技能鉴定机构颁发的职业资格证书，并通过现场操作技能考核。

企业的饲料厂中央控制室操作工、饲料加工设备维修工应当取得农业部职业技能鉴定机构颁发的职业资格证书。

三 厂区、布局与设施

第九条 企业应当独立设置厂区，厂区周围没有影响饲料产品质量安全的污染源。

厂区应当布局合理，生产区与生活、办公等区域分开。厂区整洁卫生，道路和作业场所应当采用混凝土或沥青硬化，生活、办公等区域有密闭式生活垃圾收集设施。

第十条 生产区应当按照生产工序合理布局，固态添加剂预混合饲料、浓缩饲料、配合饲料、精料补充料有相对独立的、与生产规模相匹配的生产车间、原料库、配料间和成品库。

液态添加剂预混合饲料有与生产规模相匹配的前处理间、配料间、生产车间、灌装间、外包装间、原料库、成品库。

固态添加剂预混合饲料生产区总使用面积不低于500平方米；液态添加剂预混合饲料生产区总使用面积不低于350平方米；浓缩饲料、配合饲料、精料补充料生产区总使用面积不低于1 000平方米。

第十一条 添加剂预混合饲料生产线应当单独设立，生产设备不得与配合饲料、浓缩饲料、精料补充料生产线共用。

同时生产固态和液态添加剂预混合饲料的，生产车间应当分别设立。

同时生产添加剂预混合饲料和混合型饲料添加剂的，生产车间应当分别设立，且生产设备不得共用。

第十二条 生产区建筑物通风和采光良好，自然采光设施应当有防雨功能，人工采光灯具应当有防爆功能。

第十三条 厂区内应当配备必要的消防设施或设备。

第十四条 厂区内应当有完善的排水系统，排水系统入口处有防堵塞装置，出口处有防止动物侵入装置。

第十五条 存在安全风险的设备和设施，应当设置警示标识和防护设施：

(一)配电柜、配电箱有警示标识，生产区电源开关有防爆功能；

(二)高温设备和设施有隔热层和警示标识；

(三)压力容器有安全防护装置；

(四)设备传动装置有防护罩；

(五)投料地坑入口处有完整的栅栏，车间内吊物孔有坚固的盖板或四周有防护栏，所有设备维修平台、操作平台和爬梯有防护栏。

企业应当为生产区作业人员配备劳动保护用品。

第十六条 企业仓储设施应当符合以下条件：

(一)满足原料、成品、包装材料、备品备件贮存要求，并具有防霉、防潮、防鸟、防鼠等功能；

(二)存放维生素、微生物添加剂和酶制剂等热敏物质的贮存间密闭性能良好，并配备空调；

(三)亚硒酸钠等按危险化学品管理的饲料添加剂应当有独立的贮存间或贮存柜；

(四)药物饲料添加剂应当有独立的贮存间；

(五)具有立筒仓的生产企业，立筒仓应当配备通风系统和温度监测装置。

四 工艺与设备

第十七条 固态添加剂预混合饲料生产企业应当符合以下条件：

(一)复合预混合饲料和微量元素预混合饲料生产企业的设计生产能力不小于2.5吨/小时，混合机容积不小于0.5立方米；维生素预混合饲料生产企业的设计生产能力不小于1吨/小时，混合机容积不小于0.25立方米；

(二)配备成套加工机组(包括原料提升、混合和自动包装等设备)，并具有完整的除尘系统和电控系统；

(三)有两台以上混合机，混合机(含混合机缓冲仓)与物料接触部分使用不锈钢制造，混合机的混合均匀度变异系数不大于5%；

(四)生产线除尘系统使用脉冲式除尘器或性能更好的除尘设备，采用集中除尘和单点除尘相结合的方式，投料口和打包口采用单点除尘方式；

(五)小料配制和复核分别配置电子秤；

(六)粉碎机、空气压缩机采用隔音或消音装置；

(七)反刍动物添加剂预混合饲料生产线与其他含有动物源性成分的添加剂预混合饲料生产线应当分别设立。

第十八条 液态添加剂预混合饲料生产企业应当符合以下条件：

（一）生产线由包括原料前处理、称量、配液、过滤、灌装等工序的成套设备组成；

（二）生产设备、输送管道及管件使用不锈钢或性能更好的材料制造；

（三）有均质工序的，高压均质机的工作压力不小于50兆帕，并具有高压报警装置；

（四）配液罐具有加热保温功能和温度显示装置；

（五）有独立的灌装间。

第十九条 浓缩饲料、配合饲料、精料补充料生产企业应当符合以下条件：

（一）设计生产能力不小于10吨/小时，专业加工幼畜禽饲料、种畜禽饲料、水产育苗料、特种饲料、宠物饲料的企业设计生产能力不小于2.5吨/小时；

（二）配备成套加工机组（包括原料清理、粉碎、提升、配料、混合、自动包装等设备），并具有完整的除尘系统和电控系统；生产颗粒饲料产品的，还应当配备制粒或膨化、冷却、破碎、分级、干燥等后处理设备；

（三）配料、混合工段采用计算机自动化控制系统，配料动态精度不大于3‰，静态精度不大于1‰；

（四）反刍动物饲料的生产线应当单独设立，生产设备不得与其他非反刍动物饲料生产线共用；

（五）混合机的混合均匀度变异系数不大于7%；

（六）粉碎机、空气压缩机、高压风机采用隔音或消音装置，生产车间和作业场所噪声控制符合国家有关规定；

（七）生产线除尘系统使用脉冲式除尘器或性能更好的除尘设备，采用集中除尘和单点除尘相结合的方式，投料口采用单点除尘方式；作业区的粉尘浓度和排放浓度符合国家有关规定；

（八）小料配制和复核分别配置电子秤；

（九）有添加剂预混合工艺的，应当单独配备至少一台混合机，混合机（含混合机缓冲仓）与物料接触部分使用不锈钢制造，混合机的混合均匀度变异系数不大于5%。

五 质量检验和质量管理制度

第二十条 企业应当在厂区内独立设置检验化验室，并与生产车间和仓储区域分离。

第二十一条 添加剂预混合饲料生产企业检验化验室应当符合以下条件：

（一）除配备常规检验仪器外，还应当配备下列专用检验仪器：

1. 固态维生素预混合饲料生产企业配备万分之一分析天平、高效液相色谱仪（配备紫外检测器）、恒温干燥箱、样品粉碎机、标准筛；

2. 液态维生素预混合饲料生产企业配备万分之一分析天平、高效液相色谱仪（配备紫外检测器）、酸度计；

3. 微量元素预混合饲料生产企业配备万分之一分析天平、原子吸收分光光度计（配备火焰原子化器和被测项目的元素灯）、恒温干燥箱、样品粉碎机、标准筛；

4. 复合预混合饲料生产企业配备万分之一分析天平、高效液相色谱仪（配备紫外检测器）、原子吸收分光光度计（配备火焰原子化器和被测项目的元素灯）、恒温干燥箱、高温炉、样品粉碎机、标准筛。

（二）检验化验室应当包括天平室、前处理室、仪器室和留样观察室等功能室，使用面积应当满足仪器、设备、设施布局和检验化验工作需要：

1. 天平室有满足分析天平放置要求的天平台；

2. 前处理室有能够满足样品前处理和检验要求的通风柜、实验台、器皿柜、试剂柜、气瓶柜或气瓶固定装置以及避光、空调等设备设施；同时开展高温或明火操作和易燃试剂操作的，应当分别设立独立的操作区和通风柜；

3. 仪器室满足高效液相色谱仪、原子吸收分光光度计等仪器的使用要求，高效液相色谱仪和原子吸收分光光度计应当分室存放；

4. 留样观察室有满足原料和产品贮存要求的样品柜。

第二十二条 浓缩饲料、配合饲料、精料补充料生产企业检验化验室应当符合以下条件：

(一)除配备常规检验仪器外，还应当配备万分之一分析天平、可见光分光光度计、恒温干燥箱、高温炉、定氮装置或定氮仪、粗脂肪提取装置或粗脂肪测定仪、真空泵及抽滤装置或粗纤维测定仪、样品粉碎机、标准筛；

(二)检验化验室应当包括天平室、理化分析室、仪器室和留样观察室等功能室，使用面积应当满足仪器、设备、设施布局和检验化验工作需要：

1. 天平室有满足分析天平放置要求的天平台；

2. 理化分析室有能够满足样品理化分析和检验要求的通风柜、实验台、器皿柜、试剂柜；

3. 仪器室满足分光光度计等仪器的使用要求；

4. 留样观察室有满足原料和产品贮存要求的样品柜。

第二十三条 企业应当按照《饲料质量安全管理规范》的要求制定质量管理制度。

六 附 则

第二十四条 本条件自 2012 年 12 月 1 日起施行。

附录4　饲料质量安全管理规范

（2014年1月13日农业部令2014年第1号公布，
2017年11月30日农业部令2017年第8号修订）

一　总　则

第一条　为规范饲料企业生产行为，保障饲料产品质量安全，根据《饲料和饲料添加剂管理条例》，制定本规范。

第二条　本规范适用于添加剂预混合饲料、浓缩饲料、配合饲料和精料补充料生产企业（以下简称企业）。

第三条　企业应当按照本规范的要求组织生产，实现从原料采购到产品销售的全程质量安全控制。

第四条　企业应当及时收集、整理、记录本规范执行情况和生产经营状况，认真履行饲料统计义务。

有委托生产行为的，委托方和受托方应当分别向所在地省级人民政府饲料管理部门备案。

第五条　县级以上人民政府饲料管理部门应当制定年度监督检查计划，对企业实施本规范的情况进行监督检查。

二　原料采购与管理

第六条　企业应当加强对饲料原料、单一饲料、饲料添加剂、药物饲料添加剂、添加剂预混合饲料和浓缩饲料（以下简称原料）的采购管理，全面评估原料生产企业和经销商（以下简称供应商）的资质和产品质量保障能力，建立供应商评价和再评价制度，编制合格供应商名录，填写并保存供应商评价记录：

（一）供应商评价和再评价制度应当规定供应商评价及再评价流程、评价内容、评价标准、评价记录等内容；

（二）从原料生产企业采购的，供应商评价记录应当包括生产企业名称及生产地址、联系方式、许可证明文件编号（评价单一饲料、饲料添加剂、药物饲料添加剂、添加剂预混合饲料、浓缩饲料生产企业时填写）、原料通用名称及商品名称、评价内容、评价结论、评价日期、评价人等信息；

（三）从原料经销商采购的，供应商评价记录应当包括经销商名称及注册地址、联系方式、营业执照注册号、原料通用名称及商品名称、评价内容、评价结论、评价日期、评价人等信息；

（四）合格供应商名录应当包括供应商的名称、原料通用名称及商品名称、许可证明文件编号（供应商为单一饲料、饲料添加剂、药物饲料添加剂、添加剂预混合饲料、浓缩饲料生产企业时填写）、评价日期等信息。

企业统一采购原料供分支机构使用的，分支机构应当复制、保存前款规定的合格供应商名录和供应商评价记录。

第七条　企业应当建立原料采购验收制度和原料验收标准，逐批对采购的原料进行查验或者检验：

(一)原料采购验收制度应当规定采购验收流程、查验要求、检验要求、原料验收标准、不合格原料处置、查验记录等内容;

(二)原料验收标准应当规定原料的通用名称、主成分指标验收值、卫生指标验收值等内容,卫生指标验收值应当符合有关法律法规和国家、行业标准的规定;

(三)企业采购实施行政许可的国产单一饲料、饲料添加剂、药物饲料添加剂、添加剂预混合饲料、浓缩饲料的,应当逐批查验许可证明文件编号和产品质量检验合格证,填写并保存查验记录;查验记录应当包括原料通用名称、生产企业、生产日期、查验内容、查验结果、查验人等信息;无许可证明文件编号和产品质量检验合格证的,或者经查验许可证明文件编号不实的,不得接收、使用;

(四)企业采购实施登记或者注册管理的进口单一饲料、饲料添加剂、药物饲料添加剂、添加剂预混合饲料、浓缩饲料的,应当逐批查验进口许可证明文件编号,填写并保存查验记录;查验记录应当包括原料通用名称、生产企业、生产日期、查验内容、查验结果、查验人等信息;无进口许可证明文件编号的,或者经查验进口许可证明文件编号不实的,不得接收、使用;

(五)企业采购不需行政许可的原料的,应当依据原料验收标准逐批查验供应商提供的该批原料的质量检验报告;无质量检验报告的,企业应当逐批对原料的主成分指标进行自行检验或者委托检验;不符合原料验收标准的,不得接收、使用;原料质量检验报告、自行检验结果、委托检验报告应当归档保存;

(六)企业应当每 3 个月至少选择 5 种原料,自行或者委托有资质的机构对其主要卫生指标进行检测,根据检测结果进行原料安全性评价,保存检测结果和评价报告;委托检测的,应当索取并保存受委托检测机构的计量认证或者实验室认可证书及附表复印件。

第八条 企业应当填写并保存原料进货台账,进货台账应当包括原料通用名称及商品名称、生产企业或者供货者名称、联系方式、产地、数量、生产日期、保质期、查验或者检验信息、进货日期、经办人等信息。

进货台账保存期限不得少于 2 年。

第九条 企业应当建立原料仓储管理制度,填写并保存出入库记录:

(一)原料仓储管理制度应当规定库位规划、堆放方式、垛位标识、库房盘点、环境要求、虫鼠防范、库房安全、出入库记录等内容;

(二)出入库记录应当包括原料名称、包装规格、生产日期、供应商简称或者代码、入库数量和日期、出库数量和日期、库存数量、保管人等信息。

第十条 企业应当按照“一垛一卡”的原则对原料实施垛位标识卡管理,垛位标识卡应当标明原料名称、供应商简称或者代码、垛位总量、已用数量、检验状态等信息。

第十一条 企业应当对维生素、微生物和酶制剂等热敏物质的贮存温度进行监控,填写并保存温度监控记录。监控记录应当包括设定温度、实际温度、监控时间、记录人等信息。

监控中发现实际温度超出设定温度范围的,应当采取有效措施及时处置。

第十二条 按危险化学品管理的亚硒酸钠等饲料添加剂的贮存间或者贮存柜应当设立清晰的警示标识,采用双人双锁管理。

第十三条 企业应当根据原料种类、库存时间、保质期、气候变化等因素建立长期库存原料质量监控制度,填写并保存监控记录:

(一)质量监控制度应当规定监控方式、监控内容、监控频次、异常情况界定、处置方式、处置权限、监控记录等内容；

（二）监控记录应当包括原料名称、监控内容、异常情况描述、处置方式、处置结果、监控日期、监控人等信息。

三　生产过程控制

第十四条　企业应当制定工艺设计文件，设定生产工艺参数。

工艺设计文件应当包括生产工艺流程图、工艺说明和生产设备清单等内容。

生产工艺应当至少设定以下参数：粉碎工艺设定筛片孔径，混合工艺设定混合时间，制粒工艺设定调质温度、蒸汽压力、环模规格、环模长径比、分级筛筛网孔径，膨化工艺设定调质温度、模板孔径。

第十五条　企业应当根据实际工艺流程，制定以下主要作业岗位操作规程：

（一）小料（指生产过程中，将微量添加的原料预先进行配料或者配料混合后获得的中间产品）配料岗位操作规程，规定小料原料的领取与核实、小料原料的放置与标识、称重电子秤校准与核查、现场清洁卫生、小料原料领取记录、小料配料记录等内容；

（二）小料预混合岗位操作规程，规定载体或者稀释剂领取、投料顺序、预混合时间、预混合产品分装与标识、现场清洁卫生、小料预混合记录等内容；

（三）小料投料与复核岗位操作规程，规定小料投放指令、小料复核、现场清洁卫生、小料投料与复核记录等内容；

（四）大料投料岗位操作规程，规定投料指令、垛位取料、感官检查、现场清洁卫生、大料投料记录等内容；

（五）粉碎岗位操作规程，规定筛片锤片检查与更换、粉碎粒度、粉碎料入仓检查、喂料器和磁选设备清理、粉碎作业记录等内容；

（六）中控岗位操作规程，规定设备开启与关闭原则、微机配料软件启动与配方核对、混合时间设置、配料误差核查、进仓原料核实、中控作业记录等内容；

（七）制粒岗位操作规程，规定设备开启与关闭原则、环模与分级筛网更换、破碎机轧距调节、制粒机润滑、调质参数监视、设备（制粒室、调质器、冷却器）清理、感官检查、现场清洁卫生、制粒作业记录等内容；

（八）膨化岗位操作规程，规定设备开启与关闭原则、调质参数监视、设备（膨化室、调质器、冷却器、干燥器）清理、感官检查、现场清洁卫生、膨化作业记录等内容；

（九）包装岗位操作规程，规定标签与包装袋领取、标签与包装袋核对、感官检查、包重校验、现场清洁卫生、包装作业记录等内容；

（十）生产线清洗操作规程，规定清洗原则、清洗实施与效果评价、清洗料的放置与标识、清洗料使用、生产线清洗记录等内容。

第十六条　企业应当根据实际工艺流程，制定生产记录表单，填写并保存相关记录：

（一）小料原料领取记录，包括小料原料名称、领用数量、领取时间、领取人等信息；

（二）小料配料记录，包括小料名称、理论值、实际称重值、配料数量、作业时间、配料人等信息；

（三）小料预混合记录，包括小料名称、重量、批次、混合时间、作业时间、操作人等信息；

（四）小料投料与复核记录，包括产品名称、接收批数、投料批数、重量复核、剩余批数、作业时间、投料人等信息；

（五）大料投料记录，包括大料名称、投料数量、感官检查、作业时间、投料人等信息；

（六）粉碎作业记录，包括物料名称、粉碎机号、筛片规格、作业时间、操作人等信息；

（七）大料配料记录，包括配方编号、大料名称、配料仓号、理论值、实际值、作业时间、配料人等信息；

（八）中控作业记录，包括产品名称、配方编号、清洗料、理论产量、成品仓号、洗仓情况、作业时间、操作人等信息；

（九）制粒作业记录，包括产品名称、制粒机号、制粒仓号、调质温度、蒸汽压力、环模孔径、环模长径比、分级筛筛网孔径、感官检查、作业时间、操作人等信息；

（十）膨化作业记录，包括产品名称、调质温度、模板孔径、膨化温度、感官检查、作业时间、操作人等信息；

（十一）包装作业记录，包括产品名称、实际产量、包装规格、包数、感官检查、头尾包数量、作业时间、操作人等信息；

（十二）标签领用记录，包括产品名称、领用数量、班次用量、损毁数量、剩余数量、领取时间、领用人等信息；

（十三）生产线清洗记录，包括班次、清洗料名称、清洗料重量、清洗过程描述、作业时间、清洗人等信息；

（十四）清洗料使用记录，包括清洗料名称、生产班次、清洗料使用情况描述、使用时间、操作人等信息。

第十七条 企业应当采取有效措施防止生产过程中的交叉污染：

（一）按照“无药物的在先、有药物的在后”原则制定生产计划；

（二）生产含有药物饲料添加剂的产品后，生产不含药物饲料添加剂或者改变所用药物添加剂品种的产品的，应当对生产线进行清洗；清洗料回用的，应当明确标识并回置于同品种产品中；

（三）盛放饲料添加剂、药物饲料添加剂、添加剂预混合饲料、含有药物饲料添加剂的产品及其中间产品的器具或者包装物应当明确标识，不得交叉混用；

（四）设备应当定期清理，及时清除残存料、粉尘积垢等残留物。

第十八条 企业应当采取有效措施防止外来污染：

（一）生产车间应当配备防鼠、防鸟等设施，地面平整，无污垢积存；

（二）生产现场的原料、中间产品、返工料、清洗料、不合格品等应当分类存放，清晰标识；

（三）保持生产现场清洁，及时清理杂物；

（四）按照产品说明书规范使用润滑油、清洗剂；

（五）不得使用易碎、易断裂、易生锈的器具作为称量或者盛放用具；

（六）不得在饲料生产过程中进行维修、焊接、气割等作业。

第十九条 企业应当建立配方管理制度，规定配方的设计、审核、批准、更改、传递、使用等内容。

第二十条 企业应当建立产品标签管理制度，规定标签的设计、审核、保管、使用、销毁等内容。

产品标签应当专库（柜）存放，专人管理。

第二十一条 企业应当对生产配方中添加比例小于0.2%的原料进行预混合。

第二十二条 企业应当根据产品混合均匀度要求，确定产品的最佳混合时间，填写并保存最佳混合时间实验记录。实验记录应当包括混合机编号、混合物料名称、混合次数、混合时间、检验结果、最佳混合时间、检验日期、检验人等信息。

企业应当每6个月按照产品类别(添加剂预混合饲料、配合饲料、浓缩饲料、精料补充料)进行至少1次混合均匀度验证,填写并保存混合均匀度验证记录。验证记录应包括产品名称、混合机编号、混合时间、检验方法、检验结果、验证结论、检验日期、检验人等信息。

混合机发生故障经修复投入生产前,应当按照前款规定进行混合均匀度验证。

第二十三条 企业应当建立生产设备管理制度和档案,制定粉碎机、混合机、制粒机、膨化机、空气压缩机等关键设备操作规程,填写并保存维护保养记录和维修记录:

(一)生产设备管理制度应当规定采购与验收、档案管理、使用操作、维护保养、备品备件管理、维护保养记录、维修记录等内容;

(二)设备操作规程应当规定开机前准备、启动与关闭、操作步骤、关机后整理、日常维护保养等内容;

(三)维护保养记录应当包括设备名称、设备编号、保养项目、保养日期、保养人等信息;

(四)维修记录应当包括设备名称、设备编号、维修部位、故障描述、维修方式及效果、维修日期、维修人等信息;

(五)关键设备应当实行"一机一档"管理,档案包括基本信息表(名称、编号、规格型号、制造厂家、联系方式、安装日期、投入使用日期)、使用说明书、操作规程、维护保养记录、维修记录等内容。

第二十四条 企业应当严格执行国家安全生产相关法律法规。

生产设备、辅助系统应当处于正常工作状态;锅炉、压力容器等特种设备应当通过安全检查;计量秤、地磅、压力表等测量设备应当定期检定或者校验。

四 产品质量控制

第二十五条 企业应当建立现场质量巡查制度,填写并保存现场质量巡查记录:

(一)现场质量巡查制度应当规定巡查位点、巡查内容、巡查频次、异常情况界定、处置方式、处置权限、巡查记录等内容;

(二)现场质量巡查记录应当包括巡查位点、巡查内容、异常情况描述、处置方式、处置结果、巡查时间、巡查人等信息。

第二十六条 企业应当建立检验管理制度,规定人员资质与职责、样品抽取与检验、检验结果判定、检验报告编制与审核、产品质量检验合格证签发等内容。

第二十七条 企业应当根据产品质量标准实施出厂检验,填写并保存产品出厂检验记录;检验记录应当包括产品名称或者编号、检验项目、检验方法、计算公式中符号的含义和数值、检验结果、检验日期、检验人等信息。

产品出厂检验记录保存期限不得少于2年。

第二十八条 企业应当每周从其生产的产品中至少抽取5个批次的产品自行检验下列主成分指标:

(一)维生素预混合饲料:两种以上维生素;

(二)微量元素预混合饲料:两种以上微量元素;

(三)复合预混合饲料:两种以上维生素和两种以上微量元素;

(四)浓缩饲料、配合饲料、精料补充料:粗蛋白质、粗灰分、钙、总磷。

主成分指标检验记录保存期限不得少于 2 年。

第二十九条 企业应当根据仪器设备配置情况，建立分析天平、高温炉、干燥箱、酸度计、分光光度计、高效液相色谱仪、原子吸收分光光度计等主要仪器设备操作规程和档案，填写并保存仪器设备使用记录：

（一）仪器设备操作规程应当规定开机前准备、开机顺序、操作步骤、关机顺序、关机后整理、日常维护、使用记录等内容；

（二）仪器设备使用记录应当包括仪器设备名称、型号或者编号、使用日期、样品名称或者编号、检验项目、开始时间、完毕时间、仪器设备运行前后状态、使用人等信息；

（三）仪器设备应当实行“一机一档”管理，档案包括仪器基本信息表（名称、编号、型号、制造厂家、联系方式、安装日期、投入使用日期）、使用说明书、购置合同、操作规程、使用记录等内容。

第三十条 企业应当建立化学试剂和危险化学品管理制度，规定采购、贮存要求、出入库、使用、处理等内容。

化学试剂、危险化学品以及试验溶液的使用，应当遵循 GB/T 601、GB/T 602、GB/T 603 以及检验方法标准的要求。

企业应当填写并保存危险化学品出入库记录，记录应当包括危险化学品名称、入库数量和日期、出库数量和日期、保管人等信息。

第三十一条 企业应当每年选择 5 个检验项目，采取以下一项或者多项措施进行检验能力验证，对验证结果进行评价并编制评价报告：

（一）同具有法定资质的检验机构进行检验比对；

（二）利用购买的标准物质或者高纯度化学试剂进行检验验证；

（三）在实验室内部进行不同人员、不同仪器的检验比对；

（四）对曾经检验过的留存样品进行再检验；

（五）利用检验质量控制图等数理统计手段识别异常数据。

第三十二条 企业应当建立产品留样观察制度，对每批次产品实施留样观察，填写并保存留样观察记录：

（一）留样观察制度应当规定留样数量、留样标识、贮存环境、观察内容、观察频次、异常情况界定、处置方式、处置权限、到期样品处理、留样观察记录等内容；

（二）留样观察记录应当包括产品名称或者编号、生产日期或者批号、保质截止日期、观察内容、异常情况描述、处置方式、处置结果、观察日期、观察人等信息。

留样保存时间应当超过产品保质期 1 个月。

第三十三条 企业应当建立不合格品管理制度，填写并保存不合格品处置记录：

（一）不合格品管理制度应当规定不合格品的界定、标识、贮存、处置方式、处置权限、处置记录等内容；

（二）不合格品处置记录应当包括不合格品的名称、数量、不合格原因、处置方式、处置结果、处置日期、处置人等信息。

五　产品贮存与运输

第三十四条 企业应当建立产品仓储管理制度，填写并保存出入库记录：

（一）仓储管理制度应当规定库位规划、堆放方式、垛位标识、库房盘点、环境要求、虫鼠防范、库房安全、出入库记录等内容；

（二）出入库记录应当包括产品名称、规格或者等级、生产日期、入库数量和日期、出库数量和日期、库存数量、保管人等信息；

（三）不同产品的垛位之间应当保持适当距离；

（四）不合格产品和过期产品应当隔离存放并有清晰标识。

第三十五条 企业应当在产品装车前对运输车辆的安全、卫生状况实施检查。

第三十六条 企业使用罐装车运输产品的，应当专车专用，并随车附具产品标签和产品质量检验合格证。

装运不同产品时，应当对罐体进行清理。

第三十七条 企业应当填写并保存产品销售台账。销售台账应当包括产品的名称、数量、生产日期、生产批次、质量检验信息、购货者名称及其联系方式、销售日期等信息。

销售台账保存期限不得少于 2 年。

六 产品投诉与召回

第三十八条 企业应当建立客户投诉处理制度，填写并保存客户投诉处理记录：

（一）投诉处理制度应当规定投诉受理、处理方法、处理权限、投诉处理记录等内容；

（二）投诉处理记录应当包括投诉日期、投诉人姓名和地址、产品名称、生产日期、投诉内容、处理结果、处理日期、处理人等信息。

第三十九条 企业应当建立产品召回制度，填写并保存召回记录：

（一）召回制度应当规定召回流程、召回产品的标识和贮存、召回记录等内容；

（二）召回记录应当包括产品名称、召回产品使用者、召回数量、召回日期等信息。

企业应当每年至少进行 1 次产品召回模拟演练，综合评估演练结果并编制模拟演练总结报告。

第四十条 企业应当在饲料管理部门的监督下对召回产品进行无害化处理或者销毁，填写并保存召回产品处置记录。处置记录应当包括处置产品名称、数量、处置方式、处置日期、处置人、监督人等信息。

七 培训、卫生和记录管理

第四十一条 企业应当建立人员培训制度，制定年度培训计划，每年对员工进行至少 2 次饲料质量安全知识培训，填写并保存培训记录：

（一）人员培训制度应当规定培训范围、培训内容、培训方式、考核方式、效果评价、培训记录等内容；

（二）培训记录应当包括培训对象、内容、师资、日期、地点、考核方式、考核结果等信息。

第四十二条 厂区环境卫生应当符合国家有关规定。

第四十三条 企业应当建立记录管理制度，规定记录表单的编制、格式、编号、审批、印发、修订、填写、存档、保存期限等内容。

除本规范中明确规定保存期限的记录外，其他记录保存期限不得少于 1 年。

八 附 则

第四十四条 本规范自 2015 年 7 月 1 日起施行。

参考文献

1. 曹康,郝波 . 2014. 中国现代饲料工程学[M]. 上海:上海科学技术出版社 .
2. 陈安国 . 2005. 计算机饲粮配合技术[M]. 杭州:浙江大学出版社 .
3. 陈代文 . 2015. 动物营养与饲料学[M]. 2 版 . 北京:中国农业出版社 .
4. 陈阅增 . 1997. 普通生物学[M]. 北京:高等教育出版社 .
5. 冯定远 . 2003. 配合饲料学[M]. 北京:中国农业出版社 .
6. 龚利敏,王恬 . 2010. 饲料加工工艺学[M]. 北京:中国农业大学出版社 .
7. 郭金玲,等 . 2007. 配合饲料质量控制与鉴别[M]. 北京:金盾出版社 .
8. 韩友文 . 2003. 饲料与饲养学[M]. 北京:中国农业出版社 .
9. 胡坚 . 1993. 动物饲养学[M]. 长春:吉林科学技术出版社 .
10. 计成 . 2008. 动物营养学[M]. 北京:高等教育出版社 .
11. 兰云贤 . 2008. 动物饲养标准[M]. 重庆:西南师范大学出版社 .
12. 兰云贤 . 2012. 畜禽饲料与配方设计[M]. 重庆:西南师范大学出版社 .
13. 李德发,龚利敏 . 2003. 配合饲料制造工艺与技术[M]. 北京:中国农业大学出版社 .
14. 单安山 . 2020. 饲料与饲养学[M]. 2 版 . 北京:中国农业出版社 .
15. 宋青春,齐遵利 . 2010. 水产动物营养与配合饲料学[M]. 北京:中国农业大学出版社 .
16. 王成章,王恬 . 2006. 饲料学实验指导[M]. 北京:中国农业出版社 .
17. 王成章,王恬 . 2018. 饲料学[M]. 北京:中国农业出版社 .
18. 王镜岩,朱圣庚,徐长法 . 2002. 生物化学:上册 . [M]. 3 版 . 北京:高等教育出版社 .
19. 王镜岩,朱圣庚,徐长法 . 2002. 生物化学:下册 . [M]. 3 版 . 北京:高等教育出版社 .
20. 王忠艳 . 2004. 动物营养与饲料学[M]. 哈尔滨:东北林业大学出版社 .
21. 吴晋强 . 2010. 动物营养学[M]. 3 版 . 合肥:安徽科技出版社 .
22. 武凯,孙宇 . 2013. 环模制粒成型技术与装备[M]. 北京:科学出版社 .
23. 杨凤 . 2004. 动物营养学[M]. 北京:中国农业出版社 .
24. 于翠萍 . 2016. 饲料加工工艺设计原理:上册[M]. 郑州:郑州大学出版社 .
25. 于翠萍 . 2016. 饲料加工工艺设计原理:下册[M]. 北京:高等教育出版社 .
26. 翟中和,王喜忠,丁明孝 . 2011. 细胞生物学[M]. 4 版 . 北京:高等教育出版社 .
27. 张宏福 . 2010. 动物营养参数与饲养标准[M]. 北京:中国农业出版社 .
28. 张丽英 . 2016. 饲料分析及饲料质量检测技术[M]. 北京:中国农业大学出版社 .
29. 张乔 . 1994. 饲料添加剂大全[M]. 北京:北京工业大学出版社 .
30. 中华人民共和国农业行业标准 . NY/T 816—2021, 肉羊营养需要 . 2021.
31. 陈安国,陈代文 . 1993. 动物营养学[M]. 3 版 . 北京:中国农业出版社 .
32. 周明 . 2010. 饲料学[M]. 合肥:安徽科学技术出版社 .
33. NRC. Nutritional Requirements of Swine. 11th ed. 2012. National Academy Press. Washington DC.
34. NRC. Nutritional Requirements of Poultry. 9th ed. 1994. National Academy Press.

Washington DC.
35. NRC. Nutritional Requirements of Beef Cattle. 8th ed. 2016. National Academy Press. Washington DC.
36. NRC. Nutritional Requirements of Dairy Cattle. 7th ed. 2001. National Academy Press. Washington DC.